Däumler

Finanzmathemathisches
Tabellenwerk

D1672629

Betriebswirtschaft in Studium und Praxis

Finanzmathematisches Tabellenwerk

Mit
Anwendungsbeispielen
Berechnungsgrundlagen
Anwendersoftware

Von
Professor Klaus-Dieter Däumler

4., neubearbeitete und erweiterte Auflage

Verlag Neue Wirtschafts-Briefe
Herne/Berlin

Die Deutsche Bibliothek – CIP-Einheitsaufnahme

Finanzmathematisches Tabellenwerk: mit Anwendungsbeispielen,
Berechnungsgrundlagen, Anwendersoftware / von Klaus-Dieter
Däumler. – Herne ; Berlin : Verl. Neue Wirtschafts-Briefe
(Betriebswirtschaft in Studium und Praxis)
ISBN 3-482-56384-5
Buch. 1998
CD-Rom zur 4. Aufl. 1998

ISBN 3-482-**56384**-5 – 4., neubearbeitete und erweiterte Auflage 1998

© Verlag Neue Wirtschafts-Briefe GmbH & Co., Herne/Berlin 1978

Druck: Druckerei Plump OHG, Rheinbreitbach.

Vorwort

Das Tabellenwerk ist ein wichtiges Hilfsmittel für die Beurteilung und Berechnung finanzmathematischer Probleme, wie sie etwa in folgenden Bereichen zu lösen sind:

- Zinseszinsrechnung,
- Investitions- und Wirtschaftlichkeitsrechnung,
- Finanzierungsrechnung,
- Kurs- und Effektivzinsberechnung,
- Rentenrechnung,
- Versicherungsmathematik,
- Tilgungsrechnung,
- Ertragswertberechnung,
- Finanzmathematik,
- Bankmathematik.

Es bietet eine praxisorientierte Ergänzung meiner in dieser Reihe erschienenen Bücher zum Thema „Investition und Finanzierung", ist aber auch unabhängig davon nutzbar. Das Buch ist für Studierende und Praktiker geschrieben. Es eignet sich für das Studium an Hochschulen ebenso wie für die Ausbildung an Berufs-, Wirtschafts- und Verwaltungsakademien, vor allem aber für den Einsatz bei praktischen Berechnungen. Das finanzmathematische Tabellenwerk spricht neben Wirtschaftlern auch betriebswirtschaftlich interessierte Vertreter ingenieurwissenschaftlicher Fachrichtungen an. Dieses Buch enthält keine mathematische Ableitung, sondern Rezepte und Tabellen. Es ist ein Rezeptbuch zur praktischen Anwendung finanzmathematischer Tabellen und besteht aus zwei Teilen. Teil A (Anwendungsteil) enthält praktische Beispiele zum Einsatz der finanzmathematischen Faktoren. Teil B ist der Tabellenteil.

Der Anwendungsteil (Kapitel 1 bis 5) nutzt vor allem die Zeitstrahldarstellung, um in präziser und anschaulicher Weise die Frage zu beantworten: „Wann fällt welche Zahlung an?". Der Zeitstrahl ist für praktische Zwecke wichtiger als die mathematische Ableitung der Gleichungen und Faktoren. Die Darstellung folgt in allen Fällen einem roten Faden:

(1) Kurzdarstellung des jeweiligen Problems unter Nutzung des Zeitstrahls.

(2) Formelmäßige Lösung des Problems (nur Ergebnis, keine Ableitung).

(3) Rezepte, d. h. Anwendung der Problemlösung auf praktische Beispiele, um so zu einem Bild der praktischen Einsatzmöglichkeiten der Tabellen zu gelangen.

Sie, liebe Leser, sollten die Rezepte aus den für Sie wichtigen Anwendungsfeldern mit dem Bleistift in der Hand nachvollziehen, bevor Sie an die Lösung Ihres spezifischen Problems gehen. Sie kommen dann leichter und schneller zum richtigen Ergebnis.

Der Tabellenteil enthält fünf Arten von Tabellen:

Tabelle 1 (Finanzmathematische Faktoren): Diese Tabelle ist das Kernstück des Buches. Sie enthält die Werte der sechs finanzmathematischen Faktoren, nämlich

- des Aufzinsungsfaktors AuF und des Abzinsungsfaktors AbF,
- des Diskontierungssummenfaktors DSF und des Kapitalwiedergewinnungsfaktors KWF,
- des Endwertfaktors EWF und des Restwertverteilungsfaktors RVF.

Die Werte der finanzmathematischen Faktoren sind für einen breiten Bereich von 0,10 Prozent bis 30 Prozent angegeben. Die Schritte zwischen den Tabellenzinssätzen belaufen sich auf 0,10 Prozentpunkte im Bereich bis 3 %. Bei höheren Tabellenzinssätzen wächst der Abstand zwischen zwei benachbarten Tabellenzinssätzen auf 0,25 Prozentpunkte (bis 6 %) und 0,50 Prozentpunkte (bis 30 %). Diese Anordnung der Tabellenzinssätze erlaubt genaue finanzmathematische Berechnungen bei jährlich anfallenden Zahlungen, aber auch bei unterjährlicher, beispielsweise monatlicher Zahlungsweise. In herkömmlichen Tabellenwerken sind die einzelnen Faktoren getrennt aufgelistet. Das erweist sich immer dann als unzweckmäßig, wenn Sie zur Lösung eines Problems gleichzeitig mehrere Arten von Faktoren benötigen: Sie müssen dann häufig umblättern. Um Ihnen das zu ersparen, finden Sie alle sechs finanzmathematischen Faktoren für einen bestimmten Tabellenzinssatz auf einer Seite.

Tabelle 2 (Barwertermittlung bei Preissteigerungen): Diese Tabelle bietet die Werte des Diskontierungssummenfaktors DSF für den Fall, daß die zur Berechnung anstehenden Zahlungsreihen im Zeitablauf nicht konstant sind, sondern um einen bestimmten Prozentsatz p pro Periode wachsen.

Tabelle 3 (Endwertermittlung bei Preissteigerungen): Diese Tabelle enthält eine Liste der Werte des Endwertfaktors EWF für den Fall, daß die zur Berechnung anstehenden Zahlungsreihen im Zeitablauf nicht konstant sind, sondern um einen bestimmten Prozentsatz p pro Periode wachsen.

Tabelle 4 (Zinsumrechnungstabelle): Ein gegebener nomineller Jahreszins steigt, wenn die Zinsen Ihrem Konto schon vor Jahresablauf gutgeschrieben oder belastet werden. Tabelle 4 zeigt den Zusammenhang zwischen dem nominellen und dem effektiven Jahreszins bei einer gegebenen Anzahl unterjähriger Zinsperioden. Die Bandbreite der erfaßten Nominalzinssätze ist erheblich: Sie geht in zehntelprozentigen Schritten von 0,10 Prozent bis 72 Prozent und deckt damit auch solche Praxisfälle ab, die sich, wie etwa der Lieferantenkredit, durch ungewöhnlich hohe Zinssätze auszeichnen.

Tabelle 5 (Durchschnittliche Lebenserwartung): Die durchschnittliche Lebenserwartung von Männern und Frauen spielt bei vielen Berechnungen eine Rolle. Im Versicherungsbereich ist das offenkundig, wenn etwa die Prämien von Lebensversicherungen zu kalkulieren sind. Daneben gibt es aber viele weitere Anwendungsmöglichkeiten, etwa die Berechnung von Leibrenten, die Kapitalisierung von Wohnrechten, die Erstellung von Altenteilsverträgen.

Anwendersoftware: Es könnte sein, daß Sie bei den Tabellen 1 bis 4 einen Zwischenwert benötigen, der dort nicht gedruckt ist. In diesem Fall hilft Ihnen die Anwendersoftware. Hinweise zur Installation und zur Handhabung der beigefügten Software finden Sie am Ende des Buches.

Für die vierte Auflage wurde das Tabellenwerk vollständig überarbeitet und neu geschrieben. Neben der neuen Anwendersoftware enthält das Buch neue Beispiele und Abbildungen, eine ausführlichere Darstellung der Tabellen 1 und 4 und eine aktualisierte Fassung der Tabelle 5. Die Tabellenwerte sind mit Hilfe der EDV errechnet und sorgfältig auf das Manuskript übertragen worden. Eine Haftung ist jedoch ausgeschlossen. Für Anregungen und konstruktive Kritik danke ich meinen Studenten und Frau Dipl.-Betriebsw. A. Kauke, Herrn L. Becker, Herrn M. Blödgen, Frau Dipl.-Ing. S. Hoffmann, Frau Dipl.-Volksw. D. Janke, Herrn Dipl.-Betriebsw. H. Jensen, Herrn Dipl.-Betriebsw. M. Schellenberg, Frau Dipl.-Volksw. R. Zachos und Herrn Dipl.-Betriebsw. G. Ziegler.

April 1998

Klaus-Dieter Däumler
Fachhochschule Kiel
Fachbereich Wirtschaft
Sokratesplatz 2
24149 Kiel

Inhaltsverzeichnis

A. Anwendungsteil

1. Anwendungsbeispiele zu Tabelle 1: Finanzmathematische Faktoren[1]

1.1 Aufzinsungsfaktor (AuF)

Problem: Bekannt und gegeben ist das Anfangskapital K_0 im Zeitpunkt 0. Unbekannt und gesucht ist das zu K_0 gehörende Endkapital K_n, das sich nach Ablauf von n Perioden (Jahre, Quartale, Monate usw.) ergibt, wenn die Zinsen jeweils am Periodenende dem Kapital zugeschlagen und künftig mitverzinst werden.

Symbole

K_0 = Anfangskapital (DM)
K_n = Endkapital (DM)
i   = Zinssatz in Dezimalform (i = 6 % = 0,06)
n   = Anzahl der Perioden

Zeitstrahl

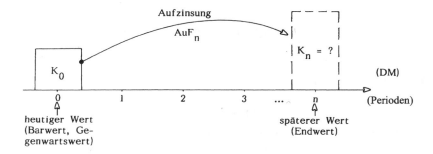

---

[1] Eine ausführliche mathematische Ableitung der finanzmathematischen Faktoren findet sich bei: K.-D. Däumler, Grundlagen der Investitions- und Wirtschaftlichkeitsrechnung, S. 42 ff.

Lösung

(1.1)

$$K_n = K_0 \, (1+i)^n = K_0 \cdot AuF_n$$

             └▷ Aufzinsungsfaktor (AuF)

Beispiel (Sparbuchfall)

Auf ein Sparbuch werden $K_0 = 10\,000$ DM eingezahlt. Auf welchen Betrag wächst das Anfangskapital in $n = 6$ Jahren bei $i = 8\,\% = 0,08$ Jahreszinsen an, wenn die Zinsen jeweils am Jahresende dem Kapital zugeschlagen und künftig mitverzinst werden?

Lösung

$K_n = K_0 \cdot AuF_6$ ← vgl. Tabelle 1

$K_n = 10\,000 \cdot 1,586874$

$K_n = 15\,868,74$ (DM)

Ergebnis: Nach 6 Jahren kann man über 15 868,74 DM verfügen.

Beispiel (Festgeldfall)

Ein Anleger zahlt $K_0 = 50\,000$ DM auf sein Festgeldkonto bei der Bank ein. Über welchen Betrag verfügt er nach $n = 12$ Quartalen, wenn die Bank jedes Vierteljahr $i = 2\,\% = 0,02$ Guthabenzinsen vergütet?

Lösung

$K_n = K_0 \cdot AuF_{12}$ ← vgl. Tabelle 1

$K_n = 50\,000 \cdot 1,268242$

$K_n = 63\,412,10$ (DM)

Ergebnis: Nach 12 Quartalen verfügt der Anleger über 63 412,10 DM.

Der Aufzinsungsfaktor läßt sich nicht nur im Sparbuch- und Festgeldfall, sondern generell bei der Lösung von Wachstumsproblemen anwenden.

Beispiel (Bevölkerungswachstum)

Die Einwohnerzahl einer Großstadt steigt durch Geburtenüberschuß und Zuwanderung jährlich um $i = 6\,\% = 0,06$ und betrug zuletzt $K_0 = 800\,000$ Einwohner. Welche Höhe hat die Einwohnerzahl dieser Stadt nach $n = 15$ Jahren, wenn die Bevölkerungszahl in diesem Zeitraum jährlich konstant um 6 Prozent wächst?

Lösung

$K_n = K_0 \cdot AuF_{15}$ ← vgl. Tabelle 1

$K_n = 800\,000 \cdot 2,396558$

$K_n = 1\,917\,246$ (Einwohner)

Ergebnis: Die Großstadt hat in 15 Jahren 1 917 246 Einwohner.

Beispiel (Einkommenswachstum)

Das Volkseinkommen eines Landes beläuft sich zur Zeit auf K_0 = 2 000 Mrd DM pro Jahr. Welchen Wert erreicht es in n = 20 Jahren bei einer gleichbleibenden nominalen Wachstumsrate von i = 5 % = 0,05?

Lösung

$$K_n = K_0 \cdot AuF_{20} \qquad\qquad \leftarrow \text{vgl. Tabelle 1}$$

$$K_n = 2\ 000 \cdot 2,653298$$

$$K_n = 5\ 306,596\ (\text{Mrd DM})$$

Ergebnis: Nach 20 Jahren erreicht das Volkseinkommen den Wert von 5 306,596 Mrd DM.

1.2 Abzinsungsfaktor (AbF)

Problem: Nach n Perioden kann ein Wirtschaftssubjekt über eine Zahlung von K_n verfügen. Wie hoch ist der Gegenwartswert (Barwert) K_0 der nach n Perioden fälligen Zahlung K_n unter Berücksichtigung von Zins und Zinseszins bei einem Zinssatz von i?

Symbole

K_n = Endkapital (DM)

K_0 = Anfangskapital (DM)

i   = Zinssatz in Dezimalform (i = 6 % = 0,06)

n   = Anzahl der Perioden

Zeitstrahl

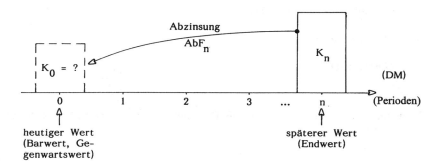

Lösung

$$K_0 = K_n \cdot \frac{1}{(1+i)^n} \qquad \text{oder}$$

(1.2)
$$K_0 = K_n(1+i)^{-n} = K_n \cdot AbF_n$$

└──▷ Abzinsungsfaktor (AbF)

Beispiel (Barwert einer Abfindung)

Der Mitinhaber eines Unternehmens scheidet unter der Bedingung aus, daß er in $n = 5$ Jahren $K_n = 125\,000$ DM ausgezahlt erhält. Wie groß ist der jetzige Ablösungswert (Barwert) dieser Summe bei einem Zinssatz von $i = 10\% = 0,10$?

Lösung

$K_0 = K_n \cdot AbF_5$ ← vgl. Tabelle 1

$K_0 = 125\ 000 \cdot 0{,}620921$

$K_0 = 77\ 615{,}13$ (DM)

Ergebnis: Der Barwert von 125 000 DM, fällig in 5 Jahren, beläuft sich auf 77 615,13 DM.

Beispiel (Barwert dreier Zahlungen)

Der Verkäufer hat gegenüber dem Käufer eines Hauses einen Zahlungsanspruch von 30 000 DM nach 2 Jahren (= K_2), weiteren 30 000 DM nach 4 Jahren (= K_4) und weiteren 40 000 DM nach 7 Jahren (= K_7) erworben. Wie hoch ist der Barwert K_0 des Gesamtanspruches, wenn man mit einem Zinssatz von i = 6 % = 0,06 rechnet?

Lösung

$K_0 = K_2 \cdot AbF_2 + K_4 \cdot AbF_4 + K_7 \cdot AbF_7$ ← vgl. Tabelle 1

$K_0 = 30\ 000 \cdot 0{,}889996 + 30\ 000 \cdot 0{,}792094 + 40\ 000 \cdot 0{,}665057$

$K_0 = 26\ 699{,}88 + 23\ 762{,}82 + 26\ 602{,}28$

$K_0 = 77\ 064{,}98$ (DM)

Ergebnis: Der Barwert des Gesamtanspruches beläuft sich auf 77 064,98 DM.

Beispiel (Wechselbarwert)

Ein Geschäftspartner bietet Ihnen einen über $K_n = 100\ 000$ DM lautenden Wechsel zum Kauf an. Der Wechsel ist nach zwei Quartalen fällig. Wieviel könnte man heute für den Wechsel ausgeben, wenn man mit einem Zinssatz von $i = 1,5 \% = 0,015$ je Quartal rechnet und von Nebenkosten zur Vereinfachung absieht?

Lösung

$K_0 = K_n \cdot AbF_2$ ← vgl. Tabelle 1

$K_0 = 100\ 000 \cdot 0,970662$

$K_0 = 97\ 066,20$ (DM)

Ergebnis: Der Barwert des Wechsels beläuft sich auf 97 066,20 DM.

1.3 Diskontierungssummenfaktor (DSF)

Problem: Ein Wirtschaftssubjekt erhält eine Reihe von Zahlungen (oder hat eine Reihe von Zahlungen zu leisten). Die Zahlungsreihe läuft über n Perioden und besteht aus gleich großen Zahlungen g, die jeweils am Periodenende anfallen. Wie groß ist der Barwert (Gegenwartswert) dieser Zahlungsreihe bei einem Zinssatz von i?

Symbole

K_0 = Barwert der Zahlungsreihe (DM)

g   = Geldbetrag pro Periode (DM/Periode)

i   = Zinssatz in Dezimalform ($i = 6 \% = 0,06$)

n   = Anzahl der Perioden

Zeitstrahl

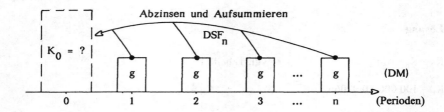

Lösung

(1.3)
$$K_0 = g \cdot \frac{(1+i)^n - 1}{i(1+i)^n} = g \cdot DSF_n$$

↳ Diskontierungssummenfaktor (DSF)

Beispiel (Barwert einer Zahlungsreihe)

Jemand hat 20 Jahresraten von $g = 6\,000$ DM, fällig am Jahresende, zu zahlen. Mit welchem Betrag K_0 ließe sich diese Zahlungsreihe zu Beginn des ersten Jahres ablösen, wenn man mit $i = 6\,\% = 0,06$ rechnet?

Lösung

$K_0 = g \cdot DSF_{20}$ ← vgl. Tabelle 1

$K_0 = 6\,000 \cdot 11,469921$

$K_0 = 68\,819,53$ (DM)

Ergebnis: Der Barwert dieser Zahlungsreihe beläuft sich auf 68 819,53 DM.

Beispiel (Barwert von Unterhaltszahlungen)

Der unterhaltspflichtige Betriebswirt Ali Mente hat noch für 4 Jahre monatlich $g = 450$ DM zu entrichten. Da er gerade liquide ist, möchte er sich von seinen Unterhaltsverpflichtungen durch eine einmalige Abfindungszahlung K_0 befreien. Welches Angebot könnte er unterbreiten, wenn er mit einem Monatszinssatz von $i = 0,5\ \% = 0,005$ rechnet?

Lösung

$K_0 = g \cdot DSF_{48}$ $\leftarrow$ vgl. Tabelle 1

$K_0 = 450 \cdot 42,580318$

$K_0 = 19\ 161,14$ (DM)

Ergebnis: Der Barwert der Unterhaltszahlungen beträgt 19 161,14 DM; dies ist die rechnerisch maximal zulässige Abfindungssumme aus Ali Mentes Sicht.

Beispiel (Ertragswertberechnung)

Eine Kreditbank soll ein Einfamilienhaus beleihen. Im Zusammenhang mit der Ermittlung des Beleihungswertes ist der Ertragswert des Gebäudes zu ermitteln. Welche Höhe hat der Ertragswert, wenn die jährliche Nettomiete $g = 13\ 020$ DM beträgt, die Nutzungsdauer mit $n = 50$ Jahren angenommen und mit einem Kapitalisierungszinssatz von $i = 5\ \% = 0,05$ gerechnet wird?

Lösung

$K_0 = g \cdot DSF_{50}$ $\leftarrow$ vgl. Tabelle 1

$K_0 = 13\ 020 \cdot 18,255925$

$K_0 = 237\ 692,14$ (DM)

Ergebnis: Der Ertragswert des Hauses beträgt 237 692,14 DM.

Ewige Rente

Im Falle der ewigen Rente, d. h. wenn die Laufzeit n gegen unendlich strebt, erhält man durch Grenzwertbildung beim Diskontierungssummenfaktor (DSF) folgende Lösung[1] für den Barwert K_0:

Lösung

(1.4)
$$K_0 = g \cdot \frac{1}{i}$$

└▷ DSF bei ewiger Rente

Beispiel (Barwert eines Fischereirechts)

Ein Fischereirecht, das dem Berechtigten (und später dessen Erben) für alle Zeiten zusteht, soll durch eine einmalige geldliche Abfindung abgegolten werden. Welche Höhe hat der Abfindungsbetrag K_0, wenn der Wert des Fischereirechtes mit $g = 4\,500$ DM jährlich angenommen wird (Zinssatz: $i = 8\,\% = 0{,}08$)?

Lösung

$$K_0 = g \cdot \frac{1}{i}$$

$$K_0 = 4\,500 \cdot \frac{1}{0{,}08}$$

$$K_0 = 56\,250 \; (\text{DM})$$

Ergebnis: Die Abfindung beträgt bei einem Kalkulationszinssatz von $i = 0{,}08$ 56 250 DM.

---

[1] Zur Grenzwertermittlung vgl.: K.-D. Däumler, Grundlagen der Investitions- und Wirtschaftlichkeitsrechnung, S. 71 f.

1.4 Kapitalwiedergewinnungsfaktor (KWF)

Problem: Gegeben ist ein jetzt fälliger Geldbetrag K_0. Welche über n Perioden laufende Zahlungsreihe mit der periodischen Zahlung g läßt sich beim Zinssatz i aus K_0 bestreiten?

Symbole

K_0 = Barwert (DM)
g = Geldbetrag pro Periode (DM/Periode)
i = Zinssatz in Dezimalform (i = 6 % = 0,06)
n = Anzahl der Perioden

Zeitstrahl

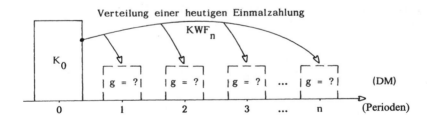

Lösung

(1.5)

$$g = K_0 \cdot \frac{i(1+i)^n}{(1+i)^n - 1} = K_0 \cdot KWF_n$$

└─▷ Kapitalwiedergewinnungsfaktor (KWF)

Beispiel (Verrentung einer Lebensversicherung)

Ein Versicherungsnehmer, der eine Lebensversicherung abgeschlossen hat, möchte seine jetzt fällige Lebensversicherungssumme nicht bar ausgezahlt haben, sondern zieht eine Verrentung vor. Welche Jahresrente g wird ihm die Versicherungsgesellschaft anbieten, wenn die Versicherungssumme auf $K_0 = 100\,000$ DM lautet, eine statistische Restlebenserwartung von $n = 13$ Jahren anzusetzen ist und mit einem Kalkulationszinssatz von $i = 7\,\% = 0,07$ gerechnet wird?

Lösung

$g = K_0 \cdot KWF_{13}$ ← vgl. Tabelle 1

$g = 100\,000 \cdot 0,119651$

$g = 11\,965,10$ (DM/Jahr)

Ergebnis: Die der Versicherungssumme von 100 000 DM gleichwertige Zahlungsreihe weist eine Jahresrente von $g = 11\,965,10$ DM auf.

Beispiel (Kapitaldienst einer Isolierungsinvestition)

Ein Betrieb beabsichtigt, $A = 250\,000$ DM zum Zwecke einer besseren Wärmeisolierung der Fertigungshalle zu investieren. Wie hoch muß die dadurch ermöglichte jährliche Ersparnis (= Minderauszahlung) g an Heizkosten mindestens sein, wenn der aufgewandte Betrag mit einer Verzinsung von $i = 12\,\% = 0,12$ in 25 Jahren wiedergewonnen werden soll?

Lösung

Man multipliziert die Anschaffungsauszahlung mit dem Kapitalwiedergewinnungsfaktor und erhält folgenden Wert für die mindestens erforderliche Minderauszahlung g:

$g = A \cdot KWF_{25}$ ← vgl. Tabelle 1

$g = 250\,000 \cdot 0,127500$

$g = 31\,875$ (DM/Jahr)

Ergebnis: Bei einer jährlichen Minderauszahlung von $g = 31\,875$ DM wird das eingesetzte Kapital von $A = 250\,000$ DM innerhalb von $n = 25$ Jahren zurückgewonnen und die jeweils noch ausstehenden Beträge werden zum Kalkulationszinssatz von $i = 12\,\% = 0,12$ verzinst.

Beispiel (Annuitätenberechnung)

Eine Hypothek von $K_0 = 150\,000$ DM soll innerhalb von $n = 15$ Jahren mit gleichen Jahresleistungen (Annuitäten) verzinst und getilgt werden. Welche Höhe hat die Annuität g bei einem Zinssatz von $i = 8\,\% = 0,08$?

Lösung

$g = K_0 \cdot KWF_{15}$ ← vgl. Tabelle 1

$g = 150\,000 \cdot 0,116830$

$g = 17\,524,50$ (DM/Jahr)

Ergebnis: Die Annuität beläuft sich auf 17 524,50 DM pro Jahr.

Beispiel (Berechnung von Kreditraten)

Eine Bank gewährt einem Kunden einen über 4 Jahre laufenden Ratenkredit. Der Kredit beläuft sich auf 10 000 DM. Der Zinssatz beträgt 1 % = 0,01 pro Monat. Wie hoch sind die monatlichen Kreditraten?

Lösung

$g = K_0 \cdot KWF_{48}$ ⟵ vgl. Tabelle 1

$g = 10\ 000 \cdot 0,026334$

$g = 263,34$ (DM/Monat)

Ergebnis: Die monatliche Kreditrate beträgt 263,34 DM.

1.5 Endwertfaktor (EWF)

Problem: Gegeben ist eine über n Perioden laufende Zahlungsreihe von g DM. Wie hoch ist der Endwert K_n dieser Zahlungsreihe beim Zinssatz i?

Symbole

K_n = Endwert der Zahlungsreihe (DM)
g = Geldbetrag pro Periode (DM/Periode)
i = Zinssatz in Dezimalform (i = 6 % = 0,06)
n = Anzahl der Perioden

Zeitstrahl

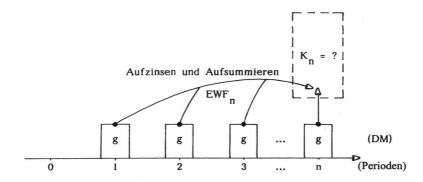

Lösung

(1.6)
$$K_n = g \cdot \frac{(1+i)^n - 1}{i} = g \cdot EWF_n$$

$\hookrightarrow$ Endwertfaktor (EWF)

Beispiel (Endguthaben beim Ratensparen)

Im Rahmen eines Ratensparvertrages werden jährlich g = 700 DM eingezahlt. Über welchen Endwert K_n kann man nach n = 6 Jahren verfügen, falls sich der Zinssatz auf i = 5 % = 0,05 beläuft?

Lösung

$K_n = g \cdot EWF_6$ ← vgl. Tabelle 1

$K_n = 700 \cdot 6,801913$

$K_n = 4\,761,34$ (DM)

Ergebnis: Das Endkapital nach 6 Jahren beträgt 4 761,34 DM.

Beispiel (Endschulderrechnung)

Ein Student bestreitet einen Teil seines Lebensunterhaltes durch einen Kredit. Welche Gesamtschuld K_n existiert am Ende seines Studiums, wenn er pro Semester $g = 2\ 000$ DM aufnehmen und pro Halbjahr $i = 3\ \% = 0,03$ Zinsen zahlen muß, falls er $n = 12$ Semester studiert?

Lösung

$K_n = g \cdot EWF_{12}$ ← vgl. Tabelle 1

$K_n = 2\ 000 \cdot 14,192030$

$K_n = 28\ 384,06$ (DM)

Ergebnis: Die Endschuld nach 12 Semestern beläuft sich auf 28 384,06 DM.

Beispiel (Ansparung einer Bausumme)

Der Architekt Siegfried Schmelzle möchte sein Büro in $n = 6$ Jahren durch einen Anbau erweitern. Er kann hierfür jährlich die Summe von $g = 70\ 000$ DM bei seiner Bank mit einer Verzinsung von $i = 5,5\ \% = 0,055$ zurücklegen. Über welchen Betrag K_n verfügt Schmelzle nach 6 Jahren?

Lösung

$K_n = g \cdot EWF_6$ ← vgl. Tabelle 1

$K_n = 70\ 000 \cdot 6,888051$

$K_n = 482\ 163,57$ (DM)

Ergebnis: Schmelzle hat nach Ablauf von 6 Jahren den Betrag von 482 163,57 DM angespart.

1.6 Restwertverteilungsfaktor (RVF)

Problem: Gegeben ist ein im Zeitpunkt n fälliger Geldbetrag K_n. Welche Höhe haben die Glieder g einer über n Perioden laufenden Zahlungsreihe, die beim Zinssatz i wertmäßig der Zahlung K_n entspricht?

Symbole

K_n = Endwert (DM)

g = Geldbetrag pro Periode (DM/Periode)

i   = Zinssatz in Dezimalform (i = 6 % = 0,06)

n = Anzahl der Perioden

Zeitstrahl

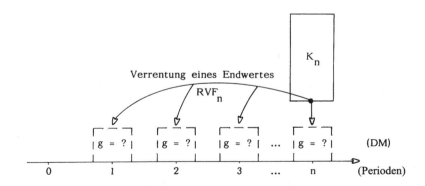

Lösung

(1.7)
$$g = K_n \cdot \frac{i}{(1+i)^n - 1} = K_n \cdot RVF_n$$

$\llcorner\!\!\!\rightarrow$ Restwertverteilungsfaktor (RVF)

Beispiel (Prämie bei Lebensversicherung)

Ein Kaufmann schließt eine Lebensversicherung über $K_n = 150\,000$ DM ab. Wie hoch darf die jährliche Prämie g sein, wenn die Lebensversicherung über $n = 20$ Jahre läuft und die Versicherungsgesellschaft mit einem Zinssatz von $i = 6\,\% = 0,06$ rechnet?

Lösung

$g = K_n \cdot RVF_{20}$ $\leftarrow$ vgl. Tabelle 1

$g = 150\,000 \cdot 0,027185$

$g = 4\,077,75$ (DM/Jahr)

Ergebnis: Die Jahresprämie darf sich auf maximal 4 077,75 DM belaufen.

Beispiel (Verteilung des Restwertes)

Ein Investor erwartet bei einem über 7 Jahre laufenden Investitionsvorhaben einen Restwert von 20 000 DM am Ende des 7. Jahres. Welche jährliche Einzahlungsreihe g entspricht dem Restwert R, falls der Investor mit einem Kalkulationszinssatz von $i = 10\,\% = 0,10$ rechnet?

Lösung

$g = R \cdot RVF_7$ ← vgl. Tabelle 1

$g = 20\,000 \cdot 0,105405$

$g = 2\,108,10$ (DM/Jahr)

Ergebnis: Dem Restwert von 20 000 DM entspricht eine über 7 Jahre laufende Zahlungsreihe mit einer Jahreszahlung von 2 108,10 DM.

Beispiel

Die Braunkohle AG beutet ein Braunkohle-Vorkommen im Tagebau aus. Das Vorkommen kann $n = 9$ Jahre genutzt werden, danach ist es erschöpft. Im Anschluß an den Tagebau ist die Landschaft zu rekultivieren. Dies übernimmt die darauf spezialisierte Rekult GmbH zum Festpreis von $K_n = 2$ Millionen DM. Mit welchem Geldbetrag g ist jedes der 9 Produktionsjahre mit der Rekultivierung belastet, wenn man mit einem Zinssatz von $i = 10\,\% = 0,10$ rechnet?

Lösung

$g = K_n \cdot RVF_9$ ← vgl. Tabelle 1

$g = 2\,000\,000 \cdot 0,073641$

$g = 147\,282$ (DM/Jahr)

Ergebnis: Die Braunkohle AG muß während der 9jährigen Förderung jährlich 147 282 DM zurückstellen, um die spätere Rekultivierung bezahlen zu können.

Beispiel (Verteilung des Optionspreises)

Eine Leasing-Gesellschaft vermietet eine Bohrmaschine an eine Maschinenfabrik für monatlich 2 000 DM. Die Grundmietzeit soll n = 48 Monate betragen. Danach, so sieht es der Vertrag vor, geht die Maschine ohne weitere Zahlungen in das Eigentum der Maschinenfabrik über. Der Steuerberater stellt jedoch fest, daß der Eigentumsübergang zum Preise von Null steuerschädlich ist, d. h. daß die Leasing-Raten dann nicht als Betriebsausgaben von der Steuerbemessungsgrundlage abgezogen werden könnten[1]. Also ändert man den Vertrag dahin gehend, daß ein Optionspreis von K_n = 25 000 DM angesetzt wird. Um welchen Betrag ermäßigt sich die Monatsmiete, wenn alle anderen Umstände gleich bleiben, falls die Beteiligten mit einem Zinssatz von i = 1 % = 0,01 je Monat rechnen?

Lösung

monatliche Mietminderung = $K_n \cdot RVF_{48}$ ← vgl. Tabelle 1

monatliche Mietminderung = 25 000 • 0,016334

monatliche Mietminderung = 408,35 (DM)

Ergebnis: Die monatliche Leasing-Rate ist um 408,35 von 2 000 auf 1 591,65 DM zu senken.

---

[1] Bei einem Leasing-Vertrag mit Kaufoption ist Voraussetzung für die steuerliche Anerkennung, daß der Optionspreis nicht kleiner ist als der Restbuchwert der Anlage am Ende der Grundmietzeit. Vgl. K.-D. Däumler, Betriebliche Finanzwirtschaft, S. 279 ff.

1.7 Effektivzinsberechnung bei Investition und Finanzierung

■ Einsatzbereich und Genauigkeitsanforderungen

Die interne Zinsfuß-Methode[1] eignet sich für alle Fragen der Effektivzinsbestimmung. Sie läßt sich einsetzen

- zur Errechnung der Rendite von Realinvestitionen (Maschinen, Grundstücke, Vorräte),
- zur Errechnung des Effektivzinssatzes von Finanzinvestitionen oder Finanzanlagen (Aktien, Industrieobligationen, Pfandbriefe),
- zur Errechnung der Effektivbelastung der langfristigen Fremdfinanzierung (Bankdarlehen, Schuldscheindarlehen, Schuldverschreibungen),
- zur Errechnung der Effektivbelastung einer kurzfristigen Fremdfinanzierung (Anzahlungen, Lieferantenkredite, Wechseldiskontkredite),
- zum Zinsvergleich zwischen Kreditkauf und Leasing.

Bei betrieblichen Realinvestitionen werden Sie im Regelfall mit einem ungefähren Ergebnis („der interne Zinsfuß liegt bei gut 9 %") zufrieden sein; eine höhere Genauigkeit ist wegen der Unsicherheit der zu schätzenden Größen nicht sinnvoll. Bei Finanzinvestitionen und Finanzierungen dagegen interessieren Sie sich für den genauen Wert der Effektivbelastung (aus Schuldnersicht) oder Effektivverzinsung (aus Gläubigersicht), weil hier die Zahlungen vertraglich fixiert, also vergleichsweise sicher sind. Hier hat es Sinn, den internen Zinsfuß mit einer Genauigkeit von zwei Stellen hinter dem Komma zu bestimmen.

Tabelle 1 ermöglicht eine genaue Berechnung von Effektivzinssätzen, da sie die Werte der finanzmathematischen Faktoren mit sechs Nachkommastellen und für dicht nebeneinander liegende Zinssätze ausweist.

Investition und Finanzierung entsprechen einander spiegelbildlich: Investition = Zahlungsreihe, die mit einer Auszahlung beginnt. Finanzierung = Zahlungsreihe, die mit einer Einzahlung beginnt. Typisch für Investition und Finanzierung ist der einmalige Vorzeichenwechsel der Zahlungsreihe: erst Auszahlung(en), dann positive Nettoeinzahlungen bei Investitionen, erst Einzahlung(en), dann Auszahlungen

---

[1] Eine ausführliche Darstellung der internen Zinsfuß-Methode finden Sie bei: K.-D. Däumler, Grundlagen der Investitions- und Wirtschaftlichkeitsrechnung, S. 78 ff.

bei Finanzierungen. Die interne Zinsfuß-Methode ist gleichermaßen bei Investitionen und Finanzierungen anwendbar.

Problem: Gegeben ist eine investitionstypische Zahlungsreihe mit der Anschaffungsauszahlung A, den jährlichen Nettoeinzahlungen g_1, g_2, g_3, ..., g_n und dem Restwert R. Welche Rendite (= interner Zinsfuß = Effektivverzinsung) wirft diese Investition ab?

Symbole

A   = Anschaffungsauszahlung (DM)

g_k = Glieder der Zahlungsreihe in einer beliebigen Periode Nr. k; oder auch: Überschuß der Einzahlungen in Periode Nr. k über die Betriebs- und Instandhaltungsauszahlungen in Periode Nr. k (DM/Periode)

R   = Restwert am Ende der Periode n (DM)

n   = Nutzungsdauer (Perioden)

C_0 = Kapitalwert (DM)

Zeitstrahl

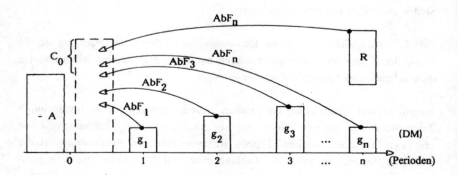

Lösung

Für zwei Versuchszinssätze i_1 und i_2, die möglichst nahe bei der erwarteten Lösung, d. h. dem gesuchten Renditewert r liegen, sind die Kapitalwerte $C_{0,1}$ und $C_{0,2}$ zu ermitteln und in die folgende Gleichung zur Effektivzinsbestimmung einzusetzen:

(1.8)
$$r = i_1 - C_{0,1} \cdot \frac{i_2 - i_1}{C_{0,2} - C_{0,1}}$$

Gleichung zur Effektiv-
zinsbestimmung
(Regula falsi)

Symbole

r   = Rendite, Effektivzinssatz, interner Zinssatz (%)

i_1 = Versuchszinssatz Nr. 1 (%)

i_2 = Versuchszinssatz Nr. 2 (%)

$C_{0,1}$ = Kapitalwert Nr. 1 (DM)

$C_{0,2}$ = Kapitalwert Nr. 2 (DM)

■ **Effektivzinsbestimmung bei Realinvestitionen**

Beispiel (Maschinenkauf)

Ein Unternehmer erwägt die Anschaffung einer Maschine, die bei einer Anschaffungsauszahlung von 10 000 DM jährliche Einzahlungen von 3 500 DM erbringt. Die Betriebs- und Instandhaltungsauszahlungen betragen am Ende des 1. Jahres 1 600 DM und steigen jährlich um 200 DM. Am Ende der Nutzungsdauer von 4 Jahren kann ein Restwert von 6 000 DM erlöst werden.

Zeitstrahl

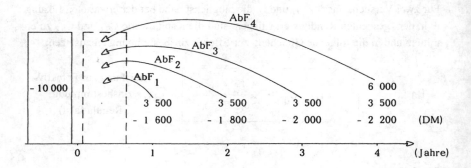

Lösung

Zeitpunkt	Zahlung (DM)	AbF (6 %)	Barwert (6 %)	AbF (8 %)	Barwert (8 %)
	I	II	III = I • II	IV	V = I • IV
0	- 10 000		- 10 000		- 10 000
1	1 900	0,943396	1 792	0,925926	1 759
2	1 700	0,889996	1 513	0,857339	1 457
3	1 500	0,839619	1 259	0,793832	1 191
4	7 300	0,792094	5 782	0,735030	5 366
Kapitalwert (DM)			346		- 227

(Über den Spalten: Tabelle 1 ↓ (über AbF 6 %) und Tabelle 1 ↓ (über AbF 8 %))

Setzt man die beiden Wertepaare in die Gleichung (1.8) zur Effektivzinsbestimmung (Regula falsi) ein, so ergibt sich:

$$r = i_1 - C_{0,1} \cdot \frac{i_2 - i_1}{C_{0,2} - C_{0,1}}$$

$$r = 6 - 346 \cdot \frac{8 - 6}{-227 - 346}$$

$$r = 6 + \frac{692}{573} = 7,21\ (\%)$$

Ergebnis: Die Maschine rentiert sich mit 7,21 %. Dieser Wert ist mit dem Kalkulationszinssatz des Investors zu vergleichen. Vorteilhaft ist das Objekt, wenn die Rendite nicht kleiner ist als der Kalkulationszinssatz.

■ **Effektivzinsbestimmung bei Finanzinvestitionen**

Besonders einfach gestaltet sich die Ermittlung der Kapitalwerte bei gleichen Jahreszahlungen g, da hier die Zahlungsreihe mit Hilfe des Diskontierungssummenfaktors abgezinst und aufsummiert werden kann. Ein solcher Fall wird im folgenden Beispiel betrachtet.

Beispiel (Erwerb eines Wertpapiers)

Eine staatliche 8 %-Anleihe wird im Zeitpunkt 0 zum Kurs von 90 DM gekauft und nach 10 Jahren mit dem Nominalbetrag von 100 DM vom Gläubiger abgelöst. Wie hoch ist die exakte Rendite?

Zeitstrahl

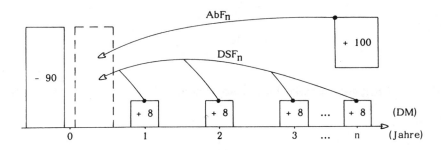

Lösung

Die Versuchszinssätze $i_1 = 9\ \%$ und $i_2 = 10\ \%$ ergeben die folgenden Kapitalwerte:

$i_1 = 9\ \%\quad \rightarrow\quad C_{0,1} = g \cdot DSF_{10} + R \cdot AbF_{10} - A \qquad\qquad \leftarrow \text{Tabelle 1}$

$\qquad\qquad\qquad C_{0,1} = 8 \cdot 6{,}417658 + 100 \cdot 0{,}422411 - 90$

$\qquad\qquad\qquad C_{0,1} = 51{,}34 + 42{,}24 - 90$

$\qquad\qquad\qquad C_{0,i} = 3{,}58\ (DM)$

$i_2 = 10\ \%\quad \rightarrow\quad C_{0,2} = g \cdot DSF_{10} + R \cdot AbF_{10} - A \qquad\qquad \leftarrow \text{Tabelle 1}$

$\qquad\qquad\qquad C_{0,2} = 8 \cdot 6{,}144567 + 100 \cdot 0{,}385543 - 90$

$\qquad\qquad\qquad C_{0,2} = 49{,}16 + 38{,}55 - 90$

$\qquad\qquad\qquad C_{0,2} = -2{,}29\ (DM)$

Setzt man die Kapitalwerte und die Versuchszinssätze in die Bestimmungsgleichung (1.8) für die Rendite r ein, so erhält man:

$$r = i_1 - C_{0,1} \cdot \frac{i_2 - i_1}{C_{0,2} - C_{0,1}}$$

$$r = 9 - 3{,}58 \cdot \frac{10 - 9}{-2{,}29 - 3{,}58}$$

$$r = 9 + \frac{3{,}58}{5{,}87}$$

$$r = 9{,}61\ (\%)$$

Ergebnis: Die exakte Rendite der betrachteten Finanzinvestition beträgt 9,61 %.

■ **Effektivzinsbestimmung bei Finanzierungen**

Beispiel (Annuitätenhypothek)

Eine Hypothekenbank bietet für eine Annuitätenhypothek die folgenden Konditionen:

- Auszahlungskurs 91 %
- Nominalzinssatz 8 %
- Laufzeit 10 Jahre
- Tilgung im Rahmen einer im Zeitablauf konstanten Annuität, bei der der Tilgungsanteil laufend zu- und der Zinsanteil entsprechend abnimmt.

a) Stellen Sie einen tabellarischen Zins- und Tilgungsplan für ein Darlehen von nominal 100 000 DM auf.

b) Ermitteln Sie die Effektivverzinsung[1] unter Benutzung des Kapitalwiedergewinnungsfaktors (KWF).

c) Ermitteln Sie die Effektivverzinsung unter Benutzung des Diskontierungssummenfaktors (DSF).

d) Kontrollieren Sie die Effektivverzinsung mit Hilfe der Gleichung (1.8) zur Effektivzinsbestimmung (Regula falsi).

Lösung

a) Zins- und Tilgungsplan

Zunächst wird die Annuität mit Hilfe des Kapitalwiedergewinnungsfaktors (KWF) ermittelt:

Annuität = Nominalbetrag • KWF_{10} ← Tabelle 1

Annuität = 100 000 • 0,149029

Annuität = 14 903 (DM/Jahr)

---

[1] Eine eingehende mathematische Darstellung der Effektivzinsberechnung bei Finanzierungen findet sich bei: K.-D. Däumler, Betriebliche Finanzwirtschaft, S. 158 ff.

Die Annuität wird in der nachfolgenden Tabelle in einen Zins- und einen Tilgungsanteil zerlegt.

Jahr	Schuld am Jahresanfang (DM)	Annuität (DM/J)	Zinsanteil (DM/J)	Tilgungs- anteil (DM/J)	Schuld am Jahresende (DM)
	I	II	III= I · 0,08	IV = II - III	V = I - IV
1	100 000	14 903	8 000	6 903	93 097
2	93 097	14 903	7 448	7 455	85 642
3	85 642	14 903	6 851	8 052	77 590
4	77 590	14 903	6 207	8 696	68 894
5	68 894	14 903	5 512	9 391	59 503
6	59 503	14 903	4 760	10 143	49 360
7	49 360	14 903	3 949	10 954	38 406
8	38 406	14 903	3 073	11 830	26 576
9	26 576	14 903	2 126	12 777	13 799
10	13 799	14 903	1 104	13 799	0
Summe		149 030	49 030	100 000	-

b) Effektivzinsbestimmung mit KWF

Sie berücksichtigen, daß die Bank an den Kunden lediglich 91 000 DM auszahlt und
für die Dauer von 10 Jahren eine Annuität von 14 903 DM erhält, und erhalten
folgenden Zeitstrahl:

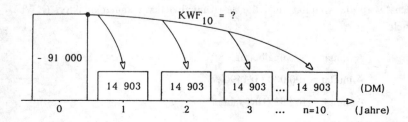

Sie fragen, mit welchem Kapitalwiedergewinnungsfaktor die Auszahlungssumme von 91 000 DM auf die Laufzeit von 10 Jahren zu verteilen ist, und erhalten:

$$91\,000 \cdot KWF_{10} = 14\,903$$

$$KWF_{10} = \frac{14\,903}{91\,000} = 0,163769$$

Sie kennen jetzt den Wert des KWF und wissen, daß die Laufzeit 10 Jahre beträgt. In der Tabelle der finanzmathematischen Faktoren finden Sie bei n = 10:

KWF = 0,162745	Tabellenzinssatz 10,0 %
KWF = 0,166257	Tabellenzinssatz 10,5 %

Somit ist klar, daß der gesuchte Wert für die Effektivverzinsung zwischen 10 % und 10,5 % liegen muß. Mit Hilfe der linearen Interpolation[1] erhalten Sie ein hinlänglich genaues Ergebnis:

$$
\left.\begin{array}{lcl}
0,162745 & \rightarrow & 10,0\,\% \\
0,166257 & \rightarrow & 10,5\,\%
\end{array}\right\}
\quad
\begin{array}{lcl}
0,003512 & \rightarrow & 0,5\,\%
\end{array}
$$

$$
\left.\begin{array}{lcl}
0,162745 & \rightarrow & 10,0\,\% \\
0,163769 & \rightarrow & ?\,\%
\end{array}\right\}
\quad
\begin{array}{lcl}
0,001024 & \rightarrow & x\,\%
\end{array}
$$

$$x = \frac{0,5}{0,003512} \cdot 0,001024$$

$$x = 0,1458$$

$$r = 10 + x = 10 + 0,15 = 10,15\,(\%)$$

---

[1] Interpolation, lat. = rechnerische Ergänzung zwischen zwei bekannten Werten, um einen Zwischenwert zu ermitteln. Vgl. K.-D. Däumler/J. Grabe, Kostenrechnungs- und Controllinglexikon, S. 147 f.

c) Effektivzinsbestimmung mit DSF

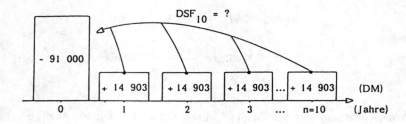

$$14\,903 \cdot DSF_{10} = 91\,000$$

$$DSF_{10} = \frac{91\,000}{14\,903} = 6{,}106153$$

Sie kennen jetzt den Wert des DSF und wissen, daß die Laufzeit 10 Jahre beträgt. In der Tabelle finden Sie:

DSF = 6,144567	Tabellenzinssatz 10,0 %
DSF = 6,014773	Tabellenzinssatz 10,5 %

Die lineare Interpolation ergibt:

6,144567	→	10,0 %		
6,014773	→	10,5 %	0,129794 → 0,5 %

6,144567	→	10,0 %		
6,106153	→	? %	0,038414 → x %

$$x = \frac{0,5}{0,129794} \cdot 0,038414$$

$$x = 0,1480$$

$$r = 10 + x = 10 + 0,15 = 10,15 \ (\%)$$

d) Kontrolle mit der Gleichung zur Effektivzinsbestimmung (Regula falsi)

Wählt man die Probierzinsfüße von 10,0 % und 10,5 %, so ergibt sich:

$i_1 = 10,0\ \%\ \rightarrow\ C_{0,1} = 14\ 903 \cdot DSF_{10} - 91\ 000$

$\qquad\qquad\qquad C_{0,1} = 91\ 572,48 - 91\ 000 = +\ 572,48\ (DM)$

$i_2 = 10,5\ \%\ \rightarrow\ C_{0,2} = 14\ 903 \cdot DSF_{10} - 91\ 000$

$\qquad\qquad\qquad C_{0,2} = 89\ 638,16 - 91\ 000 = -\ 1\ 361,84\ (DM)$

$$r = i_1 - C_{0,1} \cdot \frac{i_2 - i_1}{C_{0,2} - C_{0,1}}$$

$$r = 10 - 572,48 \cdot \frac{0,5}{-1361,84 - 572,48} = 10 + \frac{572,48 \bullet 0,5}{1\ 934,32} = 10,15\ (\%)$$

Ergebnis: Die Effektivverzinsung beträgt 10,15 %. Dies läßt sich sowohl mit Hilfe der finanzmathematischen Faktoren als auch mit Hilfe der Gleichung zur Effektivzinsbestimmung (1.8) nachweisen.

Beispiel (Zinshypothek)

Eine Bank bietet für eine Zinshypothek die folgenden Konditionen:

- Auszahlungskurs   91 %
- Laufzeit (n)   10 Jahre
- Zinssatz (i)   8 %
- Tilgung: einmalige Gesamttilgung nach 10 Jahren zu einem dem Nennwert entsprechenden Rückzahlungskurs.

a) Ermitteln Sie die Effektivbelastung eines Darlehens von nominal 100 000 DM unter Benutzung des Restwertverteilungsfaktors (RVF).

b) Kontrollieren Sie Ihr Ergebnis mit Hilfe der Gleichung zur Effektivzinsbestimmung (Regula falsi).

Lösung

a) Effektivzinsbestimmung mit RVF

Nennbetrag	100 000 DM
- Damnum (Disagio)	9 000 DM
= Auszahlung (A)	91 000 DM

Auszahlung	91 000 DM
+ Damnum (Disagio)	9 000 DM
= Rückzahlung (R)	100 000 DM

Zeitstrahl

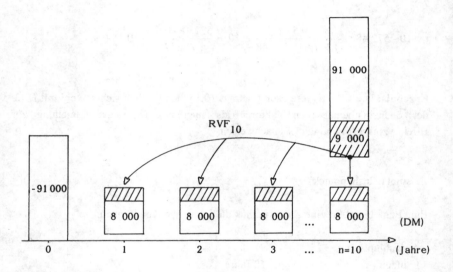

Zinsen (Z) = Nennbetrag • Nominalzinssatz = 100 000 • 0,08 = 8 000 (DM/Jahr)

$$r = \frac{Z + (R - A) \cdot RVF_{10}}{A}$$

$$r = \frac{8\,000 + 9\,000 \cdot 0,065820}{91\,000}$$

$$r = 0,0944 = 9,44\ (\%)$$

Hinweis: Beim Aufsuchen des Restwertverteilungsfaktors RVF in Tabelle 1 darf nicht der Nominalzins zugrunde gelegt werden. Es ist vielmehr ein Wert möglichst nahe bei dem erwarteten Ergebnis zu wählen.

b) Kontrollrechnung mit Gleichung zur Effektivzinsbestimmung (Regula falsi)

$i_1 = 9\%$ → $C_{0,1}$ = - 91 000 + 8 000 • DSF_{10} + 100 000 • AbF_{10}

$C_{0,1}$ = - 91 000 + 8 000 • 6,417658 + 100 000 • 0,422411

$C_{0,1}$ = - 91 000 + 51 341,26 + 42 241,10

$C_{0,1}$ = 2 582,36 (DM)

$i_2 = 10\%$ → $C_{0,2}$ = - 91 000 + 8 000 • DSF_{10} + 100 000 • AbF_{10}

$C_{0,2}$ = - 91 000 + 8 000 • 6,144567 + 100 000 • 0,385543

$C_{0,2}$ = - 91 000 + 49 156,54 + 38 554,30

$C_{0,2}$ = - 3 289,16 (DM)

Setzt man die Werte in die Gleichung zur Effektivzinsbestimmung (1.8) ein, so erhält man:

$$r = 9 - 2\,582,36 \cdot \frac{10 - 9}{- 3\,289,16 - 2\,582,36}$$

$$r = 9 + \frac{2\,582,36}{5\,871,52} = 9,44\ (\%)$$

Ergebnis: Der Effektivzins liegt mit 9,44 % deutlich über dem Nominalzins von 8 %. Die Kontrollrechnung bestätigt das Ergebnis von 9,44 %.

1.8 Bewertung von Grundstücken und Gebäuden

In der Wirtschaftspraxis sind häufig Bewertungen vorzunehmen. Bei der Bewertung von Grundstücken und Gebäuden hat sich in der Praxis eine Methode durchgesetzt, die dadurch charakterisiert ist, daß die nachhaltig erzielbare Jahresmiete oder Pacht mit einem sogenannten Vervielfältiger multipliziert wird. Das Ergebnis ist der Ertragswert (= Barwert künftiger Nettoeinzahlungen). In finanzmathematischer Sicht ist der Vervielfältiger nichts anderes als der Diskontierungssummenfaktor DSF, den man zur Ermittlung des Barwertes einer Zahlungsreihe benutzt.

Sie kommen zu genaueren Ergebnissen, wenn Sie die Rechnung direkt mit dem Diskontierungssummenfaktor durchführen. Dieser erlaubt jedoch nur die Barwertbildung solcher Zahlungsreihen, die sich durch gleiche Jahreszahlungen auszeichnen. Da in der Praxis häufig auch Zahlungsreihen mit im Zeitablauf variierenden Jahreszahlungen zu beachten sind, ist gelegentlich auch eine Einzeldiskontierung mit Hilfe des Abzinsungsfaktors AbF erforderlich.

Problem: Ein Gebäude oder ein Grundstück wirft eine Reihe jährlicher Nettoeinzahlungen ab. Welche Höhe hat der Barwert BW dieser über n Jahre laufenden Zahlungen, falls der Investor mit einem Zinssatz von i rechnet, unter Zugrundelegung verschiedener typischer Verlaufsfälle?

(1) Gleiche jährliche Nettoeinzahlungen g; Restwert R = 0.
(2) Gleiche jährliche Nettoeinzahlungen g; Restwert R > 0.
(3) Verschiedene jährliche Nettoeinzahlungen g_k ; Restwert R > 0.
(4) In regelmäßigen Zeitabständen steigende jährliche Nettoeinzahlungen; R > 0.
(5) Gleiche jährliche Nettoeinzahlungen g; unbegrenzte Laufzeit.

Symbole

BW = Barwert (DM)

g   = konstante jährliche Nettoeinzahlungen (DM/Jahr)

g_k = Nettoeinzahlungen des Jahres Nr. k (DM/Jahr)

R   = Restwert (DM)

n   = Laufzeit (Jahre)

i   = Zinssatz in Dezimalform

Lösung (1): Gleiche jährliche Nettoeinzahlungen / R = 0

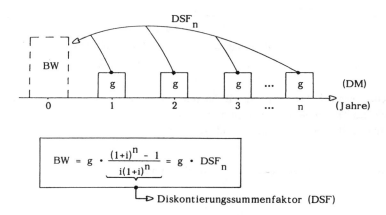

$$BW = g \cdot \frac{(1+i)^n - 1}{i(1+i)^n} = g \cdot DSF_n$$

⮡ Diskontierungssummenfaktor (DSF)

Rechenvorgang: Der Barwert der konstanten Nettoeinzahlungen g ergibt sich durch Multiplikation der jährlichen Nettoeinzahlungen mit dem Diskontierungssummenfaktor (DSF).

Lösung (2): Gleiche jährliche Nettoeinzahlungen / R > 0

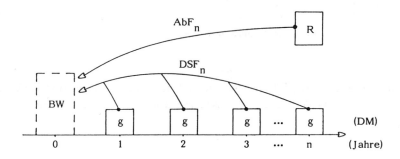

$$BW = g \cdot \underbrace{\frac{(1+i)^n - 1}{i(1+i)^n}}_{} + \overbrace{R(1+i)^{-n}}$$

$\rightarrow$ Abzinsungsfaktor (AbF)

$\rightarrow$ Diskontierungssummenfaktor (DSF)

Rechenvorgang: Sie ermitteln den Barwert der jährlichen Nettoeinzahlungen g mit Hilfe des Diskontierungssummenfaktors und jenen des Restwertes mit Hilfe des Abzinsungsfaktors und addieren beide Barwerte.

Lösung (3): Verschiedene jährliche Nettoeinzahlungen / R > 0

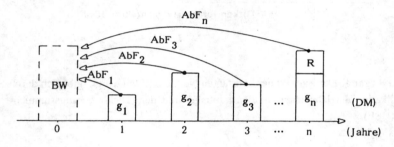

$$BW = \underbrace{\sum_{k=1}^{n} g_t(1+i)^{-k}}_{} = g_1 \cdot AbF_1 + g_2 \cdot AbF_2 + \ldots + (g_n + R) \cdot AbF_n$$

$\rightarrow$ Abzinsungsfaktor (AbF)

Rechenvorgang: Die jährlichen Nettoeinzahlungen werden einzeln mit Hilfe des Abzinsungsfaktors (AbF) abgezinst; anschließend addieren Sie die Barwerte.

Lösung (4): Regelmäßig steigende Nettoeinzahlungen / R > 0

Steigen die jährlichen Nettoeinzahlungen g jeweils nach Ablauf bestimmter Fristen, zum Beispiel nach drei Jahren, so erhält man für den Fall einer neunjährigen Nutzungsdauer folgendes Bild:

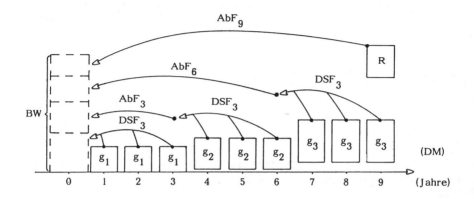

$$BW = g_1 \cdot DSF_3 + g_2 \cdot DSF_3 \cdot AbF_3 + g_3 \cdot DSF_3 \cdot AbF_6 + R \cdot AbF_9$$

Rechenvorgang: Man erhält den Barwert der nach dem Zeitpunkt 3 anfallenden Zahlungsreihen, indem man sie zunächst mit Hilfe des Diskontierungssummenfaktors DSF auf ihren jeweiligen Beginn, also den Zeitpunkt 3 bzw. 6, abzinst und die so gefundenen Werte mit dem Abzinsungsfaktor AbF auf den Zeitpunkt Null bezieht.

Lösung (5): Konstante jährliche Nettoeinzahlungen / unbegrenzte Laufzeit

Unterstellt man eine unbegrenzte Lebensdauer der Unternehmung und gleichbleibende jährliche Nettoeinzahlungen g, so vereinfacht sich der Diskontierungssummenfaktor zu $\frac{1}{i}$, so daß man folgende Bestimmungsgleichung für den Zukunftserfolgswert erhält:

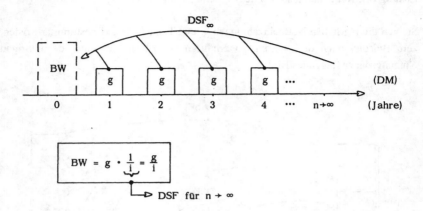

Rechenvorgang: Zur Barwertermittlung ist der konstante jährliche Nettoeinzahlungsbetrag durch den Kalkulationszinssatz zu dividieren.

Beispiel (Ertragswert von Immobilien)

Ein Investor, der mit einem Kalkulationszinssatz von 10 % rechnet, plant den Erwerb einer Immobilie. In die engere Wahl kommen fünf Objekte, die zu bewerten sind. Im einzelnen gelten folgende Daten:

a) Objekt 1: g = const = 80 000 DM; R = 0 DM; n = 8 Jahre.

b) Objekt 2: g = const = 80 000 DM; R = 250 000 DM; n = 8 Jahre.

c) Objekt 3: g_1 = 50 000 DM; g_2 = 180 000 DM; g_3 = 210 000 DM;
g_4 = 90 000 DM; n = 4 Jahre.

d) Objekt 4: Die jährlichen Nettoeinzahlungen betragen in den ersten drei Jahren 50 000 DM; danach werden vier Jahre lang jährliche Nettoeinzahlungen von 75 000 DM erzielt; anschließend steigen sie auf 90 000 DM und bleiben bis zum Schluß des zehnten Jahres auf diesem Niveau; zum Zeitpunkt 10 wird noch ein Verkaufserlös von 500 000 DM erzielt.

e) Objekt 5: g = const = 200 000 DM; Nutzungsdauer unbegrenzt.

Lösung

a) Objekt 1: $g = 80\ 000$ DM / $n = 8$ Jahre

$BW = g \cdot DSF_8$ ← vgl. Tabelle 1

$BW = 80\ 000 \cdot 5{,}334926$

$BW = 426\ 794$ (DM)

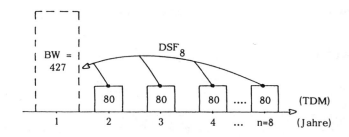

Ergebnis: Objekt 1 weist einen Ertragswert von 426 794 DM auf.

b) Objekt 2: $g = 80\ 000$ DM / $R = 250\ 000$ DM / $n = 8$ Jahre

$BW = g \cdot DSF_8 + R \cdot AbF_8$ ← vgl. Tabelle 1

$BW = 80\ 000 \cdot 5{,}334926 + 250\ 000 \cdot 0{,}466507$

$BW = 543\ 421$ (DM)

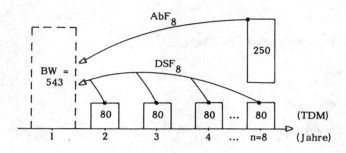

Ergebnis: Objekt 2 weist einen Ertragswert von 543 421 DM auf.

c) Objekt 3: Unterschiedliche jährliche Nettoeinzahlungen

vgl. Tabelle 1
↓

Jahr	Geldbetrag pro Jahr (DM)	AbF (10 %)	Barwert (10 %) (DM)
	I	II	III = I • II
1	50 000	0,909091	45 455
2	180 000	0,826446	148 760
3	210 000	0,751315	157 776
4	90 000	0,683013	61 471
Gesamtbarwert:			BW = 413 462

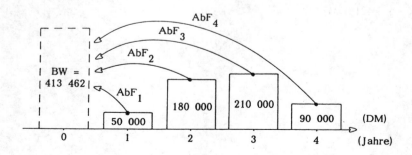

Ergebnis: Objekt 3 hat einen Ertragswert von 413 462 DM.

d) Objekt 4: Regelmäßig steigende jährliche Nettoeinzahlungen

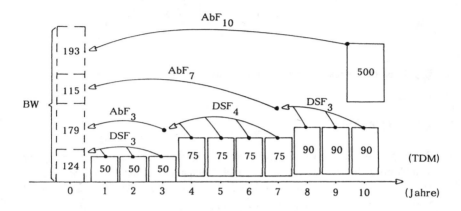

$$BW = 50\,000 \cdot DSF_3 + 75\,000 \cdot DSF_4 \cdot AbF_3 + 90\,000 \cdot DSF_3 \cdot AbF_7$$
$$+ 500\,000 \cdot AbF_{10} \qquad \leftarrow \text{vgl. Tabelle 1}$$

$$BW = 50\,000 \cdot 2,486852 + 75\,000 \cdot 3,169865 \cdot 0,751315$$
$$+ 90\,000 \cdot 2,486852 \cdot 0,513158 + 500\,000 \cdot 0,385543$$

$$BW = 124\,343 + 178\,618 + 114\,853 + 192\,772$$

$$BW = 610\,586 \text{ (DM)}$$

Ergebnis: Bei Objekt 4 beläuft sich der Ertragswert auf 610 586 DM.

e) Objekt 5: Unbegrenzte Nutzungsdauer

$$BW = g \cdot \frac{1}{i}$$

$$BW = 200\,000 \cdot \frac{1}{0,10}$$

$$BW = 2\,000\,000 \text{ (DM)}$$

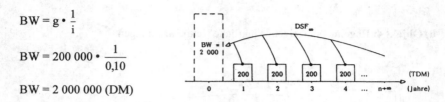

Ergebnis: Bei Objekt 5 kann mit einem Barwert von 2 Mio DM gerechnet werden.

1.9 Rentenrechnung

Die Ermittlung des Barwertes einer Rente erfolgt mit Hilfe des Diskontierungssummenfaktors DSF, der deshalb häufig auch Rentenbarwertfaktor genannt wird. Der Endwert einer Rente wird unter Benutzung des Endwertfaktors EWF ermittelt. Neben diesen beiden einfachen Anwendungen der genannten Faktoren im Bereich der Rentenrechnung kommen in der wirtschaftlichen Praxis gelegentlich Spezialprobleme vor, die die kombinierte Anwendung der Faktoren notwendig machen. Genau wie bei den bisherigen Erörterungen soll auch im folgenden davon ausgegangen werden, daß alle Zahlungen am Jahresende anfallen, d. h. bei den betrachteten Rentenzahlungen handelt es sich um nachschüssige (postnumerando) Renten.

Problem: Ein Versicherungsunternehmen unterbreitet Ihnen folgendes Angebot: Sie zahlen während der Ansparzeit von n_1 Jahren jeweils die Prämie g_1 DM und erhalten danach für die Leistungszeit von n_2 Jahren eine Rentenzahlung von g_2 DM. Für alle Berechnungen ist der Zinssatz i anzusetzen.

a) Ermitteln Sie die zu einer gegebenen Ansparleistung gehörende Rente.

b) Ermitteln Sie die für eine vorgegebene Rente notwendige Ansparleistung.

Lösung

a) Ermittlung der Rente bei gegebener Ansparung

Symbole

g_1 = jährliche Prämie (DM/Jahr)

n_1 = Ansparzeit (Jahre)

K_{n_1} = Deckungskapital (DM)

i = Zinssatz in Dezimalform

g_2 = jährliche Rente (DM/Jahr)

n_2 = Leistungszeit (Jahre)

Zeitstrahl

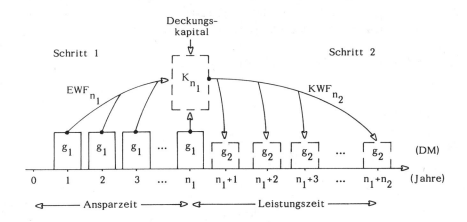

Die Zeitstrahl-Darstellung verdeutlicht den finanzmathematischen Vorgang: Während der Ansparzeit von n_1 Jahren ist mit Hilfe der jährlichen Prämienzahlungen g_1 ein Kapital zu bilden (Deckungskapital), das ausreicht, um während der Leistungszeit von n_2 Jahren eine jährliche Rente g_2 zu erhalten.

Die Problemlösung erfolgt in zwei Schritten:

Schritt 1: $K_{n_1} = g_1 \cdot EWF_{n_1}$

. Schritt 2: $g_2 = K_{n_1} \cdot KWF_{n_2} = g_1 \cdot EWF_{n_1} \cdot KWF_{n_2}$

b) Ermittlung der Ansparung für eine gegebene Rente

Die Lösung des Problems erfolgt in zwei Schritten:

(1) Zunächst ermitteln Sie das zur Leistung der jährlichen Rentenzahlungen g_2 notwendige Deckungskapital, indem Sie eine auf den Zeitpunkt n_1 bezogene Barwertbildung mit Hilfe des DSF durchführen.

(2) Sodann errechnen Sie die zur Ansparung des Deckungskapitals K_{n_1} notwendige Zahlungsreihe g_1, indem Sie das Deckungskapital mit Hilfe des Restwertverteilungsfaktors RVF auf die Ansparzeit von n_1 Jahren verteilen.

Die Zeitstrahl-Darstellung zeigt die beiden Lösungsschritte.

Zeitstrahl

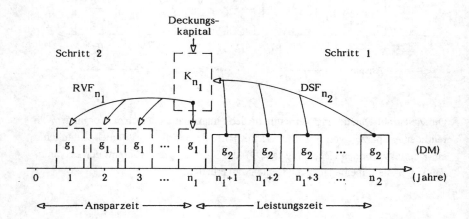

Daraus läßt sich die folgende Lösung ableiten:

Schritt 1:	$K = g_2 \cdot DSF$	
Schritt 2:	$g_1 = K \cdot RVF = g_2 \cdot DSF \cdot RVF$	

Beispiel (Rentenberechnung)

Ein Versicherter zahlt für die Dauer von zwölf Jahren eine Jahresprämie von 2 400 DM. Welche über 15 Jahre laufende Rente erhält er beim Zinssatz von 3,5 Prozent?

Lösung

Schritt 1: $K = g_1 \cdot EWF_{12}$ ← vgl. Tabelle 1

$K = 2\,400 \cdot 14{,}601962$

$K = 35\,045$ (DM)

Schritt 2: $g_2 = K \cdot KWF_{15}$ ← vgl. Tabelle 1

$g_2 = 35\,045 \cdot 0{,}086825$

$g_2 = 3\,043$ (DM/Jahr)

Ergebnis: Der Versicherte erhält eine jährliche Rente von 3 043 DM für die Dauer von 15 Jahren.

Beispiel (Prämienberechnung)

Eine mit 3,5 % kalkulierte Rente von jährlich 24 000 DM soll erst nach 10 Jahren beginnen und dann 18mal hintereinander gezahlt werden. Wie hoch müssen die jährlichen Prämienzahlungen während des Ansparzeitraumes von 10 Jahren sein?

Lösung

Schritt 1: $K_{n_1} = g_2 \cdot DSF_{18}$

$\qquad\quad K_{n_1} = 24\,000 \cdot 13,189682$

$\qquad\quad K_{n_1} = 316\,552\ (DM)$

Schritt 2: $g_1 = K_{n_1} \cdot RVF_{10}$

$\qquad\quad g_1 = 316\,552 \cdot 0,085241$

$\qquad\quad g_1 = 26\,983\ (DM/Jahr)$

Ergebnis: Die jährliche Prämie während des Ansparzeitraumes beläuft sich auf 26 983 DM.

2.   Anwendungsbeispiele zu Tabelle 2: Barwertermittlung bei Preissteigerungen[1]

Problem 1: Eine Zahlungsreihe läuft über n Perioden. Zum Zeitpunkt 0 wird die Zahlung pro Periode auf g_0 DM geschätzt, gleichzeitig rechnet man mit einem konstanten Wachstum der Zahlungen von p Prozent pro Periode. Wie hoch ist der Barwert K_0 dieser Zahlungsreihe beim Zinssatz i?

Symbole

K_0 = Barwert (DM)

g_0 = Nominalwert der periodischen Zahlung im Zeitpunkt 0

p   = Preissteigerungsrate (dezimal)

i   = Zinssatz (dezimal)

n   = Laufzeit (Perioden)

---

[1] Eine ausführliche mathematische Darstellung der Barwertermittlung bei steigenden Zahlungsreihen findet sich bei: K.-D. Däumler, Anwendung von Investitionsrechnungsverfahren in der Praxis, S. 138 ff.

Zeitstrahl

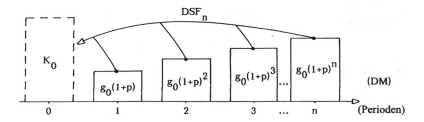

Lösung

$$K_0 = g_0 \cdot \frac{1+p}{1+i} \cdot \frac{1 - \left(\frac{1+p}{1+i}\right)^n}{1 - \frac{1+p}{1+i}}$$

$\underbrace{\hspace{5cm}}$

Diskontierungssummenfaktor (DSF)

- für $p \geq 0\,\%$ und
- endliche Laufzeit n

Beispiel (Barwert steigender Mietzahlungen)

Ein Bürohauseigentümer kann sein Gebäude zum Nettopreis von $g_0 = 100\,000$ DM jährlich für die Dauer von $n = 10$ Jahren vermieten. Die Jahresmiete wächst vereinbarungsgemäß von Jahr zu Jahr um $p = 5\,\% = 0{,}05$. Der Vermieter rechnet mit einem Kalkulationszinssatz von $i = 7\,\% = 0{,}07$. Errechnen Sie den Barwert K_0 dieser gleichmäßig steigenden Mietzahlungen.

Lösung

$$K_0 = g_0 \cdot \frac{1+p}{1+i} \cdot \frac{1 - \left(\frac{1+p}{1+i}\right)^n}{1 - \frac{1+p}{1+i}} = g_0 \cdot DSF_{10} \quad \leftarrow vgl.\ Tabelle\ 2$$

$K_0 = 100\ 000 \cdot 9{,}0275$

$K_0 = 902\ 750\ (DM)$

Ergebnis: Der Barwert der steigenden Nettomieten beläuft sich auf 902 750 DM.

Beispiel (Barwert steigender Minderauszahlungen)

Ein Hauseigentümer plant eine bessere Wärmeisolierung seines ölbeheizten Gebäudes. Die erwartete Öleinsparung beläuft sich auf 2 000 Liter pro Jahr. Der Ölpreis zum Zeitpunkt 0 beträgt 0,50 DM/Liter. Minderauszahlung: $g_0 = 2\ 000 \cdot 0{,}50$ = 1 000 DM/Jahr.

Ermitteln Sie für den Fall einer fünfzigjährigen Nutzungszeit der Energiesparmaßnahme und einer Mindestverzinsungsanforderung des Investors von i = 8 % = 0,08 die Bedingungen für die Vorteilhaftigkeit der Energiesparmaßnahme, falls die erwartete Ölpreissteigerung p = 0 % (4 %, 8 %) jährlich beträgt.

Lösung

Tabelle 2
↓

$K_0\ (p = 0\ \%) = g_0 \cdot DSF_{50} = 1\ 000 \cdot 12{,}2335 = 12\ 234\ (DM)$

$K_0\ (p = 4\ \%) = g_0 \cdot DSF_{50} = 1\ 000 \cdot 22{,}0604 = 22\ 060\ (DM)$

$K_0\ (p = 8\ \%) = g_0 \cdot DSF_{50} = 1\ 000 \cdot 50{,}0000 = 50\ 000\ (DM)$

Ergebnis: Die Investition zum Zwecke der Wärmeisolierung ist um so vorteilhafter, je höher die Preissteigerungsrate für das Heizöl ausfällt. Eine Isolierungsmaßnahme ist dann wirtschaftlich, wenn sie nicht mehr kostet als das

- 12fache der jährlichen Minderauszahlung, falls der Ölpreis konstant bleibt;
- 22fache der jährlichen Minderauszahlung, falls der Ölpreis um 4 % jährlich steigt;
- 50fache der jährlichen Minderauszahlung, falls der Ölpreis um 8 % jährlich steigt.

Problem 2: Eine Zahlungsreihe läuft über unbegrenzte Zeit (n → ∞). Zum Zeitpunkt 0 wird die periodische Zahlung auf g_0 DM pro Periode geschätzt, gleichzeitig rechnet man mit einem konstanten Wachstum der Zahlungen von p Prozent pro Periode. Wie hoch ist der Barwert dieser Zahlungsreihe beim Zinssatz i?

Symbole

K_0 = Barwert (DM)

g_0 = Nominalwert der periodischen Zahlung im Zeitpunkt 0

p   = Preissteigerungsrate (dezimal)

i   = Zinssatz (dezimal)

n   = Laufzeit (Perioden)

Zeitstrahl

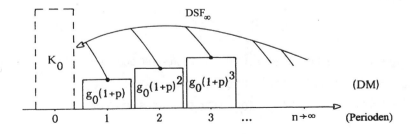

Lösung

$$K_0 = g_0 \cdot \underbrace{\frac{1+p}{i-p}}$$

      ⟶ Diskontierungssummenfaktor (DSF)

      • für $p \geq 0$ und
      • unbegrenzte Laufzeit

Beispiel (Barwert einer ewigen Rente)

Ein Grundstück ist für unbegrenzte Zeit verpachtet. Die Pacht beläuft sich auf 10 000 DM pro Jahr (Bezugszeitpunkt: Null). Im einzelnen gilt:

- $g_0 = 10\ 000$ (DM/Jahr)

- $i = 0,10 = 10\ \%$

- $n \to \infty$

Ermitteln Sie den Barwert der Pachtzahlungen unter Zugrundelegung verschiedener Wachstumsraten der jährlichen Pachtzahlung g_0 (0 %, 3 %, 6 %).

Lösung

Tabelle 2
↓

K_0 (p = 0 %) = 10 000 • DSF_∞ = 10 000 • 10,0000 = 100 000 (DM)

K_0 (p = 3 %) = 10 000 • DSF_∞ = 10 000 • 14,7143 = 147 143 (DM)

K_0 (p = 6 %) = 10 000 • DSF_∞ = 10 000 • 26,5000 = 265 000 (DM)

Ergebnis: Der Barwert steigt mit steigender Wachstumsrate der jährlichen Pachtzahlungen von 100 000 DM über 147 143 DM auf 265 000 DM.

3. Anwendungsbeispiele zu Tabelle 3: Endwertermittlung bei Preissteigerungen[1]

Problem: Eine Zahlungsreihe läuft über n Perioden. Zum Zeitpunkt 0 wird die Zahlung auf g_0 DM pro Periode geschätzt, gleichzeitig rechnet man mit einer konstanten periodischen Wachstumsrate der Zahlungsreihe von p Prozent. Wie hoch ist der Endwert K_n dieser Zahlungsreihe beim Zinssatz i?

Symbole

K_n = Endwert der Zahlungsreihe (DM)

g_0 = Nominalwert der periodischen Zahlung im Zeitpunkt 0

p = Preissteigerungsrate (dezimal)

i = Zinssatz (dezimal)

n = Laufzeit (Perioden)

Zeitstrahl

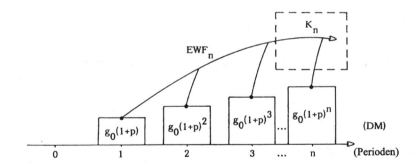

---

[1] Eine ausführliche mathematische Darstellung der Endwertermittlung bei steigenden Zahlungsreihen findet sich bei: K.-D. Däumler, Anwendung von Investitionsrechnungsverfahren in der Praxis, S. 160 ff.

Lösung

$$K_n = g_0 \cdot \frac{(1+p)^n - (1+i)^n}{1 - \frac{1+i}{1+p}}$$

Endwertfaktor (EWF)

• für $p \geq 0$ % und
• endliche Laufzeit n

Beispiel (Endwert steigender Mietzahlungen)

Ein Bürohauseigentümer kann sein Gebäude zum Nettopreis von $g_0 = 100\,000$ DM jährlich für die Dauer von $n = 10$ Jahren vermieten. Die Jahresmiete wächst vereinbarungsgemäß von Jahr zu Jahr um $p = 5$ % $= 0,05$. Der Vermieter rechnet mit einem Kalkulationszinssatz von $i = 7$ % $= 0,07$. Errechnen Sie den Endwert K_n dieser gleichmäßig steigenden Mietzahlungen.

Lösung

$$K_n = g_0 \cdot \frac{(1+p)^n - (1+i)^n}{1 - \frac{1+i}{1+p}} = g_0 \cdot EWF_{10} \qquad \leftarrow \text{vgl. Tabelle 3}$$

$K_n = 100\,000 \cdot 17,7585$

$K_n = 1\,775\,850$ (DM)

Ergebnis: Der Endwert der steigenden Nettomieten beläuft sich auf 1 775 850 DM.

Beispiel (Endwert steigender Unterhaltszahlungen)

Ein Wirtschaftssubjekt hat eine über $n = 20$ Jahre laufende Unterhaltszahlung im heutigen Wert von $g_0 = 3\ 000$ DM zu leisten. Wie hoch ist der Endwert K_n dieser Zahlungsreihe, falls die Jahreszahlung jährlich um $p = 0\ \%$ (4 %, 8 %) steigt und das Wirtschaftssubjekt mit einem Kalkulationszinssatz von $i = 6\ \% = 0{,}06$ rechnet?

Lösung

Tabelle 3
$\downarrow$

$K_n\ (p = 0\ \%) = g_0 \cdot EWF_{20} = 3\ 000 \cdot 36{,}7856 = 110\ 357$ (DM)

$K_n\ (p = 4\ \%) = g_0 \cdot EWF_{20} = 3\ 000 \cdot 52{,}8326 = 158\ 498$ (DM)

$K_n\ (p = 8\ \%) = g_0 \cdot EWF_{20} = 3\ 000 \cdot 78{,}5064 = 235\ 519$ (DM)

Ergebnis: Der Endwert der Zahlungsreihe steigt mit steigender Wachstumsrate der Jahreszahlungen von 110 357 DM über 158 498 DM auf 235 519 DM.

4. Anwendungsbeispiele zu Tabelle 4: Zinsumrechnungstabelle[1]

Problem: Wird ein Geldbetrag über eine bestimmte Zeit, etwa ein Jahr, aufgezinst, so hängt der Endwert K_n nicht nur vom Anfangskapital K_0 und dem Zinssatz i ab, sondern auch von der Anzahl der Zinsperioden (Zinstermine) pro Jahr. Unterjährige Verzinsung liegt dann vor, wenn die Zinsen schon nach Teilen eines Jahres (Halbjahr, Vierteljahr, Monat) dem Kapital (oder der Schuld) zugeschlagen und anschließend mitverzinst werden. Gesucht ist die Beziehung zwischen drei verschiedenen Zinssätzen, nämlich dem

- nominellen Jahreszinssatz r_{nom}, der die effektivzinserhöhende Wirkung der unterjährigen Zahlungsweise noch nicht berücksichtigt;

---

[1] Die Zinsumrechnungstabelle dient der bequemen rechnerischen Bewältigung unterjähriger Zinsperioden. Eine ausführliche Darstellung des Rechnens mit unterjährigen Zinsperioden findet sich bei: K.-D. Däumler, Anwendung von Investitionsrechnungsverfahren in der Praxis, S. 60 ff.

- Effektivzinssatz r_v einer Teilperiode des Jahres, die v zinspflichtige Tage umfaßt;

- effektiven Jahreszinssatz r (er gibt an, welcher Jahreszinssatz eine halb- oder vierteljährliche Verzinsung ersetzt).

Symbole

K_0 = Anfangskapital (DM)

K_n = Endkapital (DM)

n = Laufzeit (Jahre)

m = Zinsperioden pro Jahr = $\dfrac{365}{v}$

r_{nom} = nomineller Jahreszinssatz (dezimal)

r = effektiver Jahreszinssatz (dezimal)

r_v = Effektivzinssatz für v Tage (dezimal)

v = zinspflichtige Zeit (Tage)

Zeitstrahl

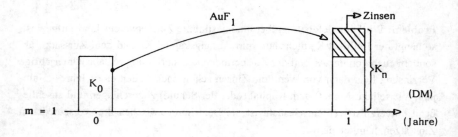

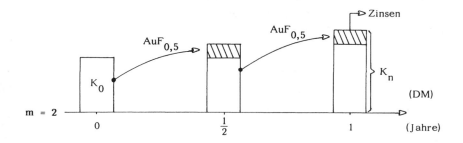

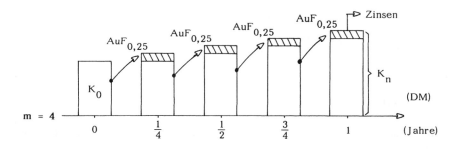

Lösung 1 (gegeben: Effektivzinssatz Teilperiode / gesucht: effektiver Jahreszinssatz)

$$r = (1 + r_v)^m - 1$$ Zinsumrechnungsformel

Lösung 2 (gegeben: effektiver Jahreszinssatz / gesucht: Effektivzinssatz Teilperiode)

$$r_v = (1 + r)^{\frac{1}{m}} - 1$$ Zinsumrechnungsformel

Hinweise:

1. Die Gleichung führt nur dann zu einem sinnvollen Ergebnis, wenn alle Zinssätze in Dezimalform eingegeben werden.

2. Da sich Zinssätze auf unterschiedliche Zeiträume beziehen können, ist in Zweifelsfällen eine genaue Zeitangabe angebracht.

Zeit	Abkürzung
Zinssatz pro Jahr	% p. J.
Zinssatz pro Halbjahr	% p. Hj.
Zinssatz pro Quartal	% p. Q.
Zinssatz pro Monat	% p. M.
Zinssatz pro Woche	% p. W.
Zinssatz pro Tag	% p. T.

Beispiel (Überziehungskredit)

Ihre Bank stellt Ihnen einen nominellen Jahreszinssatz von $r_{nom} = 12\% = 0{,}12$ für Überziehungskredite auf dem Gehaltskonto in Rechnung. Die Bank rechnet vierteljährlich also mit einem Sollzinssatz von $r_v = 3\% = 0{,}03$ ab. Nebenkosten seien vernachlässigt.

a) Wie hoch ist der effektive Jahreszinssatz r?

b) Wie hoch wäre der Effektivzinssatz r_v pro Quartal, wenn die Bank einen effektiven Jahreszinssatz von r = 12 % anstrebte?

Lösung

a) Ermittlung des effektiven Jahreszinssatzes

(1) Effektivzinssatz je Teilperiode: $r_v = \dfrac{r_{nom}}{m} = \dfrac{0{,}12}{4} = 0{,}03 = 3$ (% p. Q.)

(2) Effektiver Jahreszinssatz:

$$r = (1 + r_v)^m - 1$$

$$r = \left(1 + \frac{0,12}{4}\right)^4 - 1$$

$$r = (1 + 0,03)^4 - 1$$

$$r = 0,1255 = 12,55 \ (\% \ p. \ J.)$$

Ergebnis: Wenn Sie als Bankkunde 3 Prozent Zinsen pro Quartal zu zahlen haben, so bedeutet das, daß Ihr Überziehungskredit nicht 12 Prozent, sondern effektiv 12,55 Prozent pro Jahr kostet.

Hinweis: Aus dem effektiven Quartalszinssatz von 3 Prozent ergibt sich ein nomineller Jahreszinssatz von 12 Prozent. Sie können den zum nominellen Jahreszinssatz von 12 Prozent bei m = 4 Zinsperioden pro Jahr gehörenden effektiven Jahreszinssatz auch unmittelbar aus Tabelle 4 ablesen.

b) Ermittlung des effektiven Quartalszinssatzes

$$r_v = (1 + r)^{\frac{1}{m}} - 1$$

$$r_v = (1 + 0,12)^{0,25} - 1$$

$$r_v = 1,12^{0,25} - 1$$

$$r_v = 0,0287 = 2,87 \ (\% \ p. \ Q.)$$

Ergebnis: Wenn die Bank pro Quartal 2,87 Prozent Zinsen in Rechnung stellt, so entspricht dem eine effektive Jahresverzinsung von 12 Prozent.

Probe

Aus dem effektiven Quartalszinssatz von $r_v = 2,87$ Prozent ergibt sich ein nomineller Jahreszinssatz von $r_{nom} = 2,87 \cdot 4 = 11,48$ Prozent, gerundet: 11,50 Prozent.

Ein Blick in Tabelle 4 zeigt Ihnen, daß dem nominellen Jahreswert 11,50 % bei 4 Zinsperioden ein effektiver Wert von $r = 12{,}01$ % entspricht, was eine gute Annäherung an den von der Bank angestrebten Jahreseffektivzinssatz von 12 % darstellt.

Lösungsschema: Zur Effektivzinsberechnung bei unterjährigen Zinsperioden können Sie also zwei Lösungswege nutzen: die Zinsumrechnungsformel oder die Zinsumrechnungstabelle.

Lösung mit Zinsumrechnungsformel	Lösung mit Zinsumrechnungstabelle
(1) Ermitteln Sie den Effektivzinssatz pro Teilperiode (dezimal).	(1) Ermitteln Sie den nominellen Jahreszinssatz.
(2) Setzen Sie ihn in die Zinsrechnungsformel ein.	(2) Lesen Sie den Effektivzinssatz pro Jahr aus der Zinsumrechnungstabelle ab.

Die Zinsumrechnungstabelle bietet eine rasche und bequeme Problemlösung. Sie dürfen diesen Weg stets dann nutzen, wenn Sie eine Ungenauigkeit von maximal $\frac{1}{20}$ Prozentpunkt tolerieren können. Dieser Wert des möglichen Fehlers ergibt sich aus der zehntelprozentigen Schrittfolge der nominellen Jahreszinssätze in Tabelle 4. Falls Ihr nomineller Jahreszinssatz jedoch auf volle Zehntelprozente endet, erhalten Sie durch einen Blick in die Zinsumrechnungstabelle unmittelbar das genaue Ergebnis.

Beispiel (Termingeld)

Für eine Termingeldanlage bietet man Ihnen verschiedene Zinskonditionen:

Bank A: 10 % pro Jahr, ein Zinstermin zum Jahresende;
Bank B: 10 % pro Jahr, zwei Zinstermine jeweils zum Halbjahresende;
Bank C: 10 % pro Jahr, vier Zinstermine jeweils zum Quartalsende.

Wie hoch ist der effektive Jahreszinssatz r?

Lösung und Ergebnis (vgl. Tabelle 4)

Bank A:	10 % nominell p. J. / 1 Zinstermin	$\rightarrow$	10,00 % effektiv p. J.
Bank B:	10 % nominell p. J. / 2 Zinstermine	$\rightarrow$	10,25 % effektiv p. J.
Bank C:	10 % nominell p. J. / 4 Zinstermine	$\rightarrow$	10,38 % effektiv p. J.

Zweizahlungsfall[1]

Im Bereich der kurzfristigen Fremdfinanzierung lassen sich viele Probleme als Zweizahlungsfälle darstellen: Eine heutige Zahlung wird zeitlich aufgeschoben und durch eine spätere Zahlung ersetzt. Die Frist zwischen den beiden Zahlungen beträgt weniger als 365 Tage. Sie haben also die Wahl zwischen den Möglichkeiten „Zahlung heute" oder „Zahlung später", wobei die heutige Zahlung geringer ist als die spätere Zahlung. Die richtige Entscheidung zwischen den beiden Möglichkeiten setzt voraus, daß Sie die Effektivverzinsung kennen. Dabei behandeln wir vermiedene Auszahlungen wie Einzahlungen. Beim Lieferantenkredit beispielsweise ersetzt die heutige Barzahlung unter Skontoabzug die spätere Begleichung des vollen Rechnungsbetrages (= vermiedene Auszahlung).

Problem: Gegeben sind zwei Zahlungen, eine heutige Auszahlung K_0 und eine spätere Zahlung K_v. Wird heute K_0 gezahlt, so entfällt die spätere Zahlung von K_v. Die Frist zwischen den beiden Zahlungen beträgt v Tage. Wie hoch ist der interne Zinssatz r der Investition „Zahlung heute"?

Symbole

K_0	= heutige Zahlung (DM)
K_v	= spätere Zahlung (DM)
v	= Kreditlaufzeit (Tage)
r	= effektiver Jahreszinssatz (dezimal)
r_v	= Effektivzinssatz für v Tage (dezimal)

---

[1] Eine ausführliche Darstellung der Effektivzinsbestimmung im Zweizahlungsfall findet sich bei: K.-D. Däumler, Betriebliche Finanzwirtschaft, S. 230 ff. – Derselbe, Anwendung von Investitionsrechnungsverfahren in der Praxis, S. 60 ff.

r_{nom} = nomineller Jahreszinssatz (dezimal)

r_{appr} = approximativer (ungefährer) Jahreszinssatz (dezimal)

Zeitstrahl

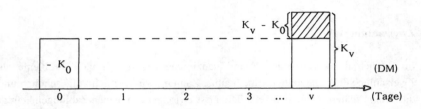

Lösung mit Zinsumrechnungsformel	Lösung mit Zinsumrechnungstabelle
(1) Ermitteln Sie den Effektivzinssatz für v Tage (dezimal): $$r_v = \frac{K_v - K_0}{K_0}$$ (2) Setzen Sie ihn in die Zinsumrechnungsformel ein: $$r = (1 + r_v)^{\frac{365}{v}} - 1$$	(1) Ermitteln Sie den nominellen Jahreszinssatz: $$r_{nom} = r_v \cdot \frac{365}{v}$$ (2) Lesen Sie den Effektivzinssatz pro Jahr aus der Zinsumrechnungstabelle ab. $$\rightarrow r_{appr}$$

Beispiel (Lieferantenkredit)

Auf einer Warenrechnung findet sich der Vermerk: „Bei Zahlung innerhalb von 10 Tagen 2 % Skonto. Bis 30 Tage Zahlung netto Kasse." Die Warenrechnung lautet über 1 000 DM. Der Kunde hat also die Wahl zwischen zwei unterschiedlich hohen Zahlungen zu unterschiedlichen Zeitpunkten:

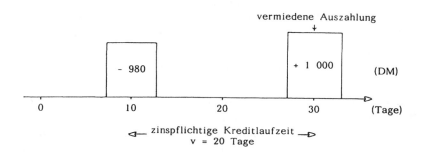

vermiedene Auszahlung

Wie hoch ist der effektive Jahreszinssatz r des Lieferantenkredites?

Lösung mit Zinsumrechnungsformel	Lösung mit Zinsumrechnungstabelle
(1) Ermitteln Sie den Effektivzinssatz für $v = 20$ Tage: $r_v = \dfrac{1\,000 - 980}{980} = 0{,}020408$	(1) Ermitteln Sie den nominellen Jahreszinssatz: $r_{nom} = \dfrac{1\,000 - 980}{980} \cdot \dfrac{365}{20}$ $r_{nom} = 0{,}3724 = 37{,}24$ (% p. J.)
(2) Setzen Sie ihn in die Zinsumrechnungsformel ein: $r = (1 + 0{,}020408)^{\frac{365}{20}} - 1$ $r = 1{,}020408^{18,25} - 1$ $r = 0{,}4458 = 44{,}58$ (% p. J.)	(2) Lesen Sie den Effektivzinssatz pro Jahr aus der Zinsumrechnungstabelle ab: Tabellenzinssatz: 37,25 (%) Zinsperioden: 18 $\left.\right\}$ $r_{appr} = \rightarrow$ 44,59 (% p. J.)

Ergebnis: Der Effektivzinssatz der Finanzinvestition „Zahlung innerhalb Skontofrist" beläuft sich auf rund 45 %, umgerechnet auf das Jahr.

Hinweis: Angesichts derartiger Effektivzinssätze sollten Sie nach der folgenden ehernen Regel verfahren: „Rechnungen, auf denen der Skontoabzug nicht ausdrücklich ausgeschlossen ist, sind unter allen Umständen mit Skontoabzug zu begleichen, auch wenn dazu die Aufnahme eines Bankkredites erforderlich ist". Diese Regel sollten Sie nicht nur geschäftlich, sondern auch privat beachten.

Die Banken könnten ihre Geschäftskonten daraufhin überprüfen, ob ihre Kunden Lieferantenkredite in Anspruch nehmen oder nicht. Kundschaft mit guter Bonität könnte routinemäßig einmal jährlich darauf hingewiesen werden, daß kurzfristige Bankkredite zur Ablösung von Lieferantenkrediten zur Verfügung stünden, und daß Bankkredite wesentlich zinsgünstiger als Lieferantenkredite seien.

Beispiel (Kundenanzahlung)

Ein Unternehmer bestellt eine Partie Bauholz für insgesamt 10 000 DM. Der Lieferant verspricht die Lieferung nach Ablauf von 4 Monaten (120 Tagen) zum genannten Preis. Für den Fall einer Vorauszahlung gewährt er einen Vorauszahlungsrabatt von 6 %.

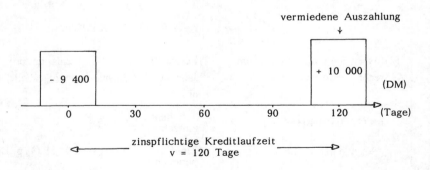

Wie hoch ist der effektive Jahreszinssatz r der Finanzinvestition „Kundenanzahlung"?

Lösung mit Zinsumrechnungsformel	Lösung mit Zinsumrechnungstabelle
(1) Ermitteln Sie den Effektivzins-satz für $v = 120$ Tage: $$r_v = \frac{10\,000 - 9\,400}{9\,400} = 0,063830$$	(1) Ermitteln Sie den nominellen Jahres-zinssatz: $$r_{nom} = \frac{10\,000 - 9\,400}{9\,400} \cdot \frac{365}{120}$$ $r_{nom} = 0,1941 = 19,41$ (% p. J.)
(2) Setzen Sie ihn in die Zinsum-rechnungsformel ein: $$r = (1 + 0,063830)^{\frac{365}{120}} - 1$$ $$r = 1,063830^{3,04167} - 1$$ $r = 0,20708 = 20,71$ (% p. J.)	(2) Lesen Sie den Effektivzinssatz pro Jahr aus der Zinsumrechnungstabelle ab: Tabellen-zinssatz: $19,50$ (%) Zins-perioden: 4 $\left. \begin{array}{c} \\ \\ \end{array} \right\} r_{appr} = \rightarrow 20,97$ (% p. J.)

Ergebnis: Der Effektivzinssatz der Kundenanzahlung beträgt rund 21 %. Aus der Sicht des Unternehmers lohnt sich die Finanzinvestition „Kundenanzahlung", wenn er mit einem unter 21 % liegenden Kalkulationszinssatz rechnet.

Hinweis: Bitte beachten Sie, daß das Ergebnis einer Rechnung nur eine Entschei-dungshilfe darstellt. Nicht mehr, aber auch nicht weniger. Im gegebenen Fall der Finanzinvestition „Kundenanzahlung" würden Sie sicher auch bedenken, daß die Rechtsposition eines Käufers, der schon gezahlt hat, schwächer ist als jene eines Käufers, der Geldbeträge einbehalten hat, falls die Lieferung nicht zur rechten Zeit, am rechten Ort und in der vereinbarten Qualität erfolgt. Die Kundenanzahlung kann sich auch dann als unzweckmäßig erweisen, wenn Ihr Geschäftspartner insolvent oder kriminell wird.

Beispiel (Wechseldiskontkredit)

Ein Kunde reicht bei seiner Bank einen guten Handelswechsel über 60 000 DM mit einer Laufzeit von 90 Tagen zum Diskont ein. Die Bank berechnet 1,5 % pro Quartal. An Spesen werden 50 DM in Rechnung gestellt. Wie hoch ist der effektive Jahreszinssatz r des Wechselkredites?

Lösung

Der effektive Kreditbetrag, die Auszahlung, ergibt sich wie folgt:

Wechselbetrag	60 000 (DM)
- Diskontbetrag (1,5 % für 90 Tage)	900 (DM)
- Diskontspesen	50 (DM)
= effektiver Kreditbetrag (Auszahlung)	59 050 (DM)

Aus der Sicht des Kunden gilt der Zeitstrahl:

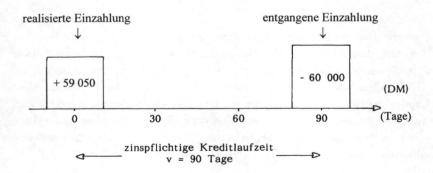

Lösung mit Zinsumrechnungsformel	Lösung mit Zinsumrechnungstabelle
(1) Ermitteln Sie den Effektivzinssatz für $v = 90$ Tage: $r_v = \dfrac{60\,000 - 59\,050}{59\,050} = 0,016088$	(1) Ermitteln Sie den nominellen Jahreszinssatz: $r_{nom} = \dfrac{60\,000 - 59\,050}{59\,050} \cdot \dfrac{365}{90}$ $r_{nom} = 0,0652 = 6,52\ (\%\ \text{p. J.})$
(2) Setzen Sie ihn in die Zinsumrechnungsformel ein: $r = (1 + 0,016088)^{\frac{365}{90}} - 1$ $r = 1,016088^{\,4,05556} - 1$ $r = 0,0669 = 6,69\ (\%\ \text{p. J.})$	(2) Lesen Sie den Effektivzinssatz pro Jahr aus der Zinsumrechnungstabelle ab: Tabellenzinssatz: $6,52\ (\%)$ Zinsperioden: 4 $\left. \begin{array}{c} \\ \\ \end{array} \right\} r_{appr} = \rightarrow 6,64\ (\%\ \text{p. J.})$

Ergebnis: Der Effektivzinssatz des Wechselkredites beläuft sich laut Zinsumrechnungsformel auf rund 6,69 % pro Jahr. Tabelle 4 (Zinsumrechnungstabelle) liefert als Näherungswert das Ergebnis 6,64 % pro Jahr.

Hinweis: Das angenäherte Ergebnis aus der Zinsumrechnungstabelle ließe sich, wenn Sie eine höhere Genauigkeit anstrebten, mittels linearer Interpolation verbessern. Dann wäre aber der Zeitvorteil der tabellarischen Lösung gegenüber der Zinsumrechnungsformel dahin. Sie könnten zur Verbesserung der Genauigkeit unter Wahrung des Zeitvorteils aber auch ein vereinfachtes Verfahren wählen: Sie korrigieren das Ergebnis aus der Zinsumrechnungstabelle, indem Sie die Differenz zwischen r_{nom} und dem Tabellenzins berücksichtigen.

Beispiel: Bei dem soeben ermittelten Effektivzinssatz des Wechseldiskontkredites nach Zinsumrechnungstabelle beträgt die Differenz zwischen nominellem Jahreszinssatz r_{nom} und Tabellenzinssatz 6,52 - 6,50 = 0,02 Prozentpunkte. Wenn Sie das Ergebnis, den Näherungswert für den effektiven Jahreszinssatz r_{appr}, entsprechend berichtigen, erhalten Sie: $r_{appr} = 6,64 + 0,02 = 6,66$ % p. J. Das ist eine gute Annäherung an den genauen Wert von $r = 6,69$ % p. J.

Ratenfall I: Heutige Zahlung oder spätere Zahlungsreihe?

Problem: Die Frage „Heutige Einmalzahlung oder spätere Zahlungsreihe?" wird im Wirtschaftsleben oft gestellt und ist daher oft zu beantworten[1]. So erspart die heutige Barzahlung spätere Monatsraten für den Ratenkauf oder die Leasing-Finanzierung. Oder: Eine Investition verursacht heute eine Anschaffungsauszahlung in bestimmter Höhe und erbringt in künftigen Perioden konstante jährliche Nettoeinzahlungen. Letztere können beispielsweise bei Rationalisierungsinvestitionen auch in vermiedenen Auszahlungen bestehen, die die Nettoeinzahlungen positiv beeinflussen und ökonomisch genauso zu behandeln sind wie Einzahlungen.

Beispiel (Sofortige Barzahlung oder spätere Ratenzahlung?)

Die Telesat hat einen Vertrag mit einem Raumfahrtunternehmen. Danach ist das Raumfahrtunternehmen verpflichtet, nach einem Jahr einen Fernsehsatelliten mit einer Nutzlast von zwei Tonnen in eine geostationäre Umlaufbahn zu bringen. Die Konditionen sind ausgehandelt, die Telesat kann nur noch wählen zwischen:

(1) sofortiger Zahlung von $K_0 = 4,2$ Mio DM oder
(2) vier Raten von $g = 1\ 143\ 500$ DM, jeweils nach Ablauf eines Quartals.

Wie hoch ist die Rendite der Finanzinvestition „Sofortige Zahlung"? Genauigkeit: zwei Nachkommastellen.

Lösung

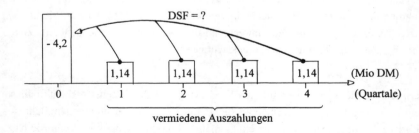

---

[1] Eine ausführliche Darstellung der Effektivzinsbestimmung im Ratenfall I findet sich bei: K.-D. Däumler, Betriebliche Finanzwirtschaft, S. 253 ff. – Derselbe, Anwendung von Investitionsrechnungsverfahren in der Praxis, S. 74 ff.

Wenn die Telesat im Zeitpunkt Null 4,2 Millionen DM überweist, vermeidet sie die viermalige Zahlung von 1,1435 Millionen DM. Die Rendite der Finanzinvestition „Sofortige Zahlung" ergibt sich, indem man die Einmalzahlung K_0 unter Nutzung des Diskontierungssummenfaktors DSF mit der Reihe der vermiedenen Raten g verknüpft und den Wert des DSF ausrechnet:

$$DSF_n = \frac{K_0}{g} = \frac{4\ 200\ 000}{1\ 143\ 500} = 3,672934$$

Jetzt suchen Sie in Tabelle 1 (Finanzmathematische Faktoren) den Wert des Diskontierungssummenfaktors DSF für $n = 4$ auf, der dem errechneten Wert von 3,672934 möglichst nahe kommt, und lesen den zugehörigen Tabellenzinssatz ab. Die Ergebnisgenauigkeit läßt sich - wenn nötig - mit Hilfe der linearen Interpolation erhöhen.

Lösung mit Zinsumrechnungsformel

Lösung mit Zinsumrechnungstabelle

(1) In Tabelle 1 abgelesener Zinssatz: $r_v = 3,5$ (% p. Q.)

(2) Setzen Sie ihn in die Zinsumrechnungsformel ein:

$$r = (1 + 0,035)^4 - 1$$

$$r = 0,1475 = 14,75\ (\%\ \text{p. J.})$$

(1) In Tabelle 1 abgelesener Zinssatz: $r_v = 3,5$ (% p. Q.)

(2) Errechnen Sie den zugehörigen nominellen Jahreszinssatz:

$$r_{nom} = 3,5 \cdot 4$$

$$r_{nom} = 14\ (\%\ \text{p. J.})$$

(3) Lesen Sie den effektiven Jahreszinssatz aus der Zinsumrechnungstabelle ab:

Tabellenzinssatz: 14 (%)

Zinsperioden: 4

$\Big\} \rightarrow r = 14,75$ (% p. J.)

Ratenfall II: Jetzige Zahlungsreihe oder spätere Einmalzahlung?

Problem: Bei Auftragsfertigungen (Gebäude, Spezialmaschinen, Yachten usw.) ist es üblich, Anzahlungsraten zu leisten, die sich nach dem Baufortschritt richten. Vereinbart man eine spätere Einmalzahlung nach Fertigstellung des Objekts, so ist diese regelmäßig höher als die Summe der Anzahlungsraten. Somit ist die Zahlungsreihe der Raten eine Finanzinvestition. Und es ist wichtig, ihren effektiven Jahreszinssatz zu kennen[1].

Beispiel (Monatliche Anzahlungsraten oder späterer Endpreis?)

Eine Maschinenfabrik soll eine Werkzeugmaschine erstellen, für die Einzelfertigung notwendig ist. Die Bauzeit beträgt 10 Monate. Bei den Verhandlungen über Preis und Konditionen bleibt schließlich die Wahl zwischen zwei Möglichkeiten:

(1) Zehn Raten à 165 000 DM, zahlbar jeweils am Monatsende während der Bauzeit.

(2) Eine Zahlung nach Fertigstellung der Werkzeugmaschine zum Zeitpunkt 10 in Höhe von 1 735 000 DM.

Wie hoch ist die Rendite der Finanzinvestition „Anzahlungsraten statt Einmalzahlung zum Zeitpunkt 10"?

Lösung

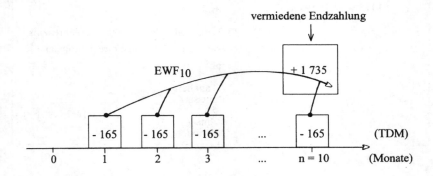

---

[1] Eine ausführliche Darstellung der Effektivzinsberechnung im Ratenfall II findet sich bei: K.-D. Däumler, Betriebliche Finanzwirtschaft, S. 260 ff. – Derselbe, Anwendung von Investitionsrechnungsverfahren in der Praxis, S. 82 ff.

Wenn der Kunde die Anzahlungsraten überweist, vermeidet er die einmalige Endzahlung von 1,735 Millionen DM. Die Rendite der Finanzinvestition „Anzahlungsraten" ergibt sich, indem man die Reihe der Anzahlungsraten mit Hilfe des Endwertfaktors EWF mit der vermiedenen Endzahlung verknüpft und den Wert des EWF errechnet:

$$EWF = \frac{K_n}{g} = \frac{1\,735\,000}{165\,000} = 10,515152$$

Jetzt suchen Sie in Tabelle 1 (Finanzmathematische Faktoren) den Wert des Endwertfaktors EWF für $n = 10$ auf, der dem errechneten Wert von 10,515152 möglichst nahe kommt, und lesen den zugehörigen Tabellenzinssatz ab. Die Ergebnisgenauigkeit läßt sich - wenn nötig - mit Hilfe der linearen Interpolation erhöhen.

Lösung mit Zinsumrechnungsformel	Lösung mit Zinsumrechnungstabelle
(1) In Tabelle 1 abgelesener Zinssatz: $r_v = 1,10$ (% p. M.)	(1) In Tabelle 1 abgelesener Zinssatz: $r_v = 1,10$ (% p. M.)
(2) Setzen Sie ihn in die Zinsrechnungsformel ein: $r = (1 + 0,011)^{12} - 1$ $r = 0,1403 = 14,03$ (% p. J.)	(2) Errechnen Sie den zugehörigen nominellen Jahreszinssatz: $r_{nom} = 1,10 \cdot 12$ $r_{nom} = 13,2$ (% p. J.)
	(3) Lesen Sie den effektiven Jahreszinssatz aus der Zinsumrechnungstabelle ab: Tabellenzinssatz: 13,2 (%) Zinsperioden: 12 $\Big\} \rightarrow r = 14,03$ (% p. J.)

Ergebnis: Die Rendite der Anzahlungsraten beträgt 14,03 % p. J. Falls der Kunde mit einem unter 14,03 % liegenden Kalkulationszinssatz rechnet, sollte er die Anzahlungsraten wählen.

5. **Anwendungsbeispiele zu Tabelle 5: Durchschnittliche Lebens-
    erwartung**

Zunahme der Lebenserwartung

Aus den Volkszählungen der letzten Jahrzehnte wissen wir, daß die mittlere
Lebenserwartung in der Bundesrepublik Deutschland laufend zugenommen hat.
Nach der Allgemeinen Sterbetafel 1970/72 lagen vor einem männlichen Neugeborenen 67,41 Jahre, vor einem weiblichen Neugeborenen 73,83 Jahre. Die abgekürzte
Sterbetafel von 1994/96 (sie basiert nicht auf den Daten einer Volkszählung) zeigt
eine deutliche Zunahme der mittleren Lebenserwartung in den alten Ländern, und
zwar auf 73,79 Jahre bei männlichen und 80,00 Jahre bei weiblichen Neugeborenen.
In den neuen Bundesländern hat ein Neugeborener 71,20 Jahre vor sich, eine Neu-
geborene 78,55 Jahre. Fazit: (1) Frauen leben länger als Männer. (2) Im Westen lebt
man länger als im Osten.

Deshalb zeigt Tabelle 5 die durchschnittliche Lebenserwartung von Männern und
Frauen für

- Deutschland insgesamt,
- die Altländer (früheres Bundesgebiet) und die
- neuen Länder inklusive Berlin-Ost.

Im EU-Vergleich erweist sich die Lebenserwartung deutscher Frauen und Männer
als unterdurchschnittlich. Während die EU-Frau statistisch 80,5 Jahre vor sich hat,
kann die D-Frau nur auf 79,8 Jahre vorausblicken. Der EU-Mann hat 74 Jahre vor
sich, der D-Mann 73,3 Jahre. In fast allen Staaten dieser Welt liegt die Lebenserwartung der Frauen um rund 10 % über der der Männer. Kurioserweise gelten die
Männer als das stärkere Geschlecht.

Die Zunahme der mittleren Lebenserwartung ist von großer Bedeutung bei allen
vertraglichen Abmachungen, die sich auf die statistische Restlebenserwartung eines
einzelnen Menschen oder eines Kollektivs stützen. Wer verpflichtet ist, einem
Begünstigten eine Rente zu zahlen, muß bei steigender Lebenserwartung mit einer
längeren Zahlungsdauer rechnen. Wer verpflichtet ist, einem Begünstigten eine
Lebensversicherung auszuzahlen, kann bei steigender Lebenserwartung mit einer
Entlastung rechnen.

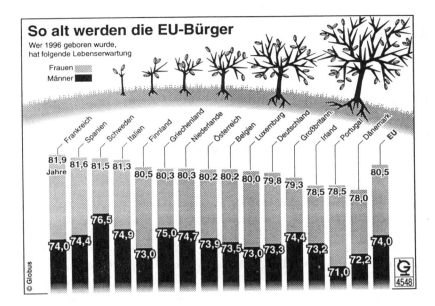

Übers.: Durchschnittliche Lebenserwartung im EU-Vergleich

Wie liest man die Sterbetafel?

Bitte, liebe Leser, stellen Sie sich vor, Sie sollten die durchschnittliche Lebenserwartung eines westdeutschen Mannes von gegenwärtig 65 Jahren ermitteln. Oben haben Sie gelesen, daß die durchschnittliche Lebenserwartung eines westdeutschen Neugeborenen bei 73,79 Jahren liegt. Ist dann die Restnutzungsdauer eines 65jährigen 73,79 - 65 = 8,79 Jahre? Tabelle 5 sagt nein und behauptet, seine Lebenserwartung läge bei 14,94 Jahren. Wie ist das zu erklären? Die durchschnittliche Lebenserwartung eines Neugeborenen wird unter Berücksichtigung der Risiken aller Altersgruppen ermittelt. Unser 65jähriger hat seine Geburt überlebt, er hat sich nicht kurz nach Überreichung der Fahrerlaubnis mit seinem Motorrad überschlagen, und er blieb vom Aus durch Herzinfarkt verschont. All diese Risiken hat er erfolgreich hinter sich gelassen, und die Statistik belohnt ihn dafür mit einer Lebenserwartung von 65 + 14,94 = 79,94 Jahren. Wer also von der durchschnittlichen Lebenserwartung von Neugeborenen das eigene Lebensalter abzieht, um seine Restlebenserwartung festzustellen, hat sich in das falsche Kollektiv, in das Kollektiv der Neugeborenen eingereiht. Am Rande bemerkt: Niemand käme auf die Idee, einem 90jährigen Westdeutschen, der laut Statistik noch 3,71 Jahre zu leben hat, eine negative Rest-lebenserwartung (73,79 - 90 = - 16,21 Jahre) zu bescheinigen.

Wie nutzt man die Sterbetafeln?

Die Sterbetafeln lassen sich besonders sinnvoll in Verbindung mit den finanzmathe-matischen Faktoren nutzen, wie sie in Tabelle 1, 2 und 3 abgedruckt sind.

Beispiel (Bewertung einer Rentenlast)

Beim Kauf eines Mehrfamilienhauses in Dresden ist zu beachten, daß eine 57jährige Dame ein Wohnrecht auf Lebenszeit besitzt. Das Wohnrecht ist auf eine Wohnung von 80 qm eingetragen, für die im Falle einer Vermietung jährlich netto der Betrag von 9 500 DM erzielt werden könnte. Die Vertragspartner haben sich auf einen Zinssatz von 6 % geeinigt. Der vereinbarte Gesamtkaufpreis ohne Berücksichtigung des Wohnrechtes beträgt 600 000 DM.

Wie hoch ist der jetzt tatsächlich zu zahlende Kaufpreis unter Berücksichtigung der Rentenlast (des Wohnrechtes), wenn man davon ausgeht, die Miete sei jeweils zum Jahresende (nachschüssig) fällig?

Lösung

Durchschnittliche Restlebenserwartung laut Tabelle 5
(gerundet auf volle Jahre):   24 (Jahre)

Rentenbarwertfaktor/Diskontierungssummenfaktor DSF
für 24 Jahre und 6 % (Tabelle 1):   12,550358

$$\text{Barwert der Leibrente} = \text{Leibrente} \cdot \text{DSF}_{24}$$

$$\text{Barwert der Leibrente} = 9\ 500 \cdot 12{,}550358$$

$$\text{Barwert der Leibrente} = 119\ 228\ (\text{DM})$$

Ergebnis: Der heute zu zahlende Kaufpreis beträgt unter Berücksichtigung des Wohnrechts 600 000 - 119 228 = 480 772 DM.

Beispiel (Überprüfung eines Leibrentenangebotes)

Der Inhaber eines Reinigungsunternehmens in Stuttgart will seinen Betrieb aus Altersgründen an einen Nachfolger übergeben. Man ist sich darüber einig, daß die Reinigung mit 900 000 DM zu bewerten ist. Die Hälfte dieses Betrages soll der Verkäufer bei Vertragsabschluß per Scheck erhalten. Die andere Hälfte soll als Leibrente jeweils zum Jahresende gezahlt werden. Der Begünstigte ist 66 Jahre alt und möchte mit einem Zinssatz nicht unter 6 Prozent abschließen.

Der Käufer bietet eine Leibrente von 45 461 DM an, zahlbar jeweils zum Jahresende.

Mit welchem Zinssatz hat der Käufer gerechnet? Welche Zahlung pro Jahr müßte der bisherige Inhaber fordern?

Lösung

Durchschnittliche Restlebenserwartung laut Tabelle 5 (auf volle Jahre gerundet):	14 (Jahre)
Barwert:	450 000 (DM)
Rente:	45 461 (DM/Jahr)

$$\text{Rentenbarwertfaktor (DSF)} = \frac{450\,000}{45\,461} = 9{,}8986$$

In Tabelle 1 findet sich bei einer Laufzeit von 14 Jahren ein Rentenbarwertfaktor von 9,898641, der dem oben ermittelten Wert sehr nahe kommt. Dieser Rentenbarwertfaktor oder Diskontierungssummenfaktor gilt für den Tabellenzinssatz von 5 %.

Ergebnis: Der Altmeister sollte dieses Angebot nicht akzeptieren. Er sollte vielmehr auf einer Leibrente von 48 413 DM pro Jahr bestehen.

Berechnung

Verrentungsfaktor/Kapitalwiedergewinnungsfaktor KWF
für 6 % und 14 Jahre (Tabelle 1):   0,107585

$$\text{Leibrente} = \text{Hälfte des Kaufpreises} \cdot \text{KWF}_{14}$$

$$\text{Leibrente} = 450\,000 \cdot 0,107585$$

$$\text{Leibrente} = 48\,413 \; (\text{DM/Jahr})$$

Beispiel (Umrechnung einer Jahresrente auf vorschüssige und monatliche Zahlungen)

Frau Z. aus Kampen/Sylt möchte nach dem Tod ihres Mannes ihre Villa verkaufen.
Sie plant, in eine kleinere Wohnung im Zentrum Kiels zu ziehen. Zur Sicherung
ihrer Lebenshaltung soll die Villa auf Leibrente veräußert werden. Frau Z. ist
gegenwärtig 64 Jahre alt.

a) Wie hoch ist die jährlich nachschüssig zu zahlende Rente, wenn Frau Z. mit dem
   potentiellen Käufer des Hauses einen Kaufpreis von 495 450 DM vereinbart hat
   und mit einem Zinssatz von 6 % gerechnet wird?

Lösung

Zu verrentender Betrag: 495 450 (DM)

Durchschnittliche Restlebenserwartung laut Tabelle 5
(auf volle Jahre gerundet)   20 (Jahre)

Verrentungsfaktor/Kapitalwiedergewinnungsfaktor KWF
für 6 % und 20 Jahre (Tabelle 1):   0,087185

$$\text{Leibrente} = \text{Kaufpreis} \cdot \text{KWF}_{20}$$

$$\text{Leibrente} = 495\,450 \cdot 0,087185$$

$$\text{Leibrente} = 43\,196 \; (\text{DM/Jahr})$$

Ergebnis: Frau Z. erhält jeweils zum Jahresende 43 196 DM.

b) Welchen Rentenbetrag pro Jahr könnte Frau Z. erhalten, wenn sie Wert darauf legt, daß die Zahlungen vorschüssig, also zum Jahresbeginn erfolgen?

Lösung

Da jetzt alle Zahlungen genau ein Jahr früher anfallen, sind sie mit Hilfe des Abzinsungsfaktors (AbF) für 6 % um ein Jahr zu diskontieren:

vorschüssige Zahlung = nachschüssige Zahlung • AbF_1

vorschüssige Zahlung = 43 196 • 0,943396

vorschüssige Zahlung = 40 751 (DM)

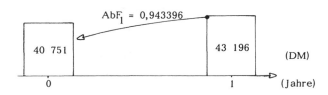

Ergebnis: Soll die Leibrente zum Jahresbeginn entrichtet werden, so vermindert sich die Jahreszahlung von 43 196 DM auf 40 751 DM.

c) Welchen Rentenbetrag pro Periode würde Frau Z. erhalten, wenn Sie die unter b) ermittelte Jahresrente jeweils zum Monatsende gezahlt haben möchte?

Lösung

Der Betrag von 40 751 DM ist unter Berücksichtigung eines Jahreszinses von 6 %, dem ein Monatszins von 0,48675 ≈ 0,5 % entspricht, auf die 12 Monate zu verteilen.

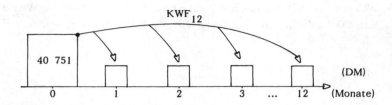

Zu verrentender Betrag:	40 751 (DM)
Zinssatz:	0,5 (% p. M.)
Zeit:	12 (Monate)
Verrentungsfaktor/Kapitalwiedergewinnungsfaktor KWF (Tabelle 1):	0,086066

monatliche Leibrente = vorschüssige Jahresrente $\cdot$ KWF_{12}

monatliche Leibrente = 40 751 $\cdot$ 0,086066

monatliche Leibrente = 3 507 (DM/Monat)

Ergebnis: Frau Z. könnte auf Wunsch folgende Zahlungen erhalten:

- 43 196 DM zum Jahresende,
- 40 751 DM zum Jahresbeginn,
- 3 507 DM zum Monatsende.

Ausblick

Die Bedeutung derartiger Rechnungen wird im Zeitablauf zunehmen, denn bei Geburtszahlen, die unter den Sterbefällen liegen, steigt der Anteil der älteren Bevölkerung unaufhaltsam. Die Statistiker unterscheiden bei der Analyse der Altersstruktur drei Generationen, nämlich

- noch nicht Erwerbstätige (Alter: bis unter 20 Jahre),
- Erwerbstätige (Alter: 20 bis unter 60 Jahre),
- nicht mehr Erwerbstätige (Alter: 60 und mehr Jahre).

Dabei trägt die mittlere Generation die Last, das Sozialprodukt, das auch die Versorgung der beiden anderen Generationen gewährleisten soll, zu erzeugen. Nach Berechnungen des Statistischen Bundesamtes wird sich die Altersstruktur der deutschen Bevölkerung bis zum Jahre 2030 in der Weise ändern, daß der Anteil der mittleren Generation auf 47 % schrumpft. Mitte der achtziger Jahre lag er noch bei 57 %.

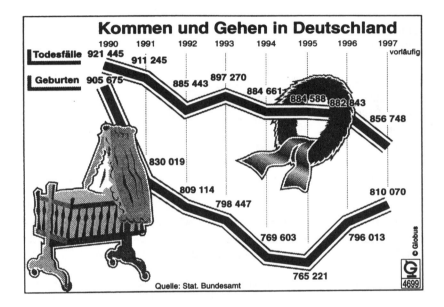

B.   Tabellenteil

Tabelle 1: Finanzmathematische Faktoren

Die finanzmathematischen Faktoren sind wichtige Hilfsmittel für die Beurteilung und Berechnung vieler Probleme. Mögliche Anwendungsgebiete:

- Zinseszinsrechnung,
- Investitions- und Wirtschaftlichkeitsrechnung,
- Finanzierungsrechnung,
- Kurs- und Effektivzinsberechnung,
- Rentenrechnung,
- Versicherungsmathematik,
- Tilgungsrechnung,
- Ertragswertberechnung,
- Finanzmathematik,
- Bankmathematik.

Die vorliegende Darstellung versucht, einige Schwächen der üblichen Tabellenwerke zu vermeiden:

(1) Herkömmliche Tabellenwerke enden meist bei einem Zinssatz von 10 %. Da Sie bei praktischen Rechnungen häufig mit zweistelligen Zinssätzen zu rechnen haben, erschließt die Tabelle 1 einen Bereich von 0,10 % bis 30 %.

(2) Häufig sind die Schritte zwischen den einzelnen Zinssätzen im Hinblick auf praktische Probleme, etwa Effektivzinsberechnungen, zu groß. Deshalb werden die Faktoren hier in kleinen Schritten von 0,10 Prozentpunkten bis 3 %, 0,25 Prozentpunkten bis 6 % und 0,5 Prozentpunkten bis 30 % ausgewiesen. Diese Anordnung der Tabellenzinssätze ermöglicht genaue finanzmathematische Berechnungen sowohl bei jährlich anfallenden Zahlungen als auch bei unterjähriger Zahlungsweise.

(3) In vielen Tabellenwerken werden die einzelnen Faktoren getrennt voneinander aufgelistet. Wenn Sie zur Lösung eines praktischen Problemes mehrere Faktoren benötigen, müssen Sie ständig umblättern. Um dieses Umblättern zu vermeiden, sind hier alle Faktoren für einen bestimmten Rechnungszinssatz auf einer Seite zusammengefaßt.

Die folgende Übersicht gibt eine stark komprimierte Darstellung der sechs finanzmathematischen Faktoren und ihrer Funktionen.

In der ersten Spalte sind die sechs Faktoren in der Schreibweise wiedergegeben, die
in der Betriebswirtschaftslehre üblich ist. In allgemein-mathematischen Darstel-
lungen finden Sie gelegentlich eine alternative Schreibweise, bei der $(1+i) = q$
gesetzt wird. Diese Schreibweise ist in der zweiten Spalte ergänzend aufgenommen
worden. Die dritte Spalte enthält die verschiedenen Bezeichnungen für die Faktoren
sowie die von uns gewählten Abkürzungen. So wird der Diskontierungssummenfaktor DSF im Bereich der Rentenrechnung häufig auch (Renten-)Barwertfaktor genannt; im Bereich der Unternehmensbewertung nennt man ihn auch Kapitalisie-
rungsfaktor. Der Kapitalwiedergewinnungsfaktor KWF heißt Verrentungsfaktor,
wenn es um die Ermittlung einer Rente geht; bei Banken spricht man vom Annui-
tätenfaktor, wenn die zu einem bestimmten Darlehen gehörende Annuität ermittelt
werden soll. In der vierten Spalte werden die Faktoren im Hinblick auf ihre finanzmathematische Funktion verbal beschrieben. Die verbale Beschreibung wird in der
fünften Spalte durch eine schematische Zeitstrahl-Darstellung ergänzt, die die Funktion von der grafischen Seite erschließt.

Symbole

i = Zinssatz (dezimal)

n = Laufzeit (Jahre)

g = Geldbetrag pro Jahr (DM/Jahr)

K_0 = Einmalzahlung zum Zeitpunkt 0 (DM)

K_n = Einmalzahlung zum Zeitpunkt n (DM)

Faktor	Andere Schreibweise $(1+i) = q$	Bezeichnung
$(1+i)^n$	q^n	Aufzinsungsfaktor (AuF)
$(1+i)^{-n}$	q^{-n}	Abzinsungsfaktor (AbF) Diskontierungsfaktor
$\dfrac{(1+i)^n - 1}{i(1+i)^n}$	$\dfrac{q^n - 1}{q^n(q - 1)}$	Diskontierungssummenfaktor (DSF) Abzinsungssummenfaktor Barwertfaktor Rentenbarwertfaktor Kapitalisierungsfaktor
$\dfrac{i(1+i)^n}{(1+i)^n - 1}$	$\dfrac{q^n(q - 1)}{q^n - 1}$	Kapitalwiedergewinnungsfaktor (KWF) Verrentungsfaktor Annuitätenfaktor
$\dfrac{i}{(1+i)^n - 1}$	$\dfrac{q - 1}{q^n - 1}$	Restwertverteilungsfaktor (RVF) Rückwärtsverteilungsfaktor
$\dfrac{(1+i)^n - 1}{i}$	$\dfrac{q^n - 1}{q - 1}$	Endwertfaktor (EWF) Aufzinsungssummenfaktor Rentenendwertfaktor

Funktion (verbal)	Funktion (grafisch)
zinst einen jetzt fälligen Geldbetrag K_0 mit Zins und Zinseszins auf einen nach n Perioden fälligen Geldbetrag K_n auf (verwandelt „Einmalzahlung jetzt" in „Einmalzahlung nach n Perioden")	
zinst einen nach n Perioden fälligen Geldbetrag K_n unter Berücksichtigung von Zins und Zinseszins auf einen jetzt fälligen Geldbetrag K_0 ab (verwandelt „Einmalzahlung nach n Perioden" in „Einmalzahlung jetzt")	
zinst die Glieder g einer Zahlungsreihe unter Berücksichtigung von Zins und Zinseszins ab und addiert gleichzeitig die Barwerte (verwandelt Zahlungsreihe in „Einmalzahlung jetzt")	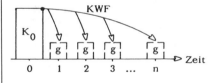
verteilt einen jetzt fälligen Geldbetrag K_0 in gleiche Annuitäten g unter Berücksichtigung von Zins und Zinseszins auf n Perioden (verwandelt „Einmalzahlung jetzt" in Zahlungsreihe)	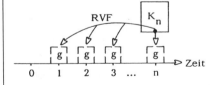
verteilt eine nach n Perioden fällige Einmalzahlung K_n unter Berücksichtigung von Zins und Zinseszins auf die Laufzeit von n Perioden (verwandelt „Einmalzahlung nach n Perioden" in Zahlungsreihe)	
zinst die Glieder g einer Zahlungsreihe unter Berücksichtigung von Zins und Zinseszins auf und addiert gleichzeitig die Endwerte (verwandelt Zahlungsreihe in „Einmalzahlung nach n Perioden")	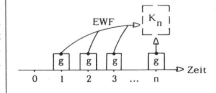

	0,10%					
	AuF	**AbF**	**DSF**	**KWF**	**EWF**	**RVF**
n	$(1+i)^n$	$(1+i)^{-n}$	$\dfrac{(1+i)^n-1}{i(1+i)^n}$	$\dfrac{i(1+i)^n}{(1+i)^n-1}$	$\dfrac{(1+i)^n-1}{i}$	$\dfrac{i}{(1+i)^n-1}$
1	1,001000	0,999001	0,999001	1,001000	1,000000	1,000000
2	1,002001	0,998003	1,997004	0,500750	2,001000	0,499750
3	1,003003	0,997006	2,994010	0,334000	3,003001	0,333000
4	1,004006	0,996010	3,990020	0,250625	4,006004	0,249625
5	1,005010	0,995015	4,985035	0,200600	5,010010	0,199600
6	1,006015	0,994021	5,979056	0,167250	6,015020	0,166250
7	1,007021	0,993028	6,972084	0,143429	7,021035	0,142429
8	1,008028	0,992036	7,964120	0,125563	8,028056	0,124563
9	1,009036	0,991045	8,955165	0,111667	9,036084	0,110667
10	1,010045	0,990055	9,945219	0,100551	10,045120	0,099551
11	1,011055	0,989066	10,934285	0,091455	11,055165	0,090455
12	1,012066	0,988078	11,922363	0,083876	12,066220	0,082876
13	1,013078	0,987091	12,909453	0,077463	13,078287	0,076463
14	1,014091	0,986104	13,895558	0,071965	14,091365	0,070965
15	1,015105	0,985119	14,880677	0,067201	15,105456	0,066201
16	1,016121	0,984135	15,864812	0,063033	16,120562	0,062033
17	1,017137	0,983152	16,847964	0,059354	17,136682	0,058354
18	1,018154	0,982170	17,830134	0,056085	18,153819	0,055085
19	1,019172	0,981189	18,811323	0,053159	19,171973	0,052159
20	1,020191	0,980208	19,791531	0,050527	20,191145	0,049527
21	1,021211	0,979229	20,770760	0,048145	21,211336	0,047145
22	1,022233	0,978251	21,749011	0,045979	22,232547	0,044979
23	1,023255	0,977274	22,726285	0,044002	23,254780	0,043002
24	1,024278	0,976297	23,702583	0,042189	24,278035	0,041189
25	1,025302	0,975322	24,677905	0,040522	25,302313	0,039522
26	1,026328	0,974348	25,652252	0,038983	26,327615	0,037983
27	1,027354	0,973374	26,625627	0,037558	27,353943	0,036558
28	1,028381	0,972402	27,598029	0,036234	28,381297	0,035234
29	1,029410	0,971431	28,569459	0,035002	29,409678	0,034002
30	1,030439	0,970460	29,539919	0,033852	30,439088	0,032852
31	1,031470	0,969491	30,509410	0,032777	31,469527	0,031777
32	1,032501	0,968522	31,477932	0,031768	32,500996	0,030768
33	1,033533	0,967555	32,445487	0,030821	33,533497	0,029821
34	1,034567	0,966588	33,412074	0,029929	34,567031	0,028929
35	1,035602	0,965622	34,377697	0,029089	35,601598	0,028089
36	1,036637	0,964658	35,342354	0,028295	36,637199	0,027295
37	1,037674	0,963694	36,306048	0,027544	37,673836	0,026544
38	1,038712	0,962731	37,268780	0,026832	38,711510	0,025832
39	1,039750	0,961769	38,230549	0,026157	39,750222	0,025157
40	1,040790	0,960809	39,191358	0,025516	40,789972	0,024516
41	1,041831	0,959849	40,151206	0,024906	41,830762	0,023906
42	1,042873	0,958890	41,110096	0,024325	42,872593	0,023325

	AuF	AbF	DSF	KWF	EWF	RVF
n	$(1+i)^n$	$(1+i)^{-n}$	$\dfrac{(1+i)^n-1}{i(1+i)^n}$	$\dfrac{i(1+i)^n}{(1+i)^n-1}$	$\dfrac{(1+i)^n-1}{i}$	$\dfrac{i}{(1+i)^n-1}$

0,10%

n	AuF	AbF	DSF	KWF	EWF	RVF
43	1,043915	0,957932	42,068028	0,023771	43,915465	0,022771
44	1,044959	0,956975	43,025003	0,023242	44,959381	0,022242
45	1,046004	0,956019	43,981022	0,022737	46,004340	0,021737
46	1,047050	0,955064	44,936086	0,022254	47,050345	0,021254
47	1,048097	0,954110	45,890196	0,021791	48,097395	0,020791
48	1,049145	0,953157	46,843353	0,021348	49,145492	0,020348
49	1,050195	0,952204	47,795557	0,020922	50,194638	0,019922
50	1,051245	0,951253	48,746810	0,020514	51,244832	0,019514
51	1,052296	0,950303	49,697113	0,020122	52,296077	0,019122
52	1,053348	0,949354	50,646467	0,019745	53,348373	0,018745
53	1,054402	0,948405	51,594872	0,019382	54,401722	0,018382
54	1,055456	0,947458	52,542330	0,019032	55,456123	0,018032
55	1,056512	0,946511	53,488841	0,018695	56,511580	0,017695
56	1,057568	0,945566	54,434406	0,018371	57,568091	0,017371
57	1,058626	0,944621	55,379027	0,018057	58,625659	0,017057
58	1,059684	0,943677	56,322705	0,017755	59,684285	0,016755
59	1,060744	0,942735	57,265439	0,017463	60,743969	0,016463
60	1,061805	0,941793	58,207232	0,017180	61,804713	0,016180
61	1,062867	0,940852	59,148084	0,016907	62,866518	0,015907
62	1,063929	0,939912	60,087996	0,016642	63,929384	0,015642
63	1,064993	0,938973	61,026969	0,016386	64,993314	0,015386
64	1,066058	0,938035	61,965004	0,016138	66,058307	0,015138
65	1,067124	0,937098	62,902102	0,015898	67,124365	0,014898
66	1,068191	0,936162	63,838263	0,015665	68,191490	0,014665
67	1,069260	0,935227	64,773490	0,015438	69,259681	0,014438
68	1,070329	0,934292	65,707782	0,015219	70,328941	0,014219
69	1,071399	0,933359	66,641141	0,015006	71,399270	0,014006
70	1,072471	0,932426	67,573567	0,014799	72,470669	0,013799
71	1,073543	0,931495	68,505062	0,014597	73,543140	0,013597
72	1,074617	0,930564	69,435627	0,014402	74,616683	0,013402
73	1,075691	0,929635	70,365262	0,014212	75,691300	0,013212
74	1,076767	0,928706	71,293968	0,014026	76,766991	0,013026
75	1,077844	0,927778	72,221746	0,013846	77,843758	0,012846
76	1,078922	0,926851	73,148597	0,013671	78,921602	0,012671
77	1,080001	0,925925	74,074523	0,013500	80,000523	0,012500
78	1,081081	0,925000	74,999523	0,013333	81,080524	0,012333
79	1,082162	0,924076	75,923600	0,013171	82,161604	0,012171
80	1,083244	0,923153	76,846753	0,013013	83,243766	0,012013
81	1,084327	0,922231	77,768984	0,012859	84,327010	0,011859
82	1,085411	0,921310	78,690294	0,012708	85,411337	0,011708
83	1,086497	0,920389	79,610683	0,012561	86,496748	0,011561
84	1,087583	0,919470	80,530153	0,012418	87,583245	0,011418

			0,20%			
	AuF	**AbF**	**DSF**	**KWF**	**EWF**	**RVF**
n	$(1+i)^n$	$(1+i)^{-n}$	$\dfrac{(1+i)^n - 1}{i(1+i)^n}$	$\dfrac{i(1+i)^n}{(1+i)^n - 1}$	$\dfrac{(1+i)^n - 1}{i}$	$\dfrac{i}{(1+i)^n - 1}$
1	1,002000	0,998004	0,998004	1,002000	1,000000	1,000000
2	1,004004	0,996012	1,994016	0,501500	2,002000	0,499500
3	1,006012	0,994024	2,988040	0,334668	3,006004	0,332668
4	1,008024	0,992040	3,980080	0,251251	4,012016	0,249251
5	1,010040	0,990060	4,970139	0,201202	5,020040	0,199202
6	1,012060	0,988084	5,958223	0,167835	6,030080	0,165835
7	1,014084	0,986111	6,944334	0,144002	7,042140	0,142002
8	1,016112	0,984143	7,928477	0,126128	8,056225	0,124128
9	1,018145	0,982179	8,910656	0,112225	9,072337	0,110225
10	1,020181	0,980218	9,890874	0,101103	10,090482	0,099103
11	1,022221	0,978262	10,869136	0,092004	11,110663	0,090004
12	1,024266	0,976309	11,845445	0,084421	12,132884	0,082421
13	1,026314	0,974360	12,819806	0,078004	13,157150	0,076004
14	1,028367	0,972416	13,792221	0,072505	14,183464	0,070505
15	1,030424	0,970475	14,762696	0,067738	15,211831	0,065738
16	1,032485	0,968538	15,731233	0,063568	16,242255	0,061568
17	1,034549	0,966604	16,697838	0,059888	17,274739	0,057888
18	1,036619	0,964675	17,662513	0,056617	18,309289	0,054617
19	1,038692	0,962749	18,625262	0,053691	19,345907	0,051691
20	1,040769	0,960828	19,586090	0,051057	20,384599	0,049057
21	1,042851	0,958910	20,545000	0,048674	21,425368	0,046674
22	1,044936	0,956996	21,501996	0,046507	22,468219	0,044507
23	1,047026	0,955086	22,457082	0,044529	23,513155	0,042529
24	1,049120	0,953179	23,410261	0,042716	24,560182	0,040716
25	1,051219	0,951277	24,361538	0,041048	25,609302	0,039048
26	1,053321	0,949378	25,310916	0,039509	26,660521	0,037509
27	1,055428	0,947483	26,258399	0,038083	27,713842	0,036083
28	1,057539	0,945592	27,203991	0,036759	28,769269	0,034759
29	1,059654	0,943705	28,147696	0,035527	29,826808	0,033527
30	1,061773	0,941821	29,089517	0,034377	30,886462	0,032377
31	1,063896	0,939941	30,029458	0,033301	31,948234	0,031301
32	1,066024	0,938065	30,967523	0,032292	33,012131	0,030292
33	1,068156	0,936193	31,903716	0,031344	34,078155	0,029344
34	1,070293	0,934324	32,838040	0,030452	35,146312	0,028452
35	1,072433	0,932459	33,770499	0,029612	36,216604	0,027612
36	1,074578	0,930598	34,701096	0,028818	37,289037	0,026818
37	1,076727	0,928740	35,629837	0,028066	38,363615	0,026066
38	1,078881	0,926887	36,556723	0,027355	39,440343	0,025355
39	1,081038	0,925036	37,481760	0,026680	40,519223	0,024680
40	1,083201	0,923190	38,404950	0,026038	41,600262	0,024038
41	1,085367	0,921347	39,326297	0,025428	42,683462	0,023428
42	1,087538	0,919508	40,245806	0,024847	43,768829	0,022847

	AuF	AbF	DSF	KWF	EWF	RVF
n	$(1+i)^n$	$(1+i)^{-n}$	$\dfrac{(1+i)^n-1}{i(1+i)^n}$	$\dfrac{i(1+i)^n}{(1+i)^n-1}$	$\dfrac{(1+i)^n-1}{i}$	$\dfrac{i}{(1+i)^n-1}$
43	1,089713	0,917673	41,163479	0,024293	44,856367	0,022293
44	1,091892	0,915841	42,079320	0,023765	45,946080	0,021765
45	1,094076	0,914013	42,993333	0,023259	47,037972	0,021259
46	1,096264	0,912189	43,905522	0,022776	48,132048	0,020776
47	1,098457	0,910368	44,815891	0,022314	49,228312	0,020314
48	1,100654	0,908551	45,724442	0,021870	50,326768	0,019870
49	1,102855	0,906738	46,631179	0,021445	51,427422	0,019445
50	1,105061	0,904928	47,536107	0,021037	52,530277	0,019037
51	1,107271	0,903122	48,439229	0,020644	53,635337	0,018644
52	1,109485	0,901319	49,340548	0,020267	54,742608	0,018267
53	1,111704	0,899520	50,240067	0,019904	55,852093	0,017904
54	1,113928	0,897724	51,137792	0,019555	56,963797	0,017555
55	1,116155	0,895933	52,033724	0,019218	58,077725	0,017218
56	1,118388	0,894144	52,927869	0,018894	59,193880	0,016894
57	1,120625	0,892360	53,820228	0,018580	60,312268	0,016580
58	1,122866	0,890578	54,710807	0,018278	61,432893	0,016278
59	1,125112	0,888801	55,599607	0,017986	62,555759	0,015986
60	1,127362	0,887027	56,486634	0,017703	63,680870	0,015703
61	1,129616	0,885256	57,371890	0,017430	64,808232	0,015430
62	1,131876	0,883489	58,255380	0,017166	65,937848	0,015166
63	1,134139	0,881726	59,137105	0,016910	67,069724	0,014910
64	1,136408	0,879966	60,017071	0,016662	68,203863	0,014662
65	1,138681	0,878209	60,895281	0,016422	69,340271	0,014422
66	1,140958	0,876457	61,771737	0,016189	70,478952	0,014189
67	1,143240	0,874707	62,646444	0,015963	71,619910	0,013963
68	1,145526	0,872961	63,519405	0,015743	72,763149	0,013743
69	1,147817	0,871219	64,390624	0,015530	73,908676	0,013530
70	1,150113	0,869480	65,260104	0,015323	75,056493	0,013323
71	1,152413	0,867744	66,127848	0,015122	76,206606	0,013122
72	1,154718	0,866012	66,993861	0,014927	77,359019	0,012927
73	1,157027	0,864284	67,858144	0,014737	78,513737	0,012737
74	1,159342	0,862559	68,720703	0,014552	79,670765	0,012552
75	1,161660	0,860837	69,581540	0,014372	80,830106	0,012372
76	1,163984	0,859119	70,440658	0,014196	81,991767	0,012196
77	1,166312	0,857404	71,298062	0,014026	83,155750	0,012026
78	1,168644	0,855692	72,153755	0,013859	84,322062	0,011859
79	1,170981	0,853985	73,007739	0,013697	85,490706	0,011697
80	1,173323	0,852280	73,860019	0,013539	86,661687	0,011539
81	1,175670	0,850579	74,710598	0,013385	87,835010	0,011385
82	1,178021	0,848881	75,559479	0,013235	89,010680	0,011235
83	1,180377	0,847187	76,406666	0,013088	90,188702	0,011088
84	1,182738	0,845496	77,252162	0,012945	91,369079	0,010945

0,20%

				0,30%		
	AuF	**AbF**	**DSF**	**KWF**	**EWF**	**RVF**
n	$(1+i)^n$	$(1+i)^{-n}$	$\dfrac{(1+i)^n-1}{i(1+i)^n}$	$\dfrac{i(1+i)^n}{(1+i)^n-1}$	$\dfrac{(1+i)^n-1}{i}$	$\dfrac{i}{(1+i)^n-1}$
1	1,003000	0,997009	0,997009	1,003000	1,000000	1,000000
2	1,006009	0,994027	1,991036	0,502251	2,003000	0,499251
3	1,009027	0,991054	2,982090	0,335335	3,009009	0,332335
4	1,012054	0,988089	3,970179	0,251878	4,018036	0,248878
5	1,015090	0,985134	4,955313	0,201804	5,030090	0,198804
6	1,018136	0,982187	5,937501	0,168421	6,045180	0,165421
7	1,021190	0,979250	6,916750	0,144577	7,063316	0,141577
8	1,024254	0,976321	7,893071	0,126693	8,084506	0,123693
9	1,027326	0,973401	8,866472	0,112784	9,108759	0,109784
10	1,030408	0,970489	9,836961	0,101657	10,136086	0,098657
11	1,033499	0,967586	10,804547	0,092554	11,166494	0,089554
12	1,036600	0,964692	11,769239	0,084967	12,199993	0,081967
13	1,039710	0,961807	12,731046	0,078548	13,236593	0,075548
14	1,042829	0,958930	13,689976	0,073046	14,276303	0,070046
15	1,045957	0,956062	14,646038	0,068278	15,319132	0,065278
16	1,049095	0,953202	15,599241	0,064106	16,365089	0,061106
17	1,052243	0,950351	16,549592	0,060424	17,414185	0,057424
18	1,055399	0,947509	17,497101	0,057152	18,466427	0,054152
19	1,058565	0,944675	18,441775	0,054225	19,521827	0,051225
20	1,061741	0,941849	19,383624	0,051590	20,580392	0,048590
21	1,064926	0,939032	20,322656	0,049206	21,642133	0,046206
22	1,068121	0,936223	21,258880	0,047039	22,707060	0,044039
23	1,071326	0,933423	22,192303	0,045061	23,775181	0,042061
24	1,074540	0,930631	23,122934	0,043247	24,846506	0,040247
25	1,077763	0,927848	24,050782	0,041579	25,921046	0,038579
26	1,080996	0,925072	24,975854	0,040039	26,998809	0,037039
27	1,084239	0,922306	25,898160	0,038613	28,079805	0,035613
28	1,087492	0,919547	26,817706	0,037289	29,164045	0,034289
29	1,090755	0,916796	27,734503	0,036056	30,251537	0,033056
30	1,094027	0,914054	28,648557	0,034906	31,342292	0,031906
31	1,097309	0,911320	29,559878	0,033830	32,436318	0,030830
32	1,100601	0,908595	30,468472	0,032821	33,533627	0,029821
33	1,103903	0,905877	31,374349	0,031873	34,634228	0,028873
34	1,107214	0,903167	32,277517	0,030981	35,738131	0,027981
35	1,110536	0,900466	33,177983	0,030140	36,845345	0,027140
36	1,113868	0,897773	34,075755	0,029346	37,955881	0,026346
37	1,117209	0,895087	34,970843	0,028595	39,069749	0,025595
38	1,120561	0,892410	35,863253	0,027884	40,186958	0,024884
39	1,123923	0,889741	36,752994	0,027209	41,307519	0,024209
40	1,127294	0,887080	37,640074	0,026567	42,431442	0,023567
41	1,130676	0,884426	38,524500	0,025958	43,558736	0,022958
42	1,134068	0,881781	39,406282	0,025377	44,689412	0,022377

	AuF	AbF	DSF	KWF	EWF	RVF
n	$(1+i)^n$	$(1+i)^{-n}$	$\dfrac{(1+i)^n-1}{i(1+i)^n}$	$\dfrac{i(1+i)^n}{(1+i)^n-1}$	$\dfrac{(1+i)^n-1}{i}$	$\dfrac{i}{(1+i)^n-1}$
43	1,137470	0,879144	40,285425	0,024823	45,823481	0,021823
44	1,140883	0,876514	41,161940	0,024294	46,960951	0,021294
45	1,144306	0,873893	42,035832	0,023789	48,101834	0,020789
46	1,147738	0,871279	42,907111	0,023306	49,246139	0,020306
47	1,151182	0,868673	43,775783	0,022844	50,393878	0,019844
48	1,154635	0,866074	44,641858	0,022401	51,545059	0,019401
49	1,158099	0,863484	45,505342	0,021975	52,699695	0,018975
50	1,161573	0,860901	46,366243	0,021567	53,857794	0,018567
51	1,165058	0,858326	47,224569	0,021175	55,019367	0,018175
52	1,168553	0,855759	48,080328	0,020799	56,184425	0,017799
53	1,172059	0,853199	48,933528	0,020436	57,352978	0,017436
54	1,175575	0,850647	49,784175	0,020087	58,525037	0,017087
55	1,179102	0,848103	50,632278	0,019750	59,700612	0,016750
56	1,182639	0,845566	51,477845	0,019426	60,879714	0,016426
57	1,186187	0,843037	52,320882	0,019113	62,062353	0,016113
58	1,189746	0,840516	53,161398	0,018811	63,248541	0,015811
59	1,193315	0,838002	53,999400	0,018519	64,438286	0,015519
60	1,196895	0,835495	54,834895	0,018237	65,631601	0,015237
61	1,200485	0,832996	55,667891	0,017964	66,828496	0,014964
62	1,204087	0,830505	56,498396	0,017700	68,028981	0,014700
63	1,207699	0,828021	57,326417	0,017444	69,233068	0,014444
64	1,211322	0,825544	58,151961	0,017196	70,440767	0,014196
65	1,214956	0,823075	58,975036	0,016956	71,652090	0,013956
66	1,218601	0,820613	59,795649	0,016724	72,867046	0,013724
67	1,222257	0,818159	60,613808	0,016498	74,085647	0,013498
68	1,225924	0,815711	61,429519	0,016279	75,307904	0,013279
69	1,229601	0,813272	62,242791	0,016066	76,533828	0,013066
70	1,233290	0,810839	63,053630	0,015860	77,763429	0,012860
71	1,236990	0,808414	63,862044	0,015659	78,996720	0,012659
72	1,240701	0,805996	64,668040	0,015464	80,233710	0,012464
73	1,244423	0,803585	65,471625	0,015274	81,474411	0,012274
74	1,248157	0,801182	66,272806	0,015089	82,718834	0,012089
75	1,251901	0,798785	67,071592	0,014909	83,966991	0,011909
76	1,255657	0,796396	67,867988	0,014734	85,218892	0,011734
77	1,259424	0,794014	68,662002	0,014564	86,474548	0,011564
78	1,263202	0,791639	69,453641	0,014398	87,733972	0,011398
79	1,266992	0,789271	70,242912	0,014236	88,997174	0,011236
80	1,270792	0,786911	71,029822	0,014079	90,264165	0,011079
81	1,274605	0,784557	71,814379	0,013925	91,534958	0,010925
82	1,278429	0,782210	72,596590	0,013775	92,809563	0,010775
83	1,282264	0,779871	73,376460	0,013628	94,087991	0,010628
84	1,286111	0,777538	74,153998	0,013485	95,370255	0,010485

0,30% (table header)

	0,40%					
	AuF	AbF	DSF	KWF	EWF	RVF
n	$(1+i)^n$	$(1+i)^{-n}$	$\dfrac{(1+i)^n-1}{i(1+i)^n}$	$\dfrac{i(1+i)^n}{(1+i)^n-1}$	$\dfrac{(1+i)^n-1}{i}$	$\dfrac{i}{(1+i)^n-1}$
1	1,004000	0,996016	0,996016	1,004000	1,000000	1,000000
2	1,008016	0,992048	1,988064	0,503002	2,004000	0,499002
3	1,012048	0,988095	2,976159	0,336004	3,012016	0,332004
4	1,016096	0,984159	3,960318	0,252505	4,024064	0,248505
5	1,020161	0,980238	4,940556	0,202406	5,040160	0,198406
6	1,024241	0,976332	5,916888	0,169008	6,060321	0,165008
7	1,028338	0,972443	6,889331	0,145152	7,084562	0,141152
8	1,032452	0,968568	7,857899	0,127260	8,112900	0,123260
9	1,036581	0,964710	8,822609	0,113345	9,145352	0,109345
10	1,040728	0,960866	9,783475	0,102213	10,181934	0,098213
11	1,044891	0,957038	10,740513	0,093105	11,222661	0,089105
12	1,049070	0,953225	11,693738	0,085516	12,267552	0,081516
13	1,053266	0,949427	12,643165	0,079094	13,316622	0,075094
14	1,057480	0,945645	13,588810	0,073590	14,369889	0,069590
15	1,061709	0,941877	14,530687	0,068820	15,427368	0,064820
16	1,065956	0,938125	15,468812	0,064646	16,489078	0,060646
17	1,070220	0,934387	16,403199	0,060964	17,555034	0,056964
18	1,074501	0,930665	17,333864	0,057691	18,625254	0,053691
19	1,078799	0,926957	18,260820	0,054762	19,699755	0,050762
20	1,083114	0,923264	19,184084	0,052127	20,778554	0,048127
21	1,087447	0,919585	20,103669	0,049742	21,861668	0,045742
22	1,091796	0,915922	21,019591	0,047575	22,949115	0,043575
23	1,096164	0,912273	21,931863	0,045596	24,040911	0,041596
24	1,100548	0,908638	22,840501	0,043782	25,137075	0,039782
25	1,104950	0,905018	23,745519	0,042113	26,237623	0,038113
26	1,109370	0,901412	24,646932	0,040573	27,342574	0,036573
27	1,113808	0,897821	25,544753	0,039147	28,451944	0,035147
28	1,118263	0,894244	26,438997	0,037823	29,565752	0,033823
29	1,122736	0,890681	27,329678	0,036590	30,684015	0,032590
30	1,127227	0,887133	28,216811	0,035440	31,806751	0,031440
31	1,131736	0,883598	29,100409	0,034364	32,933978	0,030364
32	1,136263	0,880078	29,980487	0,033355	34,065714	0,029355
33	1,140808	0,876572	30,857059	0,032407	35,201977	0,028407
34	1,145371	0,873079	31,730138	0,031516	36,342785	0,027516
35	1,149953	0,869601	32,599739	0,030675	37,488156	0,026675
36	1,154552	0,866136	33,465876	0,029881	38,638108	0,025881
37	1,159171	0,862686	34,328562	0,029130	39,792661	0,025130
38	1,163807	0,859249	35,187810	0,028419	40,951832	0,024419
39	1,168463	0,855825	36,043636	0,027744	42,115639	0,023744
40	1,173136	0,852416	36,896052	0,027103	43,284101	0,023103
41	1,177829	0,849020	37,745071	0,026494	44,457238	0,022494
42	1,182540	0,845637	38,590709	0,025913	45,635067	0,021913

	AuF	AbF	DSF	KWF	EWF	RVF
0,40%						
n	$(1+i)^n$	$(1+i)^{-n}$	$\dfrac{(1+i)^n-1}{i(1+i)^n}$	$\dfrac{i(1+i)^n}{(1+i)^n-1}$	$\dfrac{(1+i)^n-1}{i}$	$\dfrac{i}{(1+i)^n-1}$
43	1,187270	0,842268	39,432977	0,025359	46,817607	0,021359
44	1,192020	0,838912	40,271889	0,024831	48,004877	0,020831
45	1,196788	0,835570	41,107459	0,024326	49,196897	0,020326
46	1,201575	0,832241	41,939700	0,023844	50,393685	0,019844
47	1,206381	0,828925	42,768626	0,023382	51,595259	0,019382
48	1,211207	0,825623	43,594249	0,022939	52,801640	0,018939
49	1,216051	0,822334	44,416583	0,022514	54,012847	0,018514
50	1,220916	0,819057	45,235640	0,022106	55,228898	0,018106
51	1,225799	0,815794	46,051434	0,021715	56,449814	0,017715
52	1,230702	0,812544	46,863978	0,021338	57,675613	0,017338
53	1,235625	0,809307	47,673285	0,020976	58,906316	0,016976
54	1,240568	0,806083	48,479368	0,020627	60,141941	0,016627
55	1,245530	0,802871	49,282239	0,020291	61,382509	0,016291
56	1,250512	0,799672	50,081911	0,019967	62,628039	0,015967
57	1,255514	0,796486	50,878398	0,019655	63,878551	0,015655
58	1,260536	0,793313	51,671711	0,019353	65,134065	0,015353
59	1,265578	0,790153	52,461863	0,019061	66,394601	0,015061
60	1,270641	0,787005	53,248868	0,018780	67,660180	0,014780
61	1,275723	0,783869	54,032737	0,018507	68,930820	0,014507
62	1,280826	0,780746	54,813483	0,018244	70,206544	0,014244
63	1,285949	0,777636	55,591118	0,017988	71,487370	0,013988
64	1,291093	0,774537	56,365656	0,017741	72,773319	0,013741
65	1,296258	0,771452	57,137107	0,017502	74,064413	0,013502
66	1,301443	0,768378	57,905485	0,017270	75,360670	0,013270
67	1,306648	0,765317	58,670802	0,017044	76,662113	0,013044
68	1,311875	0,762268	59,433070	0,016826	77,968761	0,012826
69	1,317123	0,759231	60,192301	0,016613	79,280636	0,012613
70	1,322391	0,756206	60,948507	0,016407	80,597759	0,012407
71	1,327681	0,753193	61,701700	0,016207	81,920150	0,012207
72	1,332991	0,750192	62,451892	0,016012	83,247831	0,012012
73	1,338323	0,747204	63,199096	0,015823	84,580822	0,011823
74	1,343677	0,744227	63,943323	0,015639	85,919145	0,011639
75	1,349051	0,741262	64,684584	0,015460	87,262822	0,011460
76	1,354447	0,738308	65,422893	0,015285	88,611873	0,011285
77	1,359865	0,735367	66,158260	0,015115	89,966321	0,011115
78	1,365305	0,732437	66,890697	0,014950	91,326186	0,010950
79	1,370766	0,729519	67,620216	0,014788	92,691491	0,010788
80	1,376249	0,726613	68,346829	0,014631	94,062257	0,010631
81	1,381754	0,723718	69,070547	0,014478	95,438506	0,010478
82	1,387281	0,720834	69,791381	0,014328	96,820260	0,010328
83	1,392830	0,717963	70,509344	0,014183	98,207541	0,010183
84	1,398401	0,715102	71,224446	0,014040	99,600371	0,010040

	AuF	**AbF**	**DSF**	**KWF**	**EWF**	**RVF**
n	$(1+i)^n$	$(1+i)^{-n}$	$\dfrac{(1+i)^n-1}{i(1+i)^n}$	$\dfrac{i(1+i)^n}{(1+i)^n-1}$	$\dfrac{(1+i)^n-1}{i}$	$\dfrac{i}{(1+i)^n-1}$
1	1,005000	0,995025	0,995025	1,005000	1,000000	1,000000
2	1,010025	0,990075	1,985099	0,503753	2,005000	0,498753
3	1,015075	0,985149	2,970248	0,336672	3,015025	0,331672
4	1,020151	0,980248	3,950496	0,253133	4,030100	0,248133
5	1,025251	0,975371	4,925866	0,203010	5,050251	0,198010
6	1,030378	0,970518	5,896384	0,169595	6,075502	0,164595
7	1,035529	0,965690	6,862074	0,145729	7,105879	0,140729
8	1,040707	0,960885	7,822959	0,127829	8,141409	0,122829
9	1,045911	0,956105	8,779064	0,113907	9,182116	0,108907
10	1,051140	0,951348	9,730412	0,102771	10,228026	0,097771
11	1,056396	0,946615	10,677027	0,093659	11,279167	0,088659
12	1,061678	0,941905	11,618932	0,086066	12,335562	0,081066
13	1,066986	0,937219	12,556151	0,079642	13,397240	0,074642
14	1,072321	0,932556	13,488708	0,074136	14,464226	0,069136
15	1,077683	0,927917	14,416625	0,069364	15,536548	0,064364
16	1,083071	0,923300	15,339925	0,065189	16,614230	0,060189
17	1,088487	0,918707	16,258632	0,061506	17,697301	0,056506
18	1,093929	0,914136	17,172768	0,058232	18,785788	0,053232
19	1,099399	0,909588	18,082356	0,055303	19,879717	0,050303
20	1,104896	0,905063	18,987419	0,052666	20,979115	0,047666
21	1,110420	0,900560	19,887979	0,050282	22,084011	0,045282
22	1,115972	0,896080	20,784059	0,048114	23,194431	0,043114
23	1,121552	0,891622	21,675681	0,046135	24,310403	0,041135
24	1,127160	0,887186	22,562866	0,044321	25,431955	0,039321
25	1,132796	0,882772	23,445638	0,042652	26,559115	0,037652
26	1,138460	0,878380	24,324018	0,041112	27,691911	0,036112
27	1,144152	0,874010	25,198028	0,039686	28,830370	0,034686
28	1,149873	0,869662	26,067689	0,038362	29,974522	0,033362
29	1,155622	0,865335	26,933024	0,037129	31,124395	0,032129
30	1,161400	0,861030	27,794054	0,035979	32,280017	0,030979
31	1,167207	0,856746	28,650800	0,034903	33,441417	0,029903
32	1,173043	0,852484	29,503284	0,033895	34,608624	0,028895
33	1,178908	0,848242	30,351526	0,032947	35,781667	0,027947
34	1,184803	0,844022	31,195548	0,032056	36,960575	0,027056
35	1,190727	0,839823	32,035371	0,031215	38,145378	0,026215
36	1,196681	0,835645	32,871016	0,030422	39,336105	0,025422
37	1,202664	0,831487	33,702504	0,029671	40,532785	0,024671
38	1,208677	0,827351	34,529854	0,028960	41,735449	0,023960
39	1,214721	0,823235	35,353089	0,028286	42,944127	0,023286
40	1,220794	0,819139	36,172228	0,027646	44,158847	0,022646
41	1,226898	0,815064	36,987291	0,027036	45,379642	0,022036
42	1,233033	0,811009	37,798300	0,026456	46,606540	0,021456

0,50%

	AuF	AbF	DSF	KWF	EWF	RVF
n	$(1+i)^n$	$(1+i)^{-n}$	$\dfrac{(1+i)^n-1}{i(1+i)^n}$	$\dfrac{i(1+i)^n}{(1+i)^n-1}$	$\dfrac{(1+i)^n-1}{i}$	$\dfrac{i}{(1+i)^n-1}$
43	1,239198	0,806974	38,605274	0,025903	47,839572	0,020903
44	1,245394	0,802959	39,408232	0,025375	49,078770	0,020375
45	1,251621	0,798964	40,207196	0,024871	50,324164	0,019871
46	1,257879	0,794989	41,002185	0,024389	51,575785	0,019389
47	1,264168	0,791034	41,793219	0,023927	52,833664	0,018927
48	1,270489	0,787098	42,580318	0,023485	54,097832	0,018485
49	1,276842	0,783182	43,363500	0,023061	55,368321	0,018061
50	1,283226	0,779286	44,142786	0,022654	56,645163	0,017654
51	1,289642	0,775409	44,918195	0,022263	57,928389	0,017263
52	1,296090	0,771551	45,689747	0,021887	59,218031	0,016887
53	1,302571	0,767713	46,457459	0,021525	60,514121	0,016525
54	1,309083	0,763893	47,221353	0,021177	61,816692	0,016177
55	1,315629	0,760093	47,981445	0,020841	63,125775	0,015841
56	1,322207	0,756311	48,737757	0,020518	64,441404	0,015518
57	1,328818	0,752548	49,490305	0,020206	65,763611	0,015206
58	1,335462	0,748804	50,239109	0,019905	67,092429	0,014905
59	1,342139	0,745079	50,984189	0,019614	68,427891	0,014614
60	1,348850	0,741372	51,725561	0,019333	69,770031	0,014333
61	1,355594	0,737684	52,463245	0,019061	71,118881	0,014061
62 ·	1,362372	0,734014	53,197258	0,018798	72,474475	0,013798
63	1,369184	0,730362	53,927620	0,018543	73,836847	0,013543
64	1,376030	0,726728	54,654348	0,018297	75,206032	0,013297
65	1,382910	0,723113	55,377461	0,018058	76,582062	0,013058
66	1,389825	0,719515	56,096976	0,017826	77,964972	0,012826
67	1,396774	0,715935	56,812912	0,017602	79,354797	0,012602
68	1,403758	0,712374	57,525285	0,017384	80,751571	0,012384
69	1,410777	0,708829	58,234115	0,017172	82,155329	0,012172
70	1,417831	0,705303	58,939418	0,016967	83,566105	0,011967
71	1,424920	0,701794	59,641212	0,016767	84,983936	0,011767
72	1,432044	0,698302	60,339514	0,016573	86,408856	0,011573
73	1,439204	0,694828	61,034342	0,016384	87,840900	0,011384
74	1,446401	0,691371	61,725714	0,016201	89,280104	0,011201
75	1,453633	0,687932	62,413645	0,016022	90,726505	0,011022
76	1,460901	0,684509	63,098155	0,015848	92,180138	0,010848
77	1,468205	0,681104	63,779258	0,015679	93,641038	0,010679
78	1,475546	0,677715	64,456973	0,015514	95,109243	0,010514
79	1,482924	0,674343	65,131317	0,015354	96,584790	0,010354
80	1,490339	0,670988	65,802305	0,015197	98,067714	0,010197
81	1,497790	0,667650	66,469956	0,015044	99,558052	0,010044
82	1,505279	0,664329	67,134284	0,014896	101,055842	0,009896
83	1,512806	0,661023	67,795308	0,014750	102,561122	0,009750
84	1,520370	0,657735	68,453042	0,014609	104,073927	0,009609

0,50%

				0,60%		
	AuF	**AbF**	**DSF**	**KWF**	**EWF**	**RVF**
n	$(1+i)^n$	$(1+i)^{-n}$	$\dfrac{(1+i)^n - 1}{i(1+i)^n}$	$\dfrac{i(1+i)^n}{(1+i)^n - 1}$	$\dfrac{(1+i)^n - 1}{i}$	$\dfrac{i}{(1+i)^n - 1}$
1	1,006000	0,994036	0,994036	1,006000	1,000000	1,000000
2	1,012036	0,988107	1,982143	0,504504	2,006000	0,498504
3	1,018108	0,982214	2,964357	0,337341	3,018036	0,331341
4	1,024217	0,976356	3,940713	0,253761	4,036144	0,247761
5	1,030362	0,970533	4,911245	0,203614	5,060361	0,197614
6	1,036544	0,964744	5,875989	0,170184	6,090723	0,164184
7	1,042764	0,958990	6,834979	0,146306	7,127268	0,140306
8	1,049020	0,953271	7,788250	0,128399	8,170031	0,122399
9	1,055314	0,947585	8,735835	0,114471	9,219051	0,108471
10	1,061646	0,941933	9,677768	0,103330	10,274366	0,097330
11	1,068016	0,936315	10,614084	0,094214	11,336012	0,088214
12	1,074424	0,930731	11,544815	0,086619	12,404028	0,080619
13	1,080871	0,925180	12,469995	0,080192	13,478452	0,074192
14	1,087356	0,919662	13,389657	0,074685	14,559323	0,068685
15	1,093880	0,914177	14,303834	0,069911	15,646679	0,063911
16	1,100443	0,908725	15,212558	0,065735	16,740559	0,059735
17	1,107046	0,903305	16,115863	0,062051	17,841002	0,056051
18	1,113688	0,897917	17,013781	0,058776	18,948048	0,052776
19	1,120370	0,892562	17,906343	0,055846	20,061736	0,049846
20	1,127093	0,887239	18,793581	0,053210	21,182107	0,047210
21	1,133855	0,881947	19,675528	0,050825	22,309200	0,044825
22	1,140658	0,876687	20,552215	0,048657	23,443055	0,042657
23	1,147502	0,871458	21,423673	0,046677	24,583713	0,040677
24	1,154387	0,866260	22,289933	0,044863	25,731215	0,038863
25	1,161314	0,861094	23,151027	0,043195	26,885603	0,037195
26	1,168281	0,855958	24,006985	0,041655	28,046916	0,035655
27	1,175291	0,850853	24,857838	0,040229	29,215198	0,034229
28	1,182343	0,845778	25,703616	0,038905	30,390489	0,032905
29	1,189437	0,840734	26,544350	0,037673	31,572832	0,031673
30	1,196574	0,835720	27,380070	0,036523	32,762269	0,030523
31	1,203753	0,830735	28,210805	0,035447	33,958842	0,029447
32	1,210976	0,825780	29,036585	0,034439	35,162596	0,028439
33	1,218241	0,820855	29,857441	0,033492	36,373571	0,027492
34	1,225551	0,815960	30,673400	0,032602	37,591813	0,026602
35	1,232904	0,811093	31,484493	0,031762	38,817363	0,025762
36	1,240302	0,806256	32,290749	0,030969	40,050268	0,024969
37	1,247743	0,801447	33,092196	0,030219	41,290569	0,024219
38	1,255230	0,796667	33,888862	0,029508	42,538313	0,023508
39	1,262761	0,791915	34,680778	0,028834	43,793543	0,022834
40	1,270338	0,787192	35,467970	0,028194	45,056304	0,022194
41	1,277960	0,782497	36,250467	0,027586	46,326642	0,021586
42	1,285628	0,777830	37,028297	0,027006	47,604601	0,021006

	AuF	AbF	DSF	KWF	EWF	RVF
n	$(1+i)^n$	$(1+i)^{-n}$	$\dfrac{(1+i)^n-1}{i(1+i)^n}$	$\dfrac{i(1+i)^n}{(1+i)^n-1}$	$\dfrac{(1+i)^n-1}{i}$	$\dfrac{i}{(1+i)^n-1}$
43	1,293341	0,773191	37,801488	0,026454	48,890229	0,020454
44	1,301101	0,768580	38,570068	0,025927	50,183570	0,019927
45	1,308908	0,763996	39,334064	0,025423	51,484672	0,019423
46	1,316761	0,759439	40,093503	0,024942	52,793580	0,018942
47	1,324662	0,754910	40,848412	0,024481	54,110341	0,018481
48	1,332610	0,750407	41,598819	0,024039	55,435003	0,018039
49	1,340606	0,745931	42,344751	0,023616	56,767613	0,017616
50	1,348649	0,741483	43,086233	0,023209	58,108219	0,017209
51	1,356741	0,737060	43,823294	0,022819	59,456868	0,016819
52	1,364882	0,732664	44,555958	0,022444	60,813610	0,016444
53	1,373071	0,728294	45,284252	0,022083	62,178491	0,016083
54	1,381309	0,723951	46,008203	0,021735	63,551562	0,015735
55	1,389597	0,719633	46,727836	0,021401	64,932872	0,015401
56	1,397935	0,715341	47,443177	0,021078	66,322469	0,015078
57	1,406322	0,711074	48,154252	0,020767	67,720404	0,014767
58	1,414760	0,706833	48,861085	0,020466	69,126726	0,014466
59	1,423249	0,702618	49,563703	0,020176	70,541486	0,014176
60	1,431788	0,698427	50,262130	0,019896	71,964735	0,013896
61	1,440379	0,694262	50,956392	0,019625	73,396524	0,013625
62	1,449021	0,690121	51,646513	0,019362	74,836903	0,013362
63	1,457716	0,686005	52,332517	0,019109	76,285924	0,013109
64	1,466462	0,681913	53,014431	0,018863	77,743640	0,012863
65	1,475261	0,677846	53,692277	0,018625	79,210102	0,012625
66	1,484112	0,673804	54,366081	0,018394	80,685362	0,012394
67	1,493017	0,669785	55,035866	0,018170	82,169474	0,012170
68	1,501975	0,665790	55,701656	0,017953	83,662491	0,011953
69	1,510987	0,661819	56,363475	0,017742	85,164466	0,011742
70	1,520053	0,657872	57,021347	0,017537	86,675453	0,011537
71	1,529173	0,653948	57,675295	0,017338	88,195506	0,011338
72	1,538348	0,650048	58,325343	0,017145	89,724679	0,011145
73	1,547578	0,646171	58,971514	0,016957	91,263027	0,010957
74	1,556864	0,642317	59,613831	0,016775	92,810605	0,010775
75	1,566205	0,638486	60,252317	0,016597	94,367469	0,010597
76	1,575602	0,634678	60,886995	0,016424	95,933674	0,010424
77	1,585056	0,630893	61,517888	0,016255	97,509276	0,010255
78	1,594566	0,627130	62,145018	0,016091	99,094331	0,010091
79	1,604133	0,623390	62,768407	0,015932	100,688897	0,009932
80	1,613758	0,619672	63,388079	0,015776	102,293031	0,009776
81	1,623441	0,615976	64,004054	0,015624	103,906789	0,009624
82	1,633181	0,612302	64,616356	0,015476	105,530229	0,009476
83	1,642980	0,608650	65,225006	0,015332	107,163411	0,009332
84	1,652838	0,605020	65,830026	0,015191	108,806391	0,009191

0,70%							
	AuF	**AbF**	**DSF**	**KWF**	**EWF**	**RVF**
n	$(1+i)^n$	$(1+i)^{-n}$	$\dfrac{(1+i)^n-1}{i(1+i)^n}$	$\dfrac{i(1+i)^n}{(1+i)^n-1}$	$\dfrac{(1+i)^n-1}{i}$	$\dfrac{i}{(1+i)^n-1}$
1	1,007000	0,993049	0,993049	1,007000	1,000000	1,000000
2	1,014049	0,986146	1,979194	0,505256	2,007000	0,498256
3	1,021147	0,979291	2,958485	0,338011	3,021049	0,331011
4	1,028295	0,972483	3,930968	0,254390	4,042196	0,247390
5	1,035493	0,965723	4,896691	0,204220	5,070492	0,197220
6	1,042742	0,959010	5,855701	0,170774	6,105985	0,163774
7	1,050041	0,952344	6,808045	0,146885	7,148727	0,139885
8	1,057391	0,945724	7,753769	0,128970	8,198768	0,121970
9	1,064793	0,939150	8,692918	0,115036	9,256160	0,108036
10	1,072247	0,932621	9,625539	0,103890	10,320953	0,096890
11	1,079752	0,926138	10,551678	0,094772	11,393199	0,087772
12	1,087311	0,919700	11,471378	0,087173	12,472952	0,080173
13	1,094922	0,913307	12,384685	0,080745	13,560262	0,073745
14	1,102586	0,906958	13,291644	0,075235	14,655184	0,068235
15	1,110304	0,900654	14,192298	0,070461	15,757770	0,063461
16	1,118077	0,894393	15,086691	0,066284	16,868075	0,059284
17	1,125903	0,888176	15,974867	0,062598	17,986151	0,055598
18	1,133784	0,882002	16,856869	0,059323	19,112054	0,052323
19	1,141721	0,875871	17,732740	0,056393	20,245839	0,049393
20	1,149713	0,869782	18,602522	0,053756	21,387560	0,046756
21	1,157761	0,863736	19,466258	0,051371	22,537273	0,044371
22	1,165865	0,857732	20,323990	0,049203	23,695034	0,042203
23	1,174026	0,851770	21,175760	0,047224	24,860899	0,040224
24	1,182244	0,845849	22,021609	0,045410	26,034925	0,038410
25	1,190520	0,839969	22,861578	0,043742	27,217170	0,036742
26	1,198854	0,834130	23,695708	0,042202	28,407690	0,035202
27	1,207246	0,828332	24,524039	0,040776	29,606544	0,033776
28	1,215697	0,822574	25,346613	0,039453	30,813789	0,032453
29	1,224206	0,816856	26,163469	0,038221	32,029486	0,031221
30	1,232776	0,811177	26,974646	0,037072	33,253692	0,030072
31	1,241405	0,805539	27,780185	0,035997	34,486468	0,028997
32	1,250095	0,799939	28,580124	0,034989	35,727873	0,027989
33	1,258846	0,794378	29,374503	0,034043	36,977969	0,027043
34	1,267658	0,788856	30,163359	0,033153	38,236814	0,026153
35	1,276531	0,783373	30,946732	0,032314	39,504472	0,025314
36	1,285467	0,777927	31,724659	0,031521	40,781003	0,024521
37	1,294465	0,772520	32,497179	0,030772	42,066470	0,023772
38	1,303527	0,767150	33,264329	0,030062	43,360936	0,023062
39	1,312651	0,761817	34,026146	0,029389	44,664462	0,022389
40	1,321840	0,756521	34,782667	0,028750	45,977113	0,021750
41	1,331093	0,751262	35,533930	0,028142	47,298953	0,021142
42	1,340410	0,746040	36,279970	0,027563	48,630046	0,020563

	AuF	AbF	DSF	KWF	EWF	RVF
n	$(1+i)^n$	$(1+i)^{-n}$	$\dfrac{(1+i)^n - 1}{i(1+i)^n}$	$\dfrac{i(1+i)^n}{(1+i)^n - 1}$	$\dfrac{(1+i)^n - 1}{i}$	$\dfrac{i}{(1+i)^n - 1}$
43	1,349793	0,740854	37,020824	0,027012	49,970456	0,020012
44	1,359242	0,735704	37,756528	0,026485	51,320249	0,019485
45	1,368756	0,730590	38,487118	0,025983	52,679491	0,018983
46	1,378338	0,725512	39,212630	0,025502	54,048248	0,018502
47	1,387986	0,720468	39,933098	0,025042	55,426585	0,018042
48	1,397702	0,715460	40,648558	0,024601	56,814571	0,017601
49	1,407486	0,710487	41,359045	0,024179	58,212273	0,017179
50	1,417338	0,705548	42,064593	0,023773	59,619759	0,016773
51	1,427260	0,700643	42,765236	0,023383	61,037098	0,016383
52	1,437251	0,695773	43,461009	0,023009	62,464357	0,016009
53	1,447311	0,690936	44,151946	0,022649	63,901608	0,015649
54	1,457442	0,686133	44,838079	0,022302	65,348919	0,015302
55	1,467645	0,681364	45,519443	0,021969	66,806362	0,014969
56	1,477918	0,676628	46,196070	0,021647	68,274006	0,014647
57	1,488263	0,671924	46,867995	0,021337	69,751924	0,014337
58	1,498681	0,667253	47,535248	0,021037	71,240188	0,014037
59	1,509172	0,662615	48,197863	0,020748	72,738869	0,013748
60	1,519736	0,658009	48,855872	0,020468	74,248041	0,013468
61	1,530374	0,653435	49,509306	0,020198	75,767777	0,013198
62	1,541087	0,648893	50,158199	0,019937	77,298152	0,012937
63	1,551875	0,644382	50,802581	0,019684	78,839239	0,012684
64	1,562738	0,639903	51,442484	0,019439	80,391113	0,012439
65	1,573677	0,635454	52,077938	0,019202	81,953851	0,012202
66	1,584693	0,631037	52,708975	0,018972	83,527528	0,011972
67	1,595786	0,626651	53,335626	0,018749	85,112221	0,011749
68	1,606956	0,622295	53,957920	0,018533	86,708006	0,011533
69	1,618205	0,617969	54,575889	0,018323	88,314962	0,011323
70	1,629532	0,613673	55,189562	0,018119	89,933167	0,011119
71	1,640939	0,609407	55,798969	0,017921	91,562699	0,010921
72	1,652425	0,605171	56,404141	0,017729	93,203638	0,010729
73	1,663992	0,600964	57,005105	0,017542	94,856064	0,010542
74	1,675640	0,596787	57,601892	0,017361	96,520056	0,010361
75	1,687370	0,592638	58,194530	0,017184	98,195697	0,010184
76	1,699181	0,588519	58,783048	0,017012	99,883066	0,010012
77	1,711076	0,584428	59,367476	0,016844	101,582248	0,009844
78	1,723053	0,580365	59,947841	0,016681	103,293324	0,009681
79	1,735115	0,576331	60,524172	0,016522	105,016377	0,009522
80	1,747260	0,572325	61,096497	0,016368	106,751492	0,009368
81	1,759491	0,568346	61,664843	0,016217	108,498752	0,009217
82	1,771808	0,564395	62,229238	0,016070	110,258243	0,009070
83	1,784210	0,560472	62,789710	0,015926	112,030051	0,008926
84	1,796700	0,556576	63,346286	0,015786	113,814261	0,008786

0,70%

0,80%						
	AuF	**AbF**	**DSF**	**KWF**	**EWF**	**RVF**
n	$(1+i)^n$	$(1+i)^{-n}$	$\dfrac{(1+i)^n-1}{i(1+i)^n}$	$\dfrac{i(1+i)^n}{(1+i)^n-1}$	$\dfrac{(1+i)^n-1}{i}$	$\dfrac{i}{(1+i)^n-1}$
1	1,008000	0,992063	0,992063	1,008000	1,000000	1,000000
2	1,016064	0,984190	1,976253	0,506008	2,008000	0,498008
3	1,024193	0,976379	2,952632	0,338681	3,024064	0,330681
4	1,032386	0,968630	3,921262	0,255020	4,048257	0,247020
5	1,040645	0,960942	4,882205	0,204825	5,080643	0,196825
6	1,048970	0,953316	5,835521	0,171364	6,121288	0,163364
7	1,057362	0,945750	6,781270	0,147465	7,170258	0,139465
8	1,065821	0,938244	7,719514	0,129542	8,227620	0,121542
9	1,074348	0,930798	8,650312	0,115603	9,293441	0,107603
10	1,082942	0,923410	9,573722	0,104453	10,367789	0,096453
11	1,091606	0,916082	10,489804	0,095331	11,450731	0,087331
12	1,100339	0,908811	11,398615	0,087730	12,542337	0,079730
13	1,109141	0,901598	12,300213	0,081299	13,642675	0,073299
14	1,118015	0,894443	13,194656	0,075788	14,751817	0,067788
15	1,126959	0,887344	14,082000	0,071013	15,869831	0,063013
16	1,135974	0,880302	14,962301	0,066835	16,996790	0,058835
17	1,145062	0,873315	15,835616	0,063149	18,132764	0,055149
18	1,154223	0,866384	16,702000	0,059873	19,277826	0,051873
19	1,163456	0,859508	17,561508	0,056943	20,432049	0,048943
20	1,172764	0,852686	18,414195	0,054306	21,595505	0,046306
21	1,182146	0,845919	19,260114	0,051921	22,768269	0,043921
22	1,191603	0,839205	20,099319	0,049753	23,950416	0,041753
23	1,201136	0,832545	20,931864	0,047774	25,142019	0,039774
24	1,210745	0,825938	21,757802	0,045961	26,343155	0,037961
25	1,220431	0,819383	22,577184	0,044293	27,553900	0,036293
26	1,230195	0,812879	23,390064	0,042753	28,774332	0,034753
27	1,240036	0,806428	24,196492	0,041328	30,004526	0,033328
28	1,249956	0,800028	24,996520	0,040006	31,244562	0,032006
29	1,259956	0,793678	25,790198	0,038774	32,494519	0,030774
30	1,270036	0,787379	26,577578	0,037626	33,754475	0,029626
31	1,280196	0,781130	27,358708	0,036551	35,024511	0,028551
32	1,290438	0,774931	28,133639	0,035545	36,304707	0,027545
33	1,300761	0,768781	28,902419	0,034599	37,595145	0,026599
34	1,311167	0,762679	29,665099	0,033710	38,895906	0,025710
35	1,321657	0,756626	30,421725	0,032871	40,207073	0,024871
36	1,332230	0,750621	31,172346	0,032080	41,528730	0,024080
37	1,342888	0,744664	31,917010	0,031331	42,860959	0,023331
38	1,353631	0,738754	32,655764	0,030622	44,203847	0,022622
39	1,364460	0,732891	33,388655	0,029950	45,557478	0,021950
40	1,375376	0,727074	34,115729	0,029312	46,921938	0,021312
41	1,386379	0,721304	34,837033	0,028705	48,297313	0,020705
42	1,397470	0,715579	35,552612	0,028127	49,683692	0,020127

	AuF	AbF	DSF	KWF	EWF	RVF
n	$(1+i)^n$	$(1+i)^{-n}$	$\dfrac{(1+i)^n-1}{i(1+i)^n}$	$\dfrac{i(1+i)^n}{(1+i)^n-1}$	$\dfrac{(1+i)^n-1}{i}$	$\dfrac{i}{(1+i)^n-1}$
43	1,408649	0,709900	36,262512	0,027577	51,081161	0,019577
44	1,419918	0,704266	36,966777	0,027051	52,489811	0,019051
45	1,431278	0,698676	37,665454	0,026550	53,909729	0,018550
46	1,442728	0,693131	38,358585	0,026070	55,341007	0,018070
47	1,454270	0,687630	39,046215	0,025611	56,783735	0,017611
48	1,465904	0,682173	39,728388	0,025171	58,238005	0,017171
49	1,477631	0,676759	40,405147	0,024749	59,703909	0,016749
50	1,489452	0,671388	41,076535	0,024345	61,181540	0,016345
51	1,501368	0,666059	41,742594	0,023956	62,670992	0,015956
52	1,513379	0,660773	42,403367	0,023583	64,172360	0,015583
53	1,525486	0,655529	43,058896	0,023224	65,685739	0,015224
54	1,537690	0,650326	43,709222	0,022878	67,211225	0,014878
55	1,549991	0,645165	44,354387	0,022546	68,748915	0,014546
56	1,562391	0,640045	44,994432	0,022225	70,298906	0,014225
57	1,574890	0,634965	45,629396	0,021916	71,861298	0,013916
58	1,587490	0,629925	46,259322	0,021617	73,436188	0,013617
59	1,600189	0,624926	46,884248	0,021329	75,023677	0,013329
60	1,612991	0,619966	47,504214	0,021051	76,623867	0,013051
61	1,625895	0,615046	48,119260	0,020782	78,236858	0,012782
62	1,638902	0,610165	48,729425	0,020521	79,862753	0,012521
63	1,652013	0,605322	49,334747	0,020270	81,501655	0,012270
64	1,665229	0,600518	49,935265	0,020026	83,153668	0,012026
65	1,678551	0,595752	50,531016	0,019790	84,818897	0,011790
66	1,691980	0,591024	51,122040	0,019561	86,497448	0,011561
67	1,705515	0,586333	51,708373	0,019339	88,189428	0,011339
68	1,719160	0,581680	52,290053	0,019124	89,894943	0,011124
69	1,732913	0,577063	52,867116	0,018915	91,614103	0,010915
70	1,746776	0,572483	53,439599	0,018713	93,347016	0,010713
71	1,760750	0,567940	54,007539	0,018516	95,093792	0,010516
72	1,774836	0,563432	54,570971	0,018325	96,854542	0,010325
73	1,789035	0,558961	55,129932	0,018139	98,629379	0,010139
74	1,803347	0,554524	55,684456	0,017958	100,418414	0,009958
75	1,817774	0,550123	56,234579	0,017783	102,221761	0,009783
76	1,832316	0,545757	56,780337	0,017612	104,039535	0,009612
77	1,846975	0,541426	57,321762	0,017445	105,871851	0,009445
78	1,861751	0,537129	57,858891	0,017283	107,718826	0,009283
79	1,876645	0,532866	58,391757	0,017126	109,580577	0,009126
80	1,891658	0,528637	58,920394	0,016972	111,457221	0,008972
81	1,906791	0,524441	59,444835	0,016822	113,348879	0,008822
82	1,922045	0,520279	59,965114	0,016676	115,255670	0,008676
83	1,937422	0,516150	60,481264	0,016534	117,177715	0,008534
84	1,952921	0,512053	60,993318	0,016395	119,115137	0,008395

B. Tabellenteil

			0,90%			
	AuF	**AbF**	**DSF**	**KWF**	**EWF**	**RVF**
n	$(1+i)^n$	$(1+i)^{-n}$	$\dfrac{(1+i)^n - 1}{i(1+i)^n}$	$\dfrac{i(1+i)^n}{(1+i)^n - 1}$	$\dfrac{(1+i)^n - 1}{i}$	$\dfrac{i}{(1+i)^n - 1}$
1	1,009000	0,991080	0,991080	1,009000	1,000000	1,000000
2	1,018081	0,982240	1,973320	0,506760	2,009000	0,497760
3	1,027244	0,973479	2,946799	0,339351	3,027081	0,330351
4	1,036489	0,964796	3,911595	0,255650	4,054325	0,246650
5	1,045817	0,956190	4,867785	0,205432	5,090814	0,196432
6	1,055230	0,947661	5,815446	0,171956	6,136631	0,162956
7	1,064727	0,939208	6,754654	0,148046	7,191861	0,139046
8	1,074309	0,930831	7,685485	0,130115	8,256587	0,121115
9	1,083978	0,922528	8,608012	0,116171	9,330897	0,107171
10	1,093734	0,914299	9,522312	0,105017	10,414875	0,096017
11	1,103577	0,906144	10,428456	0,095891	11,508609	0,086891
12	1,113510	0,898061	11,326517	0,088288	12,612186	0,079288
13	1,123531	0,890051	12,216568	0,081856	13,725696	0,072856
14	1,133643	0,882112	13,098680	0,076344	14,849227	0,067344
15	1,143846	0,874244	13,972923	0,071567	15,982870	0,062567
16	1,154140	0,866446	14,839369	0,067388	17,126716	0,058388
17	1,164528	0,858717	15,698086	0,063702	18,280856	0,054702
18	1,175008	0,851058	16,549144	0,060426	19,445384	0,051426
19	1,185584	0,843467	17,392610	0,057496	20,620393	0,048496
20	1,196254	0,835943	18,228553	0,054859	21,805976	0,045859
21	1,207020	0,828487	19,057040	0,052474	23,002230	0,043474
22	1,217883	0,821097	19,878137	0,050307	24,209250	0,041307
23	1,228844	0,813773	20,691910	0,048328	25,427133	0,039328
24	1,239904	0,806514	21,498424	0,046515	26,655977	0,037515
25	1,251063	0,799320	22,297744	0,044848	27,895881	0,035848
26	1,262322	0,792191	23,089935	0,043309	29,146944	0,034309
27	1,273683	0,785124	23,875059	0,041885	30,409267	0,032885
28	1,285147	0,778121	24,653181	0,040563	31,682950	0,031563
29	1,296713	0,771181	25,424361	0,039332	32,968097	0,030332
30	1,308383	0,764302	26,188663	0,038184	34,264809	0,029184
31	1,320159	0,757485	26,946148	0,037111	35,573193	0,028111
32	1,332040	0,750728	27,696876	0,036105	36,893351	0,027105
33	1,344029	0,744032	28,440908	0,035161	38,225392	0,026161
34	1,356125	0,737395	29,178303	0,034272	39,569420	0,025272
35	1,368330	0,730818	29,909121	0,033435	40,925545	0,024435
36	1,380645	0,724299	30,633420	0,032644	42,293875	0,023644
37	1,393071	0,717839	31,351259	0,031897	43,674520	0,022897
38	1,405608	0,711436	32,062695	0,031189	45,067590	0,022189
39	1,418259	0,705090	32,767785	0,030518	46,473199	0,021518
40	1,431023	0,698801	33,466585	0,029881	47,891457	0,020881
41	1,443902	0,692568	34,159153	0,029275	49,322481	0,020275
42	1,456897	0,686390	34,845543	0,028698	50,766383	0,019698

			0,90%			
	AuF	AbF	DSF	KWF	EWF	RVF
n	$(1+i)^n$	$(1+i)^{-n}$	$\dfrac{(1+i)^n-1}{i(1+i)^n}$	$\dfrac{i(1+i)^n}{(1+i)^n-1}$	$\dfrac{(1+i)^n-1}{i}$	$\dfrac{i}{(1+i)^n-1}$
43	1,470010	0,680268	35,525811	0,028149	52,223280	0,019149
44	1,483240	0,674200	36,200011	0,027624	53,693290	0,018624
45	1,496589	0,668186	36,868197	0,027124	55,176529	0,018124
46	1,510058	0,662226	37,530423	0,026645	56,673118	0,017645
47	1,523649	0,656319	38,186743	0,026187	58,183176	0,017187
48	1,537361	0,650465	38,837208	0,025749	59,706825	0,016749
49	1,551198	0,644663	39,481871	0,025328	61,244186	0,016328
50	1,565158	0,638913	40,120784	0,024925	62,795384	0,015925
51	1,579245	0,633214	40,753998	0,024537	64,360542	0,015537
52	1,593458	0,627566	41,381564	0,024165	65,939787	0,015165
53	1,607799	0,621968	42,003532	0,023808	67,533245	0,014808
54	1,622269	0,616420	42,619952	0,023463	69,141045	0,014463
55	1,636870	0,610922	43,230874	0,023132	70,763314	0,014132
56	1,651602	0,605473	43,836347	0,022812	72,400184	0,013812
57	1,666466	0,600072	44,436420	0,022504	74,051785	0,013504
58	1,681464	0,594720	45,031139	0,022207	75,718252	0,013207
59	1,696597	0,589415	45,620554	0,021920	77,399716	0,012920
60	1,711867	0,584158	46,204712	0,021643	79,096313	0,012643
61	1,727274	0,578947	46,783659	0,021375	80,808180	0,012375
62	1,742819	0,573783	47,357442	0,021116	82,535454	0,012116
63	1,758504	0,568665	47,926107	0,020865	84,278273	0,011865
64	1,774331	0,563593	48,489700	0,020623	86,036777	0,011623
65	1,790300	0,558566	49,048265	0,020388	87,811108	0,011388
66	1,806413	0,553583	49,601849	0,020161	89,601408	0,011161
67	1,822670	0,548646	50,150494	0,019940	91,407821	0,010940
68	1,839074	0,543752	50,694246	0,019726	93,230491	0,010726
69	1,855626	0,538902	51,233148	0,019519	95,069566	0,010519
70	1,872327	0,534095	51,767243	0,019317	96,925192	0,010317
71	1,889178	0,529331	52,296573	0,019122	98,797519	0,010122
72	1,906180	0,524609	52,821183	0,018932	100,686696	0,009932
73	1,923336	0,519930	53,341113	0,018747	102,592876	0,009747
74	1,940646	0,515292	53,856405	0,018568	104,516212	0,009568
75	1,958112	0,510696	54,367101	0,018393	106,456858	0,009393
76	1,975735	0,506141	54,873242	0,018224	108,414970	0,009224
77	1,993516	0,501626	55,374868	0,018059	110,390705	0,009059
78	2,011458	0,497152	55,872020	0,017898	112,384221	0,008898
79	2,029561	0,492717	56,364737	0,017742	114,395679	0,008742
80	2,047827	0,488322	56,853060	0,017589	116,425240	0,008589
81	2,066258	0,483967	57,337027	0,017441	118,473067	0,008441
82	2,084854	0,479650	57,816677	0,017296	120,539325	0,008296
83	2,103618	0,475372	58,292048	0,017155	122,624179	0,008155
84	2,122550	0,471131	58,763179	0,017017	124,727796	0,008017

	1,00%					
	AuF	**AbF**	**DSF**	**KWF**	**EWF**	**RVF**
n	$(1+i)^n$	$(1+i)^{-n}$	$\dfrac{(1+i)^n-1}{i(1+i)^n}$	$\dfrac{i(1+i)^n}{(1+i)^n-1}$	$\dfrac{(1+i)^n-1}{i}$	$\dfrac{i}{(1+i)^n-1}$
1	1,010000	0,990099	0,990099	1,010000	1,000000	1,000000
2	1,020100	0,980296	1,970395	0,507512	2,010000	0,497512
3	1,030301	0,970590	2,940985	0,340022	3,030100	0,330022
4	1,040604	0,960980	3,901966	0,256281	4,060401	0,246281
5	1,051010	0,951466	4,853431	0,206040	5,101005	0,196040
6	1,061520	0,942045	5,795476	0,172548	6,152015	0,162548
7	1,072135	0,932718	6,728195	0,148628	7,213535	0,138628
8	1,082857	0,923483	7,651678	0,130690	8,285671	0,120690
9	1,093685	0,914340	8,566018	0,116740	9,368527	0,106740
10	1,104622	0,905287	9,471305	0,105582	10,462213	0,095582
11	1,115668	0,896324	10,367628	0,096454	11,566835	0,086454
12	1,126825	0,887449	11,255077	0,088849	12,682503	0,078849
13	1,138093	0,878663	12,133740	0,082415	13,809328	0,072415
14	1,149474	0,869963	13,003703	0,076901	14,947421	0,066901
15	1,160969	0,861349	13,865053	0,072124	16,096896	0,062124
16	1,172579	0,852821	14,717874	0,067945	17,257864	0,057945
17	1,184304	0,844377	15,562251	0,064258	18,430443	0,054258
18	1,196147	0,836017	16,398269	0,060982	19,614748	0,050982
19	1,208109	0,827740	17,226008	0,058052	20,810895	0,048052
20	1,220190	0,819544	18,045553	0,055415	22,019004	0,045415
21	1,232392	0,811430	18,856983	0,053031	23,239194	0,043031
22	1,244716	0,803396	19,660379	0,050864	24,471586	0,040864
23	1,257163	0,795442	20,455821	0,048886	25,716302	0,038886
24	1,269735	0,787566	21,243387	0,047073	26,973465	0,037073
25	1,282432	0,779768	22,023156	0,045407	28,243200	0,035407
26	1,295256	0,772048	22,795204	0,043869	29,525631	0,033869
27	1,308209	0,764404	23,559608	0,042446	30,820888	0,032446
28	1,321291	0,756836	24,316443	0,041124	32,129097	0,031124
29	1,334504	0,749342	25,065785	0,039895	33,450388	0,029895
30	1,347849	0,741923	25,807708	0,038748	34,784892	0,028748
31	1,361327	0,734577	26,542285	0,037676	36,132740	0,027676
32	1,374941	0,727304	27,269589	0,036671	37,494068	0,026671
33	1,388690	0,720103	27,989693	0,035727	38,869009	0,025727
34	1,402577	0,712973	28,702666	0,034840	40,257699	0,024840
35	1,416603	0,705914	29,408580	0,034004	41,660276	0,024004
36	1,430769	0,698925	30,107505	0,033214	43,076878	0,023214
37	1,445076	0,692005	30,799510	0,032468	44,507647	0,022468
38	1,459527	0,685153	31,484663	0,031761	45,952724	0,021761
39	1,474123	0,678370	32,163033	0,031092	47,412251	0,021092
40	1,488864	0,671653	32,834686	0,030456	48,886373	0,020456
41	1,503752	0,665003	33,499689	0,029851	50,375237	0,019851
42	1,518790	0,658419	34,158108	0,029276	51,878989	0,019276

			1,00%			
	AuF	**AbF**	**DSF**	**KWF**	**EWF**	**RVF**
n	$(1+i)^n$	$(1+i)^{-n}$	$\dfrac{(1+i)^n-1}{i(1+i)^n}$	$\dfrac{i(1+i)^n}{(1+i)^n-1}$	$\dfrac{(1+i)^n-1}{i}$	$\dfrac{i}{(1+i)^n-1}$
43	1,533978	0,651900	34,810008	0,028727	53,397779	0,018727
44	1,549318	0,645445	35,455454	0,028204	54,931757	0,018204
45	1,564811	0,639055	36,094508	0,027705	56,481075	0,017705
46	1,580459	0,632728	36,727236	0,027228	58,045885	0,017228
47	1,596263	0,626463	37,353699	0,026771	59,626344	·0,016771·
48	1,612226	0,620260	37,973959	0,026334	61,222608	0,016334
49	1,628348	0,614119	38,588079	0,025915	62,834834	0,015915
50	1,644632	0,608039	39,196118	0,025513	64,463182	0,015513
51	1,661078	0,602019	39,798136	0,025127	66,107814	0,015127
52	1,677689	0,596058	40,394194	0,024756	67,768892	0,014756
53	1,694466	0,590156	40,984351	0,024400	69,446581	0,014400
54	1,711410	0,584313	41,568664	0,024057	71,141047	0,014057
55	1,728525	0,578528	42,147192	0,023726	72,852457	0,013726
56	1,745810	0,572800	42,719992	0,023408	74,580982	0,013408
57	1,763268	0,567129	43,287121	0,023102	76,326792	0,013102
58	1,780901	0,561514	43,848635	0,022806	78,090060	0,012806
59	1,798710	0,555954	44,404589	0,022520	79,870960	0,012520
60	1,816697	0,550450	44,955038	0,022244	81,669670	0,012244
61	1,834864	0,545000	45,500038	0,021978	83,486367	0,011978
62	1,853212	0,539604	46,039642	0,021720	85,321230	0,011720
63	1,871744	0,534261	46,573903	0,021471	87,174443	0,011471
64	1,890462	0,528971	47,102874	0,021230	89,046187	0,011230
65	1,909366	0,523734	47,626608	0,020997	90,936649	0,010997
66	1,928460	0,518548	48,145156	0,020771	92,846015	0,010771
67	1,947745	0,513414	48,658571	0,020551	94,774475	0,010551
68	1,967222	0,508331	49,166901	0,020339	96,722220	0,010339
69	1,986894	0,503298	49,670199	0,020133	98,689442	0,010133
70	2,006763	0,498315	50,168514	0,019933	100,676337	0,009933
71	2,026831	0,493381	50,661895	0,019739	102,683100	0,009739
72	2,047099	0,488496	51,150391	0,019550	104,709931	0,009550
73	2,067570	0,483659	51,634051	0,019367	106,757031	0,009367
74	2,088246	0,478871	52,112922	0,019189	108,824601	0,009189
75	2,109128	0,474129	52,587051	0,019016	110,912847	0,009016
76	2,130220	0,469435	53,056486	0,018848	113,021975	0,008848
77	2,151522	0,464787	53,521274	0,018684	115,152195	0,008684
78	2,173037	0,460185	53,981459	0,018525	117,303717	0,008525
79	2,194768	0,455629	54,437088	0,018370	119,476754	0,008370
80	2,216715	0,451118	54,888206	0,018219	121,671522	0,008219
81	2,238882	0,446651	55,334858	0,018072	123,888237	0,008072
82	2,261271	0,442229	55,777087	0,017929	126,127119	0,007929
83	2,283884	0,437851	56,214937	0,017789	128,388390	0,007789
84	2,306723	0,433515	56,648453	0,017653	130,672274	0,007653

1,10%					
	AuF	AbF	DSF	KWF	EWF	RVF
n	$(1+i)^n$	$(1+i)^{-n}$	$\dfrac{(1+i)^n-1}{i(1+i)^n}$	$\dfrac{i(1+i)^n}{(1+i)^n-1}$	$\dfrac{(1+i)^n-1}{i}$	$\dfrac{i}{(1+i)^n-1}$
1	1,011000	0,989120	0,989120	1,011000	1,000000	1,000000
2	1,022121	0,978358	1,967477	0,508265	2,011000	0,497265
3	1,033364	0,967713	2,935190	0,340693	3,033121	0,329693
4	1,044731	0,957184	3,892374	0,256913	4,066485	0,245913
5	1,056223	0,946769	4,839144	0,206648	5,111217	0,195648
6	1,067842	0,936468	5,775612	0,173142	6,167440	0,162142
7	1,079588	0,926279	6,701891	0,149212	7,235282	0,138212
8	1,091464	0,916201	7,618092	0,131266	8,314870	0,120266
9	1,103470	0,906232	8,524325	0,117311	9,406334	0,106311
10	1,115608	0,896372	9,420697	0,106149	10,509803	0,095149
11	1,127880	0,886620	10,307316	0,097018	11,625411	0,086018
12	1,140286	0,876973	11,184289	0,089411	12,753291	0,078411
13	1,152829	0,867431	12,051720	0,082976	13,893577	0,071976
14	1,165510	0,857993	12,909713	0,077461	15,046406	0,066461
15	1,178331	0,848658	13,758371	0,072683	16,211917	0,061683
16	1,191293	0,839424	14,597796	0,068503	17,390248	0,057503
17	1,204397	0,830291	15,428087	0,064817	18,581540	0,053817
18	1,217645	0,821257	16,249344	0,061541	19,785937	0,050541
19	1,231039	0,812322	17,061666	0,058611	21,003583	0,047611
20	1,244581	0,803483	17,865149	0,055975	22,234622	0,044975
21	1,258271	0,794741	18,659890	0,053591	23,479203	0,042591
22	1,272112	0,786094	19,445984	0,051424	24,737474	0,040424
23	1,286105	0,777541	20,223525	0,049447	26,009586	0,038447
24	1,300253	0,769081	20,992607	0,047636	27,295692	0,036636
25	1,314555	0,760713	21,753320	0,045970	28,595944	0,034970
26	1,329015	0,752437	22,505757	0,044433	29,910500	0,033433
27	1,343635	0,744250	23,250007	0,043011	31,239515	0,032011
28	1,358415	0,736152	23,986159	0,041691	32,583150	0,030691
29	1,373357	0,728143	24,714302	0,040462	33,941565	0,029462
30	1,388464	0,720220	25,434522	0,039317	35,314922	0,028317
31	1,403737	0,712384	26,146906	0,038245	36,703386	0,027245
32	1,419178	0,704633	26,851539	0,037242	38,107123	0,026242
33	1,434789	0,696966	27,548506	0,036300	39,526302	0,025300
34	1,450572	0,689383	28,237889	0,035413	40,961091	0,024413
35	1,466528	0,681883	28,919771	0,034578	42,411663	0,023578
36	1,482660	0,674463	29,594235	0,033790	43,878191	0,022790
37	1,498969	0,667125	30,261360	0,033045	45,360851	0,022045
38	1,515458	0,659867	30,921226	0,032340	46,859821	0,021340
39	1,532128	0,652687	31,573913	0,031672	48,375279	0,020672
40	1,548981	0,645586	32,219499	0,031037	49,907407	0,020037
41	1,566020	0,638561	32,858060	0,030434	51,456388	0,019434
42	1,583246	0,631614	33,489674	0,029860	53,022408	0,018860

	AuF	AbF	DSF	KWF	EWF	RVF
n	$(1+i)^n$	$(1+i)^{-n}$	$\dfrac{(1+i)^n-1}{i(1+i)^n}$	$\dfrac{i(1+i)^n}{(1+i)^n-1}$	$\dfrac{(1+i)^n-1}{i}$	$\dfrac{i}{(1+i)^n-1}$
43	1,600662	0,624741	34,114415	0,029313	54,605655	0,018313
44	1,618269	0,617944	34,732359	0,028792	56,206317	0,017792
45	1,636070	0,611221	35,343580	0,028294	57,824587	0,017294
46	1,654067	0,604570	35,948150	0,027818	59,460657	0,016818
47	1,672262	0,597992	36,546143	0,027363	61,114724	0,016363
48	1,690657	0,591486	37,137629	0,026927	62,786986	0,015927
49	1,709254	0,585051	37,722679	0,026509	64,477643	0,015509
50	1,728056	0,578685	38,301364	0,026109	66,186897	0,015109
51	1,747064	0,572389	38,873753	0,025724	67,914953	0,014724
52	1,766282	0,566161	39,439914	0,025355	69,662018	0,014355
53	1,785711	0,560001	39,999915	0,025000	71,428300	0,014000
54	1,805354	0,553908	40,553823	0,024659	73,214011	0,013659
55	1,825213	0,547881	41,101704	0,024330	75,019365	0,013330
56	1,845290	0,541920	41,643624	0,024013	76,844578	0,013013
57	1,865589	0,536024	42,179648	0,023708	78,689869	0,012708
58	1,886110	0,530192	42,709840	0,023414	80,555457	0,012414
59	1,906857	0,524423	43,234263	0,023130	82,441567	0,012130
60	1,927833	0,518717	43,752980	0,022856	84,348424	0,011856
61	1,949039	0,513073	44,266054	0,022591	86,276257	0,011591
62	1,970478	0,507491	44,773545	0,022335	88,225296	0,011335
63	1,992154	0,501969	45,275514	0,022087	90,195774	0,011087
64	2,014067	0,496508	45,772022	0,021847	92,187928	0,010847
65	2,036222	0,491106	46,263127	0,021615	94,201995	0,010615
66	2,058620	0,485762	46,748889	0,021391	96,238217	0,010391
67	2,081265	0,480477	47,229366	0,021173	98,296837	0,010173
68	2,104159	0,475249	47,704616	0,020962	100,378102	0,009962
69	2,127305	0,470078	48,174694	0,020758	102,482262	0,009758
70	2,150705	0,464964	48,639658	0,020559	104,609566	0,009559
71	2,174363	0,459905	49,099563	0,020367	106,760272	0,009367
72	2,198281	0,454901	49,554464	0,020180	108,934635	0,009180
73	2,222462	0,449951	50,004415	0,019998	111,132916	0,008998
74	2,246909	0,445056	50,449471	0,019822	113,355378	0,008822
75	2,271625	0,440213	50,889684	0,019650	115,602287	0,008650
76	2,296613	0,435424	51,325108	0,019484	117,873912	0,008484
77	2,321876	0,430686	51,755794	0,019322	120,170525	0,008322
78	2,347416	0,426000	52,181795	0,019164	122,492401	0,008164
79	2,373238	0,421365	52,603160	0,019010	124,839817	0,008010
80	2,399344	0,416781	53,019940	0,018861	127,213055	0,007861
81	2,425736	0,412246	53,432186	0,018715	129,612399	0,007715
82	2,452419	0,407761	53,839947	0,018574	132,038135	0,007574
83	2,479396	0,403324	54,243271	0,018435	134,490555	0,007435
84	2,506669	0,398936	54,642207	0,018301	136,969951	0,007301

1,10%

	AuF	AbF	DSF	KWF	EWF	RVF
1,20%						
n	$(1+i)^n$	$(1+i)^{-n}$	$\dfrac{(1+i)^n-1}{i(1+i)^n}$	$\dfrac{i(1+i)^n}{(1+i)^n-1}$	$\dfrac{(1+i)^n-1}{i}$	$\dfrac{i}{(1+i)^n-1}$
1	1,012000	0,988142	0,988142	1,012000	1,000000	1,000000
2	1,024144	0,976425	1,964567	0,509018	2,012000	0,497018
3	1,036434	0,964847	2,929415	0,341365	3,036144	0,329365
4	1,048871	0,953406	3,882821	0,257545	4,072578	0,245545
5	1,061457	0,942101	4,824922	0,207257	5,121449	0,195257
6	1,074195	0,930930	5,755851	0,173736	6,182906	0,161736
7	1,087085	0,919891	6,675742	0,149796	7,257101	0,137796
8	1,100130	0,908983	7,584726	0,131844	8,344186	0,119844
9	1,113332	0,898205	8,482931	0,117884	9,444316	0,105884
10	1,126692	0,887554	9,370485	0,106718	10,557648	0,094718
11	1,140212	0,877030	10,247515	0,097585	11,684340	0,085585
12	1,153895	0,866630	11,114145	0,089975	12,824552	0,077975
13	1,167741	0,856354	11,970499	0,083539	13,978447	0,071539
14	1,181754	0,846200	12,816698	0,078023	15,146188	0,066023
15	1,195935	0,836166	13,652864	0,073245	16,327942	0,061245
16	1,210287	0,826251	14,479115	0,069065	17,523878	0,057065
17	1,224810	0,816453	15,295568	0,065378	18,734164	0,053378
18	1,239508	0,806772	16,102340	0,062103	19,958974	0,050103
19	1,254382	0,797205	16,899545	0,059173	21,198482	0,047173
20	1,269434	0,787752	17,687298	0,056538	22,452864	0,044538
21	1,284668	0,778411	18,465709	0,054154	23,722298	0,042154
22	1,300084	0,769181	19,234891	0,051989	25,006965	0,039989
23	1,315685	0,760061	19,994951	0,050013	26,307049	0,038013
24	1,331473	0,751048	20,745999	0,048202	27,622734	0,036202
25	1,347450	0,742142	21,488141	0,046537	28,954206	0,034537
26	1,363620	0,733342	22,221484	0,045001	30,301657	0,033001
27	1,379983	0,724646	22,946130	0,043580	31,665277	0,031580
28	1,396543	0,716054	23,662184	0,042262	33,045260	0,030262
29	1,413302	0,707563	24,369747	0,041034	34,441803	0,029034
30	1,430261	0,699173	25,068920	0,039890	35,855105	0,027890
31	1,447424	0,690882	25,759802	0,038820	37,285366	0,026820
32	1,464793	0,682690	26,442492	0,037818	38,732791	0,025818
33	1,482371	0,674595	27,117087	0,036877	40,197584	0,024877
34	1,500159	0,666596	27,783683	0,035992	41,679955	0,023992
35	1,518161	0,658692	28,442375	0,035159	43,180114	0,023159
36	1,536379	0,650881	29,093256	0,034372	44,698276	0,022372
37	1,554816	0,643163	29,736419	0,033629	46,234655	0,021629
38	1,573474	0,635537	30,371955	0,032925	47,789471	0,020925
39	1,592355	0,628001	30,999956	0,032258	49,362945	0,020258
40	1,611464	0,620554	31,620509	0,031625	50,955300	0,019625
41	1,630801	0,613196	32,233705	0,031023	52,566764	0,019023
42	1,650371	0,605924	32,839629	0,030451	54,197565	0,018451

	AuF	AbF	DSF	KWF	EWF	RVF
n	$(1+i)^n$	$(1+i)^{-n}$	$\dfrac{(1+i)^n-1}{i(1+i)^n}$	$\dfrac{i(1+i)^n}{(1+i)^n-1}$	$\dfrac{(1+i)^n-1}{i}$	$\dfrac{i}{(1+i)^n-1}$

1,20%

n	AuF	AbF	DSF	KWF	EWF	RVF
43	1,670175	0,598740	33,438369	0,029906	55,847936	0,017906
44	1,690217	0,591640	34,030009	0,029386	57,518111	0,017386
45	1,710500	0,584624	34,614633	0,028890	59,208328	0,016890
46	1,731026	0,577692	35,192325	0,028415	60,918828	0,016415
47	1,751798	0,570842	35,763167	0,027962	62,649854	0,015962
48	1,772820	0,564073	36,327241	0,027528	64,401652	0,015528
49	1,794094	0,557384	36,884625	0,027112	66,174472	0,015112
50	1,815623	0,550775	37,435400	0,026713	67,968566	0,014713
51	1,837410	0,544244	37,979644	0,026330	69,784189	0,014330
52	1,859459	0,537791	38,517435	0,025962	71,621599	0,013962
53	1,881773	0,531414	39,048849	0,025609	73,481058	0,013609
54	1,904354	0,525112	39,573962	0,025269	75,362831	0,013269
55	1,927206	0,518886	40,092847	0,024942	77,267185	0,012942
56	1,950333	0,512733	40,605580	0,024627	79,194391	0,012627
57	1,973737	0,506653	41,112234	0,024324	81,144724	0,012324
58	1,997422	0,500645	41,612879	0,024031	83,118460	0,012031
59	2,021391	0,494709	42,107588	0,023749	85,115882	0,011749
60	2,045647	0,488843	42,596431	0,023476	87,137272	0,011476
61	2,070195	0,483046	43,079477	0,023213	89,182920	0,011213
62	2,095037	0,477318	43,556796	0,022959	91,253115	0,010959
63	2,120178	0,471659	44,028454	0,022713	93,348152	0,010713
64	2,145620	0,466066	44,494520	0,022475	95,468330	0,010475
65	2,171367	0,460539	44,955059	0,022244	97,613950	0,010244
66	2,197424	0,455078	45,410138	0,022022	99,785317	0,010022
67	2,223793	0,449682	45,859820	0,021806	101,982741	0,009806
68	2,250478	0,444350	46,304170	0,021596	104,206534	0,009596
69	2,277484	0,439081	46,743251	0,021393	106,457012	0,009393
70	2,304814	0,433874	47,177125	0,021197	108,734496	0,009197
71	2,332472	0,428730	47,605855	0,021006	111,039310	0,009006
72	2,360461	0,423646	48,029501	0,020821	113,371782	0,008821
73	2,388787	0,418623	48,448123	0,020641	115,732244	0,008641
74	2,417452	0,413659	48,861782	0,020466	118,121030	0,008466
75	2,446462	0,408754	49,270536	0,020296	120,538483	0,008296
76	2,475819	0,403907	49,674442	0,020131	122,984945	0,008131
77	2,505529	0,399117	50,073560	0,019971	125,460764	0,007971
78	2,535596	0,394385	50,467944	0,019815	127,966293	0,007815
79	2,566023	0,389708	50,857652	0,019663	130,501889	0,007663
80	2,596815	0,385087	51,242740	0,019515	133,067911	0,007515
81	2,627977	0,380521	51,623260	0,019371	135,664726	0,007371
82	2,659512	0,376009	51,999269	0,019231	138,292703	0,007231
83	2,691427	0,371550	52,370819	0,019095	140,952215	0,007095
84	2,723724	0,367144	52,737964	0,018962	143,643642	0,006962

			1,30%			
	AuF	**AbF**	**DSF**	**KWF**	**EWF**	**RVF**
n	$(1+i)^n$	$(1+i)^{-n}$	$\dfrac{(1+i)^n-1}{i(1+i)^n}$	$\dfrac{i(1+i)^n}{(1+i)^n-1}$	$\dfrac{(1+i)^n-1}{i}$	$\dfrac{i}{(1+i)^n-1}$
1	1,013000	0,987167	0,987167	1,013000	1,000000	1,000000
2	1,026169	0,974498	1,961665	0,509771	2,013000	0,496771
3	1,039509	0,961992	2,923658	0,342037	3,039169	0,329037
4	1,053023	0,949647	3,873305	0,258177	4,078678	0,245177
5	1,066712	0,937460	4,810765	0,207867	5,131701	0,194867
6	1,080579	0,925429	5,736194	0,174332	6,198413	0,161332
7	1,094627	0,913553	6,649747	0,150382	7,278992	0,137382
8	1,108857	0,901829	7,551577	0,132423	8,373619	0,119423
9	1,123272	0,890256	8,441833	0,118458	9,482476	0,105458
10	1,137875	0,878831	9,320665	0,107288	10,605749	0,094288
11	1,152667	0,867553	10,188218	0,098153	11,743623	0,085153
12	1,167652	0,856420	11,044637	0,090542	12,896290	0,077542
13	1,182831	0,845429	11,890067	0,084104	14,063942	0,071104
14	1,198208	0,834580	12,724646	0,078588	15,246774	0,065588
15	1,213785	0,823869	13,548515	0,073809	16,444982	0,060809
16	1,229564	0,813296	14,361812	0,069629	17,658766	0,056629
17	1,245548	0,802859	15,164671	0,065943	18,888330	0,052943
18	1,261740	0,792556	15,957227	0,062668	20,133879	0,049668
19	1,278143	0,782385	16,739612	0,059739	21,395619	0,046739
20	1,294759	0,772345	17,511957	0,057104	22,673762	0,044104
21	1,311591	0,762433	18,274390	0,054721	23,968521	0,041721
22	1,328641	0,752649	19,027038	0,052557	25,280112	0,039557
23	1,345914	0,742990	19,770028	0,050582	26,608753	0,037582
24	1,363411	0,733455	20,503483	0,048772	27,954667	0,035772
25	1,381135	0,724042	21,227525	0,047109	29,318078	0,034109
26	1,399090	0,714750	21,942275	0,045574	30,699213	0,032574
27	1,417278	0,705578	22,647853	0,044154	32,098302	0,031154
28	1,435703	0,696523	23,344376	0,042837	33,515580	0,029837
29	1,454367	0,687585	24,031961	0,041611	34,951283	0,028611
30	1,473273	0,678761	24,710721	0,040468	36,405650	0,027468
31	1,492426	0,670050	25,380771	0,039400	37,878923	0,026400
32	1,511828	0,661451	26,042222	0,038399	39,371349	0,025399
33	1,531481	0,652963	26,695185	0,037460	40,883177	0,024460
34	1,551391	0,644583	27,339768	0,036577	42,414658	0,023577
35	1,571559	0,636311	27,976079	0,035745	43,966048	0,022745
36	1,591989	0,628145	28,604224	0,034960	45,537607	0,021960
37	1,612685	0,620084	29,224308	0,034218	47,129596	0,021218
38	1,633650	0,612126	29,836434	0,033516	48,742281	0,020516
39	1,654887	0,604271	30,440705	0,032851	50,375930	0,019851
40	1,676401	0,596516	31,037221	0,032219	52,030817	0,019219
41	1,698194	0,588861	31,626082	0,031619	53,707218	0,018619
42	1,720270	0,581304	32,207386	0,031049	55,405412	0,018049

	AuF	AbF	DSF	KWF	EWF	RVF
n	$(1+i)^n$	$(1+i)^{-n}$	$\dfrac{(1+i)^n-1}{i(1+i)^n}$	$\dfrac{i(1+i)^n}{(1+i)^n-1}$	$\dfrac{(1+i)^n-1}{i}$	$\dfrac{i}{(1+i)^n-1}$
43	1,742634	0,573844	32,781230	0,030505	57,125682	0,017505
44	1,765288	0,566480	33,347710	0,029987	58,868316	0,016987
45	1,788237	0,559210	33,906920	0,029493	60,633604	0,016493
46	1,811484	0,552034	34,458954	0,029020	62,421841	0,016020
47	1,835033	0,544949	35,003903	0,028568	64,233325	0,015568
48	1,858889	0,537956	35,541859	0,028136	66,068358	0,015136
49	1,883054	0,531052	36,072911	0,027722	67,927247	0,014722
50	1,907534	0,524237	36,597148	0,027325	69,810301	0,014325
51	1,932332	0,517509	37,114658	0,026944	71,717835	0,013944
52	1,957452	0,510868	37,625526	0,026578	73,650167	0,013578
53	1,982899	0,504312	38,129838	0,026226	75,607619	0,013226
54	2,008677	0,497840	38,627678	0,025888	77,590518	0,012888
55	2,034790	0,491451	39,119129	0,025563	79,599195	0,012563
56	2,061242	0,485144	39,604274	0,025250	81,633984	0,012250
57	2,088038	0,478919	40,083192	0,024948	83,695226	0,011948
58	2,115182	0,472772	40,555965	0,024657	85,783264	0,011657
59	2,142680	0,466705	41,022670	0,024377	87,898447	0,011377
60	2,170535	0,460716	41,483386	0,024106	90,041126	0,011106
61	2,198752	0,454804	41,938190	0,023845	92,211661	0,010845
62	2,227335	0,448967	42,387156	0,023592	94,410413	0,010592
63	2,256291	0,443205	42,830362	0,023348	96,637748	0,010348
64	2,285623	0,437518	43,267879	0,023112	98,894039	0,010112
65	2,315336	0,431903	43,699782	0,022883	101,179661	0,009883
66	2,345435	0,426360	44,126142	0,022662	103,494997	0,009662
67	2,375926	0,420889	44,547031	0,022448	105,840432	0,009448
68	2,406813	0,415487	44,962518	0,022241	108,216357	0,009241
69	2,438101	0,410155	45,372673	0,022040	110,623170	0,009040
70	2,469797	0,404892	45,777565	0,021845	113,061271	0,008845
71	2,501904	0,399696	46,177261	0,021656	115,531068	0,008656
72	2,534429	0,394566	46,571827	0,021472	118,032972	0,008472
73	2,567376	0,389503	46,961330	0,021294	120,567400	0,008294
74	2,600752	0,384504	47,345834	0,021121	123,134776	0,008121
75	2,634562	0,379570	47,725404	0,020953	125,735528	0,007953
76	2,668811	0,374699	48,100102	0,020790	128,370090	0,007790
77	2,703506	0,369890	48,469992	0,020631	131,038902	0,007631
78	2,738651	0,365143	48,835136	0,020477	133,742407	0,007477
79	2,774254	0,360457	49,195593	0,020327	136,481059	0,007327
80	2,810319	0,355831	49,551424	0,020181	139,255312	0,007181
81	2,846853	0,351265	49,902689	0,020039	142,065631	0,007039
82	2,883862	0,346757	50,249447	0,019901	144,912485	0,006901
83	2,921353	0,342307	50,591754	0,019766	147,796347	0,006766
84	2,959330	0,337914	50,929668	0,019635	150,717699	0,006635

1,40%						
	AuF	**AbF**	**DSF**	**KWF**	**EWF**	**RVF**
n	$(1+i)^n$	$(1+i)^{-n}$	$\dfrac{(1+i)^n-1}{i(1+i)^n}$	$\dfrac{i(1+i)^n}{(1+i)^n-1}$	$\dfrac{(1+i)^n-1}{i}$	$\dfrac{i}{(1+i)^n-1}$
1	1,014000	0,986193	0,986193	1,014000	1,000000	1,000000
2	1,028196	0,972577	1,958771	0,510524	2,014000	0,496524
3	1,042591	0,959149	2,917920	0,342710	3,042196	0,328710
4	1,057187	0,945906	3,863826	0,258811	4,084787	0,244811
5	1,071988	0,932847	4,796673	0,208478	5,141974	0,194478
6	1,086995	0,919967	5,716640	0,174928	6,213961	0,160928
7	1,102213	0,907265	6,623905	0,150968	7,300957	0,136968
8	1,117644	0,894739	7,518644	0,133003	8,403170	0,119003
9	1,133291	0,882386	8,401030	0,119033	9,520815	0,105033
10	1,149157	0,870203	9,271232	0,107861	10,654106	0,093861
11	1,165246	0,858188	10,129420	0,098722	11,803264	0,084722
12	1,181559	0,846339	10,975760	0,091110	12,968509	0,077110
13	1,198101	0,834654	11,810414	0,084671	14,150068	0,070671
14	1,214874	0,823130	12,633544	0,079154	15,348169	0,065154
15	1,231883	0,811766	13,445310	0,074375	16,563044	0,060375
16	1,249129	0,800558	14,245868	0,070196	17,794926	0,056196
17	1,266617	0,789505	15,035373	0,066510	19,044055	0,052510
18	1,284349	0,778604	15,813977	0,063235	20,310672	0,049235
19	1,302330	0,767854	16,581831	0,060307	21,595021	0,046307
20	1,320563	0,757253	17,339084	0,057673	22,897352	0,043673
21	1,339051	0,746798	18,085882	0,055292	24,217915	0,041292
22	1,357798	0,736487	18,822369	0,053128	25,556965	0,039128
23	1,376807	0,726318	19,548687	0,051154	26,914763	0,037154
24	1,396082	0,716290	20,264977	0,049346	28,291570	0,035346
25	1,415627	0,706401	20,971378	0,047684	29,687652	0,033684
26	1,435446	0,696648	21,668026	0,046151	31,103279	0,032151
27	1,455542	0,687029	22,355055	0,044733	32,538725	0,030733
28	1,475920	0,677544	23,032599	0,043417	33,994267	0,029417
29	1,496583	0,668189	23,700788	0,042193	35,470187	0,028193
30	1,517535	0,658963	24,359751	0,041051	36,966769	0,027051
31	1,538780	0,649865	25,009616	0,039985	38,484304	0,025985
32	1,560323	0,640893	25,650509	0,038986	40,023084	0,024986
33	1,582168	0,632044	26,282554	0,038048	41,583407	0,024048
34	1,604318	0,623318	26,905871	0,037167	43,165575	0,023167
35	1,626779	0,614712	27,520583	0,036336	44,769893	0,022336
36	1,649553	0,606225	28,126808	0,035553	46,396672	0,021553
37	1,672647	0,597855	28,724663	0,034813	48,046225	0,020813
38	1,696064	0,589600	29,314263	0,034113	49,718872	0,020113
39	1,719809	0,581460	29,895723	0,033450	51,414936	0,019450
40	1,743886	0,573432	30,469155	0,032820	53,134745	0,018820
41	1,768301	0,565515	31,034669	0,032222	54,878632	0,018222
42	1,793057	0,557707	31,592376	0,031653	56,646933	0,017653

	AuF	AbF	DSF	KWF	EWF	RVF
1,40%						
n	$(1+i)^n$	$(1+i)^{-n}$	$\dfrac{(1+i)^n - 1}{i(1+i)^n}$	$\dfrac{i(1+i)^n}{(1+i)^n - 1}$	$\dfrac{(1+i)^n - 1}{i}$	$\dfrac{i}{(1+i)^n - 1}$
43	1,818160	0,550007	32,142383	0,031112	58,439990	0,017112
44	1,843614	0,542413	32,684795	0,030595	60,258150	0,016595
45	1,869425	0,534924	33,219719	0,030103	62,101764	0,016103
46	1,895597	0,527538	33,747258	0,029632	63,971188	0,015632
47	1,922135	0,520255	34,267513	0,029182	65,866785	0,015182
48	1,949045	0,513072	34,780584	0,028752	67,788920	0,014752
49	1,976332	0,505988	35,286572	0,028339	69,737965	0,014339
50	2,004000	0,499002	35,785574	0,027944	71,714296	0,013944
51	2,032056	0,492112	36,277687	0,027565	73,718297	0,013565
52	2,060505	0,485318	36,763005	0,027201	75,750353	0,013201
53	2,089352	0,478617	37,241622	0,026852	77,810858	0,012852
54	2,118603	0,472009	37,713631	0,026516	79,900210	0,012516
55	2,148263	0,465492	38,179123	0,026192	82,018813	0,012192
56	2,178339	0,459065	38,638189	0,025881	84,167076	0,011881
57	2,208836	0,452727	39,090916	0,025581	86,345415	0,011581
58	2,239760	0,446477	39,537392	0,025293	88,554251	0,011293
59	2,271116	0,440312	39,977705	0,025014	90,794010	0,011014
60	2,302912	0,434233	40,411937	0,024745	93,065127	0,010745
61	2,335153	0,428238	40,840175	0,024486	95,368038	0,010486
62	2,367845	0,422325	41,262500	0,024235	97,703191	0,010235
63	2,400994	0,416494	41,678994	0,023993	100,071036	0,009993
64	2,434608	0,410744	42,089738	0,023759	102,472030	0,009759
65	2,468693	0,405073	42,494810	0,023532	104,906638	0,009532
66	2,503255	0,399480	42,894290	0,023313	107,375331	0,009313
67	2,538300	0,393964	43,288255	0,023101	109,878586	0,009101
68	2,573836	0,388525	43,676780	0,022895	112,416886	0,008895
69	2,609870	0,383161	44,059941	0,022696	114,990723	0,008696
70	2,646408	0,377871	44,437811	0,022503	117,600593	0,008503
71	2,683458	0,372653	44,810465	0,022316	120,247001	0,008316
72	2,721026	0,367508	45,177973	0,022135	122,930459	0,008135
73	2,759121	0,362434	45,540408	0,021959	125,651486	0,007959
74	2,797748	0,357430	45,897838	0,021788	128,410606	0,007788
75	2,836917	0,352495	46,250333	0,021621	131,208355	0,007621
76	2,876634	0,347629	46,597962	0,021460	134,045272	0,007460
77	2,916907	0,342829	46,940791	0,021303	136,921906	0,007303
78	2,957743	0,338096	47,278886	0,021151	139,838812	0,007151
79	2,999152	0,333428	47,612314	0,021003	142,796556	0,007003
80	3,041140	0,328824	47,941138	0,020859	145,795707	0,006859
81	3,083716	0,324284	48,265422	0,020719	148,836847	0,006719
82	3,126888	0,319807	48,585229	0,020582	151,920563	0,006582
83	3,170664	0,315391	48,900620	0,020450	155,047451	0,006450
84	3,215054	0,311037	49,211657	0,020320	158,218115	0,006320

	AuF	AbF	DSF	KWF	EWF	RVF
1,50%						
n	$(1+i)^n$	$(1+i)^{-n}$	$\dfrac{(1+i)^n-1}{i(1+i)^n}$	$\dfrac{i(1+i)^n}{(1+i)^n-1}$	$\dfrac{(1+i)^n-1}{i}$	$\dfrac{i}{(1+i)^n-1}$
1	1,015000	0,985222	0,985222	1,015000	1,000000	1,000000
2	1,030225	0,970662	1,955883	0,511278	2,015000	0,496278
3	1,045678	0,956317	2,912200	0,343383	3,045225	0,328383
4	1,061364	0,942184	3,854385	0,259445	4,090903	0,244445
5	1,077284	0,928260	4,782645	0,209089	5,152267	0,194089
6	1,093443	0,914542	5,697187	0,175525	6,229551	0,160525
7	1,109845	0,901027	6,598214	0,151556	7,322994	0,136556
8	1,126493	0,887711	7,485925	0,133584	8,432839	0,118584
9	1,143390	0,874592	8,360517	0,119610	9,559332	0,104610
10	1,160541	0,861667	9,222185	0,108434	10,702722	0,093434
11	1,177949	0,848933	10,071118	0,099294	11,863262	0,084294
12	1,195618	0,836387	10,907505	0,091680	13,041211	0,076680
13	1,213552	0,824027	11,731532	0,085240	14,236830	0,070240
14	1,231756	0,811849	12,543382	0,079723	15,450382	0,064723
15	1,250232	0,799852	13,343233	0,074944	16,682138	0,059944
16	1,268986	0,788031	14,131264	0,070765	17,932370	0,055765
17	1,288020	0,776385	14,907649	0,067080	19,201355	0,052080
18	1,307341	0,764912	15,672561	0,063806	20,489376	0,048806
19	1,326951	0,753607	16,426168	0,060878	21,796716	0,045878
20	1,346855	0,742470	17,168639	0,058246	23,123667	0,043246
21	1,367058	0,731498	17,900137	0,055865	24,470522	0,040865
22	1,387564	0,720688	18,620824	0,053703	25,837580	0,038703
23	1,408377	0,710037	19,330861	0,051731	27,225144	0,036731
24	1,429503	0,699544	20,030405	0,049924	28,633521	0,034924
25	1,450945	0,689206	20,719611	0,048263	30,063024	0,033263
26	1,472710	0,679021	21,398632	0,046732	31,513969	0,031732
27	1,494800	0,668986	22,067617	0,045315	32,986678	0,030315
28	1,517222	0,659099	22,726717	0,044001	34,481479	0,029001
29	1,539981	0,649359	23,376076	0,042779	35,998701	0,027779
30	1,563080	0,639762	24,015838	0,041639	37,538681	0,026639
31	1,586526	0,630308	24,646146	0,040574	39,101762	0,025574
32	1,610324	0,620993	25,267139	0,039577	40,688288	0,024577
33	1,634479	0,611816	25,878954	0,038641	42,298612	0,023641
34	1,658996	0,602774	26,481728	0,037762	43,933092	0,022762
35	1,683881	0,593866	27,075595	0,036934	45,592088	0,021934
36	1,709140	0,585090	27,660684	0,036152	47,275969	0,021152
37	1,734777	0,576443	28,237127	0,035414	48,985109	0,020414
38	1,760798	0,567924	28,805052	0,034716	50,719885	0,019716
39	1,787210	0,559531	29,364583	0,034055	52,480684	0,019055
40	1,814018	0,551262	29,915845	0,033427	54,267894	0,018427
41	1,841229	0,543116	30,458961	0,032831	56,081912	0,017831
42	1,868847	0,535089	30,994050	0,032264	57,923141	0,017264

	AuF	AbF	DSF	KWF	EWF	RVF
n	$(1+i)^n$	$(1+i)^{-n}$	$\dfrac{(1+i)^n-1}{i(1+i)^n}$	$\dfrac{i(1+i)^n}{(1+i)^n-1}$	$\dfrac{(1+i)^n-1}{i}$	$\dfrac{i}{(1+i)^n-1}$
43	1,896880	0,527182	31,521232	0,031725	59,791988	0,016725
44	1,925333	0,519391	32,040622	0,031210	61,688868	0,016210
45	1,954213	0,511715	32,552337	0,030720	63,614201	0,015720
46	1,983526	0,504153	33,056490	0,030251	65,568414	0,015251
47	2,013279	0,496702	33,553192	0,029803	67,551940	0,014803
48	2,043478	0,489362	34,042554	0,029375	69,565219	0,014375
49	2,074130	0,482130	34,524683	0,028965	71,608698	0,013965
50	2,105242	0,475005	34,999688	0,028572	73,682828	0,013572
51	2,136821	0,467985	35,467673	0,028195	75,788070	0,013195
52	2,168873	0,461069	35,928742	0,027833	77,924892	0,012833
53	2,201406	0,454255	36,382997	0,027485	80,093765	0,012485
54	2,234428	0,447542	36,830539	0,027151	82,295171	0,012151
55	2,267944	0,440928	37,271467	0,026830	84,529599	0,011830
56	2,301963	0,434412	37,705879	0,026521	86,797543	0,011521
57	2,336493	0,427992	38,133871	0,026223	89,099506	0,011223
58	2,371540	0,421667	38,555538	0,025937	91,435999	0,010937
59	2,407113	0,415435	38,970973	0,025660	93,807539	0,010660
60	2,443220	0,409296	39,380269	0,025393	96,214652	0,010393
61	2,479868	0,403247	39,783516	0,025136	98,657871	0,010136
62	2,517066	0,397288	40,180804	0,024888	101,137740	0,009888
63	2,554822	0,391417	40,572221	0,024647	103,654806	0,009647
64	2,593144	0,385632	40,957853	0,024415	106,209628	0,009415
65	2,632042	0,379933	41,337786	0,024191	108,802772	0,009191
66	2,671522	0,374318	41,712105	0,023974	111,434814	0,008974
67	2,711595	0,368787	42,080891	0,023764	114,106336	0,008764
68	2,752269	0,363337	42,444228	0,023560	116,817931	0,008560
69	2,793553	0,357967	42,802195	0,023363	119,570200	0,008363
70	2,835456	0,352677	43,154872	0,023172	122,363753	0,008172
71	2,877988	0,347465	43,502337	0,022987	125,199209	0,007987
72	2,921158	0,342330	43,844667	0,022808	128,077197	0,007808
73	2,964975	0,337271	44,181938	0,022634	130,998355	0,007634
74	3,009450	0,332287	44,514224	0,022465	133,963331	0,007465
75	3,054592	0,327376	44,841600	0,022301	136,972781	0,007301
76	3,100411	0,322538	45,164138	0,022141	140,027372	0,007141
77	3,146917	0,317771	45,481910	0,021987	143,127783	0,006987
78	3,194120	0,313075	45,794985	0,021836	146,274700	0,006836
79	3,242032	0,308448	46,103433	0,021690	149,468820	0,006690
80	3,290663	0,303890	46,407323	0,021548	152,710852	0,006548
81	3,340023	0,299399	46,706723	0,021410	156,001515	0,006410
82	3,390123	0,294975	47,001697	0,021276	159,341538	0,006276
83	3,440975	0,290615	47,292313	0,021145	162,731661	0,006145
84	3,492590	0,286321	47,578633	0,021018	166,172636	0,006018

1,60%						
	AuF	**AbF**	**DSF**	**KWF**	**EWF**	**RVF**
n	$(1+i)^n$	$(1+i)^{-n}$	$\dfrac{(1+i)^n-1}{i(1+i)^n}$	$\dfrac{i(1+i)^n}{(1+i)^n-1}$	$\dfrac{(1+i)^n-1}{i}$	$\dfrac{i}{(1+i)^n-1}$
1	1,016000	0,984252	0,984252	1,016000	1,000000	1,000000
2	1,032256	0,968752	1,953004	0,512032	2,016000	0,496032
3	1,048772	0,953496	2,906500	0,344056	3,048256	0,328056
4	1,065552	0,938480	3,844980	0,260079	4,097028	0,244079
5	1,082601	0,923701	4,768681	0,209702	5,162581	0,193702
6	1,099923	0,909155	5,677836	0,176123	6,245182	0,160123
7	1,117522	0,894837	6,572673	0,152145	7,345105	0,136145
8	1,135402	0,880745	7,453418	0,134167	8,462626	0,118167
9	1,153568	0,866875	8,320294	0,120188	9,598028	0,104188
10	1,172026	0,853224	9,173518	0,109009	10,751597	0,093009
11	1,190778	0,839787	10,013305	0,099867	11,923622	0,083867
12	1,209830	0,826562	10,839867	0,092252	13,114400	0,076252
13	1,229188	0,813545	11,653412	0,085812	14,324231	0,069812
14	1,248855	0,800734	12,454146	0,080295	15,553419	0,064295
15	1,268836	0,788124	13,242270	0,075516	16,802273	0,059516
16	1,289138	0,775712	14,017982	0,071337	18,071110	0,055337
17	1,309764	0,763496	14,781478	0,067652	19,360247	0,051652
18	1,330720	0,751473	15,532951	0,064379	20,670011	0,048379
19	1,352012	0,739639	16,272590	0,061453	22,000731	0,045453
20	1,373644	0,727991	17,000580	0,058822	23,352743	0,042822
21	1,395622	0,716526	17,717107	0,056443	24,726387	0,040443
22	1,417952	0,705242	18,422349	0,054282	26,122009	0,038282
23	1,440639	0,694136	19,116485	0,052311	27,539961	0,036311
24	1,463690	0,683205	19,799690	0,050506	28,980601	0,034506
25	1,487109	0,672446	20,472136	0,048847	30,444290	0,032847
26	1,510902	0,661856	21,133992	0,047317	31,931399	0,031317
27	1,535077	0,651433	21,785425	0,045902	33,442301	0,029902
28	1,559638	0,641174	22,426600	0,044590	34,977378	0,028590
29	1,584592	0,631077	23,057677	0,043370	36,537016	0,027370
30	1,609946	0,621139	23,678816	0,042232	38,121609	0,026232
31	1,635705	0,611357	24,290173	0,041169	39,731554	0,025169
32	1,661876	0,601730	24,891903	0,040174	41,367259	0,024174
33	1,688466	0,592254	25,484156	0,039240	43,029135	0,023240
34	1,715482	0,582927	26,067083	0,038363	44,717601	0,022363
35	1,742929	0,573747	26,640830	0,037536	46,433083	0,021536
36	1,770816	0,564711	27,205541	0,036757	48,176012	0,020757
37	1,799149	0,555818	27,761359	0,036021	49,946829	0,020021
38	1,827936	0,547065	28,308424	0,035325	51,745978	0,019325
39	1,857183	0,538450	28,846874	0,034666	53,573914	0,018666
40	1,886898	0,529970	29,376845	0,034040	55,431096	0,018040
41	1,917088	0,521624	29,898469	0,033447	57,317994	0,017447
42	1,947761	0,513410	30,411879	0,032882	59,235082	0,016882

	AuF	AbF	DSF	KWF	EWF	RVF
n	$(1+i)^n$	$(1+i)^{-n}$	$\dfrac{(1+i)^n-1}{i(1+i)^n}$	$\dfrac{i(1+i)^n}{(1+i)^n-1}$	$\dfrac{(1+i)^n-1}{i}$	$\dfrac{i}{(1+i)^n-1}$
43	1,978925	0,505325	30,917204	0,032344	61,182843	0,016344
44	2,010588	0,497367	31,414571	0,031832	63,161768	0,015832
45	2,042758	0,489534	31,904105	0,031344	65,172357	0,015344
46	2,075442	0,481825	32,385930	0,030878	67,215114	0,014878
47	2,108649	0,474237	32,860168	0,030432	69,290556	0,014432
48	2,142387	0,466769	33,326937	0,030006	71,399205	0,014006
49	2,176665	0,459418	33,786355	0,029598	73,541592	0,013598
50	2,211492	0,452183	34,238538	0,029207	75,718258	0,013207
51	2,246876	0,445062	34,683601	0,028832	77,929750	0,012832
52	2,282826	0,438054	35,121654	0,028472	80,176626	0,012472
53	2,319351	0,431155	35,552809	0,028127	82,459452	0,012127
54	2,356461	0,424365	35,977174	0,027795	84,778803	0,011795
55	2,394164	0,417682	36,394857	0,027476	87,135264	0,011476
56	2,432471	0,411105	36,805961	0,027170	89,529428	0,011170
57	2,471390	0,404631	37,210592	0,026874	91,961899	0,010874
58	2,510933	0,398258	37,608850	0,026589	94,433290	0,010589
59	2,551108	0,391987	38,000837	0,026315	96,944222	0,010315
60	2,591925	0,385814	38,386651	0,026051	99,495330	0,010051
61	2,633396	0,379738	38,766388	0,025796	102,087255	0,009796
62	2,675530	0,373758	39,140146	0,025549	104,720651	0,009549
63	2,718339	0,367872	39,508018	0,025311	107,396182	0,009311
64	2,761832	0,362078	39,870096	0,025081	110,114520	0,009081
65	2,806022	0,356376	40,226473	0,024859	112,876353	0,008859
66	2,850918	0,350764	40,577237	0,024644	115,682374	0,008644
67	2,896533	0,345240	40,922477	0,024436	118,533292	0,008436
68	2,942877	0,339804	41,262281	0,024235	121,429825	0,008235
69	2,989963	0,334452	41,596733	0,024040	124,372702	0,008040
70	3,037803	0,329185	41,925918	0,023852	127,362666	0,007852
71	3,086407	0,324001	42,249920	0,023669	130,400468	0,007669
72	3,135790	0,318899	42,568818	0,023491	133,486876	0,007491
73	3,185963	0,313877	42,882695	0,023319	136,622666	0,007319
74	3,236938	0,308934	43,191629	0,023153	139,808628	0,007153
75	3,288729	0,304069	43,495698	0,022991	143,045566	0,006991
76	3,341349	0,299280	43,794978	0,022834	146,334295	0,006834
77	3,394810	0,294567	44,089546	0,022681	149,675644	0,006681
78	3,449127	0,289928	44,379474	0,022533	153,070454	0,006533
79	3,504313	0,285363	44,664837	0,022389	156,519582	0,006389
80	3,560382	0,280869	44,945705	0,022249	160,023895	0,006249
81	3,617348	0,276446	45,222151	0,022113	163,584277	0,006113
82	3,675226	0,272092	45,494243	0,021981	167,201626	0,005981
83	3,734030	0,267807	45,762050	0,021852	170,876852	0,005852
84	3,793774	0,263590	46,025640	0,021727	174,610881	0,005727

1,60%

1,70%					
	AuF	**AbF**	**DSF**	**KWF**	**EWF**	**RVF**
n	$(1+i)^n$	$(1+i)^{-n}$	$\dfrac{(1+i)^n - 1}{i(1+i)^n}$	$\dfrac{i(1+i)^n}{(1+i)^n - 1}$	$\dfrac{(1+i)^n - 1}{i}$	$\dfrac{i}{(1+i)^n - 1}$
1	1,017000	0,983284	0,983284	1,017000	1,000000	1,000000
2	1,034289	0,966848	1,950132	0,512786	2,017000	0,495786
3	1,051872	0,950686	2,900818	0,344730	3,051289	0,327730
4	1,069754	0,934795	3,835613	0,260715	4,103161	0,243715
5	1,087940	0,919169	4,754781	0,210315	5,172915	0,193315
6	1,106435	0,903804	5,658585	0,176723	6,260854	0,159723
7	1,125244	0,888696	6,547282	0,152735	7,367289	0,135735
8	1,144373	0,873841	7,421123	0,134751	8,492533	0,117751
9	1,163827	0,859234	8,280356	0,120768	9,636906	0,103768
10	1,183612	0,844871	9,125228	0,109586	10,800733	0,092586
11	1,203734	0,830748	9,955976	0,100442	11,984346	0,083442
12	1,224197	0,816862	10,772838	0,092826	13,188079	0,075826
13	1,245009	0,803207	11,576045	0,086385	14,412277	0,069385
14	1,266174	0,789781	12,365826	0,080868	15,657285	0,063868
15	1,287699	0,776579	13,142405	0,076090	16,923459	0,059090
16	1,309590	0,763598	13,906003	0,071911	18,211158	0,054911
17	1,331853	0,750834	14,656837	0,068228	19,520748	0,051228
18	1,354494	0,738283	15,395120	0,064956	20,852601	0,047956
19	1,377521	0,725942	16,121062	0,062031	22,207095	0,045031
20	1,400938	0,713807	16,834869	0,059401	23,584615	0,042401
21	1,424754	0,701875	17,536744	0,057023	24,985554	0,040023
22	1,448975	0,690143	18,226887	0,054864	26,410308	0,037864
23	1,473608	0,678607	18,905494	0,052895	27,859283	0,035895
24	1,498659	0,667263	19,572757	0,051091	29,332891	0,034091
25	1,524136	0,656109	20,228866	0,049434	30,831550	0,032434
26	1,550047	0,645142	20,874008	0,047906	32,355687	0,030906
27	1,576397	0,634358	21,508366	0,046494	33,905733	0,029494
28	1,603196	0,623754	22,132120	0,045183	35,482131	0,028183
29	1,630451	0,613327	22,745447	0,043965	37,085327	0,026965
30	1,658168	0,603075	23,348522	0,042829	38,715778	0,025829
31	1,686357	0,592994	23,941517	0,041768	40,373946	0,024768
32	1,715025	0,583082	24,524598	0,040775	42,060303	0,023775
33	1,744181	0,573335	25,097933	0,039844	43,775328	0,022844
34	1,773832	0,563751	25,661685	0,038969	45,519509	0,021969
35	1,803987	0,554328	26,216013	0,038145	47,293340	0,021145
36	1,834655	0,545062	26,761074	0,037368	49,097327	0,020368
37	1,865844	0,535951	27,297025	0,036634	50,931982	0,019634
38	1,897563	0,526992	27,824017	0,035940	52,797825	0,018940
39	1,929822	0,518183	28,342199	0,035283	54,695388	0,018283
40	1,962629	0,509521	28,851720	0,034660	56,625210	0,017660
41	1,995993	0,501004	29,352724	0,034068	58,587839	0,017068
42	2,029925	0,492629	29,845353	0,033506	60,583832	0,016506

	AuF	AbF	DSF	KWF	EWF	RVF
n	$(1+i)^n$	$(1+i)^{-n}$	$\dfrac{(1+i)^n-1}{i(1+i)^n}$	$\dfrac{i(1+i)^n}{(1+i)^n-1}$	$\dfrac{(1+i)^n-1}{i}$	$\dfrac{i}{(1+i)^n-1}$
43	2,064434	0,484394	30,329747	0,032971	62,613757	0,015971
44	2,099529	0,476297	30,806044	0,032461	64,678191	0,015461
45	2,135221	0,468336	31,274380	0,031975	66,777720	0,014975
46	2,171520	0,460507	31,734887	0,031511	68,912941	0,014511
47	2,208436	0,452809	32,187696	0,031068	71,084461	0,014068
48	2,245979	0,445240	32,632936	0,030644	73,292897	0,013644
49	2,284161	0,437798	33,070734	0,030238	75,538877	0,013238
50	2,322992	0,430479	33,501213	0,029850	77,823037	0,012850
51	2,362482	0,423284	33,924496	0,029477	80,146029	0,012477
52	2,402645	0,416208	34,340705	0,029120	82,508512	0,012120
53	2,443490	0,409251	34,749955	0,028777	84,911156	0,011777
54	2,485029	0,402410	35,152365	0,028448	87,354646	0,011448
55	2,527274	0,395683	35,548048	0,028131	89,839675	0,011131
56	2,570238	0,389069	35,937117	0,027826	92,366949	0,010826
57	2,613932	0,382565	36,319683	0,027533	94,937187	0,010533
58	2,658369	0,376170	36,695853	0,027251	97,551120	0,010251
59	2,703561	0,369882	37,065736	0,026979	100,209489	0,009979
60	2,749522	0,363700	37,429435	0,026717	102,913050	0,009717
61	2,796264	0,357620	37,787055	0,026464	105,662572	0,009464
62	2,843800	0,351642	38,138697	0,026220	108,458836	0,009220
63	2,892145	0,345764	38,484462	0,025985	111,302636	0,008985
64	2,941311	0,339984	38,824446	0,025757	114,194781	0,008757
65	2,991314	0,334301	39,158747	0,025537	117,136092	0,008537
66	3,042166	0,328713	39,487460	0,025324	120,127405	0,008324
67	3,093883	0,323218	39,810679	0,025119	123,169571	0,008119
68	3,146479	0,317816	40,128495	0,024920	126,263454	0,007920
69	3,199969	0,312503	40,440998	0,024727	129,409933	0,007727
70	3,254368	0,307279	40,748277	0,024541	132,609902	0,007541
71	3,309693	0,302143	41,050420	0,024360	135,864270	0,007360
72	3,365957	0,297092	41,347512	0,024185	139,173963	0,007185
73	3,423179	0,292126	41,639638	0,024016	142,539920	0,007016
74	3,481373	0,287243	41,926881	0,023851	145,963099	0,006851
75	3,540556	0,282442	42,209323	0,023691	149,444471	0,006691
76	3,600745	0,277720	42,487043	0,023537	152,985027	0,006537
77	3,661958	0,273078	42,760121	0,023386	156,585773	0,006386
78	3,724211	0,268513	43,028634	0,023240	160,247731	0,006240
79	3,787523	0,264025	43,292659	0,023099	163,971942	0,006099
80	3,851911	0,259611	43,552270	0,022961	167,759465	0,005961
81	3,917393	0,255272	43,807542	0,022827	171,611376	0,005827
82	3,983989	0,251005	44,058547	0,022697	175,528770	0,005697
83	4,051717	0,246809	44,305356	0,022571	179,512759	0,005571
84	4,120596	0,242683	44,548039	0,022448	183,564476	0,005448

			1,80%			
	AuF	**AbF**	**DSF**	**KWF**	**EWF**	**RVF**
n	$(1+i)^n$	$(1+i)^{-n}$	$\dfrac{(1+i)^n-1}{i(1+i)^n}$	$\dfrac{i(1+i)^n}{(1+i)^n-1}$	$\dfrac{(1+i)^n-1}{i}$	$\dfrac{i}{(1+i)^n-1}$
1	1,018000	0,982318	0,982318	1,018000	1,000000	1,000000
2	1,036324	0,964949	1,947267	0,513540	2,018000	0,495540
3	1,054978	0,947887	2,895155	0,345405	3,054324	0,327405
4	1,073967	0,931127	3,826282	0,261350	4,109302	0,243350
5	1,093299	0,914663	4,740945	0,210928	5,183269	0,192928
6	1,112978	0,898490	5,639435	0,177323	6,276568	0,159323
7	1,133012	0,882603	6,522038	0,153326	7,389546	0,135326
8	1,153406	0,866997	7,389035	0,135336	8,522558	0,117336
9	1,174167	0,851667	8,240703	0,121349	9,675964	0,103349
10	1,195302	0,836608	9,077311	0,110165	10,850132	0,092165
11	1,216818	0,821816	9,899127	0,101019	12,045434	0,083019
12	1,238721	0,807285	10,706412	0,093402	13,262252	0,075402
13	1,261018	0,793010	11,499422	0,086961	14,500972	0,068961
14	1,283716	0,778989	12,278411	0,081444	15,761990	0,063444
15	1,306823	0,765215	13,043625	0,076666	17,045706	0,058666
16	1,330346	0,751684	13,795310	0,072488	18,352528	0,054488
17	1,354292	0,738393	14,533703	0,068806	19,682874	0,050806
18	1,378669	0,725337	15,259040	0,065535	21,037166	0,047535
19	1,403485	0,712512	15,971552	0,062611	22,415835	0,044611
20	1,428748	0,699914	16,671466	0,059983	23,819320	0,041983
21	1,454465	0,687538	17,359004	0,057607	25,248067	0,039607
22	1,480646	0,675381	18,034385	0,055450	26,702533	0,037450
23	1,507297	0,663439	18,697824	0,053482	28,183178	0,035482
24	1,534429	0,651708	19,349533	0,051681	29,690475	0,033681
25	1,562048	0,640185	19,989718	0,050026	31,224904	0,032026
26	1,590165	0,628866	20,618583	0,048500	32,786952	0,030500
27	1,618788	0,617746	21,236329	0,047089	34,377117	0,029089
28	1,647926	0,606823	21,843152	0,045781	35,995905	0,027781
29	1,677589	0,596094	22,439246	0,044565	37,643832	0,026565
30	1,707786	0,585554	23,024800	0,043431	39,321421	0,025431
31	1,738526	0,575200	23,600000	0,042373	41,029206	0,024373
32	1,769819	0,565029	24,165029	0,041382	42,767732	0,023382
33	1,801676	0,555039	24,720068	0,040453	44,537551	0,022453
34	1,834106	0,545225	25,265293	0,039580	46,339227	0,021580
35	1,867120	0,535584	25,800877	0,038758	48,173333	0,020758
36	1,900728	0,526114	26,326991	0,037984	50,040453	0,019984
37	1,934941	0,516812	26,843803	0,037253	51,941181	0,019253
38	1,969770	0,507673	27,351476	0,036561	53,876123	0,018561
39	2,005226	0,498697	27,850173	0,035906	55,845893	0,017906
40	2,041320	0,489879	28,340052	0,035286	57,851119	0,017286
41	2,078064	0,481217	28,821269	0,034697	59,892439	0,016697
42	2,115469	0,472708	29,293978	0,034137	61,970503	0,016137

			1,80%			
	AuF	**AbF**	**DSF**	**KWF**	**EWF**	**RVF**
n	$(1+i)^n$	$(1+i)^{-n}$	$\dfrac{(1+i)^n-1}{i(1+i)^n}$	$\dfrac{i(1+i)^n}{(1+i)^n-1}$	$\dfrac{(1+i)^n-1}{i}$	$\dfrac{i}{(1+i)^n-1}$
43	2,153547	0,464350	29,758328	0,033604	64,085972	0,015604
44	2,192311	0,456140	30,214467	0,033097	66,239519	0,015097
45	2,231773	0,448074	30,662541	0,032613	68,431831	0,014613
46	2,271945	0,440152	31,102693	0,032152	70,663604	0,014152
47	2,312840	0,432369	31,535062	0,031711	72,935549	0,013711
48	2,354471	0,424724	31,959786	0,031289	75,248388	0,013289
49	2,396851	0,417214	32,377000	0,030886	77,602859	0,012886
50	2,439995	0,409837	32,786837	0,030500	79,999711	0,012500
51	2,483915	0,402590	33,189427	0,030130	82,439706	0,012130
52	2,528625	0,395472	33,584899	0,029775	84,923620	0,011775
53	2,574140	0,388479	33,973378	0,029435	87,452246	0,011435
54	2,620475	0,381610	34,354988	0,029108	90,026386	0,011108
55	2,667643	0,374863	34,729851	0,028794	92,646861	0,010794
56	2,715661	0,368234	35,098085	0,028492	95,314504	0,010492
57	2,764543	0,361723	35,459809	0,028201	98,030165	0,010201
58	2,814305	0,355328	35,815136	0,027921	100,794708	0,009921
59	2,864962	0,349045	36,164181	0,027652	103,609013	0,009652
60	2,916532	0,342873	36,507054	0,027392	106,473975	0,009392
61	2,969029	0,336810	36,843865	0,027142	109,390507	0,009142
62	3,022472	0,330855	37,174720	0,026900	112,359536	0,008900
63	3,076876	0,325005	37,499725	0,026667	115,382008	0,008667
64	3,132260	0,319258	37,818983	0,026442	118,458884	0,008442
65	3,188641	0,313613	38,132596	0,026224	121,591144	0,008224
66	3,246036	0,308068	38,440664	0,026014	124,779784	0,008014
67	3,304465	0,302621	38,743285	0,025811	128,025821	0,007811
68	3,363945	0,297270	39,040555	0,025614	131,330285	0,007614
69	3,424496	0,292014	39,332569	0,025424	134,694230	0,007424
70	3,486137	0,286850	39,619419	0,025240	138,118727	0,007240
71	3,548888	0,281778	39,901198	0,025062	141,604864	0,007062
72	3,612768	0,276796	40,177994	0,024889	145,153751	0,006889
73	3,677797	0,271902	40,449896	0,024722	148,766519	0,006722
74	3,743998	0,267094	40,716990	0,024560	152,444316	0,006560
75	3,811390	0,262371	40,979361	0,024403	156,188314	0,006403
76	3,879995	0,257732	41,237094	0,024250	159,999703	0,006250
77	3,949835	0,253175	41,490269	0,024102	163,879698	0,006102
78	4,020932	0,248699	41,738967	0,023958	167,829533	0,005958
79	4,093308	0,244301	41,983269	0,023819	171,850464	0,005819
80	4,166988	0,239981	42,223250	0,023684	175,943773	0,005684
81	4,241994	0,235738	42,458988	0,023552	180,110760	0,005552
82	4,318350	0,231570	42,690558	0,023424	184,352754	0,005424
83	4,396080	0,227475	42,918034	0,023300	188,671104	0,005300
84	4,475209	0,223453	43,141487	0,023180	193,067184	0,005180

	AuF	AbF	DSF	KWF	EWF	RVF
				1,90%		
n	$(1+i)^n$	$(1+i)^{-n}$	$\dfrac{(1+i)^n-1}{i(1+i)^n}$	$\dfrac{i(1+i)^n}{(1+i)^n-1}$	$\dfrac{(1+i)^n-1}{i}$	$\dfrac{i}{(1+i)^n-1}$
1	1,019000	0,981354	0,981354	1,019000	1,000000	1,000000
2	1,038361	0,963056	1,944410	0,514295	2,019000	0,495295
3	1,058090	0,945099	2,889510	0,346079	3,057361	0,327079
4	1,078194	0,927477	3,816987	0,261987	4,115451	0,242987
5	1,098679	0,910184	4,727171	0,211543	5,193644	0,192543
6	1,119554	0,893213	5,620383	0,177924	6,292324	0,158924
7	1,140826	0,876558	6,496942	0,153919	7,411878	0,134919
8	1,162501	0,860214	7,357156	0,135922	8,552703	0,116922
9	1,184589	0,844175	8,201330	0,121931	9,715205	0,102931
10	1,207096	0,828434	9,029765	0,110745	10,899794	0,091745
11	1,230031	0,812988	9,842753	0,101598	12,106890	0,082598
12	1,253401	0,797829	10,640581	0,093980	13,336921	0,074980
13	1,277216	0,782953	11,423534	0,087539	14,590322	0,068539
14	1,301483	0,768354	12,191888	0,082022	15,867538	0,063022
15	1,326211	0,754028	12,945916	0,077244	17,169022	0,058244
16	1,351409	0,739968	13,685884	0,073068	18,495233	0,054068
17	1,377086	0,726171	14,412055	0,069386	19,846642	0,050386
18	1,403251	0,712631	15,124686	0,066117	21,223729	0,047117
19	1,429913	0,699343	15,824030	0,063195	22,626979	0,044195
20	1,457081	0,686304	16,510333	0,060568	24,056892	0,041568
21	1,484765	0,673507	17,183840	0,058194	25,513973	0,039194
22	1,512976	0,660949	17,844789	0,056039	26,998739	0,037039
23	1,541723	0,648625	18,493414	0,054073	28,511715	0,035073
24	1,571015	0,636531	19,129945	0,052274	30,053437	0,033274
25	1,600865	0,624662	19,754608	0,050621	31,624452	0,031621
26	1,631281	0,613015	20,367623	0,049098	33,225317	0,030098
27	1,662275	0,601585	20,969208	0,047689	34,856598	0,028689
28	1,693859	0,590368	21,559576	0,046383	36,518873	0,027383
29	1,726042	0,579360	22,138936	0,045169	38,212732	0,026169
30	1,758837	0,568558	22,707494	0,044038	39,938774	0,025038
31	1,792255	0,557956	23,265450	0,042982	41,697611	0,023982
32	1,826307	0,547553	23,813003	0,041994	43,489865	0,022994
33	1,861007	0,537343	24,350347	0,041067	45,316173	0,022067
34	1,896366	0,527324	24,877671	0,040197	47,177180	0,021197
35	1,932397	0,517492	25,395163	0,039378	49,073546	0,020378
36	1,969113	0,507843	25,903006	0,038606	51,005944	0,019606
37	2,006526	0,498374	26,401380	0,037877	52,975057	0,018877
38	2,044650	0,489081	26,890461	0,037188	54,981583	0,018188
39	2,083498	0,479962	27,370423	0,036536	57,026233	0,017536
40	2,123085	0,471013	27,841436	0,035918	59,109731	0,016918
41	2,163424	0,462230	28,303666	0,035331	61,232816	0,016331
42	2,204529	0,453612	28,757278	0,034774	63,396240	0,015774

	AuF	AbF	DSF	KWF	EWF	RVF
n	$(1+i)^n$	$(1+i)^{-n}$	$\dfrac{(1+i)^n - 1}{i(1+i)^n}$	$\dfrac{i(1+i)^n}{(1+i)^n - 1}$	$\dfrac{(1+i)^n - 1}{i}$	$\dfrac{i}{(1+i)^n - 1}$
43	2,246415	0,445154	29,202431	0,034244	65,600768	0,015244
44	2,289096	0,436854	29,639285	0,033739	67,847183	0,014739
45	2,332589	0,428708	30,067993	0,033258	70,136279	0,014258
46	2,376909	0,420715	30,488708	0,032799	72,468869	0,013799
47	2,422070	0,412870	30,901578	0,032361	74,845777	0,013361
48	2,468089	0,405172	31,306749	0,031942	77,267847	0,012942
49	2,514983	0,397617	31,704367	0,031541	79,735936	0,012541
50	2,562767	0,390203	32,094570	0,031158	82,250919	0,012158
51	2,611460	0,382928	32,477497	0,030791	84,813686	0,011791
52	2,661078	0,375788	32,853285	0,030438	87,425146	0,011438
53	2,711638	0,368781	33,222066	0,030100	90,086224	0,011100
54	2,763159	0,361905	33,583970	0,029776	92,797862	0,010776
55	2,815659	0,355157	33,939127	0,029465	95,561022	0,010465
56	2,869157	0,348534	34,287661	0,029165	98,376681	0,010165
57	2,923671	0,342036	34,629697	0,028877	101,245838	0,009877
58	2,979221	0,335658	34,965355	0,028600	104,169509	0,009600
59	3,035826	0,329400	35,294755	0,028333	107,148730	0,009333
60	3,093507	0,323258	35,618013	0,028076	110,184555	0,009076
61	3,152283	0,317230	35,935243	0,027828	113,278062	0,008828
62	3,212177	0,311315	36,246558	0,027589	116,430345	0,008589
63	3,273208	0,305511	36,552069	0,027358	119,642522	0,008358
64	3,335399	0,299814	36,851883	0,027136	122,915730	0,008136
65	3,398771	0,294224	37,146107	0,026921	126,251129	0,007921
66	3,463348	0,288738	37,434845	0,026713	129,649900	0,007713
67	3,529152	0,283354	37,718199	0,026512	133,113248	0,007512
68	3,596206	0,278071	37,996270	0,026318	136,642400	0,007318
69	3,664534	0,272886	38,269156	0,026131	140,238605	0,007131
70	3,734160	0,267798	38,536954	0,025949	143,903139	0,006949
71	3,805109	0,262805	38,799759	0,025773	147,637298	0,006773
72	3,877406	0,257904	39,057663	0,025603	151,442407	0,006603
73	3,951076	0,253096	39,310759	0,025438	155,319813	0,006438
74	4,026147	0,248376	39,559135	0,025279	159,270889	0,006279
75	4,102644	0,243745	39,802880	0,025124	163,297036	0,006124
76	4,180594	0,239200	40,042081	0,024974	167,399680	0,005974
77	4,260025	0,234740	40,276821	0,024828	171,580274	0,005828
78	4,340966	0,230363	40,507185	0,024687	175,840299	0,005687
79	4,423444	0,226068	40,733253	0,024550	180,181265	0,005550
80	4,507489	0,221853	40,955106	0,024417	184,604709	0,005417
81	4,593132	0,217716	41,172822	0,024288	189,112198	0,005288
82	4,680401	0,213657	41,386479	0,024162	193,705330	0,005162
83	4,769329	0,209673	41,596152	0,024041	198,385731	0,005041
84	4,859946	0,205764	41,801916	0,023922	203,155060	0,004922

			2,00%			
	AuF	**AbF**	**DSF**	**KWF**	**EWF**	**RVF**
n	$(1+i)^n$	$(1+i)^{-n}$	$\dfrac{(1+i)^n-1}{i(1+i)^n}$	$\dfrac{i(1+i)^n}{(1+i)^n-1}$	$\dfrac{(1+i)^n-1}{i}$	$\dfrac{i}{(1+i)^n-1}$
1	1,020000	0,980392	0,980392	1,020000	1,000000	1,000000
2	1,040400	0,961169	1,941561	0,515050	2,020000	0,495050
3	1,061208	0,942322	2,883883	0,346755	3,060400	0,326755
4	1,082432	0,923845	3,807729	0,262624	4,121608	0,242624
5	1,104081	0,905731	4,713460	0,212158	5,204040	0,192158
6	1,126162	0,887971	5,601431	0,178526	6,308121	0,158526
7	1,148686	0,870560	6,471991	0,154512	7,434283	0,134512
8	1,171659	0,853490	7,325481	0,136510	8,582969	0,116510
9	1,195093	0,836755	8,162237	0,122515	9,754628	0,102515
10	1,218994	0,820348	8,982585	0,111327	10,949721	0,091327
11	1,243374	0,804263	9,786848	0,102178	12,168715	0,082178
12	1,268242	0,788493	10,575341	0,094560	13,412090	0,074560
13	1,293607	0,773033	11,348374	0,088118	14,680332	0,068118
14	1,319479	0,757875	12,106249	0,082602	15,973938	0,062602
15	1,345868	0,743015	12,849264	0,077825	17,293417	0,057825
16	1,372786	0,728446	13,577709	0,073650	18,639285	0,053650
17	1,400241	0,714163	14,291872	0,069970	20,012071	0,049970
18	1,428246	0,700159	14,992031	0,066702	21,412312	0,046702
19	1,456811	0,686431	15,678462	0,063782	22,840559	0,043782
20	1,485947	0,672971	16,351433	0,061157	24,297370	0,041157
21	1,515666	0,659776	17,011209	0,058785	25,783317	0,038785
22	1,545980	0,646839	17,658048	0,056631	27,298984	0,036631
23	1,576899	0,634156	18,292204	0,054668	28,844963	0,034668
24	1,608437	0,621721	18,913926	0,052871	30,421862	0,032871
25	1,640606	0,609531	19,523456	0,051220	32,030300	0,031220
26	1,673418	0,597579	20,121036	0,049699	33,670906	0,029699
27	1,706886	0,585862	20,706898	0,048293	35,344324	0,028293
28	1,741024	0,574375	21,281272	0,046990	37,051210	0,026990
29	1,775845	0,563112	21,844385	0,045778	38,792235	0,025778
30	1,811362	0,552071	22,396456	0,044650	40,568079	0,024650
31	1,847589	0,541246	22,937702	0,043596	42,379441	0,023596
32	1,884541	0,530633	23,468335	0,042611	44,227030	0,022611
33	1,922231	0,520229	23,988564	0,041687	46,111570	0,021687
34	1,960676	0,510028	24,498592	0,040819	48,033802	0,020819
35	1,999890	0,500028	24,998619	0,040002	49,994478	0,020002
36	2,039887	0,490223	25,488842	0,039233	51,994367	0,019233
37	2,080685	0,480611	25,969453	0,038507	54,034255	0,018507
38	2,122299	0,471187	26,440641	0,037821	56,114940	0,017821
39	2,164745	0,461948	26,902589	0,037171	58,237238	0,017171
40	2,208040	0,452890	27,355479	0,036556	60,401983	0,016556
41	2,252200	0,444010	27,799489	0,035972	62,610023	0,015972
42	2,297244	0,435304	28,234794	0,035417	64,862223	0,015417

	2,00%					
	AuF	**AbF**	**DSF**	**KWF**	**EWF**	**RVF**
n	$(1+i)^n$	$(1+i)^{-n}$	$\dfrac{(1+i)^n-1}{i(1+i)^n}$	$\dfrac{i(1+i)^n}{(1+i)^n-1}$	$\dfrac{(1+i)^n-1}{i}$	$\dfrac{i}{(1+i)^n-1}$
43	2,343189	0,426769	28,661562	0,034890	67,159468	0,014890
44	2,390053	0,418401	29,079963	0,034388	69,502657	0,014388
45	2,437854	0,410197	29,490160	0,033910	71,892710	0,013910
46	2,486611	0,402154	29,892314	0,033453	74,330564	0,013453
47	2,536344	0,394268	30,286582	0,033018	76,817176	0,013018
48	2,587070	0,386538	30,673120	0,032602	79,353519	0,012602
49	2,638812	0,378958	31,052078	0,032204	81,940590	0,012204
50	2,691588	0,371528	31,423606	0,031823	84,579401	0,011823
51	2,745420	0,364243	31,787849	0,031459	87,270989	0,011459
52	2,800328	0,357101	32,144950	0,031109	90,016409	0,011109
53	2,856335	0,350099	32,495049	0,030774	92,816737	0,010774
54	2,913461	0,343234	32,838283	0,030452	95,673072	0,010452
55	2,971731	0,336504	33,174788	0,030143	98,586534	0,010143
56	3,031165	0,329906	33,504694	0,029847	101,558264	0,009847
57	3,091789	0,323437	33,828131	0,029561	104,589430	0,009561
58	3,153624	0,317095	34,145226	0,029287	107,681218	0,009287
59	3,216697	0,310878	34,456104	0,029022	110,834843	0,009022
60	3,281031	0,304782	34,760887	0,028768	114,051539	0,008768
61	3,346651	0,298806	35,059693	0,028523	117,332570	0,008523
62	3,413584	0,292947	35,352640	0,028286	120,679222	0,008286
63	3,481856	0,287203	35,639843	0,028058	124,092806	0,008058
64	3,551493	0,281572	35,921415	0,027839	127,574662	0,007839
65	3,622523	0,276051	36,197466	0,027626	131,126155	0,007626
66	3,694974	0,270638	36,468103	0,027421	134,748679	0,007421
67	3,768873	0,265331	36,733435	0,027223	138,443652	0,007223
68	3,844251	0,260129	36,993564	0,027032	142,212525	0,007032
69	3,921136	0,255028	37,248592	0,026847	146,056776	0,006847
70	3,999558	0,250028	37,498619	0,026668	149,977911	0,006668
71	4,079549	0,245125	37,743744	0,026494	153,977469	0,006494
72	4,161140	0,240319	37,984063	0,026327	158,057019	0,006327
73	4,244363	0,235607	38,219670	0,026165	162,218159	0,006165
74	4,329250	0,230987	38,450657	0,026007	166,462522	0,006007
75	4,415835	0,226458	38,677114	0,025855	170,791773	0,005855
76	4,504152	0,222017	38,899132	0,025708	175,207608	0,005708
77	4,594235	0,217664	39,116796	0,025564	179,711760	0,005564
78	4,686120	0,213396	39,330192	0,025426	184,305996	0,005426
79	4,779842	0,209212	39,539404	0,025291	188,992115	0,005291
80	4,875439	0,205110	39,744514	0,025161	193,771958	0,005161
81	4,972948	0,201088	39,945602	0,025034	198,647397	0,005034
82	5,072407	0,197145	40,142747	0,024911	203,620345	0,004911
83	5,173855	0,193279	40,336026	0,024792	208,692752	0,004792
84	5,277332	0,189490	40,525516	0,024676	213,866607	0,004676

2,10%						
	AuF	**AbF**	**DSF**	**KWF**	**EWF**	**RVF**
n	$(1+i)^n$	$(1+i)^{-n}$	$\dfrac{(1+i)^n-1}{i(1+i)^n}$	$\dfrac{i(1+i)^n}{(1+i)^n-1}$	$\dfrac{(1+i)^n-1}{i}$	$\dfrac{i}{(1+i)^n-1}$
1	1,021000	0,979432	0,979432	1,021000	1,000000	1,000000
2	1,042441	0,959287	1,938719	0,515805	2,021000	0,494805
3	1,064332	0,939556	2,878275	0,347430	3,063441	0,326430
4	1,086683	0,920231	3,798506	0,263261	4,127773	0,242261
5	1,109504	0,901304	4,699810	0,212775	5,214456	0,191775
6	1,132803	0,882766	5,582576	0,179129	6,323960	0,158129
7	1,156592	0,864609	6,447185	0,155106	7,456763	0,134106
8	1,180880	0,846826	7,294011	0,137099	8,613355	0,116099
9	1,205679	0,829408	8,123419	0,123101	9,794236	0,102101
10	1,230998	0,812349	8,935768	0,111910	10,999915	0,090910
11	1,256849	0,795640	9,731409	0,102760	12,230913	0,081760
12	1,283243	0,779276	10,510684	0,095141	13,487762	0,074141
13	1,310191	0,763247	11,273932	0,088700	14,771005	0,067700
14	1,337705	0,747549	12,021481	0,083184	16,081196	0,062184
15	1,365797	0,732173	12,753654	0,078409	17,418901	0,057409
16	1,394479	0,717114	13,470768	0,074235	18,784698	0,053235
17	1,423763	0,702364	14,173132	0,070556	20,179177	0,049556
18	1,453662	0,687918	14,861050	0,067290	21,602940	0,046290
19	1,484189	0,673769	15,534819	0,064372	23,056601	0,043372
20	1,515357	0,659911	16,194729	0,061748	24,540790	0,040748
21	1,547179	0,646338	16,841067	0,059379	26,056147	0,038379
22	1,579670	0,633044	17,474111	0,057228	27,603326	0,036228
23	1,612843	0,620023	18,094134	0,055267	29,182995	0,034267
24	1,646713	0,607271	18,701404	0,053472	30,795838	0,032472
25	1,681294	0,594780	19,296185	0,051824	32,442551	0,030824
26	1,716601	0,582547	19,878731	0,050305	34,123845	0,029305
27	1,752649	0,570565	20,449296	0,048901	35,840445	0,027901
28	1,789455	0,558829	21,008125	0,047601	37,593095	0,026601
29	1,827034	0,547335	21,555461	0,046392	39,382550	0,025392
30	1,865401	0,536078	22,091538	0,045266	41,209583	0,024266
31	1,904575	0,525052	22,616590	0,044215	43,074984	0,023215
32	1,944571	0,514252	23,130842	0,043232	44,979559	0,022232
33	1,985407	0,503675	23,634517	0,042311	46,924130	0,021311
34	2,027100	0,493316	24,127833	0,041446	48,909537	0,020446
35	2,069669	0,483169	24,611002	0,040632	50,936637	0,019632
36	2,113132	0,473231	25,084233	0,039866	53,006306	0,018866
37	2,157508	0,463498	25,547731	0,039142	55,119439	0,018142
38	2,202816	0,453964	26,001695	0,038459	57,276947	0,017459
39	2,249075	0,444627	26,446322	0,037812	59,479763	0,016812
40	2,296306	0,435482	26,881804	0,037200	61,728838	0,016200
41	2,344528	0,426525	27,308329	0,036619	64,025143	0,015619
42	2,393763	0,417752	27,726082	0,036067	66,369671	0,015067

			2,10%			
	AuF	**AbF**	**DSF**	**KWF**	**EWF**	**RVF**
n	$(1+i)^n$	$(1+i)^{-n}$	$\dfrac{(1+i)^n-1}{i(1+i)^n}$	$\dfrac{i(1+i)^n}{(1+i)^n-1}$	$\dfrac{(1+i)^n-1}{i}$	$\dfrac{i}{(1+i)^n-1}$
43	2,444032	0,409160	28,135242	0,035543	68,763434	0,014543
44	2,495357	0,400744	28,535986	0,035043	71,207467	0,014043
45	2,547759	0,392502	28,928488	0,034568	73,702823	0,013568
46	2,601262	0,384429	29,312916	0,034115	76,250583	0,013115
47	2,655889	0,376522	29,689438	0,033682	78,851845	0,012682
48	2,711662	0,368777	30,058216	0,033269	81,507734	0,012269
49	2,768607	0,361192	30,419408	0,032874	84,219396	0,011874
50	2,826748	0,353763	30,773172	0,032496	86,988003	0,011496
51	2,886110	0,346487	31,119659	0,032134	89,814751	0,011134
52	2,946718	0,339361	31,459019	0,031787	92,700861	0,010787
53	3,008599	0,332381	31,791400	0,031455	95,647579	0,010455
54	3,071780	0,325544	32,116944	0,031136	98,656178	0,010136
55	3,136287	0,318848	32,435792	0,030830	101,727958	0,009830
56	3,202149	0,312290	32,748083	0,030536	104,864245	0,009536
57	3,269394	0,305867	33,053950	0,030254	108,066394	0,009254
58	3,338052	0,299576	33,353526	0,029982	111,335789	0,008982
59	3,408151	0,293414	33,646940	0,029720	114,673840	0,008720
60	3,479722	0,287379	33,934319	0,029469	118,081991	0,008469
61	3,552796	0,281468	34,215788	0,029226	121,561713	0,008226
62	3,627405	0,275679	34,491467	0,028993	125,114509	0,007993
63	3,703580	0,270009	34,761476	0,028767	128,741913	0,007767
64	3,781355	0,264455	35,025931	0,028550	132,445494	0,007550
65	3,860764	0,259016	35,284947	0,028341	136,226849	0,007341
66	3,941840	0,253689	35,538636	0,028138	140,087613	0,007138
67	4,024619	0,248471	35,787107	0,027943	144,029453	0,006943
68	4,109135	0,243360	36,030467	0,027754	148,054071	0,006754
69	4,195427	0,238355	36,268822	0,027572	152,163207	0,006572
70	4,283531	0,233452	36,502274	0,027396	156,358634	0,006396
71	4,373485	0,228651	36,730925	0,027225	160,642165	0,006225
72	4,465329	0,223948	36,954872	0,027060	165,015651	0,006060
73	4,559101	0,219342	37,174214	0,026900	169,480979	0,005900
74	4,654842	0,214830	37,389044	0,026746	174,040080	0,005746
75	4,752593	0,210411	37,599455	0,026596	178,694922	0,005596
76	4,852398	0,206084	37,805539	0,026451	183,447515	0,005451
77	4,954298	0,201845	38,007384	0,026311	188,299913	0,005311
78	5,058338	0,197693	38,205077	0,026175	193,254211	0,005175
79	5,164564	0,193627	38,398705	0,026043	198,312549	0,005043
80	5,273019	0,189645	38,588349	0,025915	203,477113	0,004915
81	5,383753	0,185744	38,774093	0,025790	208,750132	0,004790
82	5,496812	0,181924	38,956017	0,025670	214,133885	0,004670
83	5,612245	0,178182	39,134199	0,025553	219,630697	0,004553
84	5,730102	0,174517	39,308716	0,025440	225,242941	0,004440

	AuF	AbF	DSF	KWF	EWF	RVF
2,20%						
n	$(1+i)^n$	$(1+i)^{-n}$	$\dfrac{(1+i)^n-1}{i(1+i)^n}$	$\dfrac{i(1+i)^n}{(1+i)^n-1}$	$\dfrac{(1+i)^n-1}{i}$	$\dfrac{i}{(1+i)^n-1}$
1	1,022000	0,978474	0,978474	1,022000	1,000000	1,000000
2	1,044484	0,957411	1,935884	0,516560	2,022000	0,494560
3	1,067463	0,936801	2,872685	0,348106	3,066484	0,326106
4	1,090947	0,916635	3,789320	0,263900	4,133947	0,241900
5	1,114948	0,896903	4,686223	0,213391	5,224893	0,191391
6	1,139477	0,877596	5,563819	0,179733	6,339841	0,157733
7	1,164545	0,858704	6,422524	0,155702	7,479318	0,133702
8	1,190165	0,840220	7,262743	0,137689	8,643863	0,115689
9	1,216349	0,822133	8,084876	0,123688	9,834028	0,101688
10	1,243108	0,804435	8,889311	0,112495	11,050376	0,090495
11	1,270457	0,787119	9,676430	0,103344	12,293484	0,081344
12	1,298407	0,770175	10,446604	0,095725	13,563941	0,073725
13	1,326972	0,753596	11,200200	0,089284	14,862348	0,067284
14	1,356165	0,737373	11,937573	0,083769	16,189320	0,061769
15	1,386001	0,721500	12,659074	0,078995	17,545485	0,056995
16	1,416493	0,705969	13,365043	0,074822	18,931485	0,052822
17	1,447656	0,690772	14,055815	0,071145	20,347978	0,049145
18	1,479504	0,675902	14,731717	0,067881	21,795633	0,045881
19	1,512053	0,661352	15,393070	0,064964	23,275137	0,042964
20	1,545318	0,647116	16,040185	0,062343	24,787190	0,040343
21	1,579315	0,633186	16,673371	0,059976	26,332509	0,037976
22	1,614060	0,619556	17,292927	0,057827	27,911824	0,035827
23	1,649569	0,606219	17,899146	0,055869	29,525884	0,033869
24	1,685860	0,593169	18,492315	0,054077	31,175453	0,032077
25	1,722949	0,580400	19,072715	0,052431	32,861313	0,030431
26	1,760854	0,567906	19,640621	0,050915	34,584262	0,028915
27	1,799593	0,555681	20,196303	0,049514	36,345116	0,027514
28	1,839184	0,543720	20,740022	0,048216	38,144708	0,026216
29	1,879646	0,532015	21,272037	0,047010	39,983892	0,025010
30	1,920998	0,520563	21,792600	0,045887	41,863538	0,023887
31	1,963260	0,509357	22,301957	0,044839	43,784535	0,022839
32	2,006451	0,498392	22,800349	0,043859	45,747795	0,021859
33	2,050593	0,487664	23,288013	0,042941	47,754247	0,020941
34	2,095706	0,477166	23,765179	0,042078	49,804840	0,020078
35	2,141812	0,466894	24,232074	0,041268	51,900547	0,019268
36	2,188932	0,456844	24,688917	0,040504	54,042359	0,018504
37	2,237088	0,447010	25,135927	0,039784	56,231291	0,017784
38	2,286304	0,437387	25,573314	0,039103	58,468379	0,017103
39	2,336603	0,427972	26,001286	0,038460	60,754683	0,016460
40	2,388008	0,418759	26,420045	0,037850	63,091286	0,015850
41	2,440544	0,409745	26,829789	0,037272	65,479295	0,015272
42	2,494236	0,400924	27,230714	0,036723	67,919839	0,014723

			2,20%			
	AuF	**AbF**	**DSF**	**KWF**	**EWF**	**RVF**
n	$(1+i)^n$	$(1+i)^{-n}$	$\dfrac{(1+i)^n-1}{i(1+i)^n}$	$\dfrac{i(1+i)^n}{(1+i)^n-1}$	$\dfrac{(1+i)^n-1}{i}$	$\dfrac{i}{(1+i)^n-1}$
43	2,549110	0,392294	27,623008	0,036202	70,414076	0,014202
44	2,605190	0,383849	28,006857	0,035706	72,963185	0,013706
45	2,662504	0,375586	28,382443	0,035233	75,568375	0,013233
46	2,721079	0,367501	28,749944	0,034783	78,230880	0,012783
47	2,780943	0,359590	29,109534	0,034353	80,951959	0,012353
48	2,842124	0,351850	29,461384	0,033943	83,732902	0,011943
49	2,904651	0,344275	29,805660	0,033551	86,575026	0,011551
50	2,968553	0,336864	30,142524	0,033176	89,479676	0,011176
51	3,033861	0,329613	30,472137	0,032817	92,448229	0,010817
52	3,100606	0,322518	30,794655	0,032473	95,482090	0,010473
53	3,168819	0,315575	31,110230	0,032144	98,582696	0,010144
54	3,238533	0,308782	31,419011	0,031828	101,751516	0,009828
55	3,309781	0,302135	31,721146	0,031525	104,990049	0,009525
56	3,382596	0,295631	32,016777	0,031234	108,299830	0,009234
57	3,457013	0,289267	32,306044	0,030954	111,682426	0,008954
58	3,533068	0,283040	32,589084	0,030685	115,139440	0,008685
59	3,610795	0,276947	32,866031	0,030427	118,672507	0,008427
60	3,690233	0,270986	33,137017	0,030178	122,283303	0,008178
61	3,771418	0,265152	33,402169	0,029938	125,973535	0,007938
62	3,854389	0,259444	33,661614	0,029707	129,744953	0,007707
63	3,939186	0,253860	33,915473	0,029485	133,599342	0,007485
64	4,025848	0,248395	34,163868	0,029271	137,538528	0,007271
65	4,114416	0,243048	34,406916	0,029064	141,564375	0,007064
66	4,204933	0,237816	34,644732	0,028864	145,678791	0,006864
67	4,297442	0,232697	34,877429	0,028672	149,883725	0,006672
68	4,391986	0,227687	35,105116	0,028486	154,181167	0,006486
69	4,488609	0,222786	35,327902	0,028306	158,573152	0,006306
70	4,587359	0,217990	35,545893	0,028133	163,061762	0,006133
71	4,688281	0,213298	35,759190	0,027965	167,649121	0,005965
72	4,791423	0,208706	35,967897	0,027803	172,337401	0,005803
73	4,896834	0,204214	36,172110	0,027646	177,128824	0,005646
74	5,004564	0,199818	36,371928	0,027494	182,025658	0,005494
75	5,114665	0,195516	36,567444	0,027347	187,030223	0,005347
76	5,227188	0,191307	36,758752	0,027204	192,144888	0,005204
77	5,342186	0,187189	36,945941	0,027067	197,372075	0,005067
78	5,459714	0,183160	37,129101	0,026933	202,714261	0,004933
79	5,579827	0,179217	37,308318	0,026804	208,173974	0,004804
80	5,702584	0,175359	37,483677	0,026678	213,753802	0,004678
81	5,828040	0,171584	37,655261	0,026557	219,456386	0,004557
82	5,956257	0,167891	37,823152	0,026439	225,284426	0,004439
83	6,087295	0,164277	37,987428	0,026324	231,240683	0,004324
84	6,221216	0,160740	38,148169	0,026214	237,327978	0,004214

2,30%						
	AuF	**AbF**	**DSF**	**KWF**	**EWF**	**RVF**
n	$(1+i)^n$	$(1+i)^{-n}$	$\frac{(1+i)^n-1}{i(1+i)^n}$	$\frac{i(1+i)^n}{(1+i)^n-1}$	$\frac{(1+i)^n-1}{i}$	$\frac{i}{(1+i)^n-1}$
1	1,023000	0,977517	0,977517	1,023000	1,000000	1,000000
2	1,046529	0,955540	1,933057	0,517315	2,023000	0,494315
3	1,070599	0,934056	2,867113	0,348783	3,069529	0,325783
4	1,095223	0,913056	3,780169	0,264538	4,140128	0,241538
5	1,120413	0,892528	4,672697	0,214009	5,235351	0,191009
6	1,146183	0,872461	5,545159	0,180337	6,355764	0,157337
7	1,172545	0,852846	6,398005	0,156299	7,501947	0,133299
8	1,199513	0,833671	7,231676	0,138281	8,674492	0,115281
9	1,227102	0,814928	8,046604	0,124276	9,874005	0,101276
10	1,255325	0,796606	8,843210	0,113081	11,101107	0,090081
11	1,284198	0,778696	9,621906	0,103930	12,356432	0,080930
12	1,313734	0,761189	10,383095	0,096310	13,640630	0,073310
13	1,343950	0,744075	11,127170	0,089870	14,954365	0,066870
14	1,374861	0,727346	11,854516	0,084356	16,298315	0,061356
15	1,406483	0,710993	12,565510	0,079583	17,673177	0,056583
16	1,438832	0,695008	13,260518	0,075412	19,079660	0,052412
17	1,471925	0,679382	13,939900	0,071737	20,518492	0,048737
18	1,505780	0,664108	14,604008	0,068474	21,990417	0,045474
19	1,540413	0,649177	15,253185	0,065560	23,496197	0,042560
20	1,575842	0,634581	15,887766	0,062942	25,036609	0,039942
21	1,612086	0,620314	16,508080	0,060576	26,612451	0,037576
22	1,649164	0,606368	17,114448	0,058430	28,224538	0,035430
23	1,687095	0,592735	17,707183	0,056474	29,873702	0,033474
24	1,725898	0,579408	18,286591	0,054685	31,560797	0,031685
25	1,765594	0,566382	18,852973	0,053042	33,286695	0,030042
26	1,806203	0,553648	19,406620	0,051529	35,052289	0,028529
27	1,847745	0,541200	19,947821	0,050131	36,858492	0,027131
28	1,890243	0,529032	20,476853	0,048836	38,706237	0,025836
29	1,933719	0,517138	20,993991	0,047633	40,596481	0,024633
30	1,978195	0,505511	21,499503	0,046513	42,530200	0,023513
31	2,023693	0,494146	21,993649	0,045468	44,508394	0,022468
32	2,070238	0,483036	22,476685	0,044491	46,532088	0,021491
33	2,117853	0,472176	22,948861	0,043575	48,602326	0,020575
34	2,166564	0,461560	23,410421	0,042716	50,720179	0,019716
35	2,216395	0,451183	23,861605	0,041908	52,886743	0,018908
36	2,267372	0,441039	24,302644	0,041148	55,103138	0,018148
37	2,319522	0,431123	24,733767	0,040431	57,370510	0,017431
38	2,372871	0,421430	25,155198	0,039753	59,690032	0,016753
39	2,427447	0,411955	25,567153	0,039113	62,062903	0,016113
40	2,483278	0,402694	25,969847	0,038506	64,490350	0,015506
41	2,540393	0,393640	26,363486	0,037931	66,973628	0,014931
42	2,598822	0,384790	26,748276	0,037386	69,514021	0,014386

			2,30%			
	AuF	**AbF**	**DSF**	**KWF**	**EWF**	**RVF**
n	$(1+i)^n$	$(1+i)^{-n}$	$\dfrac{(1+i)^n-1}{i(1+i)^n}$	$\dfrac{i(1+i)^n}{(1+i)^n-1}$	$\dfrac{(1+i)^n-1}{i}$	$\dfrac{i}{(1+i)^n-1}$
43	2,658595	0,376138	27,124414	0,036867	72,112844	0,013867
44	2,719743	0,367682	27,492096	0,036374	74,771439	0,013374
45	2,782297	0,359415	27,851511	0,035905	77,491182	0,012905
46	2,846290	0,351335	28,202846	0,035457	80,273479	0,012457
47	2,911755	0,343436	28,546282	0,035031	83,119769	0,012031
48	2,978725	0,335714	28,881996	0,034624	86,031524	0,011624
49	3,047236	0,328166	29,210162	0,034235	89,010249	0,011235
50	3,117322	0,320788	29,530950	0,033863	92,057485	0,010863
51	3,189021	0,313576	29,844526	0,033507	95,174807	0,010507
52	3,262368	0,306526	30,151052	0,033166	98,363828	0,010166
53	3,337402	0,299634	30,450686	0,032840	101,626196	0,009840
54	3,414163	0,292898	30,743584	0,032527	104,963598	0,009527
55	3,492688	0,286312	31,029896	0,032227	108,377761	0,009227
56	3,573020	0,279875	31,309771	0,031939	111,870449	0,008939
57	3,655200	0,273583	31,583354	0,031662	115,443470	0,008662
58	3,739269	0,267432	31,850786	0,031396	119,098669	0,008396
59	3,825273	0,261419	32,112205	0,031141	122,837939	0,008141
60	3,913254	0,255542	32,367747	0,030895	126,663211	0,007895
61	4,003259	0,249796	32,617544	0,030658	130,576465	0,007658
62	4,095334	0,244180	32,861724	0,030431	134,579724	0,007431
63	4,189526	0,238690	33,100414	0,030211	138,675058	0,007211
64	4,285885	0,233324	33,333738	0,030000	142,864584	0,007000
65	4,384461	0,228078	33,561817	0,029796	147,150469	0,006796
66	4,485303	0,222950	33,784767	0,029599	151,534930	0,006599
67	4,588465	0,217938	34,002705	0,029409	156,020234	0,006409
68	4,694000	0,213038	34,215743	0,029226	160,608699	0,006226
69	4,801962	0,208248	34,423991	0,029050	165,302699	0,006050
70	4,912407	0,203566	34,627557	0,028879	170,104661	0,005879
71	5,025393	0,198989	34,826547	0,028714	175,017068	0,005714
72	5,140977	0,194516	35,021062	0,028554	180,042461	0,005554
73	5,259219	0,190142	35,211204	0,028400	185,183438	0,005400
74	5,380181	0,185867	35,397072	0,028251	190,442657	0,005251
75	5,503925	0,181689	35,578760	0,028107	195,822838	0,005107
76	5,630516	0,177604	35,756364	0,027967	201,326763	0,004967
77	5,760017	0,173611	35,929975	0,027832	206,957279	0,004832
78	5,892498	0,169707	36,099682	0,027701	212,717296	0,004701
79	6,028025	0,165892	36,265574	0,027574	218,609794	0,004574
80	6,166670	0,162162	36,427736	0,027452	224,637819	0,004452
81	6,308503	0,158516	36,586252	0,027333	230,804489	0,004333
82	6,453599	0,154952	36,741204	0,027217	237,112992	0,004217
83	6,602032	0,151469	36,892673	0,027106	243,566591	0,004106
84	6,753878	0,148063	37,040736	0,026997	250,168622	0,003997

				2,40%		
	AuF	**AbF**	**DSF**	**KWF**	**EWF**	**RVF**
n	$(1+i)^n$	$(1+i)^{-n}$	$\dfrac{(1+i)^n-1}{i(1+i)^n}$	$\dfrac{i(1+i)^n}{(1+i)^n-1}$	$\dfrac{(1+i)^n-1}{i}$	$\dfrac{i}{(1+i)^n-1}$
1	1,024000	0,976563	0,976563	1,024000	1,000000	1,000000
2	1,048576	0,953674	1,930237	0,518071	2,024000	0,494071
3	1,073742	0,931323	2,861559	0,349460	3,072576	0,325460
4	1,099512	0,909495	3,771054	0,265178	4,146318	0,241178
5	1,125900	0,888178	4,659233	0,214628	5,245829	0,190628
6	1,152922	0,867362	5,526594	0,180943	6,371729	0,156943
7	1,180592	0,847033	6,373627	0,156897	7,524651	0,132897
8	1,208926	0,827181	7,200808	0,138873	8,705242	0,114873
9	1,237940	0,807794	8,008601	0,124866	9,914168	0,100866
10	1,267651	0,788861	8,797462	0,113669	11,152108	0,089669
11	1,298074	0,770372	9,567834	0,104517	12,419759	0,080517
12	1,329228	0,752316	10,320151	0,096898	13,717833	0,072898
13	1,361129	0,734684	11,054835	0,090458	15,047061	0,066458
14	1,393797	0,717465	11,772299	0,084945	16,408191	0,060945
15	1,427248	0,700649	12,472949	0,080174	17,801987	0,056174
16	1,461502	0,684228	13,157176	0,076004	19,229235	0,052004
17	1,496578	0,668191	13,825368	0,072331	20,690737	0,048331
18	1,532496	0,652530	14,477898	0,069071	22,187314	0,045071
19	1,569275	0,637237	15,115135	0,066159	23,719810	0,042159
20	1,606938	0,622302	15,737436	0,063543	25,289085	0,039543
21	1,645505	0,607716	16,345153	0,061180	26,896023	0,037180
22	1,684997	0,593473	16,938626	0,059037	28,541528	0,035037
23	1,725437	0,579563	17,518189	0,057084	30,226524	0,033084
24	1,766847	0,565980	18,084169	0,055297	31,951961	0,031297
25	1,809251	0,552715	18,636884	0,053657	33,718808	0,029657
26	1,852673	0,539761	19,176644	0,052147	35,528059	0,028147
27	1,897138	0,527110	19,703754	0,050752	37,380733	0,026752
28	1,942669	0,514756	20,218510	0,049460	39,277871	0,025460
29	1,989293	0,502691	20,721201	0,048260	41,220539	0,024260
30	2,037036	0,490909	21,212111	0,047143	43,209832	0,023143
31	2,085925	0,479404	21,691514	0,046101	45,246868	0,022101
32	2,135987	0,468168	22,159682	0,045127	47,332793	0,021127
33	2,187251	0,457195	22,616877	0,044215	49,468780	0,020215
34	2,239745	0,446479	23,063356	0,043359	51,656031	0,019359
35	2,293499	0,436015	23,499371	0,042554	53,895776	0,018554
36	2,348543	0,425796	23,925167	0,041797	56,189274	0,017797
37	2,404908	0,415816	24,340984	0,041083	58,537817	0,017083
38	2,462625	0,406071	24,747054	0,040409	60,942724	0,016409
39	2,521728	0,396553	25,143608	0,039772	63,405350	0,015772
40	2,582250	0,387259	25,530867	0,039168	65,927078	0,015168
41	2,644224	0,378183	25,909050	0,038597	68,509328	0,014597
42	2,707685	0,369319	26,278369	0,038054	71,153552	0,014054

	AuF	AbF	DSF	KWF	EWF	RVF
n	$(1+i)^n$	$(1+i)^{-n}$	$\dfrac{(1+i)^n-1}{i(1+i)^n}$	$\dfrac{i(1+i)^n}{(1+i)^n-1}$	$\dfrac{(1+i)^n-1}{i}$	$\dfrac{i}{(1+i)^n-1}$
43	2,772670	0,360663	26,639032	0,037539	73,861237	0,013539
44	2,839214	0,352210	26,991242	0,037049	76,633907	0,013049
45	2,907355	0,343955	27,335198	0,036583	79,473121	0,012583
46	2,977131	0,335894	27,671091	0,036139	82,380476	0,012139
47	3,048583	0,328021	27,999113	0,035715	85,357607	0,011715
48	3,121749	0,320333	28,319446	0,035311	88,406190	0,011311
49	3,196671	0,312825	28,632272	0,034926	91,527938	0,010926
50	3,273391	0,305494	28,937765	0,034557	94,724609	0,010557
51	3,351952	0,298334	29,236099	0,034204	97,997999	0,010204
52	3,432399	0,291341	29,527440	0,033867	101,349951	0,009867
53	3,514776	0,284513	29,811953	0,033544	104,782350	0,009544
54	3,599131	0,277845	30,089798	0,033234	108,297126	0,009234
55	3,685510	0,271333	30,361131	0,032937	111,896258	0,008937
56	3,773962	0,264973	30,626105	0,032652	115,581768	0,008652
57	3,864538	0,258763	30,884868	0,032378	119,355730	0,008378
58	3,957286	0,252698	31,137566	0,032116	123,220268	0,008116
59	4,052261	0,246776	31,384342	0,031863	127,177554	0,007863
60	4,149516	0,240992	31,625334	0,031620	131,229815	0,007620
61	4,249104	0,235344	31,860678	0,031387	135,379331	0,007387
62	4,351082	0,229828	32,090506	0,031162	139,628435	0,007162
63	4,455508	0,224441	32,314947	0,030945	143,979517	0,006945
64	4,562441	0,219181	32,534128	0,030737	148,435026	0,006737
65	4,671939	0,214044	32,748172	0,030536	152,997466	0,006536
66	4,784066	0,209027	32,957199	0,030342	157,669406	0,006342
67	4,898883	0,204128	33,161327	0,030156	162,453471	0,006156
68	5,016457	0,199344	33,360671	0,029975	167,352355	0,005975
69	5,136851	0,194672	33,555343	0,029802	172,368811	0,005802
70	5,260136	0,190109	33,745452	0,029634	177,505663	0,005634
71	5,386379	0,185653	33,931105	0,029471	182,765798	0,005471
72	5,515652	0,181302	34,112408	0,029315	188,152178	0,005315
73	5,648028	0,177053	34,289460	0,029163	193,667830	0,005163
74	5,783581	0,172903	34,462364	0,029017	199,315858	0,005017
75	5,922387	0,168851	34,631215	0,028876	205,099438	0,004876
76	6,064524	0,164893	34,796108	0,028739	211,021825	0,004739
77	6,210072	0,161029	34,957137	0,028606	217,086349	0,004606
78	6,359114	0,157255	35,114391	0,028478	223,296421	0,004478
79	6,511733	0,153569	35,267960	0,028354	229,655535	0,004354
80	6,668014	0,149970	35,417930	0,028234	236,167268	0,004234
81	6,828047	0,146455	35,564385	0,028118	242,835282	0,004118
82	6,991920	0,143022	35,707407	0,028005	249,663329	0,004005
83	7,159726	0,139670	35,847077	0,027896	256,655249	0,003896
84	7,331559	0,136397	35,983474	0,027791	263,814975	0,003791

2,40%

			2,50%			
	AuF	**AbF**	**DSF**	**KWF**	**EWF**	**RVF**
n	$(1+i)^n$	$(1+i)^{-n}$	$\dfrac{(1+i)^n-1}{i(1+i)^n}$	$\dfrac{i(1+i)^n}{(1+i)^n-1}$	$\dfrac{(1+i)^n-1}{i}$	$\dfrac{i}{(1+i)^n-1}$
1	1,025000	0,975610	0,975610	1,025000	1,000000	1,000000
2	1,050625	0,951814	1,927424	0,518827	2,025000	0,493827
3	1,076891	0,928599	2,856024	0,350137	3,075625	0,325137
4	1,103813	0,905951	3,761974	0,265818	4,152516	0,240818
5	1,131408	0,883854	4,645828	0,215247	5,256329	0,190247
6	1,159693	0,862297	5,508125	0,181550	6,387737	0,156550
7	1,188686	0,841265	6,349391	0,157495	7,547430	0,132495
8	1,218403	0,820747	7,170137	0,139467	8,736116	0,114467
9	1,248863	0,800728	7,970866	0,125457	9,954519	0,100457
10	1,280085	0,781198	8,752064	0,114259	11,203382	0,089259
11	1,312087	0,762145	9,514209	0,105106	12,483466	0,080106
12	1,344889	0,743556	10,257765	0,097487	13,795553	0,072487
13	1,378511	0,725420	10,983185	0,091048	15,140442	0,066048
14	1,412974	0,707727	11,690912	0,085537	16,518953	0,060537
15	1,448298	0,690466	12,381378	0,080766	17,931927	0,055766
16	1,484506	0,673625	13,055003	0,076599	19,380225	0,051599
17	1,521618	0,657195	13,712198	0,072928	20,864730	0,047928
18	1,559659	0,641166	14,353364	0,069670	22,386349	0,044670
19	1,598650	0,625528	14,978891	0,066761	23,946007	0,041761
20	1,638616	0,610271	15,589162	0,064147	25,544658	0,039147
21	1,679582	0,595386	16,184549	0,061787	27,183274	0,036787
22	1,721571	0,580865	16,765413	0,059647	28,862856	0,034647
23	1,764611	0,566697	17,332110	0,057769	30,584427	0,032696
24	1,808726	0,552875	17,884986	0,055913	32,349038	0,030913
25	1,853944	0,539391	18,424376	0,054276	34,157764	0,029276
26	1,900293	0,526235	18,950611	0,052769	36,011708	0,027769
27	1,947800	0,513400	19,464011	0,051377	37,912001	0,026377
28	1,996495	0,500878	19,964889	0,050088	39,859801	0,025088
29	2,046407	0,488661	20,453550	0,048891	41,856296	0,023891
30	2,097568	0,476743	20,930293	0,047778	43,902703	0,022778
31	2,150007	0,465115	21,395407	0,046739	46,000271	0,021739
32	2,203757	0,453771	21,849178	0,045768	48,150278	0,020768
33	2,258851	0,442703	22,291881	0,044859	50,354034	0,019859
34	2,315322	0,431905	22,723786	0,044007	52,612885	0,019007
35	2,373205	0,421371	23,145157	0,043206	54,928207	0,018206
36	2,432535	0,411094	23,556251	0,042452	57,301413	0,017452
37	2,493349	0,401067	23,957318	0,041741	59,733948	0,016741
38	2,555682	0,391285	24,348603	0,041070	62,227297	0,016070
39	2,619574	0,381741	24,730344	0,040436	64,782979	0,015436
40	2,685064	0,372431	25,102775	0,039836	67,402554	0,014836
41	2,752190	0,363347	25,466122	0,039268	70,087617	0,014268
42	2,820995	0,354485	25,820607	0,038729	72,839808	0,013729

	AuF	AbF	DSF	KWF	EWF	RVF
2,50%						
n	$(1+i)^n$	$(1+i)^{-n}$	$\dfrac{(1+i)^n - 1}{i(1+i)^n}$	$\dfrac{i(1+i)^n}{(1+i)^n - 1}$	$\dfrac{(1+i)^n - 1}{i}$	$\dfrac{i}{(1+i)^n - 1}$
43	2,891520	0,345839	26,166446	0,038217	75,660803	0,013217
44	2,963808	0,337404	26,503849	0,037730	78,552323	0,012730
45	3,037903	0,329174	26,833024	0,037268	81,516131	0,012268
46	3,113851	0,321146	27,154170	0,036827	84,554034	0,011827
47	3,191697	0,313313	27,467483	0,036407	87,667885	0,011407
48	3,271490	0,305671	27,773154	0,036006	90,859582	0,011006
49	3,353277	0,298216	28,071369	0,035623	94,131072	0,010623
50	3,437109	0,290942	28,362312	0,035258	97,484349	0,010258
51	3,523036	0,283846	28,646158	0,034909	100,921458	0,009909
52	3,611112	0,276923	28,923081	0,034574	104,444494	0,009574
53	3,701390	0,270169	29,193249	0,034254	108,055606	0,009254
54	3,793925	0,263579	29,456829	0,033948	111,756996	0,008948
55	3,888773	0,257151	29,713979	0,033654	115,550921	0,008654
56	3,985992	0,250879	29,964858	0,033372	119,439694	0,008372
57	4,085642	0,244760	30,209617	0,033102	123,425687	0,008102
58	4,187783	0,238790	30,448407	0,032842	127,511329	0,007842
59	4,292478	0,232966	30,681373	0,032593	131,699112	0,007593
60	4,399790	0,227284	30,908656	0,032353	135,991590	0,007353
61	4,509784	0,221740	31,130397	0,032123	140,391380	0,007123
62	4,622529	0,216332	31,346728	0,031901	144,901164	0,006901
63	4,738092	0,211055	31,557784	0,031688	149,523693	0,006688
64	4,856545	0,205908	31,763691	0,031482	154,261786	0,006482
65	4,977958	0,200886	31,964577	0,031285	159,118330	0,006285
66	5,102407	0,195986	32,160563	0,031094	164,096289	0,006094
67	5,229967	0,191206	32,351769	0,030910	169,198696	0,005910
68	5,360717	0,186542	32,538311	0,030733	174,428663	0,005733
69	5,494734	0,181992	32,720303	0,030562	179,789380	0,005562
70	5,632103	0,177554	32,897857	0,030397	185,284114	0,005397
71	5,772905	0,173223	33,071080	0,030238	190,916217	0,005238
72	5,917228	0,168998	33,240078	0,030084	196,689122	0,005084
73	6,065159	0,164876	33,404954	0,029936	202,606351	0,004936
74	6,216788	0,160855	33,565809	0,029792	208,671509	0,004792
75	6,372207	0,156931	33,722740	0,029654	214,888297	0,004654
76	6,531513	0,153104	33,875844	0,029520	221,260504	0,004520
77	6,694800	0,149370	34,025214	0,029390	227,792017	0,004390
78	6,862170	0,145726	34,170940	0,029265	234,486818	0,004265
79	7,033725	0,142172	34,313113	0,029143	241,348988	0,004143
80	7,209568	0,138705	34,451817	0,029026	248,382713	0,004026
81	7,389807	0,135322	34,587139	0,028912	255,592280	0,003912
82	7,574552	0,132021	34,719160	0,028803	262,982087	0,003803
83	7,763916	0,128801	34,847961	0,028696	270,556640	0,003696
84	7,958014	0,125659	34,973620	0,028593	278,320556	0,003593

2,60%						
	AuF	AbF	DSF	KWF	EWF	RVF
n	$(1+i)^n$	$(1+i)^{-n}$	$\dfrac{(1+i)^n-1}{i(1+i)^n}$	$\dfrac{i(1+i)^n}{(1+i)^n-1}$	$\dfrac{(1+i)^n-1}{i}$	$\dfrac{i}{(1+i)^n-1}$
1	1,026000	0,974659	0,974659	1,026000	1,000000	1,000000
2	1,052676	0,949960	1,924619	0,519583	2,026000	0,493583
3	1,080046	0,925887	2,850506	0,350815	3,078676	0,324815
4	1,108127	0,902424	3,752929	0,266459	4,158722	0,240459
5	1,136938	0,879555	4,632485	0,215867	5,266848	0,189867
6	1,166498	0,857266	5,489751	0,182158	6,403786	0,156158
7	1,196827	0,835542	6,325294	0,158095	7,570285	0,132095
8	1,227945	0,814369	7,139662	0,140063	8,767112	0,114063
9	1,259871	0,793732	7,933394	0,126049	9,995057	0,100049
10	1,292628	0,773618	8,707012	0,114850	11,254929	0,088850
11	1,326236	0,754013	9,461025	0,105697	12,547557	0,079697
12	1,360719	0,734906	10,195931	0,098078	13,873793	0,072078
13	1,396097	0,716282	10,912213	0,091640	15,234512	0,065640
14	1,432396	0,698131	11,610345	0,086130	16,630609	0,060130
15	1,469638	0,680440	12,290784	0,081362	18,063005	0,055362
16	1,507849	0,663197	12,953981	0,077196	19,532643	0,051196
17	1,547053	0,646390	13,600371	0,073527	21,040492	0,047527
18	1,587276	0,630010	14,230381	0,070272	22,587545	0,044272
19	1,628545	0,614045	14,844426	0,067365	24,174821	0,041365
20	1,670888	0,598484	15,442910	0,064755	25,803366	0,038755
21	1,714331	0,583318	16,026228	0,062398	27,474254	0,036398
22	1,758903	0,568536	16,594765	0,060260	29,188584	0,034260
23	1,804635	0,554129	17,148893	0,058313	30,947488	0,032313
24	1,851555	0,540087	17,688980	0,056532	32,752122	0,030532
25	1,899696	0,526400	18,215380	0,054899	34,603677	0,028899
26	1,949088	0,513061	18,728441	0,053395	36,503373	0,027395
27	1,999764	0,500059	19,228500	0,052006	38,452461	0,026006
28	2,051758	0,487387	19,715886	0,050721	40,452225	0,024721
29	2,105104	0,475036	20,190922	0,049527	42,503982	0,023527
30	2,159836	0,462998	20,653921	0,048417	44,609086	0,022417
31	2,215992	0,451265	21,105186	0,047382	46,768922	0,021382
32	2,273608	0,439830	21,545015	0,046414	48,984914	0,020414
33	2,332722	0,428684	21,973699	0,045509	51,258522	0,019509
34	2,393372	0,417820	22,391520	0,044660	53,591244	0,018660
35	2,455600	0,407232	22,798752	0,043862	55,984616	0,017862
36	2,519446	0,396913	23,195665	0,043112	58,440216	0,017112
37	2,584951	0,386854	23,582519	0,042404	60,959662	0,016404
38	2,652160	0,377051	23,959570	0,041737	63,544613	0,015737
39	2,721116	0,367496	24,327067	0,041106	66,196773	0,015106
40	2,791865	0,358183	24,685250	0,040510	68,917889	0,014510
41	2,864454	0,349107	25,034357	0,039945	71,709754	0,013945
42	2,938929	0,340260	25,374617	0,039409	74,574207	0,013409

	AuF	AbF	DSF	KWF	EWF	RVF
				2,60%		
n	$(1+i)^n$	$(1+i)^{-n}$	$\dfrac{(1+i)^n - 1}{i(1+i)^n}$	$\dfrac{i(1+i)^n}{(1+i)^n - 1}$	$\dfrac{(1+i)^n - 1}{i}$	$\dfrac{i}{(1+i)^n - 1}$
43	3,015342	0,331637	25,706254	0,038901	77,513137	0,012901
44	3,093740	0,323233	26,029488	0,038418	80,528478	0,012418
45	3,174178	0,315042	26,344530	0,037959	83,622219	0,011959
46	3,256706	0,307059	26,651589	0,037521	86,796397	0,011521
47	3,341381	0,299277	26,950866	0,037105	90,053103	0,011105
48	3,428257	0,291693	27,242559	0,036707	93,394484	0,010707
49	3,517391	0,284302	27,526861	0,036328	96,822740	0,010328
50	3,608843	0,277097	27,803958	0,035966	100,340131	0,009966
51	3,702673	0,270075	28,074033	0,035620	103,948975	0,009620
52	3,798943	0,263231	28,337264	0,035289	107,651648	0,009289
53	3,897715	0,256561	28,593825	0,034973	111,450591	0,008973
54	3,999056	0,250059	28,843884	0,034669	115,348306	0,008669
55	4,103031	0,243722	29,087606	0,034379	119,347362	0,008379
56	4,209710	0,237546	29,325152	0,034100	123,450394	0,008100
57	4,319163	0,231526	29,556679	0,033833	127,660104	0,007833
58	4,431461	0,225659	29,782338	0,033577	131,979267	0,007577
59	4,546679	0,219941	30,002279	0,033331	136,410728	0,007331
60	4,664893	0,214367	30,216646	0,033094	140,957407	0,007094
61	4,786180	0,208935	30,425581	0,032867	145,622299	0,006867
62	4,910620	0,203640	30,629221	0,032649	150,408479	0,006649
63	5,038297	0,198480	30,827701	0,032438	155,319099	0,006438
64	5,169292	0,193450	31,021151	0,032236	160,357396	0,006236
65	5,303694	0,188548	31,209699	0,032041	165,526688	0,006041
66	5,441590	0,183770	31,393468	0,031854	170,830382	0,005854
67	5,583071	0,179113	31,572581	0,031673	176,271972	0,005673
68	5,728231	0,174574	31,747155	0,031499	181,855043	0,005499
69	5,877165	0,170150	31,917305	0,031331	187,583274	0,005331
70	6,029971	0,165838	32,083144	0,031169	193,460440	0,005169
71	6,186751	0,161636	32,244779	0,031013	199,490411	0,005013
72	6,347606	0,157540	32,402319	0,030862	205,677162	0,004862
73	6,512644	0,153547	32,555867	0,030716	212,024768	0,004716
74	6,681973	0,149656	32,705523	0,030576	218,537412	0,004576
75	6,855704	0,145864	32,851387	0,030440	225,219385	0,004440
76	7,033952	0,142168	32,993554	0,030309	232,075089	0,004309
77	7,216835	0,138565	33,132119	0,030182	239,109041	0,004182
78	7,404473	0,135054	33,267173	0,030060	246,325876	0,004060
79	7,596989	0,131631	33,398804	0,029941	253,730349	0,003941
80	7,794511	0,128295	33,527099	0,029827	261,327338	0,003827
81	7,997168	0,125044	33,652144	0,029716	269,121849	0,003716
82	8,205094	0,121876	33,774019	0,029609	277,119017	0,003609
83	8,418427	0,118787	33,892806	0,029505	285,324111	0,003505
84	8,637306	0,115777	34,008583	0,029404	293,742538	0,003404

			2,70%			
	AuF	**AbF**	**DSF**	**KWF**	**EWF**	**RVF**
n	$(1+i)^n$	$(1+i)^{-n}$	$\dfrac{(1+i)^n-1}{i(1+i)^n}$	$\dfrac{i(1+i)^n}{(1+i)^n-1}$	$\dfrac{(1+i)^n-1}{i}$	$\dfrac{i}{(1+i)^n-1}$
1	1,027000	0,973710	0,973710	1,027000	1,000000	1,000000
2	1,054729	0,948111	1,921821	0,520340	2,027000	0,493340
3	1,083207	0,923185	2,845006	0,351493	3,081729	0,324493
4	1,112453	0,898914	3,743920	0,267100	4,164936	0,240100
5	1,142490	0,875282	4,619201	0,216488	5,277389	0,189488
6	1,173337	0,852270	5,471472	0,182766	6,419878	0,155766
7	1,205017	0,829864	6,301335	0,158697	7,593215	0,131697
8	1,237552	0,808047	7,109382	0,140659	8,798232	0,113659
9	1,270966	0,786803	7,896185	0,126643	10,035784	0,099643
10	1,305282	0,766118	8,662303	0,115443	11,306750	0,088443
11	1,340525	0,745976	9,408279	0,106289	12,612033	0,079289
12	1,376719	0,726365	10,134644	0,098671	13,952558	0,071671
13	1,413890	0,707268	10,841912	0,092235	15,329277	0,065235
14	1,452066	0,688674	11,530587	0,086726	16,743167	0,059726
15	1,491271	0,670569	12,201155	0,081959	18,195233	0,054959
16	1,531536	0,652939	12,854095	0,077796	19,686504	0,050796
17	1,572887	0,635774	13,489868	0,074130	21,218039	0,047130
18	1,615355	0,619059	14,108927	0,070877	22,790927	0,043877
19	1,658970	0,602784	14,711711	0,067973	24,406282	0,040973
20	1,703762	0,586937	15,298648	0,065365	26,065251	0,038365
21	1,749763	0,571506	15,870153	0,063011	27,769013	0,036011
22	1,797007	0,556481	16,426634	0,060877	29,518776	0,033877
23	1,845526	0,541851	16,968485	0,058933	31,315783	0,031933
24	1,895355	0,527606	17,496091	0,057156	33,161309	0,030156
25	1,946530	0,513735	18,009826	0,055525	35,056665	0,028525
26	1,999086	0,500229	18,510054	0,054025	37,003195	0,027025
27	2,053062	0,487077	18,997132	0,052640	39,002281	0,025640
28	2,108494	0,474272	19,471404	0,051357	41,055343	0,024357
29	2,165424	0,461803	19,933207	0,050168	43,163837	0,023168
30	2,223890	0,449663	20,382870	0,049061	45,329260	0,022061
31	2,283935	0,437841	20,820710	0,048029	47,553150	0,021029
32	2,345601	0,426330	21,247040	0,047065	49,837085	0,020065
33	2,408933	0,415122	21,662162	0,046163	52,182687	0,019163
34	2,473974	0,404208	22,066370	0,045318	54,591619	0,018318
35	2,540771	0,393581	22,459951	0,044524	57,065593	0,017524
36	2,609372	0,383234	22,843185	0,043777	59,606364	0,016777
37	2,679825	0,373159	23,216344	0,043073	62,215736	0,016073
38	2,752180	0,363348	23,579692	0,042409	64,895561	0,015409
39	2,826489	0,353796	23,933488	0,041782	67,647741	0,014782
40	2,902804	0,344494	24,277983	0,041190	70,474230	0,014190
41	2,981180	0,335438	24,613420	0,040628	73,377034	0,013628
42	3,061672	0,326619	24,940039	0,040096	76,358214	0,013096

	AuF	AbF	DSF	KWF	EWF	RVF
n	$(1+i)^n$	$(1+i)^{-n}$	$\dfrac{(1+i)^n-1}{i(1+i)^n}$	$\dfrac{i(1+i)^n}{(1+i)^n-1}$	$\dfrac{(1+i)^n-1}{i}$	$\dfrac{i}{(1+i)^n-1}$

2,70%

n	$(1+i)^n$	$(1+i)^{-n}$	DSF	KWF	EWF	RVF
43	3,144337	0,318032	25,258071	0,039591	79,419886	0,012591
44	3,229234	0,309671	25,567742	0,039112	82,564223	0,012112
45	3,316423	0,301530	25,869272	0,038656	85,793457	0,011656
46	3,405967	0,293602	26,162874	0,038222	89,109880	0,011222
47	3,497928	0,285884	26,448758	0,037809	92,515847	0,010809
48	3,592372	0,278368	26,727125	0,037415	96,013775	0,010415
49	3,689366	0,271049	26,998175	0,037040	99,606147	0,010040
50	3,788979	0,263923	27,262098	0,036681	103,295513	0,009681
51	3,891281	0,256985	27,519083	0,036338	107,084491	0,009338
52	3,996346	0,250229	27,769311	0,036011	110,975773	0,009011
53	4,104247	0,243650	28,012961	0,035698	114,972119	0,008698
54	4,215062	0,237244	28,250206	0,035398	119,076366	0,008398
55	4,328869	0,231007	28,481213	0,035111	123,291428	0,008111
56	4,445748	0,224934	28,706147	0,034836	127,620296	0,007836
57	4,565783	0,219020	28,925168	0,034572	132,066044	0,007572
58	4,689059	0,213262	29,138430	0,034319	136,631827	0,007319
59	4,815664	0,207656	29,346086	0,034076	141,320887	0,007076
60	4,945687	0,202196	29,548282	0,033843	146,136551	0,006843
61	5,079220	0,196881	29,745163	0,033619	151,082238	0,006619
62	5,216359	0,191705	29,936867	0,033404	156,161458	0,006404
63	5,357201	0,186665	30,123532	0,033197	161,377817	0,006197
64	5,501845	0,181757	30,305289	0,032998	166,735018	0,005998
65	5,650395	0,176979	30,482268	0,032806	172,236864	0,005806
66	5,802956	0,172326	30,654594	0,032622	177,887259	0,005622
67	5,959636	0,167795	30,822389	0,032444	183,690215	0,005444
68	6,120546	0,163384	30,985773	0,032273	189,649851	0,005273
69	6,285801	0,159089	31,144862	0,032108	195,770397	0,005108
70	6,455517	0,154906	31,299768	0,031949	202,056198	0,004949
71	6,629816	0,150834	31,450602	0,031796	208,511715	0,004796
72	6,808821	0,146868	31,597470	0,031648	215,141531	0,004648
73	6,992660	0,143007	31,740478	0,031506	221,950353	0,004506
74	7,181461	0,139247	31,879725	0,031368	228,943012	0,004368
75	7,375361	0,135587	32,015312	0,031235	236,124474	0,004235
76	7,574496	0,132022	32,147334	0,031107	243,499834	0,004107
77	7,779007	0,128551	32,275885	0,030983	251,074330	0,003983
78	7,989040	0,125171	32,401056	0,030863	258,853337	0,003863
79	8,204744	0,121881	32,522937	0,030748	266,842377	0,003748
80	8,426272	0,118676	32,641613	0,030636	275,047121	0,003636
81	8,653782	0,115556	32,757170	0,030528	283,473393	0,003528
82	8,887434	0,112518	32,869688	0,030423	292,127175	0,003423
83	9,127394	0,109560	32,979248	0,030322	301,014609	0,003322
84	9,373834	0,106680	33,085928	0,030224	310,142003	0,003224

2,80%						
	AuF	**AbF**	**DSF**	**KWF**	**EWF**	**RVF**
n	$(1+i)^n$	$(1+i)^{-n}$	$\dfrac{(1+i)^n - 1}{i(1+i)^n}$	$\dfrac{i(1+i)^n}{(1+i)^n - 1}$	$\dfrac{(1+i)^n - 1}{i}$	$\dfrac{i}{(1+i)^n - 1}$
1	1,028000	0,972763	0,972763	1,028000	1,000000	1,000000
2	1,056784	0,946267	1,919030	0,521097	2,028000	0,493097
3	1,086374	0,920493	2,839523	0,352172	3,084784	0,324172
4	1,116792	0,895422	3,734945	0,267742	4,171158	0,239742
5	1,148063	0,871033	4,605977	0,217109	5,287950	0,189109
6	1,180208	0,847308	5,453285	0,183376	6,436013	0,155376
7	1,213254	0,824230	6,277515	0,159299	7,616221	0,131299
8	1,247225	0,801780	7,079295	0,141257	8,829476	0,113257
9	1,282148	0,779941	7,859236	0,127239	10,076701	0,099239
10	1,318048	0,758698	8,617934	0,116037	11,358848	0,088037
11	1,354953	0,738033	9,355967	0,106884	12,676896	0,078884
12	1,392892	0,717931	10,073898	0,099266	14,031849	0,071266
13	1,431893	0,698376	10,772274	0,092831	15,424741	0,064831
14	1,471986	0,679354	11,451628	0,087324	16,856634	0,059324
15	1,513201	0,660851	12,112479	0,082559	18,328620	0,054559
16	1,555571	0,642851	12,755330	0,078399	19,841821	0,050399
17	1,599127	0,625341	13,380671	0,074735	21,397392	0,046735
18	1,643903	0,608309	13,988980	0,071485	22,996519	0,043485
19	1,689932	0,591740	14,580719	0,068584	24,640421	0,040584
20	1,737250	0,575622	15,156342	0,065979	26,330353	0,037979
21	1,785893	0,559944	15,716286	0,063628	28,067603	0,035628
22	1,835898	0,544693	16,260978	0,061497	29,853496	0,033497
23	1,887303	0,529857	16,790835	0,059556	31,689394	0,031556
24	1,940148	0,515425	17,306260	0,057783	33,576697	0,029783
25	1,994472	0,501386	17,807646	0,056156	35,516844	0,028156
26	2,050317	0,487729	18,295375	0,054659	37,511316	0,026659
27	2,107726	0,474445	18,769820	0,053277	39,561633	0,025277
28	2,166742	0,461522	19,231343	0,051998	41,669359	0,023998
29	2,227411	0,448952	19,680294	0,050812	43,836101	0,022812
30	2,289778	0,436723	20,117018	0,049709	46,063512	0,021709
31	2,353892	0,424828	20,541846	0,048681	48,353290	0,020681
32	2,419801	0,413257	20,955103	0,047721	50,707182	0,019721
33	2,487556	0,402001	21,357104	0,046823	53,126983	0,018823
34	2,557207	0,391052	21,748156	0,045981	55,614539	0,017981
35	2,628809	0,380400	22,128556	0,045190	58,171746	0,017190
36	2,702416	0,370039	22,498596	0,044447	60,800555	0,016447
37	2,778083	0,359960	22,858556	0,043747	63,502970	0,015747
38	2,855869	0,350156	23,208712	0,043087	66,281053	0,015087
39	2,935834	0,340619	23,549331	0,042464	69,136923	0,014464
40	3,018037	0,331341	23,880672	0,041875	72,072757	0,013875
41	3,102542	0,322316	24,202988	0,041317	75,090794	0,013317
42	3,189413	0,313537	24,516526	0,040789	78,193336	0,012789

	2,80%					
	AuF	**AbF**	**DSF**	**KWF**	**EWF**	**RVF**
n	$(1+i)^n$	$(1+i)^{-n}$	$\dfrac{(1+i)^n - 1}{i(1+i)^n}$	$\dfrac{i(1+i)^n}{(1+i)^n - 1}$	$\dfrac{(1+i)^n - 1}{i}$	$\dfrac{i}{(1+i)^n - 1}$
43	3,278717	0,304997	24,821523	0,040288	81,382749	0,012288
44	3,370521	0,296690	25,118213	0,039812	84,661466	0,011812
45	3,464896	0,288609	25,406822	0,039360	88,031987	0,011360
46	3,561913	0,280748	25,687570	0,038929	91,496883	0,010929
47	3,661646	0,273101	25,960671	0,038520	95,058796	0,010520
48	3,764172	0,265663	26,226334	0,038130	98,720442	0,010130
49	3,869569	0,258427	26,484761	0,037758	102,484615	0,009758
50	3,977917	0,251388	26,736149	0,037403	106,354184	0,009403
51	4,089299	0,244541	26,980689	0,037064	110,332101	0,009064
52	4,203799	0,237880	27,218569	0,036740	114,421400	0,008740
53	4,321506	0,231401	27,449970	0,036430	118,625199	0,008430
54	4,442508	0,225098	27,675068	0,036134	122,946704	0,008134
55	4,566898	0,218967	27,894035	0,035850	127,389212	0,007850
56	4,694771	0,213003	28,107038	0,035578	131,956110	0,007578
57	4,826225	0,207201	28,314239	0,035318	136,650881	0,007318
58	4,961359	0,201558	28,515797	0,035068	141,477106	0,007068
59	5,100277	0,196068	28,711865	0,034829	146,438465	0,006829
60	5,243085	0,190727	28,902592	0,034599	151,538742	0,006599
61	5,389891	0,185533	29,088125	0,034378	156,781827	0,006378
62	5,540808	0,180479	29,268604	0,034166	162,171718	0,006166
63	5,695951	0,175563	29,444167	0,033963	167,712526	0,005963
64	5,855437	0,170781	29,614949	0,033767	173,408477	0,005767
65	6,019390	0,166130	29,781079	0,033578	179,263914	0,005578
66	6,187932	0,161605	29,942683	0,033397	185,283304	0,005397
67	6,361195	0,157203	30,099887	0,033223	191,471236	0,005223
68	6,539308	0,152921	30,252808	0,033055	197,832431	0,005055
69	6,722409	0,148756	30,401564	0,032893	204,371739	0,004893
70	6,910636	0,144704	30,546269	0,032737	211,094147	0,004737
71	7,104134	0,140763	30,687032	0,032587	218,004783	0,004587
72	7,303050	0,136929	30,823961	0,032442	225,108917	0,004442
73	7,507535	0,133200	30,957160	0,032303	232,411967	0,004303
74	7,717746	0,129572	31,086732	0,032168	239,919502	0,004168
75	7,933843	0,126042	31,212774	0,032038	247,637248	0,004038
76	8,155991	0,122609	31,335383	0,031913	255,571091	0,003913
77	8,384358	0,119270	31,454653	0,031792	263,727082	0,003792
78	8,619120	0,116021	31,570674	0,031675	272,111440	0,003675
79	8,860456	0,112861	31,683535	0,031562	280,730560	0,003562
80	9,108548	0,109787	31,793322	0,031453	289,591016	0,003453
81	9,363588	0,106797	31,900119	0,031348	298,699565	0,003348
82	9,625768	0,103888	32,004007	0,031246	308,063152	0,003246
83	9,895290	0,101058	32,105065	0,031148	317,688921	0,003148
84	10,172358	0,098306	32,203371	0,031053	327,584210	0,003053

B. Tabellenteil

				2,90%		
	AuF	**AbF**	**DSF**	**KWF**	**EWF**	**RVF**
n	$(1+i)^n$	$(1+i)^{-n}$	$\dfrac{(1+i)^n-1}{i(1+i)^n}$	$\dfrac{i(1+i)^n}{(1+i)^n-1}$	$\dfrac{(1+i)^n-1}{i}$	$\dfrac{i}{(1+i)^n-1}$
1	1,029000	0,971817	0,971817	1,029000	1,000000	1,000000
2	1,058841	0,944429	1,916246	0,521854	2,029000	0,492854
3	1,089547	0,917812	2,834058	0,352851	3,087841	0,323851
4	1,121144	0,891946	3,726004	0,268384	4,177388	0,239384
5	1,153657	0,866808	4,592813	0,217731	5,298533	0,188731
6	1,187114	0,842379	5,435192	0,183986	6,452190	0,154986
7	1,221540	0,818639	6,253831	0,159902	7,639304	0,130902
8	1,256964	0,795567	7,049399	0,141856	8,860843	0,112856
9	1,293416	0,773146	7,822545	0,127836	10,117808	0,098836
10	1,330926	0,751357	8,573902	0,116633	11,411224	0,087633
11	1,369522	0,730182	9,304083	0,107480	12,742150	0,078480
12	1,409238	0,709603	10,013686	0,099863	14,111672	0,070863
13	1,450106	0,689605	10,703291	0,093429	15,520911	0,064429
14	1,492159	0,670170	11,373460	0,087924	16,971017	0,058924
15	1,535432	0,651282	12,024743	0,083162	18,463177	0,054162
16	1,579960	0,632928	12,657670	0,079003	19,998609	0,050003
17	1,625778	0,615090	13,272760	0,075342	21,578568	0,046342
18	1,672926	0,597755	13,870515	0,072095	23,204347	0,043095
19	1,721441	0,580909	14,451424	0,069197	24,877273	0,040197
20	1,771363	0,564537	15,015961	0,066596	26,598714	0,037596
21	1,822732	0,548627	15,564588	0,064248	28,370076	0,035248
22	1,875591	0,533165	16,097753	0,062120	30,192809	0,033120
23	1,929984	0,518139	16,615893	0,060183	32,068400	0,031183
24	1,985953	0,503537	17,119429	0,058413	33,998384	0,029413
25	2,043546	0,489346	17,608775	0,056790	35,984337	0,027790
26	2,102809	0,475554	18,084329	0,055296	38,027883	0,026296
27	2,163790	0,462152	18,546481	0,053919	40,130691	0,024919
28	2,226540	0,449127	18,995608	0,052644	42,294481	0,023644
29	2,291110	0,436470	19,432078	0,051461	44,521021	0,022461
30	2,357552	0,424169	19,856247	0,050362	46,812131	0,021362
31	2,425921	0,412215	20,268462	0,049338	49,169683	0,020338
32	2,496273	0,400597	20,669059	0,048381	51,595603	0,019381
33	2,568664	0,389307	21,058366	0,047487	54,091876	0,018487
34	2,643156	0,378336	21,436702	0,046649	56,660540	0,017649
35	2,719807	0,367673	21,804375	0,045862	59,303696	0,016862
36	2,798682	0,357311	22,161686	0,045123	62,023503	0,016123
37	2,879843	0,347241	22,508927	0,044427	64,822185	0,015427
38	2,963359	0,337455	22,846382	0,043771	67,702028	0,014771
39	3,049296	0,327945	23,174327	0,043151	70,665387	0,014151
40	3,137726	0,318702	23,493029	0,042566	73,714683	0,013566
41	3,228720	0,309720	23,802749	0,042012	76,852409	0,013012
42	3,322353	0,300992	24,103741	0,041487	80,081129	0,012487

n	AuF $(1+i)^n$	AbF $(1+i)^{-n}$	DSF $\dfrac{(1+i)^n-1}{i(1+i)^n}$	KWF $\dfrac{i(1+i)^n}{(1+i)^n-1}$	EWF $\dfrac{(1+i)^n-1}{i}$	RVF $\dfrac{i}{(1+i)^n-1}$
			2,90%			
43	3,418701	0,292509	24,396249	0,040990	83,403482	0,011990
44	3,517843	0,284265	24,680515	0,040518	86,822183	0,011518
45	3,619861	0,276254	24,956768	0,040069	90,340026	0,011069
46	3,724837	0,268468	25,225236	0,039643	93,959887	0,010643
47	3,832857	0,260902	25,486138	0,039237	97,684723	0,010237
48	3,944010	0,253549	25,739687	0,038851	101,517580	0,009851
49	4,058386	0,246403	25,986091	0,038482	105,461590	0,009482
50	4,176079	0,239459	26,225550	0,038131	109,519976	0,009131
51	4,297186	0,232710	26,458260	0,037795	113,696056	0,008795
52	4,421804	0,226152	26,684412	0,037475	117,993241	0,008475
53	4,550036	0,219778	26,904191	0,037169	122,415045	0,008169
54	4,681987	0,213585	27,117775	0,036876	126,965081	0,007876
55	4,817765	0,207565	27,325340	0,036596	131,647069	0,007596
56	4,957480	0,201715	27,527056	0,036328	136,464834	0,007328
57	5,101247	0,196030	27,723086	0,036071	141,422314	0,007071
58	5,249183	0,190506	27,913592	0,035825	146,523561	0,006825
59	5,401410	0,185137	28,098729	0,035589	151,772744	0,006589
60	5,558050	0,179919	28,278648	0,035362	157,174154	0,006362
61	5,719234	0,174849	28,453497	0,035145	162,732204	0,006145
62	5,885092	0,169921	28,623418	0,034936	168,451438	0,005936
63	6,055759	0,165132	28,788550	0,034736	174,336530	0,005736
64	6,231376	0,160478	28,949028	0,034543	180,392289	0,005543
65	6,412086	0,155955	29,104983	0,034358	186,623666	0,005358
66	6,598037	0,151560	29,256544	0,034180	193,035752	0,005180
67	6,789380	0,147289	29,403833	0,034009	199,633789	0,005009
68	6,986272	0,143138	29,546970	0,033844	206,423169	0,004844
69	7,188874	0,139104	29,686074	0,033686	213,409441	0,004686
70	7,397351	0,135184	29,821258	0,033533	220,598315	0,004533
71	7,611874	0,131374	29,952631	0,033386	227,995666	0,004386
72	7,832619	0,127671	30,080303	0,033244	235,607540	0,004244
73	8,059765	0,124073	30,204376	0,033108	243,440159	0,004108
74	8,293498	0,120576	30,324952	0,032976	251,499923	0,003976
75	8,534009	0,117178	30,442130	0,032849	259,793421	0,003849
76	8,781495	0,113876	30,556006	0,032727	268,327430	0,003727
77	9,036159	0,110666	30,666673	0,032609	277,108926	0,003609
78	9,298207	0,107548	30,774220	0,032495	286,145085	0,003495
79	9,567855	0,104517	30,878737	0,032385	295,443292	0,003385
80	9,845323	0,101571	30,980308	0,032279	305,011147	0,003279
81	10,130838	0,098709	31,079017	0,032176	314,856471	0,003176
82	10,424632	0,095927	31,174943	0,032077	324,987308	0,003077
83	10,726946	0,093223	31,268166	0,031981	335,411940	0,002981
84	11,038028	0,090596	31,358762	0,031889	346,138887	0,002889

3,00%					
AuF	**AbF**	**DSF**	**KWF**	**EWF**	**RVF**
n $(1+i)^n$	$(1+i)^{-n}$	$\dfrac{(1+i)^n-1}{i(1+i)^n}$	$\dfrac{i(1+i)^n}{(1+i)^n-1}$	$\dfrac{(1+i)^n-1}{i}$	$\dfrac{i}{(1+i)^n-1}$
1 1,030000	0,970874	0,970874	1,030000	1,000000	1,000000
2 1,060900	0,942596	1,913470	0,522611	2,030000	0,492611
3 1,092727	0,915142	2,828611	0,353530	3,090900	0,323530
4 1,125509	0,888487	3,717098	0,269027	4,183627	0,239027
5 1,159274	0,862609	4,579707	0,218355	5,309136	0,188355
6 1,194052	0,837484	5,417191	0,184598	6,468410	0,154598
7 1,229874	0,813092	6,230283	0,160506	7,662462	0,130506
8 1,266770	0,789409	7,019692	0,142456	8,892336	0,112456
9 1,304773	0,766417	7,786109	0,128434	10,159106	0,098434
10 1,343916	0,744094	8,530203	0,117231	11,463879	0,087231
11 1,384234	0,722421	9,252624	0,108077	12,807796	0,078077
12 1,425761	0,701380	9,954004	0,100462	14,192030	0,070462
13 1,468534	0,680951	10,634955	0,094030	15,617790	0,064030
14 1,512590	0,661118	11,296073	0,088526	17,086324	0,058526
15 1,557967	0,641862	11,937935	0,083767	18,598914	0,053767
16 1,604706	0,623167	12,561102	0,079611	20,156881	0,049611
17 1,652848	0,605016	13,166118	0,075953	21,761588	0,045953
18 1,702433	0,587395	13,753513	0,072709	23,414435	0,042709
19 1,753506	0,570286	14,323799	0,069814	25,116868	0,039814
20 1,806111	0,553676	14,877475	0,067216	26,870374	0,037216
21 1,860295	0,537549	15,415024	0,064872	28,676486	0,034872
22 1,916103	0,521893	15,936917	0,062747	30,536780	0,032747
23 1,973587	0,506692	16,443608	0,060814	32,452884	0,030814
24 2,032794	0,491934	16,935542	0,059047	34,426470	0,029047
25 2,093778	0,477606	17,413148	0,057428	36,459264	0,027428
26 2,156591	0,463695	17,876842	0,055938	38,553042	0,025938
27 2,221289	0,450189	18,327031	0,054564	40,709634	0,024564
28 2,287928	0,437077	18,764108	0,053293	42,930923	0,023293
29 2,356566	0,424346	19,188455	0,052115	45,218850	0,022115
30 2,427262	0,411987	19,600441	0,051019	47,575416	0,021019
31 2,500080	0,399987	20,000428	0,049999	50,002678	0,019999
32 2,575083	0,388337	20,388766	0,049047	52,502759	0,019047
33 2,652335	0,377026	20,765792	0,048156	55,077841	0,018156
34 2,731905	0,366045	21,131837	0,047322	57,730177	0,017322
35 2,813862	0,355383	21,487220	0,046539	60,462082	0,016539
36 2,898278	0,345032	21,832252	0,045804	63,275944	0,015804
37 2,985227	0,334983	22,167235	0,045112	66,174223	0,015112
38 3,074783	0,325226	22,492462	0,044459	69,159449	0,014459
39 3,167027	0,315754	22,808215	0,043844	72,234233	0,013844
40 3,262038	0,306557	23,114772	0,043262	75,401260	0,013262
41 3,359899	0,297628	23,412400	0,042712	78,663298	0,012712
42 3,460696	0,288959	23,701359	0,042192	82,023196	0,012192

	AuF	AbF	DSF	KWF	EWF	RVF
n	$(1+i)^n$	$(1+i)^{-n}$	$\dfrac{(1+i)^n-1}{i(1+i)^n}$	$\dfrac{i(1+i)^n}{(1+i)^n-1}$	$\dfrac{(1+i)^n-1}{i}$	$\dfrac{i}{(1+i)^n-1}$

3,00%

n	AuF	AbF	DSF	KWF	EWF	RVF
43	3,564517	0,280543	23,981902	0,041698	85,483892	0,011698
44	3,671452	0,272372	24,254274	0,041230	89,048409	0,011230
45	3,781596	0,264439	24,518713	0,040785	92,719861	0,010785
46	3,895044	0,256737	24,775449	0,040363	96,501457	0,010363
47	4,011895	0,249259	25,024708	0,039961	100,396501	0,009961
48	4,132252	0,241999	25,266707	0,039578	104,408396	0,009578
49	4,256219	0,234950	25,501657	0,039213	108,540648	0,009213
50	4,383906	0,228107	25,729764	0,038865	112,796867	0,008865
51	4,515423	0,221463	25,951227	0,038534	117,180773	0,008534
52	4,650886	0,215013	26,166240	0,038217	121,696197	0,008217
53	4,790412	0,208750	26,374990	0,037915	126,347082	0,007915
54	4,934125	0,202670	26,577660	0,037626	131,137495	0,007626
55	5,082149	0,196767	26,774428	0,037349	136,071620	0,007349
56	5,234613	0,191036	26,965464	0,037084	141,153768	0,007084
57	5,391651	0,185472	27,150936	0,036831	146,388381	0,006831
58	5,553401	0,180070	27,331005	0,036588	151,780033	0,006588
59	5,720003	0,174825	27,505831	0,036356	157,333434	0,006356
60	5,891603	0,169733	27,675564	0,036133	163,053437	0,006133
61	6,068351	0,164789	27,840353	0,035919	168,945040	0,005919
62	6,250402	0,159990	28,000343	0,035714	175,013391	0,005714
63	6,437914	0,155330	28,155673	0,035517	181,263793	0,005517
64	6,631051	0,150806	28,306478	0,035328	187,701707	0,005328
65	6,829983	0,146413	28,452892	0,035146	194,332758	0,005146
66	7,034882	0,142149	28,595040	0,034971	201,162741	0,004971
67	7,245929	0,138009	28,733049	0,034803	208,197623	0,004803
68	7,463307	0,133989	28,867038	0,034642	215,443551	0,004642
69	7,687206	0,130086	28,997124	0,034486	222,906858	0,004486
70	7,917822	0,126297	29,123421	0,034337	230,594064	0,004337
71	8,155357	0,122619	29,246040	0,034193	238,511886	0,004193
72	8,400017	0,119047	29,365088	0,034054	246,667242	0,004054
73	8,652018	0,115580	29,480667	0,033921	255,067259	0,003921
74	8,911578	0,112214	29,592881	0,033792	263,719277	0,003792
75	9,178926	0,108945	29,701826	0,033668	272,630856	0,003668
76	9,454293	0,105772	29,807598	0,033548	281,809781	0,003548
77	9,737922	0,102691	29,910290	0,033433	291,264075	0,003433
78	10,030060	0,099700	30,009990	0,033322	301,001997	0,003322
79	10,330962	0,096796	30,106786	0,033215	311,032057	0,003215
80	10,640891	0,093977	30,200763	0,033112	321,363019	0,003112
81	10,960117	0,091240	30,292003	0,033012	332,003909	0,003012
82	11,288921	0,088582	30,380586	0,032916	342,964026	0,002916
83	11,627588	0,086002	30,466588	0,032823	354,252947	0,002823
84	11,976416	0,083497	30,550086	0,032733	365,880536	0,002733

	AuF	AbF	DSF	KWF	EWF	RVF
n	$(1+i)^n$	$(1+i)^{-n}$	$\dfrac{(1+i)^n-1}{i(1+i)^n}$	$\dfrac{i(1+i)^n}{(1+i)^n-1}$	$\dfrac{(1+i)^n-1}{i}$	$\dfrac{i}{(1+i)^n-1}$
1	1,032500	0,968523	0,968523	1,032500	1,000000	1,000000
2	1,066056	0,938037	1,906560	0,524505	2,032500	0,492005
3	1,100703	0,908510	2,815070	0,355231	3,098556	0,322731
4	1,136476	0,879913	3,694983	0,270637	4,199259	0,238137
5	1,173411	0,852216	4,547199	0,219916	5,335735	0,187416
6	1,211547	0,825391	5,372590	0,186130	6,509147	0,153630
7	1,250923	0,799410	6,172000	0,162022	7,720694	0,129522
8	1,291578	0,774247	6,946247	0,143963	8,971616	0,111463
9	1,333554	0,749876	7,696123	0,129936	10,263194	0,097436
10	1,376894	0,726272	8,422395	0,118731	11,596748	0,086231
11	1,421643	0,703411	9,125806	0,109579	12,973642	0,077079
12	1,467847	0,681270	9,807076	0,101967	14,395285	0,069467
13	1,515552	0,659826	10,466902	0,095539	15,863132	0,063039
14	1,564807	0,639056	11,105958	0,090042	17,378684	0,057542
15	1,615663	0,618941	11,724899	0,085289	18,943491	0,052789
16	1,668173	0,599458	12,324358	0,081140	20,559155	0,048640
17	1,722388	0,580589	12,904947	0,077490	22,227327	0,044990
18	1,778366	0,562314	13,467261	0,074254	23,949715	0,041754
19	1,836163	0,544614	14,011875	0,071368	25,728081	0,038868
20	1,895838	0,527471	14,539346	0,068779	27,564244	0,036279
21	1,957453	0,510868	15,050214	0,066444	29,460082	0,033944
22	2,021070	0,494787	15,545002	0,064329	31,417534	0,031829
23	2,086755	0,479213	16,024215	0,062406	33,438604	0,029906
24	2,154574	0,464129	16,488343	0,060649	35,525359	0,028149
25	2,224598	0,449519	16,937863	0,059039	37,679933	0,026539
26	2,296897	0,435370	17,373233	0,057560	39,904531	0,025060
27	2,371546	0,421666	17,794899	0,056196	42,201428	0,023696
28	2,448622	0,408393	18,203292	0,054935	44,572975	0,022435
29	2,528202	0,395538	18,598830	0,053767	47,021596	0,021267
30	2,610368	0,383088	18,981917	0,052682	49,549798	0,020182
31	2,695205	0,371029	19,352947	0,051672	52,160167	0,019172
32	2,782800	0,359350	19,712297	0,050730	54,855372	0,018230
33	2,873241	0,348039	20,060336	0,049850	57,638172	0,017350
34	2,966621	0,337084	20,397420	0,049026	60,511412	0,016526
35	3,063036	0,326473	20,723893	0,048253	63,478033	0,015753
36	3,162585	0,316197	21,040090	0,047528	66,541069	0,015028
37	3,265369	0,306244	21,346335	0,046846	69,703654	0,014346
38	3,371493	0,296604	21,642939	0,046204	72,969023	0,013704
39	3,481067	0,287268	21,930207	0,045599	76,340516	0,013099
40	3,594201	0,278226	22,208433	0,045028	79,821583	0,012528
41	3,711013	0,269468	22,477901	0,044488	83,415784	0,011988
42	3,831621	0,260986	22,738888	0,043978	87,126797	0,011478

3,25%

			3,25%			
	AuF	**AbF**	**DSF**	**KWF**	**EWF**	**RVF**
n	$(1+i)^n$	$(1+i)^{-n}$	$\dfrac{(1+i)^n-1}{i(1+i)^n}$	$\dfrac{i(1+i)^n}{(1+i)^n-1}$	$\dfrac{(1+i)^n-1}{i}$	$\dfrac{i}{(1+i)^n-1}$
43	3,956149	0,252771	22,991659	0,043494	90,958418	0,010994
44	4,084723	0,244815	23,236473	0,043036	94,914566	0,010536
45	4,217477	0,237109	23,473582	0,042601	98,999290	0,010101
46	4,354545	0,229645	23,703227	0,042188	103,216767	0,009688
47	4,496068	0,222417	23,925644	0,041796	107,571312	0,009296
48	4,642190	0,215416	24,141059	0,041423	112,067379	0,008923
49	4,793061	0,208635	24,349694	0,041068	116,709569	0,008568
50	4,948835	0,202068	24,551762	0,040730	121,502630	0,008230
51	5,109673	0,195707	24,747469	0,040408	126,451466	0,007908
52	5,275737	0,189547	24,937016	0,040101	131,561138	0,007601
53	5,447198	0,183581	25,120597	0,039808	136,836875	0,007308
54	5,624232	0,177802	25,298399	0,039528	142,284074	0,007028
55	5,807020	0,172205	25,470604	0,039261	147,908306	0,006761
56	5,995748	0,166785	25,637389	0,039006	153,715326	0,006506
57	6,190610	0,161535	25,798924	0,038761	159,711074	0,006261
58	6,391805	0,156450	25,955374	0,038528	165,901684	0,006028
59	6,599538	0,151526	26,106900	0,038304	172,293489	0,005804
60	6,814023	0,146756	26,253656	0,038090	178,893027	0,005590
61	7,035479	0,142137	26,395793	0,037885	185,707051	0,005385
62	7,264132	0,137663	26,533456	0,037688	192,742530	0,005188
63	7,500217	0,133329	26,666785	0,037500	200,006662	0,005000
64	7,743974	0,129133	26,795918	0,037319	207,506879	0,004819
65	7,995653	0,125068	26,920986	0,037146	215,250852	0,004646
66	8,255511	0,121131	27,042117	0,036979	223,246505	0,004479
67	8,523816	0,117318	27,159435	0,036820	231,502016	0,004320
68	8,800840	0,113626	27,273061	0,036666	240,025832	0,004166
69	9,086867	0,110049	27,383110	0,036519	248,826671	0,004019
70	9,382190	0,106585	27,489695	0,036377	257,913538	0,003877
71	9,687111	0,103230	27,592925	0,036241	267,295728	0,003741
72	10,001942	0,099981	27,692905	0,036110	276,982839	0,003610
73	10,327005	0,096833	27,789739	0,035985	286,984781	0,003485
74	10,662633	0,093785	27,883524	0,035863	297,311787	0,003363
75	11,009169	0,090833	27,974358	0,035747	307,974420	0,003247
76	11,366967	0,087974	28,062332	0,035635	318,983589	0,003135
77	11,736393	0,085205	28,147537	0,035527	330,350555	0,003027
78	12,117826	0,082523	28,230060	0,035423	342,086948	0,002923
79	12,511655	0,079925	28,309985	0,035323	354,204774	0,002823
80	12,918284	0,077410	28,387395	0,035227	366,716429	0,002727
81	13,338128	0,074973	28,462368	0,035134	379,634713	0,002634
82	13,771617	0,072613	28,534981	0,035045	392,972841	0,002545
83	14,219195	0,070327	28,605309	0,034959	406,744459	0,002459
84	14,681319	0,068114	28,673422	0,034876	420,963654	0,002376

			3,50%			
	AuF	**AbF**	**DSF**	**KWF**	**EWF**	**RVF**
n	$(1+i)^n$	$(1+i)^{-n}$	$\dfrac{(1+i)^n - 1}{i(1+i)^n}$	$\dfrac{i(1+i)^n}{(1+i)^n - 1}$	$\dfrac{(1+i)^n - 1}{i}$	$\dfrac{i}{(1+i)^n - 1}$
1	1,035000	0,966184	0,966184	1,035000	1,000000	1,000000
2	1,071225	0,933511	1,899694	0,526400	2,035000	0,491400
3	1,108718	0,901943	2,801637	0,356934	3,106225	0,321934
4	1,147523	0,871442	3,673079	0,272251	4,214943	0,237251
5	1,187686	0,841973	4,515052	0,221481	5,362466	0,186481
6	1,229255	0,813501	5,328553	0,187668	6,550152	0,152668
7	1,272279	0,785991	6,114544	0,163544	7,779408	0,128544
8	1,316809	0,759412	6,873956	0,145477	9,051687	0,110477
9	1,362897	0,733731	7,607687	0,131446	10,368496	0,096446
10	1,410599	0,708919	8,316605	0,120241	11,731393	0,085241
11	1,459970	0,684946	9,001551	0,111092	13,141992	0,076092
12	1,511069	0,661783	9,663334	0,103484	14,601962	0,068484
13	1,563956	0,639404	10,302738	0,097062	16,113030	0,062062
14	1,618695	0,617782	10,920520	0,091571	17,676986	0,056571
15	1,675349	0,596891	11,517411	0,086825	19,295681	0,051825
16	1,733986	0,576706	12,094117	0,082685	20,971030	0,047685
17	1,794676	0,557204	12,651321	0,079043	22,705016	0,044043
18	1,857489	0,538361	13,189682	0,075817	24,499691	0,040817
19	1,922501	0,520156	13,709837	0,072940	26,357180	0,037940
20	1,989789	0,502566	14,212403	0,070361	28,279682	0,035361
21	2,059431	0,485571	14,697974	0,068037	30,269471	0,033037
22	2,131512	0,469151	15,167125	0,065932	32,328902	0,030932
23	2,206114	0,453286	15,620410	0,064019	34,460414	0,029019
24	2,283328	0,437957	16,058368	0,062273	36,666528	0,027273
25	2,363245	0,423147	16,481515	0,060674	38,949857	0,025674
26	2,445959	0,408838	16,890352	0,059205	41,313102	0,024205
27	2,531567	0,395012	17,285365	0,057852	43,759060	0,022852
28	2,620172	0,381654	17,667019	0,056603	46,290627	0,021603
29	2,711878	0,368748	18,035767	0,055445	48,910799	0,020445
30	2,806794	0,356278	18,392045	0,054371	51,622677	0,019371
31	2,905031	0,344230	18,736276	0,053372	54,429471	0,018372
32	3,006708	0,332590	19,068865	0,052442	57,334502	0,017442
33	3,111942	0,321343	19,390208	0,051572	60,341210	0,016572
34	3,220860	0,310476	19,700684	0,050760	63,453152	0,015760
35	3,333590	0,299977	20,000661	0,049998	66,674013	0,014998
36	3,450266	0,289833	20,290494	0,049284	70,007603	0,014284
37	3,571025	0,280032	20,570525	0,048613	73,457869	0,013613
38	3,696011	0,270562	20,841087	0,047982	77,028895	0,012982
39	3,825372	0,261413	21,102500	0,047388	80,724906	0,012388
40	3,959260	0,252572	21,355072	0,046827	84,550278	0,011827
41	4,097834	0,244031	21,599104	0,046298	88,509537	0,011298
42	4,241258	0,235779	21,834883	0,045798	92,607371	0,010798

				3,50%		
	AuF	**AbF**	**DSF**	**KWF**	**EWF**	**RVF**
n	$(1+i)^n$	$(1+i)^{-n}$	$\dfrac{(1+i)^n-1}{i(1+i)^n}$	$\dfrac{i(1+i)^n}{(1+i)^n-1}$	$\dfrac{(1+i)^n-1}{i}$	$\dfrac{i}{(1+i)^n-1}$
43	4,389702	0,227806	22,062689	0,045325	96,848629	0,010325
44	4,543342	0,220102	22,282791	0,044878	101,238331	0,009878
45	4,702359	0,212659	22,495450	0,044453	105,781673	0,009453
46	4,866941	0,205468	22,700918	0,044051	110,484031	0,009051
47	5,037284	0,198520	22,899438	0,043669	115,350973	0,008669
48	5,213589	0,191806	23,091244	0,043306	120,388257	0,008306
49	5,396065	0,185320	23,276564	0,042962	125,601846	0,007962
50	5,584927	0,179053	23,455618	0,042634	130,997910	0,007634
51	5,780399	0,172998	23,628616	0,042322	136,582837	0,007322
52	5,982713	0,167148	23,795765	0,042024	142,363236	0,007024
53	6,192108	0,161496	23,957260	0,041741	148,345950	0,006741
54	6,408832	0,156035	24,113295	0,041471	154,538058	0,006471
55	6,633141	0,150758	24,264053	0,041213	160,946890	0,006213
56	6,865301	0,145660	24,409713	0,040967	167,580031	0,005967
57	7,105587	0,140734	24,550448	0,040732	174,445332	0,005732
58	7,354282	0,135975	24,686423	0,040508	181,550919	0,005508
59	7,611682	0,131377	24,817800	0,040294	188,905201	0,005294
60	7,878091	0,126934	24,944734	0,040089	196,516883	0,005089
61	8,153824	0,122642	25,067376	0,039892	204,394974	0,004892
62	8,439208	0,118495	25,185870	0,039705	212,548798	0,004705
63	8,734580	0,114487	25,300358	0,039525	220,988006	0,004525
64	9,040291	0,110616	25,410974	0,039353	229,722586	0,004353
65	9,356701	0,106875	25,517849	0,039188	238,762876	0,004188
66	9,684185	0,103261	25,621110	0,039030	248,119577	0,004030
67	10,023132	0,099769	25,720880	0,038879	257,803762	0,003879
68	10,373941	0,096395	25,817275	0,038734	267,826894	0,003734
69	10,737029	0,093136	25,910411	0,038595	278,200835	0,003595
70	11,112825	0,089986	26,000397	0,038461	288,937865	0,003461
71	11,501774	0,086943	26,087340	0,038333	300,050690	0,003333
72	11,904336	0,084003	26,171343	0,038210	311,552464	0,003210
73	12,320988	0,081162	26,252505	0,038092	323,456800	0,003092
74	12,752223	0,078418	26,330923	0,037978	335,777788	0,002978
75	13,198550	0,075766	26,406689	0,037869	348,530011	0,002869
76	13,660500	0,073204	26,479892	0,037765	361,728561	0,002765
77	14,138617	0,070728	26,550621	0,037664	375,389061	0,002664
78	14,633469	0,068336	26,618957	0,037567	389,527678	0,002567
79	15,145640	0,066026	26,684983	0,037474	404,161147	0,002474
80	15,675738	0,063793	26,748776	0,037385	419,306787	0,002385
81	16,224388	0,061636	26,810411	0,037299	434,982524	0,002299
82	16,792242	0,059551	26,869963	0,037216	451,206913	0,002216
83	17,379970	0,057537	26,927500	0,037137	467,999155	0,002137
84	17,988269	0,055592	26,983092	0,037060	485,379125	0,002060

	AuF	AbF	DSF	KWF	EWF	RVF
n	$(1+i)^n$	$(1+i)^{-n}$	$\dfrac{(1+i)^n-1}{i(1+i)^n}$	$\dfrac{i(1+i)^n}{(1+i)^n-1}$	$\dfrac{(1+i)^n-1}{i}$	$\dfrac{i}{(1+i)^n-1}$
1	1,037500	0,963855	0,963855	1,037500	1,000000	1,000000
2	1,076406	0,929017	1,892873	0,528298	2,037500	0,490798
3	1,116771	0,895438	2,788311	0,358640	3,113906	0,321140
4	1,158650	0,863073	3,651384	0,273869	4,230678	0,236369
5	1,202100	0,831878	4,483262	0,223052	5,389328	0,185552
6	1,247179	0,801810	5,285072	0,189212	6,591428	0,151712
7	1,293948	0,772829	6,057900	0,165074	7,838607	0,127574
8	1,342471	0,744895	6,802796	0,146998	9,132554	0,109498
9	1,392813	0,717971	7,520767	0,132965	10,475025	0,095465
10	1,445044	0,692020	8,212787	0,121761	11,867838	0,084261
11	1,499233	0,667008	8,879795	0,112615	13,312882	0,075115
12	1,555454	0,642899	9,522694	0,105012	14,812116	0,067512
13	1,613784	0,619662	10,142356	0,098596	16,367570	0,061096
14	1,674301	0,597264	10,739620	0,093113	17,981354	0,055613
15	1,737087	0,575676	11,315296	0,088376	19,655654	0,050876
16	1,802228	0,554869	11,870165	0,084245	21,392742	0,046745
17	1,869811	0,534813	12,404978	0,080613	23,194969	0,043113
18	1,939929	0,515483	12,920461	0,077397	25,064781	0,039897
19	2,012677	0,496851	13,417312	0,074531	27,004710	0,037031
20	2,088152	0,478892	13,896204	0,071962	29,017387	0,034462
21	2,166458	0,461583	14,357787	0,069649	31,105539	0,032149
22	2,247700	0,444899	14,802686	0,067555	33,271996	0,030055
23	2,331989	0,428819	15,231505	0,065653	35,519696	0,028153
24	2,419438	0,413319	15,644824	0,063919	37,851685	0,026419
25	2,510167	0,398380	16,043204	0,062332	40,271123	0,024832
26	2,604298	0,383981	16,427185	0,060875	42,781290	0,023375
27	2,701960	0,370102	16,797286	0,059533	45,385588	0,022033
28	2,803283	0,356725	17,154011	0,058295	48,087548	0,020795
29	2,908406	0,343831	17,497842	0,057150	50,890831	0,019650
30	3,017471	0,331403	17,829245	0,056088	53,799237	0,018588
31	3,130627	0,319425	18,148670	0,055100	56,816709	0,017600
32	3,248025	0,307879	18,456549	0,054181	59,947335	0,016681
33	3,369826	0,296751	18,753301	0,053324	63,195360	0,015824
34	3,496194	0,286025	19,039326	0,052523	66,565186	0,015023
35	3,627302	0,275687	19,315013	0,051773	70,061381	0,014273
36	3,763326	0,265722	19,580735	0,051071	73,688682	0,013571
37	3,904450	0,256118	19,836853	0,050411	77,452008	0,012911
38	4,050867	0,246861	20,083714	0,049792	81,356458	0,012292
39	4,202775	0,237938	20,321652	0,049209	85,407326	0,011709
40	4,360379	0,229338	20,550990	0,048659	89,610100	0,011159
41	4,523893	0,221049	20,772039	0,048142	93,970479	0,010642
42	4,693539	0,213059	20,985097	0,047653	98,494372	0,010153

3,75%

	AuF	AbF	DSF	KWF	EWF	RVF
n	$(1+i)^n$	$(1+i)^{-n}$	$\dfrac{(1+i)^n-1}{i(1+i)^n}$	$\dfrac{i(1+i)^n}{(1+i)^n-1}$	$\dfrac{(1+i)^n-1}{i}$	$\dfrac{i}{(1+i)^n-1}$

3,75%

n	AuF	AbF	DSF	KWF	EWF	RVF
43	4,869547	0,205358	21,190455	0,047191	103,187911	0,009691
44	5,052155	0,197935	21,388391	0,046754	108,057458	0,009254
45	5,241610	0,190781	21,579172	0,046341	113,109612	0,008841
46	5,438171	0,183885	21,763057	0,045949	118,351223	0,008449
47	5,642102	0,177239	21,940296	0,045578	123,789394	0,008078
48	5,853681	0,170833	22,111129	0,045226	129,431496	0,007726
49	6,073194	0,164658	22,275787	0,044892	135,285177	0,007392
50	6,300939	0,158707	22,434493	0,044574	141,358371	0,007074
51	6,537224	0,152970	22,587463	0,044272	147,659310	0,006772
52	6,782370	0,147441	22,734904	0,043985	154,196534	0,006485
53	7,036709	0,142112	22,877016	0,043712	160,978904	0,006212
54	7,300585	0,136975	23,013992	0,043452	168,015613	0,005952
55	7,574357	0,132024	23,146016	0,043204	175,316198	0,005704
56	7,858396	0,127252	23,273268	0,042968	182,890556	0,005468
57	8,153086	0,122653	23,395921	0,042742	190,748952	0,005242
58	8,458826	0,118220	23,514141	0,042528	198,902037	0,005028
59	8,776032	0,113947	23,628088	0,042323	207,360864	0,004823
60	9,105134	0,109828	23,737916	0,042127	216,136896	0,004627
61	9,446576	0,105858	23,843774	0,041940	225,242030	0,004440
62	9,800823	0,102032	23,945807	0,041761	234,688606	0,004261
63	10,168354	0,098344	24,044151	0,041590	244,489429	0,004090
64	10,549667	0,094790	24,138941	0,041427	254,657782	0,003927
65	10,945279	0,091364	24,230304	0,041271	265,207449	0,003771
66	11,355727	0,088061	24,318366	0,041121	276,152728	0,003621
67	11,781567	0,084878	24,403244	0,040978	287,508456	0,003478
68	12,223376	0,081810	24,485054	0,040841	299,290023	0,003341
69	12,681752	0,078853	24,563908	0,040710	311,513399	0,003210
70	13,157318	0,076003	24,639911	0,040585	324,195151	0,003085
71	13,650718	0,073256	24,713167	0,040464	337,352469	0,002964
72	14,162620	0,070608	24,783776	0,040349	351,003187	0,002849
73	14,693718	0,068056	24,851832	0,040238	365,165806	0,002738
74	15,244732	0,065596	24,917429	0,040133	379,859524	0,002633
75	15,816410	0,063225	24,980654	0,040031	395,104256	0,002531
76	16,409525	0,060940	25,041594	0,039934	410,920666	0,002434
77	17,024882	0,058738	25,100332	0,039840	427,330191	0,002340
78	17,663315	0,056615	25,156946	0,039750	444,355073	0,002250
79	18,325690	0,054568	25,211515	0,039664	462,018388	0,002164
80	19,012903	0,052596	25,264110	0,039582	480,344078	0,002082
81	19,725887	0,050695	25,314805	0,039503	499,356981	0,002003
82	20,465608	0,048862	25,363668	0,039426	519,082868	0,001926
83	21,233068	0,047096	25,410764	0,039353	539,548475	0,001853
84	22,029308	0,045394	25,456158	0,039283	560,781543	0,001783

	4,00%					
	AuF	**AbF**	**DSF**	**KWF**	**EWF**	**RVF**
n	$(1+i)^n$	$(1+i)^{-n}$	$\dfrac{(1+i)^n-1}{i(1+i)^n}$	$\dfrac{i(1+i)^n}{(1+i)^n-1}$	$\dfrac{(1+i)^n-1}{i}$	$\dfrac{i}{(1+i)^n-1}$
1	1,040000	0,961538	0,961538	1,040000	1,000000	1,000000
2	1,081600	0,924556	1,886095	0,530196	2,040000	0,490196
3	1,124864	0,888996	2,775091	0,360349	3,121600	0,320349
4	1,169859	0,854804	3,629895	0,275490	4,246464	0,235490
5	1,216653	0,821927	4,451822	0,224627	5,416323	0,184627
6	1,265319	0,790315	5,242137	0,190762	6,632975	0,150762
7	1,315932	0,759918	6,002055	0,166610	7,898294	0,126610
8	1,368569	0,730690	6,732745	0,148528	9,214226	0,108528
9	1,423312	0,702587	7,435332	0,134493	10,582795	0,094493
10	1,480244	0,675564	8,110896	0,123291	12,006107	0,083291
11	1,539454	0,649581	8,760477	0,114149	13,486351	0,074149
12	1,601032	0,624597	9,385074	0,106552	15,025805	0,066552
13	1,665074	0,600574	9,985648	0,100144	16,626838	0,060144
14	1,731676	0,577475	10,563123	0,094669	18,291911	0,054669
15	1,800944	0,555265	11,118387	0,089941	20,023588	0,049941
16	1,872981	0,533908	11,652296	0,085820	21,824531	0,045820
17	1,947900	0,513373	12,165669	0,082199	23,697512	0,042199
18	2,025817	0,493628	12,659297	0,078993	25,645413	0,038993
19	2,106849	0,474642	13,133939	0,076139	27,671229	0,036139
20	2,191123	0,456387	13,590326	0,073582	29,778079	0,033582
21	2,278768	0,438834	14,029160	0,071280	31,969202	0,031280
22	2,369919	0,421955	14,451115	0,069199	34,247970	0,029199
23	2,464716	0,405726	14,856842	0,067309	36,617889	0,027309
24	2,563304	0,390121	15,246963	0,065587	39,082604	0,025587
25	2,665836	0,375117	15,622080	0,064012	41,645908	0,024012
26	2,772470	0,360689	15,982769	0,062567	44,311745	0,022567
27	2,883369	0,346817	16,329586	0,061239	47,084214	0,021239
28	2,998703	0,333477	16,663063	0,060013	49,967583	0,020013
29	3,118651	0,320651	16,983715	0,058880	52,966286	0,018880
30	3,243398	0,308319	17,292033	0,057830	56,084938	0,017830
31	3,373133	0,296460	17,588494	0,056855	59,328335	0,016855
32	3,508059	0,285058	17,873551	0,055949	62,701469	0,015949
33	3,648381	0,274094	18,147646	0,055104	66,209527	0,015104
34	3,794316	0,263552	18,411198	0,054315	69,857909	0,014315
35	3,946089	0,253415	18,664613	0,053577	73,652225	0,013577
36	4,103933	0,243669	18,908282	0,052887	77,598314	0,012887
37	4,268090	0,234297	19,142579	0,052240	81,702246	0,012240
38	4,438813	0,225285	19,367864	0,051632	85,970336	0,011632
39	4,616366	0,216621	19,584485	0,051061	90,409150	0,011061
40	4,801021	0,208289	19,792774	0,050523	95,025516	0,010523
41	4,993061	0,200278	19,993052	0,050017	99,826536	0,010017
42	5,192784	0,192575	20,185627	0,049540	104,819598	0,009540

					4,00%	
	AuF	**AbF**	**DSF**	**KWF**	**EWF**	**RVF**
n	$(1+i)^n$	$(1+i)^{-n}$	$\dfrac{(1+i)^n-1}{i(1+i)^n}$	$\dfrac{i(1+i)^n}{(1+i)^n-1}$	$\dfrac{(1+i)^n-1}{i}$	$\dfrac{i}{(1+i)^n-1}$
43	5,400495	0,185168	20,370795	0,049090	110,012382	0,009090
44	5,616515	0,178046	20,548841	0,048665	115,412877	0,008665
45	5,841176	0,171198	20,720040	0,048262	121,029392	0,008262
46	6,074823	0,164614	20,884654	0,047882	126,870568	0,007882
47	6,317816	0,158283	21,042936	0,047522	132,945390	0,007522
48	6,570528	0,152195	21,195131	0,047181	139,263206	0,007181
49	6,833349	0,146341	21,341472	0,046857	145,833734	0,006857
50	7,106683	0,140713	21,482185	0,046550	152,667084	0,006550
51	7,390951	0,135301	21,617485	0,046259	159,773767	0,006259
52	7,686589	0,130097	21,747582	0,045982	167,164718	0,005982
53	7,994052	0,125093	21,872675	0,045719	174,851306	0,005719
54	8,313814	0,120282	21,992957	0,045469	182,845359	0,005469
55	8,646367	0,115656	22,108612	0,045231	191,159173	0,005231
56	8,992222	0,111207	22,219819	0,045005	199,805540	0,005005
57	9,351910	0,106930	22,326749	0,044789	208,797762	0,004789
58	9,725987	0,102817	22,429567	0,044584	218,149672	0,004584
59	10,115026	0,098863	22,528430	0,044388	227,875659	0,004388
60	10,519627	0,095060	22,623490	0,044202	237,990685	0,004202
61	10,940413	0,091404	22,714894	0,044024	248,510313	0,004024
62	11,378029	0,087889	22,802783	0,043854	259,450725	0,003854
63	11,833150	0,084508	22,887291	0,043692	270,828754	0,003692
64	12,306476	0,081258	22,968549	0,043538	282,661904	0,003538
65	12,798735	0,078133	23,046682	0,043390	294,968380	0,003390
66	13,310685	0,075128	23,121810	0,043249	307,767116	0,003249
67	13,843112	0,072238	23,194048	0,043115	321,077800	0,003115
68	14,396836	0,069460	23,263507	0,042986	334,920912	0,002986
69	14,972710	0,066788	23,330296	0,042863	349,317749	0,002863
70	15,571618	0,064219	23,394515	0,042745	364,290459	0,002745
71	16,194483	0,061749	23,456264	0,042633	379,862077	0,002633
72	16,842262	0,059374	23,515639	0,042525	396,056560	0,002525
73	17,515953	0,057091	23,572730	0,042422	412,898823	0,002422
74	18,216591	0,054895	23,627625	0,042323	430,414776	0,002323
75	18,945255	0,052784	23,680408	0,042229	448,631367	0,002229
76	19,703065	0,050754	23,731162	0,042139	467,576621	0,002139
77	20,491187	0,048801	23,779963	0,042052	487,279686	0,002052
78	21,310835	0,046924	23,826888	0,041969	507,770873	0,001969
79	22,163268	0,045120	23,872008	0,041890	529,081708	0,001890
80	23,049799	0,043384	23,915392	0,041814	551,244977	0,001814
81	23,971791	0,041716	23,957108	0,041741	574,294776	0,001741
82	24,930663	0,040111	23,997219	0,041671	598,266567	0,001671
83	25,927889	0,038569	24,035787	0,041605	623,197230	0,001605
84	26,965005	0,037085	24,072872	0,041541	649,125119	0,001541

			4,25%			
	AuF	**AbF**	**DSF**	**KWF**	**EWF**	**RVF**
n	$(1+i)^n$	$(1+i)^{-n}$	$\dfrac{(1+i)^n - 1}{i(1+i)^n}$	$\dfrac{i(1+i)^n}{(1+i)^n - 1}$	$\dfrac{(1+i)^n - 1}{i}$	$\dfrac{i}{(1+i)^n - 1}$
1	1,042500	0,959233	0,959233	1,042500	1,000000	1,000000
2	1,086806	0,920127	1,879360	0,532096	2,042500	0,489596
3	1,132996	0,882616	2,761976	0,362060	3,129306	0,319560
4	1,181148	0,846634	3,608610	0,277115	4,262302	0,234615
5	1,231347	0,812119	4,420729	0,226207	5,443450	0,183707
6	1,283679	0,779011	5,199740	0,192317	6,674796	0,149817
7	1,338235	0,747253	5,946993	0,168152	7,958475	0,125652
8	1,395110	0,716789	6,663782	0,150065	9,296710	0,107565
9	1,454402	0,687568	7,351350	0,136029	10,691820	0,093529
10	1,516214	0,659537	8,010887	0,124830	12,146223	0,082330
11	1,580654	0,632650	8,643537	0,115693	13,662437	0,073193
12	1,647831	0,606858	9,250395	0,108103	15,243091	0,065603
13	1,717864	0,582118	9,832513	0,101703	16,890922	0,059203
14	1,790873	0,558387	10,390900	0,096238	18,608786	0,053738
15	1,866986	0,535623	10,926523	0,091520	20,399660	0,049020
16	1,946332	0,513787	11,440309	0,087410	22,266645	0,044910
17	2,029052	0,492841	11,933151	0,083800	24,212978	0,041300
18	2,115286	0,472749	12,405900	0,080607	26,242029	0,038107
19	2,205186	0,453477	12,859376	0,077764	28,357316	0,035264
20	2,298906	0,434989	13,294366	0,075220	30,562501	0,032720
21	2,396610	0,417256	13,711622	0,072931	32,861408	0,030431
22	2,498466	0,400246	14,111868	0,070862	35,258018	0,028362
23	2,604651	0,383929	14,495796	0,068986	37,756483	0,026486
24	2,715348	0,368277	14,864073	0,067276	40,361134	0,024776
25	2,830750	0,353263	15,217336	0,065715	43,076482	0,023215
26	2,951057	0,338862	15,556198	0,064283	45,907233	0,021783
27	3,076477	0,325047	15,881245	0,062967	48,858290	0,020467
28	3,207228	0,311796	16,193041	0,061755	51,934767	0,019255
29	3,343535	0,299085	16,492125	0,060635	55,141995	0,018135
30	3,485635	0,286892	16,779017	0,059598	58,485530	0,017098
31	3,633775	0,275196	17,054213	0,058637	61,971165	0,016137
32	3,788210	0,263977	17,318190	0,057743	65,604939	0,015243
33	3,949209	0,253215	17,571405	0,056911	69,393149	0,014411
34	4,117050	0,242892	17,814298	0,056135	73,342358	0,013635
35	4,292025	0,232990	18,047288	0,055410	77,459408	0,012910
36	4,474436	0,223492	18,270780	0,054732	81,751433	0,012232
37	4,664599	0,214381	18,485160	0,054097	86,225869	0,011597
38	4,862845	0,205641	18,690801	0,053502	90,890468	0,011002
39	5,069516	0,197257	18,888059	0,052944	95,753313	0,010444
40	5,284970	0,189216	19,077275	0,052418	100,822829	0,009918
41	5,509581	0,181502	19,258777	0,051924	106,107799	0,009424
42	5,743739	0,174103	19,432879	0,051459	111,617381	0,008959

	AuF	AbF	DSF	KWF	EWF	RVF
			4,25%			
n	$(1+i)^n$	$(1+i)^{-n}$	$\dfrac{(1+i)^n-1}{i(1+i)^n}$	$\dfrac{i(1+i)^n}{(1+i)^n-1}$	$\dfrac{(1+i)^n-1}{i}$	$\dfrac{i}{(1+i)^n-1}$
43	5,987848	0,167005	19,599884	0,051021	117,361119	0,008521
44	6,242331	0,160197	19,760081	0,050607	123,348967	0,008107
45	6,507630	0,153666	19,913747	0,050217	129,591298	0,007717
46	6,784204	0,147401	20,061148	0,049848	136,098928	0,007348
47	7,072533	0,141392	20,202540	0,049499	142,883133	0,006999
48	7,373116	0,135628	20,338168	0,049169	149,955666	0,006669
49	7,686473	0,130099	20,468266	0,048856	157,328782	0,006356
50	8,013148	0,124795	20,593061	0,048560	165,015255	0,006060
51	8,353707	0,119707	20,712769	0,048279	173,028403	0,005779
52	8,708740	0,114827	20,827596	0,048013	181,382110	0,005513
53	9,078861	0,110146	20,937742	0,047761	190,090850	0,005261
54	9,464713	0,105656	21,043397	0,047521	199,169711	0,005021
55	9,866963	0,101348	21,144746	0,047293	208,634424	0,004793
56	10,286309	0,097217	21,241962	0,047077	218,501387	0,004577
57	10,723477	0,093253	21,335216	0,046871	228,787696	0,004371
58	11,179225	0,089452	21,424667	0,046675	239,511173	0,004175
59	11,654342	0,085805	21,510472	0,046489	250,690398	0,003989
60	12,149651	0,082307	21,592779	0,046312	262,344740	0,003812
61	12,666012	0,078951	21,671731	0,046143	274,494391	0,003643
62	13,204317	0,075733	21,747463	0,045982	287,160403	0,003482
63	13,765501	0,072645	21,820109	0,045829	300,364720	0,003329
64	14,350534	0,069684	21,889793	0,045683	314,130221	0,003183
65	14,960432	0,066843	21,956636	0,045544	328,480755	0,003044
66	15,596250	0,064118	22,020754	0,045412	343,441187	0,002912
67	16,259091	0,061504	22,082258	0,045285	359,037438	0,002785
68	16,950102	0,058997	22,141254	0,045165	375,296529	0,002665
69	17,670482	0,056592	22,197846	0,045049	392,246631	0,002549
70	18,421477	0,054284	22,252130	0,044940	409,917113	0,002440
71	19,204390	0,052071	22,304202	0,044835	428,338590	0,002335
72	20,020577	0,049949	22,354150	0,044734	447,542980	0,002234
73	20,871451	0,047912	22,402063	0,044639	467,563557	0,002139
74	21,758488	0,045959	22,448022	0,044547	488,435008	0,002047
75	22,683224	0,044085	22,492107	0,044460	510,193496	0,001960
76	23,647261	0,042288	22,534395	0,044377	532,876720	0,001877
77	24,652269	0,040564	22,574960	0,044297	556,523980	0,001797
78	25,699991	0,038911	22,613870	0,044221	581,176249	0,001721
79	26,792240	0,037324	22,651194	0,044148	606,876240	0,001648
80	27,930910	0,035803	22,686997	0,044078	633,668480	0,001578
81	29,117974	0,034343	22,721340	0,044011	661,599390	0,001511
82	30,355488	0,032943	22,754283	0,043948	690,717365	0,001448
83	31,645596	0,031600	22,785883	0,043887	721,072853	0,001387
84	32,990534	0,030312	22,816195	0,043829	752,718449	0,001329

	4,50%					
	AuF	**AbF**	**DSF**	**KWF**	**EWF**	**RVF**
n	$(1+i)^n$	$(1+i)^{-n}$	$\dfrac{(1+i)^n-1}{i(1+i)^n}$	$\dfrac{i(1+i)^n}{(1+i)^n-1}$	$\dfrac{(1+i)^n-1}{i}$	$\dfrac{i}{(1+i)^n-1}$
1	1,045000	0,956938	0,956938	1,045000	1,000000	1,000000
2	1,092025	0,915730	1,872668	0,533998	2,045000	0,488998
3	1,141166	0,876297	2,748964	0,363773	3,137025	0,318773
4	1,192519	0,838561	3,587526	0,278744	4,278191	0,233744
5	1,246182	0,802451	4,389977	0,227792	5,470710	0,182792
6	1,302260	0,767896	5,157872	0,193878	6,716892	0,148878
7	1,360862	0,734828	5,892701	0,169701	8,019152	0,124701
8	1,422101	0,703185	6,595886	0,151610	9,380014	0,106610
9	1,486095	0,672904	7,268790	0,137574	10,802114	0,092574
10	1,552969	0,643928	7,912718	0,126379	12,288209	0,081379
11	1,622853	0,616199	8,528917	0,117248	13,841179	0,072248
12	1,695881	0,589664	9,118581	0,109666	15,464032	0,064666
13	1,772196	0,564272	9,682852	0,103275	17,159913	0,058275
14	1,851945	0,539973	10,222825	0,097820	18,932109	0,052820
15	1,935282	0,516720	10,739546	0,093114	20,784054	0,048114
16	2,022370	0,494469	11,234015	0,089015	22,719337	0,044015
17	2,113377	0,473176	11,707191	0,085418	24,741707	0,040418
18	2,208479	0,452800	12,159992	0,082237	26,855084	0,037237
19	2,307860	0,433302	12,593294	0,079407	29,063562	0,034407
20	2,411714	0,414643	13,007936	0,076876	31,371423	0,031876
21	2,520241	0,396787	13,404724	0,074601	33,783137	0,029601
22	2,633652	0,379701	13,784425	0,072546	36,303378	0,027546
23	2,752166	0,363350	14,147775	0,070682	38,937030	0,025682
24	2,876014	0,347703	14,495478	0,068987	41,689196	0,023987
25	3,005434	0,332731	14,828209	0,067439	44,565210	0,022439
26	3,140679	0,318402	15,146611	0,066021	47,570645	0,021021
27	3,282010	0,304691	15,451303	0,064719	50,711324	0,019719
28	3,429700	0,291571	15,742874	0,063521	53,993333	0,018521
29	3,584036	0,279015	16,021889	0,062415	57,423033	0,017415
30	3,745318	0,267000	16,288889	0,061392	61,007070	0,016392
31	3,913857	0,255502	16,544391	0,060443	64,752388	0,015443
32	4,089981	0,244500	16,788891	0,059563	68,666245	0,014563
33	4,274030	0,233971	17,022862	0,058745	72,756226	0,013745
34	4,466362	0,223896	17,246758	0,057982	77,030256	0,012982
35	4,667348	0,214254	17,461012	0,057270	81,496618	0,012270
36	4,877378	0,205028	17,666041	0,056606	86,163966	0,011606
37	5,096860	0,196199	17,862240	0,055984	91,041344	0,010984
38	5,326219	0,187750	18,049990	0,055402	96,138205	0,010402
39	5,565899	0,179665	18,229656	0,054856	101,464424	0,009856
40	5,816365	0,171929	18,401584	0,054343	107,030323	0,009343
41	6,078101	0,164525	18,566109	0,053862	112,846688	0,008862
42	6,351615	0,157440	18,723550	0,053409	118,924789	0,008409

			4,50%			
	AuF	**AbF**	**DSF**	**KWF**	**EWF**	**RVF**
n	$(1+i)^n$	$(1+i)^{-n}$	$\dfrac{(1+i)^n-1}{i(1+i)^n}$	$\dfrac{i(1+i)^n}{(1+i)^n-1}$	$\dfrac{(1+i)^n-1}{i}$	$\dfrac{i}{(1+i)^n-1}$
43	6,637438	0,150661	18,874210	0,052982	125,276404	0,007982
44	6,936123	0,144173	19,018383	0,052581	131,913842	0,007581
45	7,248248	0,137964	19,156347	0,052202	138,849965	0,007202
46	7,574420	0,132023	19,288371	0,051845	146,098214	0,006845
47	7,915268	0,126338	19,414709	0,051507	153,672633	0,006507
48	8,271456	0,120898	19,535607	0,051189	161,587902	0,006189
49	8,643671	0,115692	19,651298	0,050887	169,859357	0,005887
50	9,032636	0,110710	19,762008	0,050602	178,503028	0,005602
51	9,439105	0,105942	19,867950	0,050332	187,535665	0,005332
52	9,863865	0,101380	19,969330	0,050077	196,974769	0,005077
53	10,307739	0,097014	20,066345	0,049835	206,838634	0,004835
54	10,771587	0,092837	20,159181	0,049605	217,146373	0,004605
55	11,256308	0,088839	20,248021	0,049388	227,917959	0,004388
56	11,762842	0,085013	20,333034	0,049181	239,174268	0,004181
57	12,292170	0,081353	20,414387	0,048985	250,937110	0,003985
58	12,845318	0,077849	20,492236	0,048799	263,229280	0,003799
59	13,423357	0,074497	20,566733	0,048622	276,074597	0,003622
60	14,027408	0,071289	20,638022	0,048454	289,497954	0,003454
61	14,658641	0,068219	20,706241	0,048295	303,525362	0,003295
62	15,318280	0,065281	20,771523	0,048143	318,184003	0,003143
63	16,007603	0,062470	20,833993	0,047998	333,502283	0,002998
64	16,727945	0,059780	20,893773	0,047861	349,509886	0,002861
65	17,480702	0,057206	20,950979	0,047730	366,237831	0,002730
66	18,267334	0,054743	21,005722	0,047606	383,718533	0,002606
67	19,089364	0,052385	21,058107	0,047488	401,985867	0,002488
68	19,948385	0,050129	21,108236	0,047375	421,075231	0,002375
69	20,846063	0,047971	21,156207	0,047267	441,023617	0,002267
70	21,784136	0,045905	21,202112	0,047165	461,869680	0,002165
71	22,764422	0,043928	21,246040	0,047068	483,653815	0,002068
72	23,788821	0,042037	21,288077	0,046975	506,418237	0,001975
73	24,859318	0,040226	21,328303	0,046886	530,207057	0,001886
74	25,977987	0,038494	21,366797	0,046802	555,066375	0,001802
75	27,146996	0,036836	21,403634	0,046721	581,044362	0,001721
76	28,368611	0,035250	21,438884	0,046644	608,191358	0,001644
77	29,645199	0,033732	21,472616	0,046571	636,559969	0,001571
78	30,979233	0,032280	21,504896	0,046501	666,205168	0,001501
79	32,373298	0,030890	21,535785	0,046434	697,184401	0,001434
80	33,830096	0,029559	21,565345	0,046371	729,557699	0,001371
81	35,352451	0,028287	21,593632	0,046310	763,387795	0,001310
82	36,943311	0,027068	21,620700	0,046252	798,740246	0,001252
83	38,605760	0,025903	21,646603	0,046197	835,683557	0,001197
84	40,343019	0,024787	21,671390	0,046144	874,289317	0,001144

			4,75%			
	AuF	**AbF**	**DSF**	**KWF**	**EWF**	**RVF**
n	$(1+i)^n$	$(1+i)^{-n}$	$\dfrac{(1+i)^n-1}{i(1+i)^n}$	$\dfrac{i(1+i)^n}{(1+i)^n-1}$	$\dfrac{(1+i)^n-1}{i}$	$\dfrac{i}{(1+i)^n-1}$
1	1,047500	0,954654	0,954654	1,047500	1,000000	1,000000
2	1,097256	0,911364	1,866018	0,535900	2,047500	0,488400
3	1,149376	0,870037	2,736055	0,365490	3,144756	0,317990
4	1,203971	0,830585	3,566640	0,280376	4,294132	0,232876
5	1,261160	0,792921	4,359561	0,229381	5,498103	0,181881
6	1,321065	0,756965	5,116526	0,195445	6,759263	0,147945
7	1,383816	0,722640	5,839166	0,171257	8,080328	0,123757
8	1,449547	0,689871	6,529036	0,153162	9,464144	0,105662
9	1,518400	0,658588	7,187624	0,139128	10,913691	0,091628
10	1,590524	0,628723	7,816348	0,127937	12,432091	0,080437
11	1,666074	0,600213	8,416561	0,118813	14,022615	0,071313
12	1,745213	0,572996	8,989557	0,111240	15,688690	0,063740
13	1,828110	0,547013	9,536570	0,104860	17,433902	0,057360
14	1,914946	0,522208	10,058778	0,099416	19,262013	0,051916
15	2,005906	0,498528	10,557306	0,094721	21,176958	0,047221
16	2,101186	0,475922	11,033228	0,090635	23,182864	0,043135
17	2,200992	0,454341	11,487568	0,087051	25,284050	0,039551
18	2,305540	0,433738	11,921306	0,083883	27,485042	0,036383
19	2,415053	0,414070	12,335376	0,081068	29,790582	0,033568
20	2,529768	0,395293	12,730669	0,078550	32,205635	0,031050
21	2,649932	0,377368	13,108037	0,076289	34,735402	0,028789
22	2,775803	0,360256	13,468293	0,074248	37,385334	0,026748
23	2,907654	0,343920	13,812213	0,072400	40,161137	0,024900
24	3,045768	0,328324	14,140538	0,070719	43,068791	0,023219
25	3,190442	0,313436	14,453974	0,069185	46,114559	0,021685
26	3,341988	0,299223	14,753197	0,067782	49,305000	0,020282
27	3,500732	0,285655	15,038852	0,066494	52,646988	0,018994
28	3,667017	0,272701	15,311553	0,065310	56,147720	0,017810
29	3,841200	0,260335	15,571888	0,064218	59,814736	0,016718
30	4,023657	0,248530	15,820418	0,063209	63,655936	0,015709
31	4,214781	0,237260	16,057679	0,062276	67,679593	0,014776
32	4,414983	0,226501	16,284180	0,061409	71,894374	0,013909
33	4,624694	0,216231	16,500410	0,060605	76,309357	0,013105
34	4,844367	0,206425	16,706836	0,059856	80,934051	0,012356
35	5,074475	0,197065	16,903901	0,059158	85,778419	0,011658
36	5,315512	0,188129	17,092029	0,058507	90,852894	0,011007
37	5,567999	0,179598	17,271627	0,057898	96,168406	0,010398
38	5,832479	0,171454	17,443081	0,057329	101,736405	0,009829
39	6,109522	0,163679	17,606759	0,056796	107,568884	0,009296
40	6,399724	0,156257	17,763016	0,056297	113,678406	0,008797
41	6,703711	0,149171	17,912187	0,055828	120,078131	0,008328
42	7,022137	0,142407	18,054594	0,055388	126,781842	0,007888

	AuF	AbF	DSF	KWF	EWF	RVF
4,75%						
n	$(1+i)^n$	$(1+i)^{-n}$	$\dfrac{(1+i)^n-1}{i(1+i)^n}$	$\dfrac{i(1+i)^n}{(1+i)^n-1}$	$\dfrac{(1+i)^n-1}{i}$	$\dfrac{i}{(1+i)^n-1}$
43	7,355689	0,135949	18,190543	0,054974	133,803980	0,007474
44	7,705084	0,129784	18,320328	0,054584	141,159669	0,007084
45	8,071076	0,123899	18,444227	0,054218	148,864753	0,006718
46	8,454452	0,118281	18,562508	0,053872	156,935829	0,006372
47	8,856038	0,112917	18,675425	0,053546	165,390280	0,006046
48	9,276700	0,107797	18,783222	0,053239	174,246319	0,005739
49	9,717343	0,102909	18,886131	0,052949	183,523019	0,005449
50	10,178917	0,098242	18,984373	0,052675	193,240362	0,005175
51	10,662416	0,093787	19,078160	0,052416	203,419279	0,004916
52	11,168881	0,089534	19,167695	0,052171	214,081695	0,004671
53	11,699402	0,085474	19,253169	0,051940	225,250576	0,004440
54	12,255124	0,081599	19,334768	0,051720	236,949978	0,004220
55	12,837242	0,077898	19,412666	0,051513	249,205102	0,004013
56	13,447011	0,074366	19,487032	0,051316	262,042344	0,003816
57	14,085744	0,070994	19,558026	0,051130	275,489356	0,003630
58	14,754817	0,067774	19,625801	0,050953	289,575100	0,003453
59	15,455671	0,064701	19,690502	0,050786	304,329917	0,003286
60	16,189815	0,061767	19,752269	0,050627	319,785589	0,003127
61	16,958832	0,058966	19,811235	0,050476	335,975404	0,002976
62	17,764376	0,056292	19,867528	0,050333	352,934236	0,002833
63	18,608184	0,053740	19,921267	0,050198	370,698612	0,002698
64	19,492073	0,051303	19,972570	0,050069	389,306796	0,002569
65	20,417946	0,048977	20,021547	0,049946	408,798869	0,002446
66	21,387799	0,046756	20,068303	0,049830	429,216815	0,002330
67	22,403719	0,044635	20,112938	0,049719	450,604614	0,002219
68	23,467896	0,042611	20,155549	0,049614	473,008333	0,002114
69	24,582621	0,040679	20,196229	0,049514	496,476229	0,002014
70	25,750295	0,038835	20,235063	0,049419	521,058849	0,001919
71	26,973434	0,037074	20,272137	0,049329	546,809145	0,001829
72	28,254673	0,035392	20,307529	0,049243	573,782579	0,001743
73	29,596769	0,033787	20,341316	0,049161	602,037252	0,001661
74	31,002616	0,032255	20,373572	0,049083	631,634021	0,001583
75	32,475240	0,030793	20,404364	0,049009	662,636637	0,001509
76	34,017814	0,029396	20,433761	0,048939	695,111877	0,001439
77	35,633660	0,028063	20,461824	0,048871	729,129692	0,001371
78	37,326259	0,026791	20,488615	0,048808	764,763352	0,001308
79	39,099257	0,025576	20,514191	0,048747	802,089611	0,001247
80	40,956471	0,024416	20,538607	0,048689	841,188868	0,001189
81	42,901904	0,023309	20,561916	0,048634	882,145339	0,001134
82	44,939744	0,022252	20,584168	0,048581	925,047243	0,001081
83	47,074382	0,021243	20,605411	0,048531	969,986987	0,001031
84	49,310415	0,020280	20,625691	0,048483	1017,061368	0,000983

5,00%					
AuF	**AbF**	**DSF**	**KWF**	**EWF**	**RVF**
n $(1+i)^n$	$(1+i)^{-n}$	$\dfrac{(1+i)^n-1}{i(1+i)^n}$	$\dfrac{i(1+i)^n}{(1+i)^n-1}$	$\dfrac{(1+i)^n-1}{i}$	$\dfrac{i}{(1+i)^n-1}$
1	1,050000	0,952381	0,952381	1,050000	1,000000	1,000000
2	1,102500	0,907029	1,859410	0,537805	2,050000	0,487805
3	1,157625	0,863838	2,723248	0,367209	3,152500	0,317209
4	1,215506	0,822702	3,545951	0,282012	4,310125	0,232012
5	1,276282	0,783526	4,329477	0,230975	5,525631	0,180975
6	1,340096	0,746215	5,075692	0,197017	6,801913	0,147017
7	1,407100	0,710681	5,786373	0,172820	8,142008	0,122820
8	1,477455	0,676839	6,463213	0,154722	9,549109	0,104722
9	1,551328	0,644609	7,107822	0,140690	11,026564	0,090690
10	1,628895	0,613913	7,721735	0,129505	12,577893	0,079505
11	1,710339	0,584679	8,306414	0,120389	14,206787	0,070389
12	1,795856	0,556837	8,863252	0,112825	15,917127	0,062825
13	1,885649	0,530321	9,393573	0,106456	17,712983	0,056456
14	1,979932	0,505068	9,898641	0,101024	19,598632	0,051024
15	2,078928	0,481017	10,379658	0,096342	21,578564	0,046342
16	2,182875	0,458112	10,837770	0,092270	23,657492	0,042270
17	2,292018	0,436297	11,274066	0,088699	25,840366	0,038699
18	2,406619	0,415521	11,689587	0,085546	28,132385	0,035546
19	2,526950	0,395734	12,085321	0,082745	30,539004	0,032745
20	2,653298	0,376889	12,462210	0,080243	33,065954	0,030243
21	2,785963	0,358942	12,821153	0,077996	35,719252	0,027996
22	2,925261	0,341850	13,163003	0,075971	38,505214	0,025971
23	3,071524	0,325571	13,488574	0,074137	41,430475	0,024137
24	3,225100	0,310068	13,798642	0,072471	44,501999	0,022471
25	3,386355	0,295303	14,093945	0,070952	47,727099	0,020952
26	3,555673	0,281241	14,375185	0,069564	51,113454	0,019564
27	3,733456	0,267848	14,643034	0,068292	54,669126	0,018292
28	3,920129	0,255094	14,898127	0,067123	58,402583	0,017123
29	4,116136	0,242946	15,141074	0,066046	62,322712	0,016046
30	4,321942	0,231377	15,372451	0,065051	66,438848	0,015051
31	4,538039	0,220359	15,592811	0,064132	70,760790	0,014132
32	4,764941	0,209866	15,802677	0,063280	75,298829	0,013280
33	5,003189	0,199873	16,002549	0,062490	80,063771	0,012490
34	5,253348	0,190355	16,192904	0,061755	85,066959	0,011755
35	5,516015	0,181290	16,374194	0,061072	90,320307	0,011072
36	5,791816	0,172657	16,546852	0,060434	95,836323	0,010434
37	6,081407	0,164436	16,711287	0,059840	101,628139	0,009840
38	6,385477	0,156605	16,867893	0,059284	107,709546	0,009284
39	6,704751	0,149148	17,017041	0,058765	114,095023	0,008765
40	7,039989	0,142046	17,159086	0,058278	120,799774	0,008278
41	7,391988	0,135282	17,294368	0,057822	127,839763	0,007822
42	7,761588	0,128840	17,423208	0,057395	135,231751	0,007395

	AuF	AbF	DSF	KWF	EWF	RVF
n	$(1+i)^n$	$(1+i)^{-n}$	$\dfrac{(1+i)^n-1}{i(1+i)^n}$	$\dfrac{i(1+i)^n}{(1+i)^n-1}$	$\dfrac{(1+i)^n-1}{i}$	$\dfrac{i}{(1+i)^n-1}$
43	8,149667	0,122704	17,545912	0,056993	142,993339	0,006993
44	8,557150	0,116861	17,662773	0,056616	151,143006	0,006616
45	8,985008	0,111297	17,774070	0,056262	159,700156	0,006262
46	9,434258	0,105997	17,880066	0,055928	168,685164	0,005928
47	9,905971	0,100949	17,981016	0,055614	178,119422	0,005614
48	10,401270	0,096142	18,077158	0,055318	188,025393	0,005318
49	10,921333	0,091564	18,168722	0,055040	198,426663	0,005040
50	11,467400	0,087204	18,255925	0,054777	209,347996	0,004777
51	12,040770	0,083051	18,338977	0,054529	220,815396	0,004529
52	12,642808	0,079096	18,418073	0,054294	232,856165	0,004294
53	13,274949	0,075330	18,493403	0,054073	245,498974	0,004073
54	13,938696	0,071743	18,565146	0,053864	258,773922	0,003864
55	14,635631	0,068326	18,633472	0,053667	272,712618	0,003667
56	15,367412	0,065073	18,698545	0,053480	287,348249	0,003480
57	16,135783	0,061974	18,760519	0,053303	302,715662	0,003303
58	16,942572	0,059023	18,819542	0,053136	318,851445	0,003136
59	17,789701	0,056212	18,875754	0,052978	335,794017	0,002978
60	18,679186	0,053536	18,929290	0,052828	353,583718	0,002828
61	19,613145	0,050986	18,980276	0,052686	372,262904	0,002686
62	20,593802	0,048558	19,028834	0,052552	391,876049	0,002552
63	21,623493	0,046246	19,075080	0,052424	412,469851	0,002424
64	22,704667	0,044044	19,119124	0,052304	434,093344	0,002304
65	23,839901	0,041946	19,161070	0,052189	456,798011	0,002189
66	25,031896	0,039949	19,201019	0,052081	480,637912	0,002081
67	26,283490	0,038047	19,239066	0,051978	505,669807	0,001978
68	27,597665	0,036235	19,275301	0,051880	531,953298	0,001880
69	28,977548	0,034509	19,309810	0,051787	559,550963	0,001787
70	30,426426	0,032866	19,342677	0,051699	588,528511	0,001699
71	31,947747	0,031301	19,373978	0,051616	618,954936	0,001616
72	33,545134	0,029811	19,403788	0,051536	650,902683	0,001536
73	35,222391	0,028391	19,432179	0,051461	684,447817	0,001461
74	36,983510	0,027039	19,459218	0,051390	719,670208	0,001390
75	38,832686	0,025752	19,484970	0,051322	756,653718	0,001322
76	40,774320	0,024525	19,509495	0,051257	795,486404	0,001257
77	42,813036	0,023357	19,532853	0,051196	836,260725	0,001196
78	44,953688	0,022245	19,555098	0,051138	879,073761	0,001138
79	47,201372	0,021186	19,576284	0,051082	924,027449	0,001082
80	49,561441	0,020177	19,596460	0,051030	971,228821	0,001030
81	52,039513	0,019216	19,615677	0,050980	1020,790262	0,000980
82	54,641489	0,018301	19,633978	0,050932	1072,829776	0,000932
83	57,373563	0,017430	19,651407	0,050887	1127,471264	0,000887
84	60,242241	0,016600	19,668007	0,050844	1184,844828	0,000844

5,25%						
	AuF	**AbF**	**DSF**	**KWF**	**EWF**	**RVF**
n	$(1+i)^n$	$(1+i)^{-n}$	$\dfrac{(1+i)^n-1}{i(1+i)^n}$	$\dfrac{i(1+i)^n}{(1+i)^n-1}$	$\dfrac{(1+i)^n-1}{i}$	$\dfrac{i}{(1+i)^n-1}$
1	1,052500	0,950119	0,950119	1,052500	1,000000	1,000000
2	1,107756	0,902726	1,852844	0,539711	2,052500	0,487211
3	1,165913	0,857697	2,710541	0,368930	3,160256	0,316430
4	1,227124	0,814914	3,525455	0,283651	4,326170	0,231151
5	1,291548	0,774265	4,299719	0,232573	5,553294	0,180073
6	1,359354	0,735643	5,035363	0,198595	6,844842	0,146095
7	1,430720	0,698949	5,734311	0,174389	8,204196	0,121889
8	1,505833	0,664084	6,398396	0,156289	9,634916	0,103789
9	1,584889	0,630959	7,029355	0,142261	11,140749	0,089761
10	1,668096	0,599486	7,628840	0,131082	12,725638	0,078582
11	1,755671	0,569583	8,198423	0,121975	14,393734	0,069475
12	1,847844	0,541171	8,739595	0,114422	16,149405	0,061922
13	1,944856	0,514177	9,253772	0,108064	17,997249	0,055564
14	2,046961	0,488529	9,742301	0,102645	19,942105	0,050145
15	2,154426	0,464161	10,206462	0,097977	21,989065	0,045477
16	2,267533	0,441008	10,647469	0,093919	24,143491	0,041419
17	2,386579	0,419010	11,066479	0,090363	26,411025	0,037863
18	2,511874	0,398109	11,464588	0,087225	28,797603	0,034725
19	2,643748	0,378251	11,842839	0,084439	31,309478	0,031939
20	2,782544	0,359383	12,202223	0,081952	33,953225	0,029452
21	2,928628	0,341457	12,543679	0,079721	36,735769	0,027221
22	3,082381	0,324425	12,868104	0,077712	39,664397	0,025212
23	3,244206	0,308242	13,176346	0,075894	42,746778	0,023394
24	3,414527	0,292866	13,469212	0,074243	45,990984	0,021743
25	3,593789	0,278258	13,747470	0,072741	49,405511	0,020241
26	3,782463	0,264378	14,011848	0,071368	52,999300	0,018868
27	3,981043	0,251190	14,263038	0,070111	56,781763	0,017611
28	4,190047	0,238661	14,501699	0,068957	60,762806	0,016457
29	4,410025	0,226756	14,728455	0,067896	64,952853	0,015396
30	4,641551	0,215445	14,943901	0,066917	69,362878	0,014417
31	4,885233	0,204699	15,148599	0,066013	74,004429	0,013513
32	5,141707	0,194488	15,343087	0,065176	78,889662	0,012676
33	5,411647	0,184787	15,527874	0,064400	84,031369	0,011900
34	5,695758	0,175569	15,703443	0,063680	89,443016	0,011180
35	5,994786	0,166812	15,870255	0,063011	95,138774	0,010511
36	6,309512	0,158491	16,028745	0,062388	101,133560	0,009888
37	6,640761	0,150585	16,179331	0,061807	107,443071	0,009307
38	6,989401	0,143074	16,322404	0,061265	114,083833	0,008765
39	7,356345	0,135937	16,458341	0,060759	121,073234	0,008259
40	7,742553	0,129156	16,587498	0,060286	128,429579	0,007786
41	8,149037	0,122714	16,710212	0,059844	136,172132	0,007344
42	8,576861	0,116593	16,826804	0,059429	144,321169	0,006929

			5,25%			
	AuF	**AbF**	**DSF**	**KWF**	**EWF**	**RVF**
n	$(1+i)^n$	$(1+i)^{-n}$	$\dfrac{(1+i)^n - 1}{i(1+i)^n}$	$\dfrac{i(1+i)^n}{(1+i)^n - 1}$	$\dfrac{(1+i)^n - 1}{i}$	$\dfrac{i}{(1+i)^n - 1}$
43	9,027147	0,110777	16,937581	0,059040	152,898030	0,006540
44	9,501072	0,105251	17,042833	0,058676	161,925176	0,006176
45	9,999878	0,100001	17,142834	0,058333	171,426248	0,005833
46	10,524872	0,095013	17,237847	0,058012	181,426126	0,005512
47	11,077427	0,090274	17,328121	0,057710	191,950998	0,005210
48	11,658992	0,085771	17,413891	0,057425	203,028425	0,004925
49	12,271089	0,081492	17,495384	0,057158	214,687418	0,004658
50	12,915322	0,077427	17,572811	0,056906	226,958507	0,004406
51	13,593376	0,073565	17,646376	0,056669	239,873829	0,004169
52	14,307028	0,069896	17,716272	0,056445	253,467205	0,003945
53	15,058147	0,066409	17,782681	0,056234	267,774233	0,003734
54	15,848700	0,063097	17,845778	0,056036	282,832380	0,003536
55	16,680757	0,059949	17,905727	0,055848	298,681080	0,003348
56	17,556496	0,056959	17,962686	0,055671	315,361837	0,003171
57	18,478212	0,054118	18,016804	0,055504	332,918333	0,003004
58	19,448319	0,051418	18,068222	0,055346	351,396546	0,002846
59	20,469355	0,048854	18,117076	0,055197	370,844864	0,002697
60	21,543997	0,046417	18,163493	0,055055	391,314220	0,002555
61	22,675056	0,044101	18,207594	0,054922	412,858216	0,002422
62	23,865497	0,041901	18,249495	0,054796	435,533273	0,002296
63	25,118435	0,039811	18,289307	0,054677	459,398769	0,002177
64	26,437153	0,037826	18,327132	0,054564	484,517205	0,002064
65	27,825104	0,035939	18,363071	0,054457	510,954358	0,001957
66	29,285922	0,034146	18,397217	0,054356	538,779462	0,001856
67	30,823433	0,032443	18,429660	0,054260	568,065383	0,001760
68	32,441663	0,030825	18,460485	0,054170	598,888816	0,001670
69	34,144850	0,029287	18,489772	0,054084	631,330479	0,001584
70	35,937455	0,027826	18,517598	0,054003	665,475329	0,001503
71	37,824171	0,026438	18,544036	0,053926	701,412784	0,001426
72	39,809940	0,025119	18,569155	0,053853	739,236955	0,001353
73	41,899962	0,023866	18,593022	0,053784	779,046895	0,001284
74	44,099710	0,022676	18,615697	0,053718	820,946857	0,001218
75	46,414945	0,021545	18,637242	0,053656	865,046567	0,001156
76	48,851729	0,020470	18,657712	0,053597	911,461512	0,001097
77	51,416445	0,019449	18,677161	0,053541	960,313241	0,001041
78	54,115809	0,018479	18,695640	0,053488	1011,729687	0,000988
79	56,956888	0,017557	18,713197	0,053438	1065,845495	0,000938
80	59,947125	0,016681	18,729879	0,053391	1122,802384	0,000891
81	63,094349	0,015849	18,745728	0,053345	1182,749509	0,000845
82	66,406803	0,015059	18,760787	0,053303	1245,843858	0,000803
83	69,893160	0,014308	18,775094	0,053262	1312,250660	0,000762
84	73,562551	0,013594	18,788688	0,053224	1382,143820	0,000724

	5,50%					
	AuF	**AbF**	**DSF**	**KWF**	**EWF**	**RVF**
n	$(1+i)^n$	$(1+i)^{-n}$	$\dfrac{(1+i)^n-1}{i(1+i)^n}$	$\dfrac{i(1+i)^n}{(1+i)^n-1}$	$\dfrac{(1+i)^n-1}{i}$	$\dfrac{i}{(1+i)^n-1}$
1	1,055000	0,947867	0,947867	1,055000	1,000000	1,000000
2	1,113025	0,898452	1,846320	0,541618	2,055000	0,486618
3	1,174241	0,851614	2,697933	0,370654	3,168025	0,315654
4	1,238825	0,807217	3,505150	0,285294	4,342266	0,230294
5	1,306960	0,765134	4,270284	0,234176	5,581091	0,179176
6	1,378843	0,725246	4,995530	0,200179	6,888051	0,145179
7	1,454679	0,687437	5,682967	0,175964	8,266894	0,120964
8	1,534687	0,651599	6,334566	0,157864	9,721573	0,102864
9	1,619094	0,617629	6,952195	0,143839	11,256260	0,088839
10	1,708144	0,585431	7,537626	0,132668	12,875354	0,077668
11	1,802092	0,554911	8,092536	0,123571	14,583498	0,068571
12	1,901207	0,525982	8,618518	0,116029	16,385591	0,061029
13	2,005774	0,498561	9,117079	0,109684	18,286798	0,054684
14	2,116091	0,472569	9,589648	0,104279	20,292572	0,049279
15	2,232476	0,447933	10,037581	0,099626	22,408663	0,044626
16	2,355263	0,424581	10,462162	0,095583	24,641140	0,040583
17	2,484802	0,402447	10,864609	0,092042	26,996403	0,037042
18	2,621466	0,381466	11,246074	0,088920	29,481205	0,033920
19	2,765647	0,361579	11,607654	0,086150	32,102671	0,031150
20	2,917757	0,342729	11,950382	0,083679	34,868318	0,028679
21	3,078234	0,324862	12,275244	0,081465	37,786076	0,026465
22	3,247537	0,307926	12,583170	0,079471	40,864310	0,024471
23	3,426152	0,291873	12,875042	0,077670	44,111847	0,022670
24	3,614590	0,276657	13,151699	0,076036	47,537998	0,021036
25	3,813392	0,262234	13,413933	0,074549	51,152588	0,019549
26	4,023129	0,248563	13,662495	0,073193	54,965981	0,018193
27	4,244401	0,235605	13,898100	0,071952	58,989109	0,016952
28	4,477843	0,223322	14,121422	0,070814	63,233510	0,015814
29	4,724124	0,211679	14,333101	0,069769	67,711354	0,014769
30	4,983951	0,200644	14,533745	0,068805	72,435478	0,013805
31	5,258069	0,190184	14,723929	0,067917	77,419429	0,012917
32	5,547262	0,180269	14,904198	0,067095	82,677498	0,012095
33	5,852362	0,170871	15,075069	0,066335	88,224760	0,011335
34	6,174242	0,161963	15,237033	0,065630	94,077122	0,010630
35	6,513825	0,153520	15,390552	0,064975	100,251364	0,009975
36	6,872085	0,145516	15,536068	0,064366	106,765189	0,009366
37	7,250050	0,137930	15,673999	0,063800	113,637274	0,008800
38	7,648803	0,130739	15,804738	0,063272	120,887324	0,008272
39	8,069487	0,123924	15,928662	0,062780	128,536127	0,007780
40	8,513309	0,117463	16,046125	0,062320	136,605614	0,007320
41	8,981541	0,111339	16,157464	0,061891	145,118923	0,006891
42	9,475525	0,105535	16,262999	0,061489	154,100464	0,006489

	AuF	AbF	DSF	KWF	EWF	RVF
n	$(1+i)^n$	$(1+i)^{-n}$	$\dfrac{(1+i)^n-1}{i(1+i)^n}$	$\dfrac{i(1+i)^n}{(1+i)^n-1}$	$\dfrac{(1+i)^n-1}{i}$	$\dfrac{i}{(1+i)^n-1}$
43	9,996679	0,100033	16,363032	0,061113	163,575989	0,006113
44	10,546497	0,094818	16,457851	0,060761	173,572669	0,005761
45	11,126554	0,089875	16,547726	0,060431	184,119165	0,005431
46	11,738515	0,085190	16,632915	0,060122	195,245719	0,005122
47	12,384133	0,080748	16,713664	0,059831	206,984234	0,004831
48	13,065260	0,076539	16,790203	0,059559	219,368367	0,004559
49	13,783849	0,072549	16,862751	0,059302	232,433627	0,004302
50	14,541961	0,068767	16,931518	0,059061	246,217476	0,004061
51	15,341769	0,065182	16,996699	0,058835	260,759438	0,003835
52	16,185566	0,061783	17,058483	0,058622	276,101207	0,003622
53	17,075773	0,058563	17,117045	0,058421	292,286773	0,003421
54	18,014940	0,055509	17,172555	0,058232	309,362546	0,003232
55	19,005762	0,052616	17,225170	0,058055	327,377486	0,003055
56	20,051079	0,049873	17,275043	0,057887	346,383247	0,002887
57	21,153888	0,047273	17,322316	0,057729	366,434326	0,002729
58	22,317352	0,044808	17,367124	0,057580	387,588214	0,002580
59	23,544806	0,042472	17,409596	0,057440	409,905566	0,002440
60	24,839770	0,040258	17,449854	0,057307	433,450372	0,002307
61	26,205958	0,038159	17,488013	0,057182	458,290142	0,002182
62	27,647285	0,036170	17,524183	0,057064	484,496100	0,002064
63	29,167886	0,034284	17,558468	0,056953	512,143385	0,001953
64	30,772120	0,032497	17,590965	0,056847	541,311272	0,001847
65	32,464587	0,030803	17,621767	0,056748	572,083392	0,001748
66	34,250139	0,029197	17,650964	0,056654	604,547978	0,001654
67	36,133896	0,027675	17,678639	0,056565	638,798117	0,001565
68	38,121261	0,026232	17,704871	0,056482	674,932013	0,001482
69	40,217930	0,024865	17,729736	0,056402	713,053274	0,001402
70	42,429916	0,023568	17,753304	0,056328	753,271204	0,001328
71	44,763562	0,022340	17,775644	0,056257	795,701120	0,001257
72	47,225558	0,021175	17,796819	0,056190	840,464682	0,001190
73	49,822963	0,020071	17,816890	0,056127	887,690240	0,001127
74	52,563226	0,019025	17,835914	0,056067	937,513203	0,001067
75	55,454204	0,018033	17,853947	0,056010	990,076429	0,001010
76	58,504185	0,017093	17,871040	0,055956	1045,530633	0,000956
77	61,721915	0,016202	17,887242	0,055906	1104,034817	0,000906
78	65,116620	0,015357	17,902599	0,055858	1165,756732	0,000858
79	68,698034	0,014556	17,917155	0,055812	1230,873353	0,000812
80	72,476426	0,013798	17,930953	0,055769	1299,571387	0,000769
81	76,462630	0,013078	17,944031	0,055729	1372,047813	0,000729
82	80,668074	0,012396	17,956428	0,055690	1448,510443	0,000690
83	85,104818	0,011750	17,968178	0,055654	1529,178517	0,000654
84	89,785583	0,011138	17,979316	0,055619	1614,283336	0,000619

5,50%

5,75%						
	AuF	**AbF**	**DSF**	**KWF**	**EWF**	**RVF**
n	$(1+i)^n$	$(1+i)^{-n}$	$\dfrac{(1+i)^n-1}{i(1+i)^n}$	$\dfrac{i(1+i)^n}{(1+i)^n-1}$	$\dfrac{(1+i)^n-1}{i}$	$\dfrac{i}{(1+i)^n-1}$
1	1,057500	0,945626	0,945626	1,057500	1,000000	1,000000
2	1,118306	0,894209	1,839836	0,543527	2,057500	0,486027
3	1,182609	0,845588	2,685424	0,372381	3,175806	0,314881
4	1,250609	0,799611	3,485035	0,286941	4,358415	0,229441
5	1,322519	0,756133	4,241167	0,235784	5,609024	0,178284
6	1,398564	0,715019	4,956187	0,201768	6,931543	0,144268
7	1,478981	0,676141	5,632328	0,177546	8,330107	0,120046
8	1,564023	0,639377	6,271705	0,159446	9,809088	0,101946
9	1,653954	0,604612	6,876317	0,145427	11,373110	0,087927
10	1,749056	0,571737	7,448054	0,134263	13,027064	0,076763
11	1,849627	0,540650	7,988703	0,125177	14,776120	0,067677
12	1,955980	0,511253	8,499956	0,117648	16,625747	0,060148
13	2,068449	0,483454	8,983410	0,111316	18,581728	0,053816
14	2,187385	0,457167	9,440576	0,105926	20,650177	0,048426
15	2,313160	0,432309	9,872886	0,101288	22,837562	0,043788
16	2,446167	0,408803	10,281688	0,097260	25,150722	0,039760
17	2,586821	0,386575	10,668263	0,093736	27,596888	0,036236
18	2,735563	0,365555	11,033819	0,090630	30,183710	0,033130
19	2,892858	0,345679	11,379498	0,087877	32,919273	0,030377
20	3,059198	0,326883	11,706381	0,085423	35,812131	0,027923
21	3,235101	0,309109	12,015490	0,083226	38,871329	0,025726
22	3,421120	0,292302	12,307792	0,081249	42,106430	0,023749
23	3,617834	0,276408	12,584200	0,079465	45,527550	0,021965
24	3,825860	0,261379	12,845580	0,077848	49,145384	0,020348
25	4,045846	0,247167	13,092747	0,076378	52,971243	0,018878
26	4,278483	0,233728	13,326474	0,075039	57,017090	0,017539
27	4,524495	0,221019	13,547494	0,073814	61,295573	0,016314
28	4,784654	0,209002	13,756495	0,072693	65,820068	0,015193
29	5,059772	0,197637	13,954132	0,071663	70,604722	0,014163
30	5,350708	0,186891	14,141024	0,070716	75,664493	0,013216
31	5,658374	0,176729	14,317753	0,069843	81,015202	0,012343
32	5,983731	0,167120	14,484873	0,069038	86,673576	0,011538
33	6,327795	0,158033	14,642906	0,068292	92,657307	0,010792
34	6,691643	0,149440	14,792346	0,067603	98,985102	0,010103
35	7,076413	0,141315	14,933660	0,066963	105,676745	0,009463
36	7,483307	0,133631	15,067291	0,066369	112,753158	0,008869
37	7,913597	0,126365	15,193656	0,065817	120,236464	0,008317
38	8,368629	0,119494	15,313150	0,065303	128,150061	0,007803
39	8,849825	0,112997	15,426146	0,064825	136,518690	0,007325
40	9,358690	0,106853	15,532999	0,064379	145,368514	0,006879
41	9,896814	0,101043	15,634041	0,063963	154,727204	0,006463
42	10,465881	0,095549	15,729590	0,063574	164,624018	0,006074

	AuF	AbF	DSF	KWF	EWF	RVF
n	$(1+i)^n$	$(1+i)^{-n}$	$\dfrac{(1+i)^n-1}{i(1+i)^n}$	$\dfrac{i(1+i)^n}{(1+i)^n-1}$	$\dfrac{(1+i)^n-1}{i}$	$\dfrac{i}{(1+i)^n-1}$
43	11,067669	0,090353	15,819943	0,063211	175,089899	0,005711
44	11,704060	0,085440	15,905384	0,062872	186,157568	0,005372
45	12,377044	0,080795	15,986178	0,062554	197,861628	0,005054
46	13,088724	0,076402	16,062580	0,062256	210,238672	0,004756
47	13,841325	0,072247	16,134828	0,061978	223,327396	0,004478
48	14,637201	0,068319	16,203147	0,061716	237,168721	0,004216
49	15,478841	0,064604	16,267751	0,061471	251,805922	0,003971
50	16,368874	0,061092	16,328842	0,061241	267,284763	0,003741
51	17,310084	0,057770	16,386612	0,061025	283,653637	0,003525
52	18,305414	0,054629	16,441241	0,060823	300,963721	0,003323
53	19,357975	0,051658	16,492899	0,060632	319,269135	0,003132
54	20,471059	0,048849	16,541749	0,060453	338,627110	0,002953
55	21,648145	0,046193	16,587942	0,060285	359,098169	0,002785
56	22,892913	0,043682	16,631624	0,060126	380,746314	0,002626
57	24,209256	0,041307	16,672930	0,059977	403,639227	0,002477
58	25,601288	0,039061	16,711991	0,059837	427,848482	0,002337
59	27,073362	0,036937	16,748927	0,059705	453,449770	0,002205
60	28,630080	0,034928	16,783856	0,059581	480,523132	0,002081
61	30,276310	0,033029	16,816885	0,059464	509,153212	0,001964
62	32,017197	0,031233	16,848118	0,059354	539,429522	0,001854
63	33,858186	0,029535	16,877653	0,059250	571,446719	0,001750
64	35,805032	0,027929	16,905582	0,059152	605,304906	0,001652
65	37,863821	0,026410	16,931992	0,059060	641,109938	0,001560
66	40,040991	0,024974	16,956967	0,058973	678,973759	0,001473
67	42,343348	0,023616	16,980583	0,058891	719,014750	0,001391
68	44,778091	0,022332	17,002916	0,058813	761,358098	0,001313
69	47,352831	0,021118	17,024034	0,058740	806,136189	0,001240
70	50,075619	0,019970	17,044004	0,058672	853,489020	0,001172
71	52,954967	0,018884	17,062887	0,058607	903,564638	0,001107
72	55,999877	0,017857	17,080745	0,058545	956,519605	0,001045
73	59,219870	0,016886	17,097631	0,058488	1012,519482	0,000988
74	62,625013	0,015968	17,113599	0,058433	1071,739353	0,000933
75	66,225951	0,015100	17,128699	0,058382	1134,364365	0,000882
76	70,033943	0,014279	17,142978	0,058333	1200,590316	0,000833
77	74,060895	0,013502	17,156480	0,058287	1270,624260	0,000787
78	78,319396	0,012768	17,169248	0,058244	1344,685155	0,000744
79	82,822762	0,012074	17,181322	0,058203	1423,004551	0,000703
80	87,585070	0,011417	17,192740	0,058164	1505,827313	0,000664
81	92,621212	0,010797	17,203536	0,058128	1593,412383	0,000628
82	97,946932	0,010210	17,213746	0,058093	1686,033595	0,000593
83	103,578880	0,009654	17,223400	0,058061	1783,980527	0,000561
84	109,534666	0,009130	17,232530	0,058030	1887,559407	0,000530

5,75%

	AuF	AbF	DSF	KWF	EWF	RVF
n	$(1+i)^n$	$(1+i)^{-n}$	$\dfrac{(1+i)^n-1}{i(1+i)^n}$	$\dfrac{i(1+i)^n}{(1+i)^n-1}$	$\dfrac{(1+i)^n-1}{i}$	$\dfrac{i}{(1+i)^n-1}$
1	1,060000	0,943396	0,943396	1,060000	1,000000	1,000000
2	1,123600	0,889996	1,833393	0,545437	2,060000	0,485437
3	1,191016	0,839619	2,673012	0,374110	3,183600	0,314110
4	1,262477	0,792094	3,465106	0,288591	4,374616	0,228591
5	1,338226	0,747258	4,212364	0,237396	5,637093	0,177396
6	1,418519	0,704961	4,917324	0,203363	6,975319	0,143363
7	1,503630	0,665057	5,582381	0,179135	8,393838	0,119135
8	1,593848	0,627412	6,209794	0,161036	9,897468	0,101036
9	1,689479	0,591898	6,801692	0,147022	11,491316	0,087022
10	1,790848	0,558395	7,360087	0,135868	13,180795	0,075868
11	1,898299	0,526788	7,886875	0,126793	14,971643	0,066793
12	2,012196	0,496969	8,383844	0,119277	16,869941	0,059277
13	2,132928	0,468839	8,852683	0,112960	18,882138	0,052960
14	2,260904	0,442301	9,294984	0,107585	21,015066	0,047585
15	2,396558	0,417265	9,712249	0,102963	23,275970	0,042963
16	2,540352	0,393646	10,105895	0,098952	25,672528	0,038952
17	2,692773	0,371364	10,477260	0,095445	28,212880	0,035445
18	2,854339	0,350344	10,827603	0,092357	30,905653	0,032357
19	3,025600	0,330513	11,158116	0,089621	33,759992	0,029621
20	3,207135	0,311805	11,469921	0,087185	36,785591	0,027185
21	3,399564	0,294155	11,764077	0,085005	39,992727	0,025005
22	3,603537	0,277505	12,041582	0,083046	43,392290	0,023046
23	3,819750	0,261797	12,303379	0,081278	46,995828	0,021278
24	4,048935	0,246979	12,550358	0,079679	50,815577	0,019679
25	4,291871	0,232999	12,783356	0,078227	54,864512	0,018227
26	4,549383	0,219810	13,003166	0,076904	59,156383	0,016904
27	4,822346	0,207368	13,210534	0,075697	63,705766	0,015697
28	5,111687	0,195630	13,406164	0,074593	68,528112	0,014593
29	5,418388	0,184557	13,590721	0,073580	73,639798	0,013580
30	5,743491	0,174110	13,764831	0,072649	79,058186	0,012649
31	6,088101	0,164255	13,929086	0,071792	84,801677	0,011792
32	6,453387	0,154957	14,084043	0,071002	90,889778	0,011002
33	6,840590	0,146186	14,230230	0,070273	97,343165	0,010273
34	7,251025	0,137912	14,368141	0,069598	104,183755	0,009598
35	7,686087	0,130105	14,498246	0,068974	111,434780	0,008974
36	8,147252	0,122741	14,620987	0,068395	119,120867	0,008395
37	8,636087	0,115793	14,736780	0,067857	127,268119	0,007857
38	9,154252	0,109239	14,846019	0,067358	135,904206	0,007358
39	9,703507	0,103056	14,949075	0,066894	145,058458	0,006894
40	10,285718	0,097222	15,046297	0,066462	154,761966	0,006462
41	10,902861	0,091719	15,138016	0,066059	165,047684	0,006059
42	11,557033	0,086527	15,224543	0,065683	175,950545	0,005683

6,00%

	AuF	AbF	DSF	KWF	EWF	RVF
n	$(1+i)^n$	$(1+i)^{-n}$	$\dfrac{(1+i)^n-1}{i(1+i)^n}$	$\dfrac{i(1+i)^n}{(1+i)^n-1}$	$\dfrac{(1+i)^n-1}{i}$	$\dfrac{i}{(1+i)^n-1}$
43	12,250455	0,081630	15,306173	0,065333	187,507577	0,005333
44	12,985482	0,077009	15,383182	0,065006	199,758032	0,005006
45	13,764611	0,072650	15,455832	0,064700	212,743514	0,004700
46	14,590487	0,068538	15,524370	0,064415	226,508125	0,004415
47	15,465917	0,064658	15,589028	0,064148	241,098612	0,004148
48	16,393872	0,060998	15,650027	0,063898	256,564529	0,003898
49	17,377504	0,057546	15,707572	0,063664	272,958401	0,003664
50	18,420154	0,054288	15,761861	0,063444	290,335905	0,003444
51	19,525364	0,051215	15,813076	0,063239	308,756059	0,003239
52	20,696885	0,048316	15,861393	0,063046	328,281422	0,003046
53	21,938698	0,045582	15,906974	0,062866	348,978308	0,002866
54	23,255020	0,043001	15,949976	0,062696	370,917006	0,002696
55	24,650322	0,040567	15,990543	0,062537	394,172027	0,002537
56	26,129341	0,038271	16,028814	0,062388	418,822348	0,002388
57	27,697101	0,036105	16,064919	0,062247	444,951689	0,002247
58	29,358927	0,034061	16,098980	0,062116	472,648790	0,002116
59	31,120463	0,032133	16,131113	0,061992	502,007718	0,001992
60	32,987691	0,030314	16,161428	0,061876	533,128181	0,001876
61	34,966952	0,028598	16,190026	0,061766	566,115872	0,001766
62	37,064969	0,026980	16,217006	0,061664	601,082824	0,001664
63	39,288868	0,025453	16,242458	0,061567	638,147793	0,001567
64	41,646200	0,024012	16,266470	0,061476	677,436661	0,001476
65	44,144972	0,022653	16,289123	0,061391	719,082861	0,001391
66	46,793670	0,021370	16,310493	0,061310	763,227832	0,001310
67	49,601290	0,020161	16,330654	0,061235	810,021502	0,001235
68	52,577368	0,019020	16,349673	0,061163	859,622792	0,001163
69	55,732010	0,017943	16,367617	0,061096	912,200160	0,001096
70	59,075930	0,016927	16,384544	0,061033	967,932170	0,001033
71	62,620486	0,015969	16,400513	0,060974	1027,008100	0,000974
72	66,377715	0,015065	16,415578	0,060918	1089,628586	0,000918
73	70,360378	0,014213	16,429791	0,060865	1156,006301	0,000865
74	74,582001	0,013408	16,443199	0,060815	1226,366679	0,000815
75	79,056921	0,012649	16,455848	0,060769	1300,948680	0,000769
76	83,800336	0,011933	16,467781	0,060725	1380,005601	0,000725
77	88,828356	0,011258	16,479039	0,060683	1463,805937	0,000683
78	94,158058	0,010620	16,489659	0,060644	1552,634293	0,000644
79	99,807541	0,010019	16,499679	0,060607	1646,792350	0,000607
80	105,795993	0,009452	16,509131	0,060573	1746,599891	0,000573
81	112,143753	0,008917	16,518048	0,060540	1852,395885	0,000540
82	118,872378	0,008412	16,526460	0,060509	1964,539638	0,000509
83	126,004721	0,007936	16,534396	0,060480	2083,412016	0,000480
84	133,565004	0,007487	16,541883	0,060453	2209,416737	0,000453

6,00%

			6,50%			
	AuF	AbF	DSF	KWF	EWF	RVF
n	$(1+i)^n$	$(1+i)^{-n}$	$\dfrac{(1+i)^n-1}{i(1+i)^n}$	$\dfrac{i(1+i)^n}{(1+i)^n-1}$	$\dfrac{(1+i)^n-1}{i}$	$\dfrac{i}{(1+i)^n-1}$
1	1,065000	0,938967	0,938967	1,065000	1,000000	1,000000
2	1,134225	0,881659	1,820626	0,549262	2,065000	0,484262
3	1,207950	0,827849	2,648476	0,377576	3,199225	0,312576
4	1,286466	0,777323	3,425799	0,291903	4,407175	0,226903
5	1,370087	0,729881	4,155679	0,240635	5,693641	0,175635
6	1,459142	0,685334	4,841014	0,206568	7,063728	0,141568
7	1,553987	0,643506	5,484520	0,182331	8,522870	0,117331
8	1,654996	0,604231	6,088751	0,164237	10,076856	0,099237
9	1,762570	0,567353	6,656104	0,150238	11,731852	0,085238
10	1,877137	0,532726	7,188830	0,139105	13,494423	0,074105
11	1,999151	0,500212	7,689042	0,130055	15,371560	0,065055
12	2,129096	0,469683	8,158725	0,122568	17,370711	0,057568
13	2,267487	0,441017	8,599742	0,116283	19,499808	0,051283
14	2,414874	0,414100	9,013842	0,110940	21,767295	0,045940
15	2,571841	0,388827	9,402669	0,106353	24,182169	0,041353
16	2,739011	0,365095	9,767764	0,102378	26,754010	0,037378
17	2,917046	0,342813	10,110577	0,098906	29,493021	0,033906
18	3,106654	0,321890	10,432466	0,095855	32,410067	0,030855
19	3,308587	0,302244	10,734710	0,093156	35,516722	0,028156
20	3,523645	0,283797	11,018507	0,090756	38,825309	0,025756
21	3,752682	0,266476	11,284983	0,088613	42,348954	0,023613
22	3,996606	0,250212	11,535196	0,086691	46,101636	0,021691
23	4,256386	0,234941	11,770137	0,084961	50,098242	0,019961
24	4,533051	0,220602	11,990739	0,083398	54,354628	0,018398
25	4,827699	0,207138	12,197877	0,081981	58,887679	0,016981
26	5,141500	0,194496	12,392373	0,080695	63,715378	0,015695
27	5,475697	0,182625	12,574998	0,079523	68,856877	0,014523
28	5,831617	0,171479	12,746477	0,078453	74,332574	0,013453
29	6,210672	0,161013	12,907490	0,077474	80,164192	0,012474
30	6,614366	0,151186	13,058676	0,076577	86,374864	0,011577
31	7,044300	0,141959	13,200635	0,075754	92,989230	0,010754
32	7,502179	0,133295	13,333929	0,074997	100,033530	0,009997
33	7,989821	0,125159	13,459088	0,074299	107,535710	0,009299
34	8,509159	0,117520	13,576609	0,073656	115,525531	0,008656
35	9,062255	0,110348	13,686957	0,073062	124,034690	0,008062
36	9,651301	0,103613	13,790570	0,072513	133,096945	0,007513
37	10,278636	0,097289	13,887859	0,072005	142,748247	0,007005
38	10,946747	0,091351	13,979210	0,071535	153,026883	0,006535
39	11,658286	0,085776	14,064986	0,071099	163,973630	0,006099
40	12,416075	0,080541	14,145527	0,070694	175,631916	0,005694
45	17,011098	0,058785	14,480228	0,069060	246,324587	0,004060
50	23,306679	0,042906	14,724521	0,067914	343,179672	0,002914

	AuF	AbF	DSF	KWF	EWF	RVF
7,00%						
n	$(1+i)^n$	$(1+i)^{-n}$	$\dfrac{(1+i)^n-1}{i(1+i)^n}$	$\dfrac{i(1+i)^n}{(1+i)^n-1}$	$\dfrac{(1+i)^n-1}{i}$	$\dfrac{i}{(1+i)^n-1}$
1	1,070000	0,934579	0,934579	1,070000	1,000000	1,000000
2	1,144900	0,873439	1,808018	0,553092	2,070000	0,483092
3	1,225043	0,816298	2,624316	0,381052	3,214900	0,311052
4	1,310796	0,762895	3,387211	0,295228	4,439943	0,225228
5	1,402552	0,712986	4,100197	0,243891	5,750739	0,173891
6	1,500730	0,666342	4,766540	0,209796	7,153291	0,139796
7	1,605781	0,622750	5,389289	0,185553	8,654021	0,115553
8	1,718186	0,582009	5,971299	0,167468	10,259803	0,097468
9	1,838459	0,543934	6,515232	0,153486	11,977989	0,083486
10	1,967151	0,508349	7,023582	0,142378	13,816448	0,072378
11	2,104852	0,475093	7,498674	0,133357	15,783599	0,063357
12	2,252192	0,444012	7,942686	0,125902	17,888451	0,055902
13	2,409845	0,414964	8,357651	0,119651	20,140643	0,049651
14	2,578534	0,387817	8,745468	0,114345	22,550488	0,044345
15	2,759032	0,362446	9,107914	0,109795	25,129022	0,039795
16	2,952164	0,338735	9,446649	0,105858	27,888054	0,035858
17	3,158815	0,316574	9,763223	0,102425	30,840217	0,032425
18	3,379932	0,295864	10,059087	0,099413	33,999033	0,029413
19	3,616528	0,276508	10,335595	0,096753	37,378965	0,026753
20	3,869684	0,258419	10,594014	0,094393	40,995492	0,024393
21	4,140562	0,241513	10,835527	0,092289	44,865177	0,022289
22	4,430402	0,225713	11,061240	0,090406	49,005739	0,020406
23	4,740530	0,210947	11,272187	0,088714	53,436141	0,018714
24	5,072367	0,197147	11,469334	0,087189	58,176671	0,017189
25	5,427433	0,184249	11,653583	0,085811	63,249038	0,015811
26	5,807353	0,172195	11,825779	0,084561	68,676470	0,014561
27	6,213868	0,160930	11,986709	0,083426	74,483823	0,013426
28	6,648838	0,150402	12,137111	0,082392	80,697691	0,012392
29	7,114257	0,140563	12,277674	0,081449	87,346529	0,011449
30	7,612255	0,131367	12,409041	0,080586	94,460786	0,010586
31	8,145113	0,122773	12,531814	0,079797	102,073041	0,009797
32	8,715271	0,114741	12,646555	0,079073	110,218154	0,009073
33	9,325340	0,107235	12,753790	0,078408	118,933425	0,008408
34	9,978114	0,100219	12,854009	0,077797	128,258765	0,007797
35	10,676581	0,093663	12,947672	0,077234	138,236878	0,007234
36	11,423942	0,087535	13,035208	0,076715	148,913460	0,006715
37	12,223618	0,081809	13,117017	0,076237	160,337402	0,006237
38	13,079271	0,076457	13,193473	0,075795	172,561020	0,005795
39	13,994820	0,071455	13,264928	0,075387	185,640292	0,005387
40	14,974458	0,066780	13,331709	0,075009	199,635112	0,005009
45	21,002452	0,047613	13,605522	0,073500	285,749311	0,003500
50	29,457025	0,033948	13,800746	0,072460	406,528929	0,002460

	7,50%					
	AuF	**AbF**	**DSF**	**KWF**	**EWF**	**RVF**
n	$(1+i)^n$	$(1+i)^{-n}$	$\dfrac{(1+i)^n-1}{i(1+i)^n}$	$\dfrac{i(1+i)^n}{(1+i)^n-1}$	$\dfrac{(1+i)^n-1}{i}$	$\dfrac{i}{(1+i)^n-1}$
1	1,075000	0,930233	0,930233	1,075000	1,000000	1,000000
2	1,155625	0,865333	1,795565	0,556928	2,075000	0,481928
3	1,242297	0,804961	2,600526	0,384538	3,230625	0,309538
4	1,335469	0,748801	3,349326	0,298568	4,472922	0,223568
5	1,435629	0,696559	4,045885	0,247165	5,808391	0,172165
6	1,543302	0,647962	4,693846	0,213045	7,244020	0,138045
7	1,659049	0,602755	5,296601	0,188800	8,787322	0,113800
8	1,783478	0,560702	5,857304	0,170727	10,446371	0,095727
9	1,917239	0,521583	6,378887	0,156767	12,229849	0,081767
10	2,061032	0,485194	6,864081	0,145686	14,147087	0,070686
11	2,215609	0,451343	7,315424	0,136697	16,208119	0,061697
12	2,381780	0,419854	7,735278	0,129278	18,423728	0,054278
13	2,560413	0,390562	8,125840	0,123064	20,805508	0,048064
14	2,752444	0,363313	8,489154	0,117797	23,365921	0,042797
15	2,958877	0,337966	8,827120	0,113287	26,118365	0,038287
16	3,180793	0,314387	9,141507	0,109391	29,077242	0,034391
17	3,419353	0,292453	9,433960	0,106000	32,258035	0,031000
18	3,675804	0,272049	9,706009	0,103029	35,677388	0,028029
19	3,951489	0,253069	9,959078	0,100411	39,353192	0,025411
20	4,247851	0,235413	10,194491	0,098092	43,304681	0,023092
21	4,566440	0,218989	10,413480	0,096029	47,552532	0,021029
22	4,908923	0,203711	10,617191	0,094187	52,118972	0,019187
23	5,277092	0,189498	10,806689	0,092535	57,027895	0,017535
24	5,672874	0,176277	10,982967	0,091050	62,304987	0,016050
25	6,098340	0,163979	11,146946	0,089711	67,977862	0,014711
26	6,555715	0,152539	11,299485	0,088500	74,076201	0,013500
27	7,047394	0,141896	11,441381	0,087402	80,631916	0,012402
28	7,575948	0,131997	11,573378	0,086405	87,679310	0,011405
29	8,144144	0,122788	11,696165	0,085498	95,255258	0,010498
30	8,754955	0,114221	11,810386	0,084671	103,399403	0,009671
31	9,411577	0,106252	11,916638	0,083916	112,154358	0,008916
32	10,117445	0,098839	12,015478	0,083226	121,565935	0,008226
33	10,876253	0,091943	12,107421	0,082594	131,683380	0,007594
34	11,691972	0,085529	12,192950	0,082015	142,559633	0,007015
35	12,568870	0,079562	12,272511	0,081483	154,251606	0,006483
36	13,511536	0,074011	12,346522	0,080994	166,820476	0,005994
37	14,524901	0,068847	12,415370	0,080545	180,332012	0,005545
38	15,614268	0,064044	12,479414	0,080132	194,856913	0,005132
39	16,785339	0,059576	12,538989	0,079751	210,471181	0,004751
40	18,044239	0,055419	12,594409	0,079400	227,256520	0,004400
45	25,904839	0,038603	12,818629	0,078011	332,064515	0,003011
50	37,189746	0,026889	12,974812	0,077072	482,529947	0,002072

	AuF	AbF	DSF	KWF	EWF	RVF
8,00%						
n	$(1+i)^n$	$(1+i)^{-n}$	$\dfrac{(1+i)^n-1}{i(1+i)^n}$	$\dfrac{i(1+i)^n}{(1+i)^n-1}$	$\dfrac{(1+i)^n-1}{i}$	$\dfrac{i}{(1+i)^n-1}$
1	1,080000	0,925926	0,925926	1,080000	1,000000	1,000000
2	1,166400	0,857339	1,783265	0,560769	2,080000	0,480769
3	1,259712	0,793832	2,577097	0,388034	3,246400	0,308034
4	1,360489	0,735030	3,312127	0,301921	4,506112	0,221921
5	1,469328	0,680583	3,992710	0,250456	5,866601	0,170456
6	1,586874	0,630170	4,622880	0,216315	7,335929	0,136315
7	1,713824	0,583490	5,206370	0,192072	8,922803	0,112072
8	1,850930	0,540269	5,746639	0,174015	10,636628	0,094015
9	1,999005	0,500249	6,246888	0,160080	12,487558	0,080080
10	2,158925	0,463193	6,710081	0,149029	14,486562	0,069029
11	2,331639	0,428883	7,138964	0,140076	16,645487	0,060076
12	2,518170	0,397114	7,536078	0,132695	18,977126	0,052695
13	2,719624	0,367698	7,903776	0,126522	21,495297	0,046522
14	2,937194	0,340461	8,244237	0,121297	24,214920	0,041297
15	3,172169	0,315242	8,559479	0,116830	27,152114	0,036830
16	3,425943	0,291890	8,851369	0,112977	30,324283	0,032977
17	3,700018	0,270269	9,121638	0,109629	33,750226	0,029629
18	3,996019	0,250249	9,371887	0,106702	37,450244	0,026702
19	4,315701	0,231712	9,603599	0,104128	41,446263	0,024128
20	4,660957	0,214548	9,818147	0,101852	45,761964	0,021852
21	5,033834	0,198656	10,016803	0,099832	50,422921	0,019832
22	5,436540	0,183941	10,200744	0,098032	55,456755	0,018032
23	5,871464	0,170315	10,371059	0,096422	60,893296	0,016422
24	6,341181	0,157699	10,528758	0,094978	66,764759	0,014978
25	6,848475	0,146018	10,674776	0,093679	73,105940	0,013679
26	7,396353	0,135202	10,809978	0,092507	79,954415	0,012507
27	7,988061	0,125187	10,935165	0,091448	87,350768	0,011448
28	8,627106	0,115914	11,051078	0,090489	95,338830	0,010489
29	9,317275	0,107328	11,158406	0,089619	103,965936	0,009619
30	10,062657	0,099377	11,257783	0,088827	113,283211	0,008827
31	10,867669	0,092016	11,349799	0,088107	123,345868	0,008107
32	11,737083	0,085200	11,434999	0,087451	134,213537	0,007451
33	12,676050	0,078889	11,513888	0,086852	145,950620	0,006852
34	13,690134	0,073045	11,586934	0,086304	158,626670	0,006304
35	14,785344	0,067635	11,654568	0,085803	172,316804	0,005803
36	15,968172	0,062625	11,717193	0,085345	187,102148	0,005345
37	17,245626	0,057986	11,775179	0,084924	203,070320	0,004924
38	18,625276	0,053690	11,828869	0,084539	220,315945	0,004539
39	20,115298	0,049713	11,878582	0,084185	238,941221	0,004185
40	21,724521	0,046031	11,924613	0,083860	259,056519	0,003860
45	31,920449	0,031328	12,108402	0,082587	386,505617	0,002587
50	46,901613	0,021321	12,233485	0,081743	573,770156	0,001743

			8,50%			
	AuF	**AbF**	**DSF**	**KWF**	**EWF**	**RVF**
n	$(1+i)^n$	$(1+i)^{-n}$	$\dfrac{(1+i)^n-1}{i(1+i)^n}$	$\dfrac{i(1+i)^n}{(1+i)^n-1}$	$\dfrac{(1+i)^n-1}{i}$	$\dfrac{i}{(1+i)^n-1}$
1	1,085000	0,921659	0,921659	1,085000	1,000000	1,000000
2	1,177225	0,849455	1,771114	0,564616	2,085000	0,479616
3	1,277289	0,782908	2,554022	0,391539	3,262225	0,306539
4	1,385859	0,721574	3,275597	0,305288	4,539514	0,220288
5	1,503657	0,665045	3,940642	0,253766	5,925373	0,168766
6	1,631468	0,612945	4,553587	0,219607	7,429030	0,134607
7	1,770142	0,564926	5,118514	0,195369	9,060497	0,110369
8	1,920604	0,520669	5,639183	0,177331	10,830639	0,092331
9	2,083856	0,479880	6,119063	0,163424	12,751244	0,078424
10	2,260983	0,442285	6,561348	0,152408	14,835099	0,067408
11	2,453167	0,407636	6,968984	0,143493	17,096083	0,058493
12	2,661686	0,375702	7,344686	0,136153	19,549250	0,051153
13	2,887930	0,346269	7,690955	0,130023	22,210936	0,045023
14	3,133404	0,319142	8,010097	0,124842	25,098866	0,039842
15	3,399743	0,294140	8,304237	0,120420	28,232269	0,035420
16	3,688721	0,271097	8,575333	0,116614	31,632012	0,031614
17	4,002262	0,249859	8,825192	0,113312	35,320733	0,028312
18	4,342455	0,230285	9,055476	0,110430	39,322995	0,025430
19	4,711563	0,212244	9,267720	0,107901	43,665450	0,022901
20	5,112046	0,195616	9,463337	0,105671	48,377013	0,020671
21	5,546570	0,180292	9,643628	0,103695	53,489059	0,018695
22	6,018028	0,166167	9,809796	0,101939	59,035629	0,016939
23	6,529561	0,153150	9,962945	0,100372	65,053658	0,015372
24	7,084574	0,141152	10,104097	0,098970	71,583219	0,013970
25	7,686762	0,130094	10,234191	0,097712	78,667792	0,012712
26	8,340137	0,119902	10,354093	0,096580	86,354555	0,011580
27	9,049049	0,110509	10,464602	0,095560	94,694692	0,010560
28	9,818218	0,101851	10,566453	0,094639	103,743741	0,009639
29	10,652766	0,093872	10,660326	0,093806	113,561959	0,008806
30	11,558252	0,086518	10,746844	0,093051	124,214725	0,008051
31	12,540703	0,079740	10,826584	0,092365	135,772977	0,007365
32	13,606663	0,073493	10,900078	0,091742	148,313680	0,006742
33	14,763229	0,067736	10,967813	0,091176	161,920343	0,006176
34	16,018104	0,062429	11,030243	0,090660	176,683572	0,005660
35	17,379642	0,057539	11,087781	0,090189	192,701675	0,005189
36	18,856912	0,053031	11,140812	0,089760	210,081318	0,004760
37	20,459750	0,048876	11,189689	0,089368	228,938230	0,004368
38	22,198828	0,045047	11,234736	0,089010	249,397979	0,004010
39	24,085729	0,041518	11,276255	0,088682	271,596808	0,003682
40	26,133016	0,038266	11,314520	0,088382	295,682536	0,003382
45	39,295084	0,025448	11,465312	0,087220	450,530397	0,002220
50	59,086316	0,016924	11,565595	0,086463	683,368418	0,001463

	AuF	AbF	DSF	KWF	EWF	RVF
n	$(1+i)^n$	$(1+i)^{-n}$	$\dfrac{(1+i)^n-1}{i(1+i)^n}$	$\dfrac{i(1+i)^n}{(1+i)^n-1}$	$\dfrac{(1+i)^n-1}{i}$	$\dfrac{i}{(1+i)^n-1}$
1	1,090000	0,917431	0,917431	1,090000	1,000000	1,000000
2	1,188100	0,841680	1,759111	0,568469	2,090000	0,478469
3	1,295029	0,772183	2,531295	0,395055	3,278100	0,305055
4	1,411582	0,708425	3,239720	0,308669	4,573129	0,218669
5	1,538624	0,649931	3,889651	0,257092	5,984711	0,167092
6	1,677100	0,596267	4,485919	0,222920	7,523335	0,132920
7	1,828039	0,547034	5,032953	0,198691	9,200435	0,108691
8	1,992563	0,501866	5,534819	0,180674	11,028474	0,090674
9	2,171893	0,460428	5,995247	0,166799	13,021036	0,076799
10	2,367364	0,422411	6,417658	0,155820	15,192930	0,065820
11	2,580426	0,387533	6,805191	0,146947	17,560293	0,056947
12	2,812665	0,355535	7,160725	0,139651	20,140720	0,049651
13	3,065805	0,326179	7,486904	0,133567	22,953385	0,043567
14	3,341727	0,299246	7,786150	0,128433	26,019189	0,038433
15	3,642482	0,274538	8,060688	0,124059	29,360916	0,034059
16	3,970306	0,251870	8,312558	0,120300	33,003399	0,030300
17	4,327633	0,231073	8,543631	0,117046	36,973705	0,027046
18	4,717120	0,211994	8,755625	0,114212	41,301338	0,024212
19	5,141661	0,194490	8,950115	0,111730	46,018458	0,021730
20	5,604411	0,178431	9,128546	0,109546	51,160120	0,019546
21	6,108808	0,163698	9,292244	0,107617	56,764530	0,017617
22	6,658600	0,150182	9,442425	0,105905	62,873338	0,015905
23	7,257874	0,137781	9,580207	0,104382	69,531939	0,014382
24	7,911083	0,126405	9,706612	0,103023	76,789813	0,013023
25	8,623081	0,115968	9,822580	0,101806	84,700896	0,011806
26	9,399158	0,106393	9,928972	0,100715	93,323977	0,010715
27	10,245082	0,097608	10,026580	0,099735	102,723135	0,009735
28	11,167140	0,089548	10,116128	0,098852	112,968217	0,008852
29	12,172182	0,082155	10,198283	0,098056	124,135356	0,008056
30	13,267678	0,075371	10,273654	0,097336	136,307539	0,007336
31	14,461770	0,069148	10,342802	0,096686	149,575217	0,006686
32	15,763329	0,063438	10,406240	0,096096	164,036987	0,006096
33	17,182028	0,058200	10,464441	0,095562	179,800315	0,005562
34	18,728411	0,053395	10,517835	0,095077	196,982344	0,005077
35	20,413968	0,048986	10,566821	0,094636	215,710755	0,004636
36	22,251225	0,044941	10,611763	0,094235	236,124723	0,004235
37	24,253835	0,041231	10,652993	0,093870	258,375948	0,003870
38	26,436680	0,037826	10,690820	0,093538	282,629783	0,003538
39	28,815982	0,034703	10,725523	0,093236	309,066463	0,003236
40	31,409420	0,031838	10,757360	0,092960	337,882445	0,002960
45	48,327286	0,020692	10,881197	0,091902	525,858734	0,001902
50	74,357520	0,013449	10,961683	0,091227	815,083556	0,001227

Die Tabelle gilt für einen Zinssatz von 9,00%.

	9,50%					
	AuF	**AbF**	**DSF**	**KWF**	**EWF**	**RVF**
n	$(1+i)^n$	$(1+i)^{-n}$	$\dfrac{(1+i)^n-1}{i(1+i)^n}$	$\dfrac{i(1+i)^n}{(1+i)^n-1}$	$\dfrac{(1+i)^n-1}{i}$	$\dfrac{i}{(1+i)^n-1}$
1	1,095000	0,913242	0,913242	1,095000	1,000000	1,000000
2	1,199025	0,834011	1,747253	0,572327	2,095000	0,477327
3	1,312932	0,761654	2,508907	0,398580	3,294025	0,303580
4	1,437661	0,695574	3,204481	0,312063	4,606957	0,217063
5	1,574239	0,635228	3,839709	0,260436	6,044618	0,165436
6	1,723791	0,580117	4,419825	0,226253	7,618857	0,131253
7	1,887552	0,529787	4,949612	0,202036	9,342648	0,107036
8	2,066869	0,483824	5,433436	0,184046	11,230200	0,089046
9	2,263222	0,441848	5,875284	0,170205	13,297069	0,075205
10	2,478228	0,403514	6,278798	0,159266	15,560291	0,064266
11	2,713659	0,368506	6,647304	0,150437	18,038518	0,055437
12	2,971457	0,336535	6,983839	0,143188	20,752178	0,048188
13	3,253745	0,307338	7,291178	0,137152	23,723634	0,042152
14	3,562851	0,280674	7,571852	0,132068	26,977380	0,037068
15	3,901322	0,256323	7,828175	0,127744	30,540231	0,032744
16	4,271948	0,234085	8,062260	0,124035	34,441553	0,029035
17	4,677783	0,213777	8,276037	0,120831	38,713500	0,025831
18	5,122172	0,195230	8,471266	0,118046	43,391283	0,023046
19	5,608778	0,178292	8,649558	0,115613	48,513454	0,020613
20	6,141612	0,162824	8,812382	0,113477	54,122233	0,018477
21	6,725065	0,148697	8,961080	0,111594	60,263845	0,016594
22	7,363946	0,135797	9,096876	0,109928	66,988910	0,014928
23	8,063521	0,124015	9,220892	0,108449	74,352856	0,013449
24	8,829556	0,113256	9,334148	0,107134	82,416378	0,012134
25	9,668364	0,103430	9,437578	0,105959	91,245934	0,010959
26	10,586858	0,094457	9,532034	0,104909	100,914297	0,009909
27	11,592610	0,086262	9,618296	0,103969	111,501156	0,008969
28	12,693908	0,078778	9,697074	0,103124	123,093766	0,008124
29	13,899829	0,071943	9,769018	0,102364	135,787673	0,007364
30	15,220313	0,065702	9,834719	0,101681	149,687502	0,006681
31	16,666242	0,060002	9,894721	0,101064	164,907815	0,006064
32	18,249535	0,054796	9,949517	0,100507	181,574057	0,005507
33	19,983241	0,050042	9,999559	0,100004	199,823593	0,005004
34	21,881649	0,045700	10,045259	0,099549	219,806834	0,004549
35	23,960406	0,041736	10,086995	0,099138	241,688483	0,004138
36	26,236644	0,038115	10,125109	0,098764	265,648889	0,003764
37	28,729126	0,034808	10,159917	0,098426	291,885534	0,003426
38	31,458393	0,031788	10,191705	0,098119	320,614659	0,003119
39	34,446940	0,029030	10,220735	0,097840	352,073052	0,002840
40	37,719399	0,026512	10,247247	0,097587	386,519992	0,002587
45	59,379340	0,016841	10,349043	0,096627	614,519364	0,001627
50	93,477257	0,010698	10,413707	0,096027	973,444808	0,001027

	AuF	AbF	DSF	KWF	EWF	RVF
				10,00%		
n	$(1+i)^n$	$(1+i)^{-n}$	$\dfrac{(1+i)^n-1}{i(1+i)^n}$	$\dfrac{i(1+i)^n}{(1+i)^n-1}$	$\dfrac{(1+i)^n-1}{i}$	$\dfrac{i}{(1+i)^n-1}$
1	1,100000	0,909091	0,909091	1,100000	1,000000	1,000000
2	1,210000	0,826446	1,735537	0,576190	2,100000	0,476190
3	1,331000	0,751315	2,486852	0,402115	3,310000	0,302115
4	1,464100	0,683013	3,169865	0,315471	4,641000	0,215471
5	1,610510	0,620921	3,790787	0,263797	6,105100	0,163797
6	1,771561	0,564474	4,355261	0,229607	7,715610	0,129607
7	1,948717	0,513158	4,868419	0,205405	9,487171	0,105405
8	2,143589	0,466507	5,334926	0,187444	11,435888	0,087444
9	2,357948	0,424098	5,759024	0,173641	13,579477	0,073641
10	2,593742	0,385543	6,144567	0,162745	15,937425	0,062745
11	2,853117	0,350494	6,495061	0,153963	18,531167	0,053963
12	3,138428	0,318631	6,813692	0,146763	21,384284	0,046763
13	3,452271	0,289664	7,103356	0,140779	24,522712	0,040779
14	3,797498	0,263331	7,366687	0,135746	27,974983	0,035746
15	4,177248	0,239392	7,606080	0,131474	31,772482	0,031474
16	4,594973	0,217629	7,823709	0,127817	35,949730	0,027817
17	5,054470	0,197845	8,021553	0,124664	40,544703	0,024664
18	5,559917	0,179859	8,201412	0,121930	45,599173	0,021930
19	6,115909	0,163508	8,364920	0,119547	51,159090	0,019547
20	6,727500	0,148644	8,513564	0,117460	57,274999	0,017460
21	7,400250	0,135131	8,648694	0,115624	64,002499	0,015624
22	8,140275	0,122846	8,771540	0,114005	71,402749	0,014005
23	8,954302	0,111678	8,883218	0,112572	79,543024	0,012572
24	9,849733	0,101526	8,984744	0,111300	88,497327	0,011300
25	10,834706	0,092296	9,077040	0,110168	98,347059	0,010168
26	11,918177	0,083905	9,160945	0,109159	109,181765	0,009159
27	13,109994	0,076278	9,237223	0,108258	121,099942	0,008258
28	14,420994	0,069343	9,306567	0,107451	134,209936	0,007451
29	15,863093	0,063039	9,369606	0,106728	148,630930	0,006728
30	17,449402	0,057309	9,426914	0,106079	164,494023	0,006079
31	19,194342	0,052099	9,479013	0,105496	181,943425	0,005496
32	21,113777	0,047362	9,526376	0,104972	201,137767	0,004972
33	23,225154	0,043057	9,569432	0,104499	222,251544	0,004499
34	25,547670	0,039143	9,608575	0,104074	245,476699	0,004074
35	28,102437	0,035584	9,644159	0,103690	271,024368	0,003690
36	30,912681	0,032349	9,676508	0,103343	299,126805	0,003343
37	34,003949	0,029408	9,705917	0,103030	330,039486	0,003030
38	37,404343	0,026735	9,732651	0,102747	364,043434	0,002747
39	41,144778	0,024304	9,756956	0,102491	401,447778	0,002491
40	45,259256	0,022095	9,779051	0,102259	442,592556	0,002259
45	72,890484	0,013719	9,862808	0,101391	718,904837	0,001391
50	117,390853	0,008519	9,914814	0,100859	1163,908529	0,000859

	10,50%					
	AuF	**AbF**	**DSF**	**KWF**	**EWF**	**RVF**
n	$(1+i)^n$	$(1+i)^{-n}$	$\dfrac{(1+i)^n-1}{i(1+i)^n}$	$\dfrac{i(1+i)^n}{(1+i)^n-1}$	$\dfrac{(1+i)^n-1}{i}$	$\dfrac{i}{(1+i)^n-1}$
1	1,105000	0,904977	0,904977	1,105000	1,000000	1,000000
2	1,221025	0,818984	1,723961	0,580059	2,105000	0,475059
3	1,349233	0,741162	2,465123	0,405659	3,326025	0,300659
4	1,490902	0,670735	3,135858	0,318892	4,675258	0,213892
5	1,647447	0,607000	3,742858	0,267175	6,166160	0,162175
6	1,820429	0,549321	4,292179	0,232982	7,813606	0,127982
7	2,011574	0,497123	4,789303	0,208799	9,634035	0,103799
8	2,222789	0,449885	5,239188	0,190869	11,645609	0,085869
9	2,456182	0,407136	5,646324	0,177106	13,868398	0,072106
10	2,714081	0,368449	6,014773	0,166257	16,324579	0,061257
11	2,999059	0,333438	6,348211	0,157525	19,038660	0,052525
12	3,313961	0,301754	6,649964	0,150377	22,037720	0,045377
13	3,661926	0,273080	6,923045	0,144445	25,351680	0,039445
14	4,046429	0,247132	7,170176	0,139467	29,013607	0,034467
15	4,471304	0,223648	7,393825	0,135248	33,060035	0,030248
16	4,940791	0,202397	7,596221	0,131644	37,531339	0,026644
17	5,459574	0,183164	7,779386	0,128545	42,472130	0,023545
18	6,032829	0,165760	7,945146	0,125863	47,931703	0,020863
19	6,666276	0,150009	8,095154	0,123531	53,964532	0,018531
20	7,366235	0,135755	8,230909	0,121493	60,630808	0,016493
21	8,139690	0,122855	8,353764	0,119707	67,997043	0,014707
22	8,994357	0,111181	8,464945	0,118134	76,136732	0,013134
23	9,938764	0,100616	8,565561	0,116747	85,131089	0,011747
24	10,982335	0,091055	8,656616	0,115519	95,069854	0,010519
25	12,135480	0,082403	8,739019	0,114429	106,052188	0,009429
26	13,409705	0,074573	8,813592	0,113461	118,187668	0,008461
27	14,817724	0,067487	8,881079	0,112599	131,597373	0,007599
28	16,373585	0,061074	8,942153	0,111830	146,415097	0,006830
29	18,092812	0,055271	8,997423	0,111143	162,788683	0,006143
30	19,992557	0,050019	9,047442	0,110528	180,881494	0,005528
31	22,091775	0,045266	9,092707	0,109978	200,874051	0,004978
32	24,411412	0,040964	9,133672	0,109485	222,965827	0,004485
33	26,974610	0,037072	9,170744	0,109042	247,377238	0,004042
34	29,806944	0,033549	9,204293	0,108645	274,351848	0,003645
35	32,936673	0,030361	9,234654	0,108288	304,158792	0,003288
36	36,395024	0,027476	9,262131	0,107967	337,095466	0,002967
37	40,216501	0,024865	9,286996	0,107677	373,490489	0,002677
38	44,439234	0,022503	9,309499	0,107417	413,706991	0,002417
39	49,105354	0,020364	9,329863	0,107183	458,146225	0,002183
40	54,261416	0,018429	9,348292	0,106971	507,251579	0,001971
45	89,392794	0,011187	9,417271	0,106188	841,836132	0,001188
50	147,269869	0,006790	9,459140	0,105718	1393,046373	0,000718

		**11,00%**
	AuF	**AbF**	**DSF**	**KWF**	**EWF**	**RVF**
n	$(1+i)^n$	$(1+i)^{-n}$	$\dfrac{(1+i)^n-1}{i(1+i)^n}$	$\dfrac{i(1+i)^n}{(1+i)^n-1}$	$\dfrac{(1+i)^n-1}{i}$	$\dfrac{i}{(1+i)^n-1}$
1	1,110000	0,900901	0,900901	1,110000	1,000000	1,000000
2	1,232100	0,811622	1,712523	0,583934	2,110000	0,473934
3	1,367631	0,731191	2,443715	0,409213	3,342100	0,299213
4	1,518070	0,658731	3,102446	0,322326	4,709731	0,212326
5	1,685058	0,593451	3,695897	0,270570	6,227801	0,160570
6	1,870415	0,534641	4,230538	0,236377	7,912860	0,126377
7	2,076160	0,481658	4,712196	0,212215	9,783274	0,102215
8	2,304538	0,433926	5,146123	0,194321	11,859434	0,084321
9	2,558037	0,390925	5,537048	0,180602	14,163972	0,070602
10	2,839421	0,352184	5,889232	0,169801	16,722009	0,059801
11	3,151757	0,317283	6,206515	0,161121	19,561430	0,051121
12	3,498451	0,285841	6,492356	0,154027	22,713187	0,044027
13	3,883280	0,257514	6,749870	0,148151	26,211638	0,038151
14	4,310441	0,231995	6,981865	0,143228	30,094918	0,033228
15	4,784589	0,209004	7,190870	0,139065	34,405359	0,029065
16	5,310894	0,188292	7,379162	0,135517	39,189948	0,025517
17	5,895093	0,169633	7,548794	0,132471	44,500843	0,022471
18	6,543553	0,152822	7,701617	0,129843	50,395936	0,019843
19	7,263344	0,137678	7,839294	0,127563	56,939488	0,017563
20	8,062312	0,124034	7,963328	0,125576	64,202832	0,015576
21	8,949166	0,111742	8,075070	0,123838	72,265144	0,013838
22	9,933574	0,100669	8,175739	0,122313	81,214309	0,012313
23	11,026267	0,090693	8,266432	0,120971	91,147884	0,010971
24	12,239157	0,081705	8,348137	0,119787	102,174151	0,009787
25	13,585464	0,073608	8,421745	0,118740	114,413307	0,008740
26	15,079865	0,066314	8,488058	0,117813	127,998771	0,007813
27	16,738650	0,059742	8,547800	0,116989	143,078636	0,006989
28	18,579901	0,053822	8,601622	0,116257	159,817286	0,006257
29	20,623691	0,048488	8,650110	0,115605	178,397187	0,005605
30	22,892297	0,043683	8,693793	0,115025	199,020878	0,005025
31	25,410449	0,039354	8,733146	0,114506	221,913174	0,004506
32	28,205599	0,035454	8,768600	0,114043	247,323624	0,004043
33	31,308214	0,031940	8,800541	0,113629	275,529222	0,003629
34	34,752118	0,028775	8,829316	0,113259	306,837437	0,003259
35	38,574851	0,025924	8,855240	0,112927	341,589555	0,002927
36	42,818085	0,023355	8,878594	0,112630	380,164406	0,002630
37	47,528074	0,021040	8,899635	0,112364	422,982490	0,002364
38	52,756162	0,018955	8,918590	0,112125	470,510564	0,002125
39	58,559340	0,017077	8,935666	0,111911	523,266726	0,001911
40	65,000867	0,015384	8,951051	0,111719	581,826066	0,001719
45	109,530242	0,009130	9,007910	0,111014	986,638559	0,001014
50	184,564827	0,005418	9,041653	0,110599	1668,771152	0,000599

11,50%					
	AuF	**AbF**	**DSF**	**KWF**	**EWF**	**RVF**
n	$(1+i)^n$	$(1+i)^{-n}$	$\dfrac{(1+i)^n-1}{i(1+i)^n}$	$\dfrac{i(1+i)^n}{(1+i)^n-1}$	$\dfrac{(1+i)^n-1}{i}$	$\dfrac{i}{(1+i)^n-1}$
1	1,115000	0,896861	0,896861	1,115000	1,000000	1,000000
2	1,243225	0,804360	1,701221	0,587813	2,115000	0,472813
3	1,386196	0,721399	2,422619	0,412776	3,358225	0,297776
4	1,545608	0,646994	3,069614	0,325774	4,744421	0,210774
5	1,723353	0,580264	3,649878	0,273982	6,290029	0,158982
6	1,921539	0,520416	4,170294	0,239791	8,013383	0,124791
7	2,142516	0,466741	4,637035	0,215655	9,934922	0,100655
8	2,388905	0,418602	5,055637	0,197799	12,077438	0,082799
9	2,663629	0,375428	5,431064	0,184126	14,466343	0,069126
10	2,969947	0,336706	5,767771	0,173377	17,129972	0,058377
11	3,311491	0,301979	6,069750	0,164751	20,099919	0,049751
12	3,692312	0,270833	6,340583	0,157714	23,411410	0,042714
13	4,116928	0,242900	6,583482	0,151895	27,103722	0,036895
14	4,590375	0,217847	6,801329	0,147030	31,220650	0,032030
15	5,118268	0,195379	6,996708	0,142924	35,811025	0,027924
16	5,706869	0,175227	7,171935	0,139432	40,929293	0,024432
17	6,363159	0,157155	7,329090	0,136443	46,636161	0,021443
18	7,094922	0,140946	7,470036	0,133868	52,999320	0,018868
19	7,910838	0,126409	7,596445	0,131641	60,094242	0,016641
20	8,820584	0,113371	7,709816	0,129705	68,005080	0,014705
21	9,834951	0,101678	7,811494	0,128016	76,825664	0,013016
22	10,965971	0,091191	7,902685	0,126539	86,660615	0,011539
23	12,227057	0,081786	7,984471	0,125243	97,626586	0,010243
24	13,633169	0,073351	8,057822	0,124103	109,853643	0,009103
25	15,200983	0,065785	8,123607	0,123098	123,486812	0,008098
26	16,949096	0,059000	8,182607	0,122210	138,687796	0,007210
27	18,898243	0,052915	8,235522	0,121425	155,636892	0,006425
28	21,071540	0,047457	8,282979	0,120730	174,535135	0,005730
29	23,494768	0,042563	8,325542	0,120112	195,606675	0,005112
30	26,196666	0,038173	8,363715	0,119564	219,101443	0,004564
31	29,209282	0,034236	8,397951	0,119077	245,298109	0,004077
32	32,568350	0,030705	8,428655	0,118643	274,507391	0,003643
33	36,313710	0,027538	8,456193	0,118257	307,075741	0,003257
34	40,489787	0,024698	8,480891	0,117912	343,389451	0,002912
35	45,146112	0,022150	8,503041	0,117605	383,879238	0,002605
36	50,337915	0,019866	8,522907	0,117331	429,025351	0,002331
37	56,126776	0,017817	8,540723	0,117086	479,363266	0,002086
38	62,581355	0,015979	8,556703	0,116867	535,490042	0,001867
39	69,778211	0,014331	8,571034	0,116672	598,071396	0,001672
40	77,802705	0,012853	8,583887	0,116497	667,849607	0,001497
45	134,081553	0,007458	8,630799	0,115864	1157,230898	0,000864
50	231,069896	0,004328	8,658020	0,115500	2000,607793	0,000500

	AuF	AbF	DSF	KWF	EWF	RVF
12,00%						
n	$(1+i)^n$	$(1+i)^{-n}$	$\dfrac{(1+i)^n-1}{i(1+i)^n}$	$\dfrac{i(1+i)^n}{(1+i)^n-1}$	$\dfrac{(1+i)^n-1}{i}$	$\dfrac{i}{(1+i)^n-1}$
1	1,120000	0,892857	0,892857	1,120000	1,000000	1,000000
2	1,254400	0,797194	1,690051	0,591698	2,120000	0,471698
3	1,404928	0,711780	2,401831	0,416349	3,374400	0,296349
4	1,573519	0,635518	3,037349	0,329234	4,779328	0,209234
5	1,762342	0,567427	3,604776	0,277410	6,352847	0,157410
6	1,973823	0,506631	4,111407	0,243226	8,115189	0,123226
7	2,210681	0,452349	4,563757	0,219118	10,089012	0,099118
8	2,475963	0,403883	4,967640	0,201303	12,299693	0,081303
9	2,773079	0,360610	5,328250	0,187679	14,775656	0,067679
10	3,105848	0,321973	5,650223	0,176984	17,548735	0,056984
11	3,478550	0,287476	5,937699	0,168415	20,654583	0,048415
12	3,895976	0,256675	6,194374	0,161437	24,133133	0,041437
13	4,363493	0,229174	6,423548	0,155677	28,029109	0,035677
14	4,887112	0,204620	6,628168	0,150871	32,392602	0,030871
15	5,473566	0,182696	6,810864	0,146824	37,279715	0,026824
16	6,130394	0,163122	6,973986	0,143390	42,753280	0,023390
17	6,866041	0,145644	7,119630	0,140457	48,883674	0,020457
18	7,689966	0,130040	7,249670	0,137937	55,749715	0,017937
19	8,612762	0,116107	7,365777	0,135763	63,439681	0,015763
20	9,646293	0,103667	7,469444	0,133879	72,052442	0,013879
21	10,803848	0,092560	7,562003	0,132240	81,698736	0,012240
22	12,100310	0,082643	7,644646	0,130811	92,502584	0,010811
23	13,552347	0,073788	7,718434	0,129560	104,602894	0,009560
24	15,178629	0,065882	7,784316	0,128463	118,155241	0,008463
25	17,000064	0,058823	7,843139	0,127500	133,333870	0,007500
26	19,040072	0,052521	7,895660	0,126652	150,333934	0,006652
27	21,324881	0,046894	7,942554	0,125904	169,374007	0,005904
28	23,883866	0,041869	7,984423	0,125244	190,698887	0,005244
29	26,749930	0,037383	8,021806	0,124660	214,582754	0,004660
30	29,959922	0,033378	8,055184	0,124144	241,332684	0,004144
31	33,555113	0,029802	8,084986	0,123686	271,292606	0,003686
32	37,581726	0,026609	8,111594	0,123280	304,847719	0,003280
33	42,091533	0,023758	8,135352	0,122920	342,429446	0,002920
34	47,142517	0,021212	8,156564	0,122601	384,520979	0,002601
35	52,799620	0,018940	8,175504	0,122317	431,663496	0,002317
36	59,135574	0,016910	8,192414	0,122064	484,463116	0,002064
37	66,231843	0,015098	8,207513	0,121840	543,598690	0,001840
38	74,179664	0,013481	8,220993	0,121640	609,830533	0,001640
39	83,081224	0,012036	8,233030	0,121462	684,010197	0,001462
40	93,050970	0,010747	8,243777	0,121304	767,091420	0,001304
45	163,987604	0,006098	8,282516	0,120736	1358,230032	0,000736
50	289,002190	0,003460	8,304498	0,120417	2400,018249	0,000417

	12,50%					
	AuF	**AbF**	**DSF**	**KWF**	**EWF**	**RVF**
n	$(1+i)^n$	$(1+i)^{-n}$	$\dfrac{(1+i)^n-1}{i(1+i)^n}$	$\dfrac{i(1+i)^n}{(1+i)^n-1}$	$\dfrac{(1+i)^n-1}{i}$	$\dfrac{i}{(1+i)^n-1}$
1	1,125000	0,888889	0,888889	1,125000	1,000000	1,000000
2	1,265625	0,790123	1,679012	0,595588	2,125000	0,470588
3	1,423828	0,702332	2,381344	0,419931	3,390625	0,294931
4	1,601807	0,624295	3,005639	0,332708	4,814453	0,207708
5	1,802032	0,554929	3,560568	0,280854	6,416260	0,155854
6	2,027287	0,493270	4,053839	0,246680	8,218292	0,121680
7	2,280697	0,438462	4,492301	0,222603	10,245579	0,097603
8	2,565785	0,389744	4,882045	0,204832	12,526276	0,079832
9	2,886508	0,346439	5,228485	0,191260	15,092061	0,066260
10	3,247321	0,307946	5,536431	0,180622	17,978568	0,055622
11	3,653236	0,273730	5,810161	0,172112	21,225889	0,047112
12	4,109891	0,243315	6,053476	0,165194	24,879125	0,040194
13	4,623627	0,216280	6,269757	0,159496	28,989016	0,034496
14	5,201580	0,192249	6,462006	0,154751	33,612643	0,029751
15	5,851778	0,170888	6,632894	0,150764	38,814223	0,025764
16	6,583250	0,151901	6,784795	0,147388	44,666001	0,022388
17	7,406156	0,135023	6,919818	0,144512	51,249252	0,019512
18	8,331926	0,120020	7,039838	0,142049	58,655408	0,017049
19	9,373417	0,106685	7,146523	0,139928	66,987334	0,014928
20	10,545094	0,094831	7,241353	0,138096	76,360751	0,013096
21	11,863231	0,084294	7,325647	0,136507	86,905845	0,011507
22	13,346134	0,074928	7,400575	0,135125	98,769075	0,010125
23	15,014401	0,066603	7,467178	0,133919	112,115210	0,008919
24	16,891201	0,059202	7,526381	0,132866	127,129611	0,007866
25	19,002602	0,052624	7,579005	0,131943	144,020812	0,006943
26	21,377927	0,046777	7,625782	0,131134	163,023414	0,006134
27	24,050168	0,041580	7,667362	0,130423	184,401340	0,005423
28	27,056438	0,036960	7,704322	0,129797	208,451508	0,004797
29	30,438493	0,032853	7,737175	0,129246	235,507946	0,004246
30	34,243305	0,029203	7,766378	0,128760	265,946440	0,003760
31	38,523718	0,025958	7,792336	0,128331	300,189745	0,003331
32	43,339183	0,023074	7,815410	0,127952	338,713463	0,002952
33	48,756581	0,020510	7,835920	0,127617	382,052645	0,002617
34	54,851153	0,018231	7,854151	0,127321	430,809226	0,002321
35	61,707547	0,016205	7,870356	0,127059	485,660379	0,002059
36	69,420991	0,014405	7,884761	0,126827	547,367927	0,001827
37	78,098615	0,012804	7,897565	0,126621	616,788918	0,001621
38	87,860942	0,011382	7,908947	0,126439	694,887532	0,001439
39	98,843559	0,010117	7,919064	0,126278	782,748474	0,001278
40	111,199004	0,008993	7,928057	0,126134	881,592033	0,001134
45	200,384216	0,004990	7,960077	0,125627	1595,073729	0,000627
50	361,098864	0,002769	7,977845	0,125347	2880,790913	0,000347

	AuF	AbF	DSF	KWF	EWF	RVF
			13,00%			
n	$(1+i)^n$	$(1+i)^{-n}$	$\dfrac{(1+i)^n-1}{i(1+i)^n}$	$\dfrac{i(1+i)^n}{(1+i)^n-1}$	$\dfrac{(1+i)^n-1}{i}$	$\dfrac{i}{(1+i)^n-1}$
1	1,130000	0,884956	0,884956	1,130000	1,000000	1,000000
2	1,276900	0,783147	1,668102	0,599484	2,130000	0,469484
3	1,442897	0,693050	2,361153	0,423522	3,406900	0,293522
4	1,630474	0,613319	2,974471	0,336194	4,849797	0,206194
5	1,842435	0,542760	3,517231	0,284315	6,480271	0,154315
6	2,081952	0,480319	3,997550	0,250153	8,322706	0,120153
7	2,352605	0,425061	4,422610	0,226111	10,404658	0,096111
8	2,658444	0,376160	4,798770	0,208387	12,757263	0,078387
9	3,004042	0,332885	5,131655	0,194869	15,415707	0,064869
10	3,394567	0,294588	5,426243	0,184290	18,419749	0,054290
11	3,835861	0,260698	5,686941	0,175841	21,814317	0,045841
12	4,334523	0,230706	5,917647	0,168986	25,650178	0,038986
13	4,898011	0,204165	6,121812	0,163350	29,984701	0,033350
14	5,534753	0,180677	6,302488	0,158667	34,882712	0,028667
15	6,254270	0,159891	6,462379	0,154742	40,417464	0,024742
16	7,067326	0,141496	6,603875	0,151426	46,671735	0,021426
17	7,986078	0,125218	6,729093	0,148608	53,739060	0,018608
18	9,024268	0,110812	6,839905	0,146201	61,725138	0,016201
19	10,197423	0,098064	6,937969	0,144134	70,749406	0,014134
20	11,523088	0,086782	7,024752	0,142354	80,946829	0,012354
21	13,021089	0,076798	7,101550	0,140814	92,469917	0,010814
22	14,713831	0,067963	7,169513	0,139479	105,491006	0,009479
23	16,626629	0,060144	7,229658	0,138319	120,204837	0,008319
24	18,788091	0,053225	7,282883	0,137308	136,831465	0,007308
25	21,230542	0,047102	7,329985	0,136426	155,619556	0,006426
26	23,990513	0,041683	7,371668	0,135655	176,850098	0,005655
27	27,109279	0,036888	7,408556	0,134979	200,840611	0,004979
28	30,633486	0,032644	7,441200	0,134387	227,949890	0,004387
29	34,615839	0,028889	7,470088	0,133867	258,583376	0,003867
30	39,115898	0,025565	7,495653	0,133411	293,199215	0,003411
31	44,200965	0,022624	7,518277	0,133009	332,315113	0,003009
32	49,947090	0,020021	7,538299	0,132656	376,516078	0,002656
33	56,440212	0,017718	7,556016	0,132345	426,463168	0,002345
34	63,777439	0,015680	7,571696	0,132071	482,903380	0,002071
35	72,068506	0,013876	7,585572	0,131829	546,680819	0,001829
36	81,437412	0,012279	7,597851	0,131616	618,749325	0,001616
37	92,024276	0,010867	7,608718	0,131428	700,186738	0,001428
38	103,987432	0,009617	7,618334	0,131262	792,211014	0,001262
39	117,505798	0,008510	7,626844	0,131116	896,198445	0,001116
40	132,781552	0,007531	7,634376	0,130986	1013,704243	0,000986
45	244,641402	0,004088	7,660864	0,130534	1874,164630	0,000534
50	450,735925	0,002219	7,675242	0,130289	3459,507117	0,000289

13,50%					
	AuF	AbF	DSF	KWF	EWF	RVF
n	$(1+i)^n$	$(1+i)^{-n}$	$\dfrac{(1+i)^n-1}{i(1+i)^n}$	$\dfrac{i(1+i)^n}{(1+i)^n-1}$	$\dfrac{(1+i)^n-1}{i}$	$\dfrac{i}{(1+i)^n-1}$
1	1,135000	0,881057	0,881057	1,135000	1,000000	1,000000
2	1,288225	0,776262	1,657319	0,603384	2,135000	0,468384
3	1,462135	0,683931	2,341250	0,427122	3,423225	0,292122
4	1,659524	0,602583	2,943833	0,339693	4,885360	0,204693
5	1,883559	0,530910	3,474743	0,287791	6,544884	0,152791
6	2,137840	0,467762	3,942505	0,253646	8,428443	0,118646
7	2,426448	0,412125	4,354630	0,229641	10,566283	0,094641
8	2,754019	0,363106	4,717735	0,211966	12,992731	0,076966
9	3,125811	0,319917	5,037652	0,198505	15,746750	0,063505
10	3,547796	0,281865	5,319517	0,187987	18,872561	0,052987
11	4,026748	0,248339	5,567857	0,179602	22,420357	0,044602
12	4,570359	0,218801	5,786658	0,172811	26,447106	0,037811
13	5,187358	0,192776	5,979434	0,167240	31,017465	0,032240
14	5,887651	0,169847	6,149281	0,162621	36,204823	0,027621
15	6,682484	0,149645	6,298926	0,158757	42,092474	0,023757
16	7,584619	0,131846	6,430772	0,155502	48,774957	0,020502
17	8,608543	0,116164	6,546936	0,152743	56,359577	0,017743
18	9,770696	0,102347	6,649283	0,150392	64,968120	0,015392
19	11,089740	0,090173	6,739456	0,148380	74,738816	0,013380
20	12,586855	0,079448	6,818904	0,146651	85,828556	0,011651
21	14,286080	0,069998	6,888902	0,145161	98,415411	0,010161
22	16,214701	0,061672	6,950575	0,143873	112,701491	0,008873
23	18,403686	0,054337	7,004912	0,142757	128,916193	0,007757
24	20,888184	0,047874	7,052786	0,141788	147,319879	0,006788
25	23,708088	0,042180	7,094965	0,140945	168,208062	0,005945
26	26,908680	0,037163	7,132128	0,140211	191,916151	0,005211
27	30,541352	0,032742	7,164870	0,139570	218,824831	0,004570
28	34,664435	0,028848	7,193718	0,139010	249,366183	0,004010
29	39,344133	0,025417	7,219135	0,138521	284,030618	0,003521
30	44,655591	0,022394	7,241529	0,138092	323,374752	0,003092
31	50,684096	0,019730	7,261259	0,137717	368,030343	0,002717
32	57,526449	0,017383	7,278642	0,137388	418,714439	0,002388
33	65,292520	0,015316	7,293958	0,137100	476,240889	0,002100
34	74,107010	0,013494	7,307452	0,136847	541,533409	0,001847
35	84,111457	0,011889	7,319341	0,136624	615,640419	0,001624
36	95,466503	0,010475	7,329816	0,136429	699,751875	0,001429
37	108,354481	0,009229	7,339045	0,136258	795,218378	0,001258
38	122,982336	0,008131	7,347176	0,136107	903,572859	0,001107
39	139,584951	0,007164	7,354340	0,135974	1026,555195	0,000974
40	158,428920	0,006312	7,360652	0,135858	1166,140147	0,000858
45	298,410272	0,003351	7,382585	0,135454	2203,039053	0,000454
50	562,073456	0,001779	7,394229	0,135241	4156,099677	0,000241

			14,00%			
	AuF	**AbF**	**DSF**	**KWF**	**EWF**	**RVF**
n	$(1+i)^n$	$(1+i)^{-n}$	$\dfrac{(1+i)^n-1}{i(1+i)^n}$	$\dfrac{i(1+i)^n}{(1+i)^n-1}$	$\dfrac{(1+i)^n-1}{i}$	$\dfrac{i}{(1+i)^n-1}$
1	1,140000	0,877193	0,877193	1,140000	1,000000	1,000000
2	1,299600	0,769468	1,646661	0,607290	2,140000	0,467290
3	1,481544	0,674972	2,321632	0,430731	3,439600	0,290731
4	1,688960	0,592080	2,913712	0,343205	4,921144	0,203205
5	1,925415	0,519369	3,433081	0,291284	6,610104	0,151284
6	2,194973	0,455587	3,888668	0,257157	8,535519	0,117157
7	2,502269	0,399637	4,288305	0,233192	10,730491	0,093192
8	2,852586	0,350559	4,638864	0,215570	13,232760	0,075570
9	3,251949	0,307508	4,946372	0,202168	16,085347	0,062168
10	3,707221	0,269744	5,216116	0,191714	19,337295	0,051714
11	4,226232	0,236617	5,452733	0,183394	23,044516	0,043394
12	4,817905	0,207559	5,660292	0,176669	27,270749	0,036669
13	5,492411	0,182069	5,842362	0,171164	32,088654	0,031164
14	6,261349	0,159710	6,002072	0,166609	37,581065	0,026609
15	7,137938	0,140096	6,142168	0,162809	43,842414	0,022809
16	8,137249	0,122892	6,265060	0,159615	50,980352	0,019615
17	9,276464	0,107800	6,372859	0,156915	59,117601	0,016915
18	10,575169	0,094561	6,467420	0,154621	68,394066	0,014621
19	12,055693	0,082948	6,550369	0,152663	78,969235	0,012663
20	13,743490	0,072762	6,623131	0,150986	91,024928	0,010986
21	15,667578	0,063826	6,686957	0,149545	104,768418	0,009545
22	17,861039	0,055988	6,742944	0,148303	120,435996	0,008303
23	20,361585	0,049112	6,792056	0,147231	138,297035	0,007231
24	23,212207	0,043081	6,835137	0,146303	158,658620	0,006303
25	26,461916	0,037790	6,872927	0,145498	181,870827	0,005498
26	30,166584	0,033149	6,906077	0,144800	208,332743	0,004800
27	34,389906	0,029078	6,935155	0,144193	238,499327	0,004193
28	39,204493	0,025507	6,960662	0,143664	272,889233	0,003664
29	44,693122	0,022375	6,983037	0,143204	312,093725	0,003204
30	50,950159	0,019627	7,002664	0,142803	356,786847	0,002803
31	58,083181	0,017217	7,019881	0,142453	407,737006	0,002453
32	66,214826	0,015102	7,034983	0,142147	465,820186	0,002147
33	75,484902	0,013248	7,048231	0,141880	532,035012	0,001880
34	86,052788	0,011621	7,059852	0,141646	607,519914	0,001646
35	98,100178	0,010194	7,070045	0,141442	693,572702	0,001442
36	111,834203	0,008942	7,078987	0,141263	791,672881	0,001263
37	127,490992	0,007844	7,086831	0,141107	903,507084	0,001107
38	145,339731	0,006880	7,093711	0,140970	1030,998076	0,000970
39	165,687293	0,006035	7,099747	0,140850	1176,337806	0,000850
40	188,883514	0,005294	7,105041	0,140745	1342,025099	0,000745
45	363,679072	0,002750	7,123217	0,140386	2590,564800	0,000386
50	700,232988	0,001428	7,132656	0,140200	4994,521346	0,000200

	14,50%					
	AuF	**AbF**	**DSF**	**KWF**	**EWF**	**RVF**
n	$(1+i)^n$	$(1+i)^{-n}$	$\dfrac{(1+i)^n-1}{i(1+i)^n}$	$\dfrac{i(1+i)^n}{(1+i)^n-1}$	$\dfrac{(1+i)^n-1}{i}$	$\dfrac{i}{(1+i)^n-1}$
1	1,145000	0,873362	0,873362	1,145000	1,000000	1,000000
2	1,311025	0,762762	1,636124	0,611200	2,145000	0,466200
3	1,501124	0,666168	2,302292	0,434350	3,456025	0,289350
4	1,718787	0,581806	2,884098	0,346729	4,957149	0,201729
5	1,968011	0,508127	3,392225	0,294792	6,675935	0,149792
6	2,253372	0,443779	3,836005	0,260688	8,643946	0,115688
7	2,580111	0,387580	4,223585	0,236766	10,897318	0,091766
8	2,954227	0,338498	4,562083	0,219198	13,477429	0,074198
9	3,382590	0,295631	4,857714	0,205858	16,431656	0,060858
10	3,873066	0,258193	5,115908	0,195469	19,814246	0,050469
11	4,434660	0,225496	5,341404	0,187217	23,687312	0,042217
12	5,077686	0,196940	5,538344	0,180559	28,121972	0,035559
13	5,813950	0,172000	5,710344	0,175121	33,199658	0,030121
14	6,656973	0,150218	5,860563	0,170632	39,013609	0,025632
15	7,622234	0,131195	5,991758	0,166896	45,670582	0,021896
16	8,727458	0,114581	6,106339	0,163764	53,292816	0,018764
17	9,992940	0,100071	6,206409	0,161124	62,020275	0,016124
18	11,441916	0,087398	6,293807	0,158886	72,013215	0,013886
19	13,100994	0,076330	6,370137	0,156982	83,455131	0,011982
20	15,000638	0,066664	6,436801	0,155357	96,556125	0,010357
21	17,175731	0,058222	6,495023	0,153964	111,556763	0,008964
22	19,666212	0,050849	6,545871	0,152768	128,732494	0,007768
23	22,517812	0,044409	6,590281	0,151739	148,398705	0,006739
24	25,782895	0,038785	6,629066	0,150851	170,916517	0,005851
25	29,521415	0,033874	6,662940	0,150084	196,699412	0,005084
26	33,802020	0,029584	6,692524	0,149420	226,220827	0,004420
27	38,703313	0,025838	6,718362	0,148846	260,022847	0,003846
28	44,315293	0,022566	6,740927	0,148348	298,726160	0,003348
29	50,741011	0,019708	6,760635	0,147915	343,041453	0,002915
30	58,098457	0,017212	6,777847	0,147539	393,782464	0,002539
31	66,522734	0,015032	6,792880	0,147213	451,880921	0,002213
32	76,168530	0,013129	6,806008	0,146929	518,403655	0,001929
33	87,212967	0,011466	6,817475	0,146682	594,572185	0,001682
34	99,858847	0,010014	6,827489	0,146467	681,785151	0,001467
35	114,338380	0,008746	6,836235	0,146279	781,643998	0,001279
36	130,917445	0,007638	6,843873	0,146116	895,982378	0,001116
37	149,900474	0,006671	6,850544	0,145974	1026,899823	0,000974
38	171,636043	0,005826	6,856370	0,145850	1176,800297	0,000850
39	196,523269	0,005088	6,861459	0,145742	1348,436340	0,000742
40	225,019143	0,004444	6,865903	0,145647	1544,959609	0,000647
45	442,840059	0,002258	6,880978	0,145328	3047,172824	0,000328
50	871,513931	0,001147	6,888638	0,145167	6003,544354	0,000167

n	AuF $(1+i)^n$	AbF $(1+i)^{-n}$	DSF $\dfrac{(1+i)^n - 1}{i(1+i)^n}$	KWF $\dfrac{i(1+i)^n}{(1+i)^n - 1}$	EWF $\dfrac{(1+i)^n - 1}{i}$	RVF $\dfrac{i}{(1+i)^n - 1}$
			15,00%			
1	1,150000	0,869565	0,869565	1,150000	1,000000	1,000000
2	1,322500	0,756144	1,625709	0,615116	2,150000	0,465116
3	1,520875	0,657516	2,283225	0,437977	3,472500	0,287977
4	1,749006	0,571753	2,854978	0,350265	4,993375	0,200265
5	2,011357	0,497177	3,352155	0,298316	6,742381	0,148316
6	2,313061	0,432328	3,784483	0,264237	8,753738	0,114237
7	2,660020	0,375937	4,160420	0,240360	11,066799	0,090360
8	3,059023	0,326902	4,487322	0,222850	13,726819	0,072850
9	3,517876	0,284262	4,771584	0,209574	16,785842	0,059574
10	4,045558	0,247185	5,018769	0,199252	20,303718	0,049252
11	4,652391	0,214943	5,233712	0,191069	24,349276	0,041069
12	5,350250	0,186907	5,420619	0,184481	29,001667	0,034481
13	6,152788	0,162528	5,583147	0,179110	34,351917	0,029110
14	7,075706	0,141329	5,724476	0,174688	40,504705	0,024688
15	8,137062	0,122894	5,847370	0,171017	47,580411	0,021017
16	9,357621	0,106865	5,954235	0,167948	55,717472	0,017948
17	10,761264	0,092926	6,047161	0,165367	65,075093	0,015367
18	12,375454	0,080805	6,127966	0,163186	75,836357	0,013186
19	14,231772	0,070265	6,198231	0,161336	88,211811	0,011336
20	16,366537	0,061100	6,259331	0,159761	102,443583	0,009761
21	18,821518	0,053131	6,312462	0,158417	118,810120	0,008417
22	21,644746	0,046201	6,358663	0,157266	137,631638	0,007266
23	24,891458	0,040174	6,398837	0,156278	159,276384	0,006278
24	28,625176	0,034934	6,433771	0,155430	184,167841	0,005430
25	32,918953	0,030378	6,464149	0,154699	212,793017	0,004699
26	37,856796	0,026415	6,490564	0,154070	245,711970	0,004070
27	43,535315	0,022970	6,513534	0,153526	283,568766	0,003526
28	50,065612	0,019974	6,533508	0,153057	327,104080	0,003057
29	57,575454	0,017369	6,550877	0,152651	377,169693	0,002651
30	66,211772	0,015103	6,565980	0,152300	434,745146	0,002300
31	76,143538	0,013133	6,579113	0,151996	500,956918	0,001996
32	87,565068	0,011420	6,590533	0,151733	577,100456	0,001733
33	100,699829	0,009931	6,600463	0,151505	664,665524	0,001505
34	115,804803	0,008635	6,609099	0,151307	765,365353	0,001307
35	133,175523	0,007509	6,616607	0,151135	881,170156	0,001135
36	153,151852	0,006529	6,623137	0,150986	1014,345680	0,000986
37	176,124630	0,005678	6,628815	0,150857	1167,497532	0,000857
38	202,543324	0,004937	6,633752	0,150744	1343,622161	0,000744
39	232,924823	0,004293	6,638045	0,150647	1546,165485	0,000647
40	267,863546	0,003733	6,641778	0,150562	1779,090308	0,000562
45	538,769269	0,001856	6,654293	0,150279	3585,128460	0,000279
50	1083,657442	0,000923	6,660515	0,150139	7217,716277	0,000139

B. Tabellenteil

				15,50%			
	AuF	**AbF**	**DSF**	**KWF**	**EWF**	**RVF**
n	$(1+i)^n$	$(1+i)^{-n}$	$\dfrac{(1+i)^n-1}{i(1+i)^n}$	$\dfrac{i(1+i)^n}{(1+i)^n-1}$	$\dfrac{(1+i)^n-1}{i}$	$\dfrac{i}{(1+i)^n-1}$
1	1,155000	0,865801	0,865801	1,155000	1,000000	1,000000
2	1,334025	0,749611	1,615412	0,619037	2,155000	0,464037
3	1,540799	0,649014	2,264426	0,441613	3,489025	0,286613
4	1,779623	0,561917	2,826343	0,353814	5,029824	0,198814
5	2,055464	0,486508	3,312851	0,301855	6,809447	0,146855
6	2,374061	0,421219	3,734070	0,267804	8,864911	0,112804
7	2,742041	0,364692	4,098762	0,243976	11,238972	0,088976
8	3,167057	0,315751	4,414513	0,226526	13,981013	0,071526
9	3,657951	0,273377	4,687890	0,213316	17,148070	0,058316
10	4,224933	0,236690	4,924580	0,203063	20,806020	0,048063
11	4,879798	0,204927	5,129506	0,194951	25,030954	0,039951
12	5,636166	0,177426	5,306932	0,188433	29,910751	0,033433
13	6,509772	0,153615	5,460547	0,183132	35,546918	0,028132
14	7,518787	0,133000	5,593547	0,178777	42,056690	0,023777
15	8,684199	0,115152	5,708699	0,175171	49,575477	0,020171
16	10,030250	0,099698	5,808397	0,172165	58,259676	0,017165
17	11,584938	0,086319	5,894716	0,169643	68,289926	0,014643
18	13,380604	0,074735	5,969451	0,167520	79,874864	0,012520
19	15,454598	0,064706	6,034157	0,165723	93,255468	0,010723
20	17,850060	0,056022	6,090179	0,164199	108,710066	0,009199
21	20,616820	0,048504	6,138683	0,162901	126,560126	0,007901
22	23,812427	0,041995	6,180678	0,161795	147,176945	0,006795
23	27,503353	0,036359	6,217037	0,160848	170,989372	0,005848
24	31,766372	0,031480	6,248517	0,160038	198,492725	0,005038
25	36,690160	0,027255	6,275772	0,159343	230,259097	0,004343
26	42,377135	0,023598	6,299370	0,158746	266,949257	0,003746
27	48,945591	0,020431	6,319801	0,158233	309,326392	0,003233
28	56,532157	0,017689	6,337490	0,157791	358,271982	0,002791
29	65,294642	0,015315	6,352805	0,157411	414,804140	0,002411
30	75,415311	0,013260	6,366065	0,157083	480,098781	0,002083
31	87,104684	0,011480	6,377546	0,156800	555,514092	0,001800
32	100,605910	0,009940	6,387485	0,156556	642,618777	0,001556
33	116,199826	0,008606	6,396091	0,156345	743,224687	0,001345
34	134,210800	0,007451	6,403542	0,156164	859,424513	0,001164
35	155,013474	0,006451	6,409993	0,156006	993,635313	0,001006
36	179,040562	0,005585	6,415579	0,155871	1148,648787	0,000871
37	206,791849	0,004836	6,420414	0,155753	1327,689348	0,000753
38	238,844586	0,004187	6,424601	0,155652	1534,481197	0,000652
39	275,865496	0,003625	6,428226	0,155564	1773,325783	0,000564
40	318,624648	0,003138	6,431365	0,155488	2049,191279	0,000488
45	654,921564	0,001527	6,441762	0,155237	4218,848800	0,000237
50	1346,167841	0,000743	6,446820	0,155115	8678,502201	0,000115

				16,00%		
	AuF	**AbF**	**DSF**	**KWF**	**EWF**	**RVF**
n	$(1+i)^n$	$(1+i)^{-n}$	$\dfrac{(1+i)^n-1}{i(1+i)^n}$	$\dfrac{i(1+i)^n}{(1+i)^n-1}$	$\dfrac{(1+i)^n-1}{i}$	$\dfrac{i}{(1+i)^n-1}$
1	1,160000	0,862069	0,862069	1,160000	1,000000	1,000000
2	1,345600	0,743163	1,605232	0,622963	2,160000	0,462963
3	1,560896	0,640658	2,245890	0,445258	3,505600	0,285258
4	1,810639	0,552291	2,798181	0,357375	5,066496	0,197375
5	2,100342	0,476113	3,274294	0,305409	6,877135	0,145409
6	2,436396	0,410442	3,684736	0,271390	8,977477	0,111390
7	2,826220	0,353830	4,038565	0,247613	11,413873	0,087613
8	3,278415	0,305025	4,343591	0,230224	14,240093	0,070224
9	3,802961	0,262953	4,606544	0,217082	17,518508	0,057082
10	4,411435	0,226684	4,833227	0,206901	21,321469	0,046901
11	5,117265	0,195417	5,028644	0,198861	25,732904	0,038861
12	5,936027	0,168463	5,197107	0,192415	30,850169	0,032415
13	6,885791	0,145227	5,342334	0,187184	36,786196	0,027184
14	7,987518	0,125195	5,467529	0,182898	43,671987	0,022898
15	9,265521	0,107927	5,575456	0,179358	51,659505	0,019358
16	10,748004	0,093041	5,668497	0,176414	60,925026	0,016414
17	12,467685	0,080207	5,748704	0,173952	71,673030	0,013952
18	14,462514	0,069144	5,817848	0,171885	84,140715	0,011885
19	16,776517	0,059607	5,877455	0,170142	98,603230	0,010142
20	19,460759	0,051385	5,928841	0,168667	115,379747	0,008667
21	22,574481	0,044298	5,973139	0,167416	134,840506	0,007416
22	26,186398	0,038188	6,011326	0,166353	157,414987	0,006353
23	30,376222	0,032920	6,044247	0,165447	183,601385	0,005447
24	35,236417	0,028380	6,072627	0,164673	213,977607	0,004673
25	40,874244	0,024465	6,097092	0,164013	249,214024	0,004013
26	47,414123	0,021091	6,118183	0,163447	290,088267	0,003447
27	55,000382	0,018182	6,136364	0,162963	337,502390	0,002963
28	63,800444	0,015674	6,152038	0,162548	392,502773	0,002548
29	74,008515	0,013512	6,165550	0,162192	456,303216	0,002192
30	85,849877	0,011648	6,177198	0,161886	530,311731	0,001886
31	99,585857	0,010042	6,187240	0,161623	616,161608	0,001623
32	115,519594	0,008657	6,195897	0,161397	715,747465	0,001397
33	134,002729	0,007463	6,203359	0,161203	831,267059	0,001203
34	155,443166	0,006433	6,209792	0,161036	965,269789	0,001036
35	180,314073	0,005546	6,215338	0,160892	1120,712955	0,000892
36	209,164324	0,004781	6,220119	0,160769	1301,027028	0,000769
37	242,630616	0,004121	6,224241	0,160662	1510,191352	0,000662
38	281,451515	0,003553	6,227794	0,160571	1752,821968	0,000571
39	326,483757	0,003063	6,230857	0,160492	2034,273483	0,000492
40	378,721158	0,002640	6,233497	0,160424	2360,757241	0,000424
45	795,443826	0,001257	6,242143	0,160201	4965,273911	0,000201
50	1670,703804	0,000599	6,246259	0,160096	10435,648773	0,000096

					16,50%		
	AuF	AbF	DSF	KWF	EWF	RVF	
n	$(1+i)^n$	$(1+i)^{-n}$	$\dfrac{(1+i)^n-1}{i(1+i)^n}$	$\dfrac{i(1+i)^n}{(1+i)^n-1}$	$\dfrac{(1+i)^n-1}{i}$	$\dfrac{i}{(1+i)^n-1}$	
1	1,165000	0,858369	0,858369	1,165000	1,000000	1,000000
2	1,357225	0,736798	1,595167	0,626894	2,165000	0,461894
3	1,581167	0,632444	2,227611	0,448911	3,522225	0,283911
4	1,842060	0,542871	2,770481	0,360948	5,103392	0,195948
5	2,146000	0,465983	3,236465	0,308979	6,945452	0,143979
6	2,500089	0,399986	3,636450	0,274993	9,091451	0,109993
7	2,912604	0,343335	3,979786	0,251270	11,591541	0,086270
8	3,393184	0,294708	4,274494	0,233946	14,504145	0,068946
9	3,953059	0,252969	4,527463	0,220874	17,897329	0,055874
10	4,605314	0,217140	4,744603	0,210766	21,850388	0,045766
11	5,365191	0,186387	4,930990	0,202799	26,455702	0,037799
12	6,250447	0,159989	5,090978	0,196426	31,820893	0,031426
13	7,281771	0,137329	5,228308	0,191266	38,071341	0,026266
14	8,483263	0,117879	5,346187	0,187049	45,353112	0,022049
15	9,883002	0,101184	5,447371	0,183575	53,836375	0,018575
16	11,513697	0,086853	5,534224	0,180694	63,719377	0,015694
17	13,413457	0,074552	5,608776	0,178292	75,233075	0,013292
18	15,626678	0,063993	5,672769	0,176281	88,646532	0,011281
19	18,205080	0,054930	5,727699	0,174590	104,273210	0,009590
20	21,208918	0,047150	5,774849	0,173165	122,478289	0,008165
21	24,708389	0,040472	5,815321	0,171960	143,687207	0,006960
22	28,785273	0,034740	5,850061	0,170938	168,395596	0,005938
23	33,534843	0,029820	5,879880	0,170071	197,180869	0,005071
24	39,068093	0,025596	5,905477	0,169334	230,715713	0,004334
25	45,514328	0,021971	5,927448	0,168707	269,783805	0,003707
26	53,024192	0,018859	5,946307	0,168172	315,298133	0,003172
27	61,773184	0,016188	5,962495	0,167715	368,322325	0,002715
28	71,965759	0,013895	5,976391	0,167325	430,095509	0,002325
29	83,840109	0,011927	5,988318	0,166992	502,061268	0,001992
30	97,673727	0,010238	5,998557	0,166707	585,901377	0,001707
31	113,789892	0,008788	6,007345	0,166463	683,575105	0,001463
32	132,565224	0,007543	6,014888	0,166254	797,364997	0,001254
33	154,438487	0,006475	6,021363	0,166075	929,930221	0,001075
34	179,920837	0,005558	6,026921	0,165922	1084,368708	0,000922
35	209,607775	0,004771	6,031692	0,165791	1264,289545	0,000791
36	244,193058	0,004095	6,035787	0,165678	1473,897320	0,000678
37	284,484912	0,003515	6,039302	0,165582	1718,090377	0,000582
38	331,424923	0,003017	6,042320	0,165499	2002,575290	0,000499
39	386,110035	0,002590	6,044909	0,165428	2334,000212	0,000428
40	449,818191	0,002223	6,047133	0,165368	2720,110247	0,000368
45	965,309636	0,001036	6,054328	0,165171	5844,300822	0,000171
50	2071,554045	0,000483	6,057680	0,165080	12548,812393	0,000080

	AuF	AbF	DSF	KWF	EWF	RVF
17,00%						
n	$(1+i)^n$	$(1+i)^{-n}$	$\dfrac{(1+i)^n-1}{i(1+i)^n}$	$\dfrac{i(1+i)^n}{(1+i)^n-1}$	$\dfrac{(1+i)^n-1}{i}$	$\dfrac{i}{(1+i)^n-1}$
1	1,170000	0,854701	0,854701	1,170000	1,000000	1,000000
2	1,368900	0,730514	1,585214	0,630829	2,170000	0,460829
3	1,601613	0,624371	2,209585	0,452574	3,538900	0,282574
4	1,873887	0,533650	2,743235	0,364533	5,140513	0,194533
5	2,192448	0,456111	3,199346	0,312564	7,014400	0,142564
6	2,565164	0,389839	3,589185	0,278615	9,206848	0,108615
7	3,001242	0,333195	3,922380	0,254947	11,772012	0,084947
8	3,511453	0,284782	4,207163	0,237690	14,773255	0,067690
9	4,108400	0,243404	4,450566	0,224691	18,284708	0,054691
10	4,806828	0,208037	4,658604	0,214657	22,393108	0,044657
11	5,623989	0,177810	4,836413	0,206765	27,199937	0,036765
12	6,580067	0,151974	4,988387	0,200466	32,823926	0,030466
13	7,698679	0,129892	5,118280	0,195378	39,403993	0,025378
14	9,007454	0,111019	5,229299	0,191230	47,102672	0,021230
15	10,538721	0,094888	5,324187	0,187822	56,110126	0,017822
16	12,330304	0,081101	5,405288	0,185004	66,648848	0,015004
17	14,426456	0,069317	5,474605	0,182662	78,979152	0,012662
18	16,878953	0,059245	5,533851	0,180706	93,405608	0,010706
19	19,748375	0,050637	5,584488	0,179067	110,284561	0,009067
20	23,105599	0,043280	5,627767	0,177690	130,032936	0,007690
21	27,033551	0,036991	5,664758	0,176530	153,138535	0,006530
22	31,629255	0,031616	5,696375	0,175550	180,172086	0,005550
23	37,006228	0,027022	5,723397	0,174721	211,801341	0,004721
24	43,297287	0,023096	5,746493	0,174019	248,807569	0,004019
25	50,657826	0,019740	5,766234	0,173423	292,104856	0,003423
26	59,269656	0,016872	5,783106	0,172917	342,762681	0,002917
27	69,345497	0,014421	5,797526	0,172487	402,032337	0,002487
28	81,134232	0,012325	5,809851	0,172121	471,377835	0,002121
29	94,927051	0,010534	5,820386	0,171810	552,512066	0,001810
30	111,064650	0,009004	5,829390	0,171545	647,439118	0,001545
31	129,945641	0,007696	5,837085	0,171318	758,503768	0,001318
32	152,036399	0,006577	5,843663	0,171126	888,449408	0,001126
33	177,882587	0,005622	5,849284	0,170961	1040,485808	0,000961
34	208,122627	0,004805	5,854089	0,170821	1218,368395	0,000821
35	243,503474	0,004107	5,858196	0,170701	1426,491022	0,000701
36	284,899064	0,003510	5,861706	0,170599	1669,994496	0,000599
37	333,331905	0,003000	5,864706	0,170512	1954,893560	0,000512
38	389,998329	0,002564	5,867270	0,170437	2288,225465	0,000437
39	456,298045	0,002192	5,869461	0,170373	2678,223794	0,000373
40	533,868713	0,001873	5,871335	0,170319	3134,521839	0,000319
45	1170,479411	0,000854	5,877327	0,170145	6879,290650	0,000145
50	2566,215284	0,000390	5,880061	0,170066	15089,501673	0,000066

17,50%						
	AuF	**AbF**	**DSF**	**KWF**	**EWF**	**RVF**
n	$(1+i)^n$	$(1+i)^{-n}$	$\dfrac{(1+i)^n-1}{i(1+i)^n}$	$\dfrac{i(1+i)^n}{(1+i)^n-1}$	$\dfrac{(1+i)^n-1}{i}$	$\dfrac{i}{(1+i)^n-1}$
1	1,175000	0,851064	0,851064	1,175000	1,000000	1,000000
2	1,380625	0,724310	1,575373	0,634770	2,175000	0,459770
3	1,622234	0,616434	2,191807	0,456245	3,555625	0,281245
4	1,906125	0,524624	2,716432	0,368130	5,177859	0,193130
5	2,239697	0,446489	3,162921	0,316163	7,083985	0,141163
6	2,631644	0,379991	3,542911	0,282254	9,323682	0,107254
7	3,092182	0,323396	3,866307	0,258645	11,955326	0,083645
8	3,633314	0,275231	4,141538	0,241456	15,047509	0,066456
9	4,269144	0,234239	4,375777	0,228531	18,680823	0,053531
10	5,016244	0,199352	4,575129	0,218573	22,949967	0,043573
11	5,894087	0,169662	4,744791	0,210757	27,966211	0,035757
12	6,925552	0,144393	4,889184	0,204533	33,860298	0,029533
13	8,137524	0,122888	5,012071	0,199518	40,785850	0,024518
14	9,561590	0,104585	5,116657	0,195440	48,923373	0,020440
15	11,234869	0,089009	5,205665	0,192098	58,484964	0,017098
16	13,200971	0,075752	5,281417	0,189343	69,719832	0,014343
17	15,511141	0,064470	5,345887	0,187060	82,920803	0,012060
18	18,225590	0,054868	5,400755	0,185159	98,431944	0,010159
19	21,415068	0,046696	5,447451	0,183572	116,657534	0,008572
20	25,162705	0,039741	5,487192	0,182243	138,072602	0,007243
21	29,566179	0,033822	5,521015	0,181126	163,235307	0,006126
22	34,740260	0,028785	5,549800	0,180187	192,801486	0,005187
23	40,819806	0,024498	5,574298	0,179395	227,541746	0,004395
24	47,963272	0,020849	5,595147	0,178726	268,361552	0,003726
25	56,356844	0,017744	5,612891	0,178161	316,324823	0,003161
26	66,219292	0,015101	5,627992	0,177683	372,681667	0,002683
27	77,807668	0,012852	5,640845	0,177278	438,900959	0,002278
28	91,424010	0,010938	5,651783	0,176935	516,708627	0,001935
29	107,423211	0,009309	5,661092	0,176644	608,132637	0,001644
30	126,222273	0,007923	5,669014	0,176398	715,555848	0,001398
31	148,311171	0,006743	5,675757	0,176188	841,778122	0,001188
32	174,265626	0,005738	5,681495	0,176010	990,089293	0,001010
33	204,762111	0,004884	5,686379	0,175859	1164,354919	0,000859
34	240,595480	0,004156	5,690535	0,175730	1369,117030	0,000730
35	282,699689	0,003537	5,694072	0,175621	1609,712511	0,000621
36	332,172135	0,003010	5,697083	0,175528	1892,412200	0,000528
37	390,302259	0,002562	5,699645	0,175450	2224,584335	0,000450
38	458,605154	0,002181	5,701826	0,175382	2614,886594	0,000382
39	538,861056	0,001856	5,703681	0,175325	3073,491747	0,000325
40	633,161741	0,001579	5,705261	0,175277	3612,352803	0,000277
45	1418,090662	0,000705	5,710256	0,175123	8097,660928	0,000123
50	3176,093876	0,000315	5,712487	0,175055	18143,393576	0,000055

			18,00%			
	AuF	**AbF**	**DSF**	**KWF**	**EWF**	**RVF**
n	$(1+i)^n$	$(1+i)^{-n}$	$\dfrac{(1+i)^n-1}{i(1+i)^n}$	$\dfrac{i(1+i)^n}{(1+i)^n-1}$	$\dfrac{(1+i)^n-1}{i}$	$\dfrac{i}{(1+i)^n-1}$
1	1,180000	0,847458	0,847458	1,180000	1,000000	1,000000
2	1,392400	0,718184	1,565642	0,638716	2,180000	0,458716
3	1,643032	0,608631	2,174273	0,459924	3,572400	0,279924
4	1,938778	0,515789	2,690062	0,371739	5,215432	0,191739
5	2,287758	0,437109	3,127171	0,319778	7,154210	0,139778
6	2,699554	0,370432	3,497603	0,285910	9,441968	0,105910
7	3,185474	0,313925	3,811528	0,262362	12,141522	0,082362
8	3,758859	0,266038	4,077566	0,245244	15,326996	0,065244
9	4,435454	0,225456	4,303022	0,232395	19,085855	0,052395
10	5,233836	0,191064	4,494086	0,222515	23,521309	0,042515
11	6,175926	0,161919	4,656005	0,214776	28,755144	0,034776
12	7,287593	0,137220	4,793225	0,208628	34,931070	0,028628
13	8,599359	0,116288	4,909513	0,203686	42,218663	0,023686
14	10,147244	0,098549	5,008062	0,199678	50,818022	0,019678
15	11,973748	0,083516	5,091578	0,196403	60,965266	0,016403
16	14,129023	0,070776	5,162354	0,193710	72,939014	0,013710
17	16,672247	0,059980	5,222334	0,191485	87,068036	0,011485
18	19,673251	0,050830	5,273164	0,189639	103,740283	0,009639
19	23,214436	0,043077	5,316241	0,188103	123,413534	0,008103
20	27,393035	0,036506	5,352746	0,186820	146,627970	0,006820
21	32,323781	0,030937	5,383683	0,185746	174,021005	0,005746
22	38,142061	0,026218	5,409901	0,184846	206,344785	0,004846
23	45,007632	0,022218	5,432120	0,184090	244,486847	0,004090
24	53,109006	0,018829	5,450949	0,183454	289,494479	0,003454
25	62,668627	0,015957	5,466906	0,182919	342,603486	0,002919
26	73,948980	0,013523	5,480429	0,182467	405,272113	0,002467
27	87,259797	0,011460	5,491889	0,182087	479,221093	0,002087
28	102,966560	0,009712	5,501601	0,181765	566,480890	0,001765
29	121,500541	0,008230	5,509831	0,181494	669,447450	0,001494
30	143,370638	0,006975	5,516806	0,181264	790,947991	0,001264
31	169,177353	0,005911	5,522717	0,181070	934,318630	0,001070
32	199,629277	0,005009	5,527726	0,180906	1103,495983	0,000906
33	235,562547	0,004245	5,531971	0,180767	1303,125260	0,000767
34	277,963805	0,003598	5,535569	0,180650	1538,687807	0,000650
35	327,997290	0,003049	5,538618	0,180550	1816,651612	0,000550
36	387,036802	0,002584	5,541201	0,180466	2144,648902	0,000466
37	456,703427	0,002190	5,543391	0,180395	2531,685705	0,000395
38	538,910044	0,001856	5,545247	0,180335	2988,389132	0,000335
39	635,913852	0,001573	5,546819	0,180284	3527,299175	0,000284
40	750,378345	0,001333	5,548152	0,180240	4163,213027	0,000240
45	1716,683879	0,000583	5,552319	0,180105	9531,577105	0,000105
50	3927,356860	0,000255	5,554141	0,180046	21813,093666	0,000046

	18,50%					
	AuF	**AbF**	**DSF**	**KWF**	**EWF**	**RVF**
n	$(1+i)^n$	$(1+i)^{-n}$	$\dfrac{(1+i)^n-1}{i(1+i)^n}$	$\dfrac{i(1+i)^n}{(1+i)^n-1}$	$\dfrac{(1+i)^n-1}{i}$	$\dfrac{i}{(1+i)^n-1}$
1	1,185000	0,843882	0,843882	1,185000	1,000000	1,000000
2	1,404225	0,712137	1,556018	0,642666	2,185000	0,457666
3	1,664007	0,600959	2,156978	0,463612	3,589225	0,278612
4	1,971848	0,507139	2,664116	0,375359	5,253232	0,190359
5	2,336640	0,427965	3,092081	0,323407	7,225079	0,138407
6	2,768918	0,361152	3,453233	0,289584	9,561719	0,104584
7	3,281168	0,304770	3,758003	0,266099	12,330637	0,081099
8	3,888184	0,257189	4,015192	0,249054	15,611805	0,064054
9	4,607498	0,217038	4,232230	0,236282	19,499989	0,051282
10	5,459885	0,183154	4,415384	0,226481	24,107487	0,041481
11	6,469964	0,154560	4,569944	0,218821	29,567372	0,033821
12	7,666907	0,130431	4,700375	0,212749	36,037336	0,027749
13	9,085285	0,110068	4,810443	0,207881	43,704243	0,022881
14	10,766063	0,092884	4,903327	0,203943	52,789528	0,018943
15	12,757784	0,078384	4,981711	0,200734	63,555591	0,015734
16	15,117974	0,066146	5,047857	0,198104	76,313375	0,013104
17	17,914800	0,055820	5,103677	0,195937	91,431350	0,010937
18	21,229038	0,047105	5,150782	0,194145	109,346149	0,009145
19	25,156410	0,039751	5,190534	0,192658	130,575187	0,007658
20	29,810345	0,033545	5,224079	0,191421	155,731596	0,006421
21	35,325259	0,028308	5,252387	0,190390	185,541942	0,005390
22	41,860432	0,023889	5,276276	0,189528	220,867201	0,004528
23	49,604612	0,020159	5,296436	0,188806	262,727633	0,003806
24	58,781465	0,017012	5,313448	0,188202	312,332245	0,003202
25	69,656036	0,014356	5,327804	0,187695	371,113710	0,002695
26	82,542403	0,012115	5,339919	0,187269	440,769747	0,002269
27	97,812748	0,010224	5,350143	0,186911	523,312150	0,001911
28	115,908106	0,008628	5,358770	0,186610	621,124898	0,001610
29	137,351106	0,007281	5,366051	0,186357	737,033004	0,001357
30	162,761060	0,006144	5,372195	0,186144	874,384110	0,001144
31	192,871856	0,005185	5,377380	0,185964	1037,145170	0,000964
32	228,553150	0,004375	5,381755	0,185813	1230,017026	0,000813
33	270,835483	0,003692	5,385447	0,185686	1458,570176	0,000686
34	320,940047	0,003116	5,388563	0,185578	1729,405659	0,000578
35	380,313956	0,002629	5,391192	0,185488	2050,345706	0,000488
36	450,672037	0,002219	5,393411	0,185411	2430,659662	0,000411
37	534,046364	0,001872	5,395284	0,185347	2881,331699	0,000347
38	632,844942	0,001580	5,396864	0,185293	3415,378063	0,000293
39	749,921256	0,001333	5,398197	0,185247	4048,223005	0,000247
40	888,656688	0,001125	5,399323	0,185208	4798,144261	0,000208
45	2076,470500	0,000482	5,402802	0,185089	11218,759460	0,000089
50	4851,963413	0,000206	5,404291	0,185038	26221,423852	0,000038

	AuF	AbF	DSF	KWF	EWF	RVF
n	$(1+i)^n$	$(1+i)^{-n}$	$\dfrac{(1+i)^n-1}{i(1+i)^n}$	$\dfrac{i(1+i)^n}{(1+i)^n-1}$	$\dfrac{(1+i)^n-1}{i}$	$\dfrac{i}{(1+i)^n-1}$

19,00%

n	AuF	AbF	DSF	KWF	EWF	RVF
1	1,190000	0,840336	0,840336	1,190000	1,000000	1,000000
2	1,416100	0,706165	1,546501	0,646621	2,190000	0,456621
3	1,685159	0,593416	2,139917	0,467308	3,606100	0,277308
4	2,005339	0,498669	2,638586	0,378991	5,291259	0,188991
5	2,386354	0,419049	3,057635	0,327050	7,296598	0,137050
6	2,839761	0,352142	3,409777	0,293274	9,682952	0,103274
7	3,379315	0,295918	3,705695	0,269855	12,522713	0,079855
8	4,021385	0,248671	3,954366	0,252885	15,902028	0,062885
9	4,785449	0,208967	4,163332	0,240192	19,923413	0,050192
10	5,694684	0,175602	4,338935	0,230471	24,708862	0,040471
11	6,776674	0,147565	4,486500	0,222891	30,403546	0,032891
12	8,064242	0,124004	4,610504	0,216896	37,180220	0,026896
13	9,596448	0,104205	4,714709	0,212102	45,244461	0,022102
14	11,419773	0,087567	4,802277	0,208235	54,840909	0,018235
15	13,589530	0,073586	4,875863	0,205092	66,260682	0,015092
16	16,171540	0,061837	4,937700	0,202523	79,850211	0,012523
17	19,244133	0,051964	4,989664	0,200414	96,021751	0,010414
18	22,900518	0,043667	5,033331	0,198676	115,265884	0,008676
19	27,251616	0,036695	5,070026	0,197238	138,166402	0,007238
20	32,429423	0,030836	5,100862	0,196045	165,418018	0,006045
21	38,591014	0,025913	5,126775	0,195054	197,847442	0,005054
22	45,923307	0,021775	5,148550	0,194229	236,438456	0,004229
23	54,648735	0,018299	5,166849	0,193542	282,361762	0,003542
24	65,031994	0,015377	5,182226	0,192967	337,010497	0,002967
25	77,388073	0,012922	5,195148	0,192487	402,042491	0,002487
26	92,091807	0,010859	5,206007	0,192086	479,430565	0,002086
27	109,589251	0,009125	5,215132	0,191750	571,522372	0,001750
28	130,411208	0,007668	5,222800	0,191468	681,111623	0,001468
29	155,189338	0,006444	5,229243	0,191232	811,522831	0,001232
30	184,675312	0,005415	5,234658	0,191034	966,712169	0,001034
31	219,763621	0,004550	5,239209	0,190869	1151,387481	0,000869
32	261,518710	0,003824	5,243033	0,190729	1371,151103	0,000729
33	311,207264	0,003213	5,246246	0,190612	1632,669812	0,000612
34	370,336645	0,002700	5,248946	0,190514	1943,877077	0,000514
35	440,700607	0,002269	5,251215	0,190432	2314,213721	0,000432
36	524,433722	0,001907	5,253122	0,190363	2754,914328	0,000363
37	624,076130	0,001602	5,254724	0,190305	3279,348051	0,000305
38	742,650594	0,001347	5,256071	0,190256	3903,424180	0,000256
39	883,754207	0,001132	5,257202	0,190215	4646,074775	0,000215
40	1051,667507	0,000951	5,258153	0,190181	5529,828982	0,000181
45	2509,650603	0,000398	5,261061	0,190076	13203,424228	0,000076
50	5988,913902	0,000167	5,262279	0,190032	31515,336327	0,000032

	19,50%					
	AuF	**AbF**	**DSF**	**KWF**	**EWF**	**RVF**
n	$(1+i)^n$	$(1+i)^{-n}$	$\dfrac{(1+i)^n-1}{i(1+i)^n}$	$\dfrac{i(1+i)^n}{(1+i)^n-1}$	$\dfrac{(1+i)^n-1}{i}$	$\dfrac{i}{(1+i)^n-1}$
1	1,195000	0,836820	0,836820	1,195000	1,000000	1,000000
2	1,428025	0,700268	1,537088	0,650581	2,195000	0,455581
3	1,706490	0,585998	2,123086	0,471012	3,623025	0,276012
4	2,039255	0,490375	2,613461	0,382634	5,329515	0,187634
5	2,436910	0,410356	3,023817	0,330708	7,368770	0,135708
6	2,912108	0;343394	3,367211	0,296982	9,805680	0,101982
7	3,479969	0,287359	3,654570	0,273630	12,717788	0,078630
8	4,158563	0,240468	3,895037	0,256737	16,197757	0,061737
9	4,969482	0,201228	4,096266	0,244125	20,356319	0,049125
10	5,938531	0,168392	4,264657	0,234485	25,325802	0,039485
11	7,096545	0,140914	4,405571	0,226985	31,264333	0,031985
12	8,480371	0,117919	4,523490	0,221068	38,360878	0,026068
13	10,134044	0,098677	4,622168	0,216349	46,841249	0,021349
14	12,110182	0,082575	4,704743	0,212551	56,975293	0,017551
15	14,471668	0,069101	4,773843	0,209475	69,085475	0,014475
16	17,293643	0,057825	4,831668	0,206968	83,557143	0,011968
17	20,665903	0,048389	4,880057	0,204916	100,850785	0,009916
18	24,695754	0,040493	4,920550	0,203229	121,516689	0,008229
19	29,511426	0,033885	4,954435	0,201839	146,212443	0,006839
20	35,266154	0,028356	4,982791	0,200691	175,723869	0,005691
21	42,143055	0,023729	5,006519	0,199740	210,990024	0,004740
22	50,360950	0,019857	5,026376	0,198950	253,133078	0,003950
23	60,181336	0,016616	5,042993	0,198295	303,494029	0,003295
24	71,916696	0,013905	5,056898	0,197750	363,675364	0,002750
25	85,940452	0,011636	5,068534	0,197296	435,592060	0,002296
26	102,698840	0,009737	5,078271	0,196917	521,532512	0,001917
27	122,725114	0,008148	5,086419	0,196602	624,231352	0,001602
28	146,656511	0,006819	5,093238	0,196339	746,956465	0,001339
29	175,254530	0,005706	5,098944	0,196119	893,612976	0,001119
30	209,429164	0,004775	5,103719	0,195936	1068,867506	0,000936
31	250,267851	0,003996	5,107714	0,195782	1278,296670	0,000782
32	299,070082	0,003344	5,111058	0,195654	1528,564521	0,000654
33	357,388747	0,002798	5,113856	0,195547	1827,634602	0,000547
34	427,079553	0,002341	5,116198	0,195458	2185,023350	0,000458
35	510,360066	0,001959	5,118157	0,195383	2612,102903	0,000383
36	609,880279	0,001640	5,119797	0,195320	3122,462969	0,000320
37	728,806933	0,001372	5,121169	0,195268	3732,343248	0,000268
38	870,924285	0,001148	5,122317	0,195224	4461,150181	0,000224
39	1040,754521	0,000961	5,123278	0,195188	5332,074466	0,000188
40	1243,701652	0,000804	5,124082	0,195157	6372,828987	0,000157
45	3030,789247	0,000330	5,126513	0,195064	15537,380756	0,000064
50	7385,761242	0,000135	5,127511	0,195026	37870,570473	0,000026

			20,00%			
	AuF	**AbF**	**DSF**	**KWF**	**EWF**	**RVF**
n	$(1+i)^n$	$(1+i)^{-n}$	$\dfrac{(1+i)^n-1}{i(1+i)^n}$	$\dfrac{i(1+i)^n}{(1+i)^n-1}$	$\dfrac{(1+i)^n-1}{i}$	$\dfrac{i}{(1+i)^n-1}$
1	1,200000	0,833333	0,833333	1,200000	1,000000	1,000000
2	1,440000	0,694444	1,527778	0,654545	2,200000	0,454545
3	1,728000	0,578704	2,106481	0,474725	3,640000	0,274725
4	2,073600	0,482253	2,588735	0,386289	5,368000	0,186289
5	2,488320	0,401878	2,990612	0,334380	7,441600	0,134380
6	2,985984	0,334898	3,325510	0,300706	9,929920	0,100706
7	3,583181	0,279082	3,604592	0,277424	12,915904	0,077424
8	4,299817	0,232568	3,837160	0,260609	16,499085	0,060609
9	5,159780	0,193807	4,030967	0,248079	20,798902	0,048079
10	6,191736	0,161506	4,192472	0,238523	25,958682	0,038523
11	7,430084	0,134588	4,327060	0,231104	32,150419	0,031104
12	8,916100	0,112157	4,439217	0,225265	39,580502	0,025265
13	10,699321	0,093464	4,532681	0,220620	48,496603	0,020620
14	12,839185	0,077887	4,610567	0,216893	59,195923	0,016893
15	15,407022	0,064905	4,675473	0,213882	72,035108	0,013882
16	18,488426	0,054088	4,729561	0,211436	87,442129	0,011436
17	22,186111	0,045073	4,774634	0,209440	105,930555	0,009440
18	26,623333	0,037561	4,812195	0,207805	128,116666	0,007805
19	31,948000	0,031301	4,843496	0,206462	154,740000	0,006462
20	38,337600	0,026084	4,869580	0,205357	186,688000	0,005357
21	46,005120	0,021737	4,891316	0,204444	225,025600	0,004444
22	55,206144	0,018114	4,909430	0,203690	271,030719	0,003690
23	66,247373	0,015095	4,924525	0,203065	326,236863	0,003065
24	79,496847	0,012579	4,937104	0,202548	392,484236	0,002548
25	95,396217	0,010483	4,947587	0,202119	471,981083	0,002119
26	114,475460	0,008735	4,956323	0,201762	567,377300	0,001762
27	137,370552	0,007280	4,963602	0,201467	681,852760	0,001467
28	164,844662	0,006066	4,969668	0,201221	819,223312	0,001221
29	197,813595	0,005055	4,974724	0,201016	984,067974	0,001016
30	237,376314	0,004213	4,978936	0,200846	1181,881569	0,000846
31	284,851577	0,003511	4,982447	0,200705	1419,257883	0,000705
32	341,821892	0,002926	4,985372	0,200587	1704,109459	0,000587
33	410,186270	0,002438	4,987810	0,200489	2045,931351	0,000489
34	492,223524	0,002032	4,989842	0,200407	2456,117621	0,000407
35	590,668229	0,001693	4,991535	0,200339	2948,341146	0,000339
36	708,801875	0,001411	4,992946	0,200283	3539,009375	0,000283
37	850,562250	0,001176	4,994122	0,200235	4247,811250	0,000235
38	1020,674700	0,000980	4,995101	0,200196	5098,373500	0,000196
39	1224,809640	0,000816	4,995918	0,200163	6119,048200	0,000163
40	1469,771568	0,000680	4,996598	0,200136	7343,857840	0,000136
45	3657,261988	0,000273	4,998633	0,200055	18281,309940	0,000055
50	9100,438150	0,000110	4,999451	0,200022	45497,190750	0,000022

	20,50%					
	AuF	**AbF**	**DSF**	**KWF**	**EWF**	**RVF**
n	$(1+i)^n$	$(1+i)^{-n}$	$\dfrac{(1+i)^n-1}{i(1+i)^n}$	$\dfrac{i(1+i)^n}{(1+i)^n-1}$	$\dfrac{(1+i)^n-1}{i}$	$\dfrac{i}{(1+i)^n-1}$
1	1,205000	0,829876	0,829876	1,205000	1,000000	1,000000
2	1,452025	0,688693	1,518569	0,658515	2,205000	0,453515
3	1,749690	0,571530	2,090099	0,478446	3,657025	0,273446
4	2,108377	0,474299	2,564397	0,389955	5,406715	0,184955
5	2,540594	0,393609	2,958006	0,338066	7,515092	0,133066
6	3,061416	0,326646	3,284652	0,304446	10,055686	0,099446
7	3,689006	0,271076	3,555728	0,281236	13,117101	0,076236
8	4,445252	0,224959	3,780687	0,264502	16,806107	0,059502
9	5,356529	0,186688	3,967375	0,252056	21,251359	0,047056
10	6,454617	0,154928	4,122303	0,242583	26,607887	0,037583
11	7,777813	0,128571	4,250874	0,235246	33,062504	0,030246
12	9,372265	0,106698	4,357572	0,229486	40,840317	0,024486
13	11,293579	0,088546	4,446118	0,224915	50,212582	0,019915
14	13,608763	0,073482	4,519600	0,221259	61,506162	0,016259
15	16,398560	0,060981	4,580581	0,218313	75,114925	0,013313
16	19,760264	0,050607	4,631187	0,215927	91,513485	0,010927
17	23,811119	0,041997	4,673184	0,213987	111,273749	0,008987
18	28,692398	0,034852	4,708037	0,212403	135,084868	0,007403
19	34,574339	0,028923	4,736960	0,211106	163,777266	0,006106
20	41,662079	0,024003	4,760963	0,210042	198,351605	0,005042
21	50,202805	0,019919	4,780882	0,209166	240,013684	0,004166
22	60,494380	0,016530	4,797412	0,208446	290,216489	0,003446
23	72,895728	0,013718	4,811131	0,207851	350,710869	0,002851
24	87,839353	0,011384	4,822515	0,207361	423,606598	0,002361
25	105,846420	0,009448	4,831963	0,206955	511,445950	0,001955
26	127,544936	0,007840	4,839803	0,206620	617,292370	0,001620
27	153,691648	0,006507	4,846310	0,206343	744,837306	0,001343
28	185,198435	0,005400	4,851709	0,206113	898,528954	0,001113
29	223,164115	0,004481	4,856190	0,205923	1083,727389	0,000923
30	268,912758	0,003719	4,859909	0,205765	1306,891504	0,000765
31	324,039874	0,003086	4,862995	0,205635	1575,804262	0,000635
32	390,468048	0,002561	4,865556	0,205526	1899,844136	0,000526
33	470,513998	0,002125	4,867681	0,205437	2290,312184	0,000437
34	566,969367	0,001764	4,869445	0,205362	2760,826181	0,000362
35	683,198087	0,001464	4,870909	0,205300	3327,795548	0,000300
36	823,253695	0,001215	4,872123	0,205249	4010,993636	0,000249
37	992,020703	0,001008	4,873131	0,205207	4834,247331	0,000207
38	1195,384947	0,000837	4,873968	0,205172	5826,268034	0,000172
39	1440,438861	0,000694	4,874662	0,205142	7021,652981	0,000142
40	1735,728828	0,000576	4,875238	0,205118	8462,091842	0,000118
45	4409,781904	0,000227	4,876943	0,205046	21506,253192	0,000046
50	11203,464582	0,000089	4,877613	0,205018	54646,168693	0,000018

		21,00%				
	AuF	**AbF**	**DSF**	**KWF**	**EWF**	**RVF**
n	$(1+i)^n$	$(1+i)^{-n}$	$\dfrac{(1+i)^n-1}{i(1+i)^n}$	$\dfrac{i(1+i)^n}{(1+i)^n-1}$	$\dfrac{(1+i)^n-1}{i}$	$\dfrac{i}{(1+i)^n-1}$
1	1,210000	0,826446	0,826446	1,210000	1,000000	1,000000
2	1,464100	0,683013	1,509460	0,662489	2,210000	0,452489
3	1,771561	0,564474	2,073934	0,482175	3,674100	0,272175
4	2,143589	0,466507	2,540441	0,393632	5,445661	0,183632
5	2,593742	0,385543	2,925984	0,341765	7,589250	0,131765
6	3,138428	0,318631	3,244615	0,308203	10,182992	0,098203
7	3,797498	0,263331	3,507946	0,285067	13,321421	0,075067
8	4,594973	0,217629	3,725576	0,268415	17,118919	0,058415
9	5,559917	0,179859	3,905434	0,256053	21,713892	0,046053
10	6,727500	0,148644	4,054078	0,246665	27,273809	0,036665
11	8,140275	0,122846	4,176924	0,239411	34,001309	0,029411
12	9,849733	0,101526	4,278450	0,233730	42,141584	0,023730
13	11,918177	0,083905	4,362355	0,229234	51,991317	0,019234
14	14,420994	0,069343	4,431698	0,225647	63,909493	0,015647
15	17,449402	0,057309	4,489007	0,222766	78,330487	0,012766
16	21,113777	0,047362	4,536369	0,220441	95,779889	0,010441
17	25,547670	0,039143	4,575512	0,218555	116,893666	0,008555
18	30,912681	0,032349	4,607861	0,217020	142,441336	0,007020
19	37,404343	0,026735	4,634596	0,215769	173,354016	0,005769
20	45,259256	0,022095	4,656691	0,214745	210,758360	0,004745
21	54,763699	0,018260	4,674951	0,213906	256,017615	0,003906
22	66,264076	0,015091	4,690042	0,213218	310,781315	0,003218
23	80,179532	0,012472	4,702514	0,212652	377,045391	0,002652
24	97,017234	0,010307	4,712822	0,212187	457,224923	0,002187
25	117,390853	0,008519	4,721340	0,211804	554,242157	0,001804
26	142,042932	0,007040	4,728380	0,211489	671,633009	0,001489
27	171,871948	0,005818	4,734199	0,211229	813,675941	0,001229
28	207,965057	0,004809	4,739007	0,211015	985,547889	0,001015
29	251,637719	0,003974	4,742981	0,210838	1193,512946	0,000838
30	304,481640	0,003284	4,746265	0,210692	1445,150664	0,000692
31	368,422784	0,002714	4,748980	0,210572	1749,632304	0,000572
32	445,791568	0,002243	4,751223	0,210472	2118,055088	0,000472
33	539,407798	0,001854	4,753077	0,210390	2563,846656	0,000390
34	652,683435	0,001532	4,754609	0,210322	3103,254454	0,000322
35	789,746957	0,001266	4,755875	0,210266	3755,937890	0,000266
36	955,593818	0,001046	4,756922	0,210220	4545,684846	0,000220
37	1156,268519	0,000865	4,757786	0,210182	5501,278664	0,000182
38	1399,084909	0,000715	4,758501	0,210150	6657,547183	0,000150
39	1692,892739	0,000591	4,759092	0,210124	8056,632092	0,000124
40	2048,400215	0,000488	4,759580	0,210103	9749,524831	0,000103
45	5313,022612	0,000188	4,761008	0,210040	25295,345771	0,000040
50	13780,612340	0,000073	4,761559	0,210015	65617,201618	0,000015

	AuF	AbF	DSF	KWF	EWF	RVF
n	$(1+i)^n$	$(1+i)^{-n}$	$\dfrac{(1+i)^n-1}{i(1+i)^n}$	$\dfrac{i(1+i)^n}{(1+i)^n-1}$	$\dfrac{(1+i)^n-1}{i}$	$\dfrac{i}{(1+i)^n-1}$
1	1,215000	0,823045	0,823045	1,215000	1,000000	1,000000
2	1,476225	0,677404	1,500449	0,666467	2,215000	0,451467
3	1,793613	0,557534	2,057983	0,485913	3,691225	0,270913
4	2,179240	0,458876	2,516858	0,397321	5,484838	0,182321
5	2,647777	0,377675	2,894533	0,345479	7,664079	0,130479
6	3,217049	0,310844	3,205377	0,311976	10,311856	0,096976
7	3,908714	0,255839	3,461216	0,288916	13,528904	0,073916
8	4,749088	0,210567	3,671783	0,272347	17,437619	0,057347
9	5,770142	0,173306	3,845089	0,260072	22,186707	0,045072
10	7,010723	0,142639	3,987727	0,250769	27,956849	0,035769
11	8,518028	0,117398	4,105125	0,243598	34,967572	0,028598
12	10,349404	0,096624	4,201749	0,237996	43,485599	0,022996
13	12,574526	0,079526	4,281275	0,233575	53,835003	0,018575
14	15,278049	0,065453	4,346728	0,230058	66,409529	0,015058
15	18,562829	0,053871	4,400600	0,227242	81,687578	0,012242
16	22,553837	0,044338	4,444938	0,224975	100,250407	0,009975
17	27,402913	0,036492	4,481430	0,223143	122,804244	0,008143
18	33,294539	0,030035	4,511465	0,221657	150,207157	0,006657
19	40,452865	0,024720	4,536185	0,220450	183,501696	0,005450
20	49,150230	0,020346	4,556531	0,219465	223,954560	0,004465
21	59,717530	0,016746	4,573277	0,218662	273,104791	0,003662
22	72,556799	0,013782	4,587059	0,218005	332,822321	0,003005
23	88,156511	0,011343	4,598403	0,217467	405,379120	0,002467
24	107,110161	0,009336	4,607739	0,217026	493,535631	0,002026
25	130,138845	0,007684	4,615423	0,216665	600,645791	0,001665
26	158,118697	0,006324	4,621747	0,216368	730,784636	0,001368
27	192,114217	0,005205	4,626952	0,216125	888,903333	0,001125
28	233,418773	0,004284	4,631237	0,215925	1081,017550	0,000925
29	283,603809	0,003526	4,634763	0,215761	1314,436323	0,000761
30	344,578628	0,002902	4,637665	0,215626	1598,040132	0,000626
31	418,663034	0,002389	4,640053	0,215515	1942,618761	0,000515
32	508,675586	0,001966	4,642019	0,215423	2361,281794	0,000423
33	618,040837	0,001618	4,643637	0,215348	2869,957380	0,000348
34	750,919617	0,001332	4,644969	0,215287	3487,998217	0,000287
35	912,367334	0,001096	4,646065	0,215236	4238,917834	0,000236
36	1108,526311	0,000902	4,646967	0,215194	5151,285168	0,000194
37	1346,859468	0,000742	4,647709	0,215160	6259,811479	0,000160
38	1636,434254	0,000611	4,648321	0,215131	7606,670947	0,000131
39	1988,267618	0,000503	4,648823	0,215108	9243,105200	0,000108
40	2415,745156	0,000414	4,649237	0,215089	11231,372819	0,000089
45	6396,354231	0,000156	4,650436	0,215034	29745,833634	0,000034
50	16936,119006	0,000059	4,650888	0,215013	78767,995379	0,000013

21,50%

n	AuF $(1+i)^n$	AbF $(1+i)^{-n}$	DSF $\dfrac{(1+i)^n-1}{i(1+i)^n}$	KWF $\dfrac{i(1+i)^n}{(1+i)^n-1}$	EWF $\dfrac{(1+i)^n-1}{i}$	RVF $\dfrac{i}{(1+i)^n-1}$
			22,00%			
1	1,220000	0,819672	0,819672	1,220000	1,000000	1,000000
2	1,488400	0,671862	1,491535	0,670450	2,220000	0,450450
3	1,815848	0,550707	2,042241	0,489658	3,708400	0,269658
4	2,215335	0,451399	2,493641	0,401020	5,524248	0,181020
5	2,702708	0,369999	2,863640	0,349206	7,739583	0,129206
6	3,297304	0,303278	3,166918	0,315764	10,442291	0,095764
7	4,022711	0,248589	3,415506	0,292782	13,739595	0,072782
8	4,907707	0,203761	3,619268	0,276299	17,762306	0,056299
9	5,987403	0,167017	3,786285	0,264111	22,670013	0,044111
10	7,304631	0,136899	3,923184	0,254895	28,657416	0,034895
11	8,911650	0,112213	4,035397	0,247807	35,962047	0,027807
12	10,872213	0,091978	4,127375	0,242285	44,873697	0,022285
13	13,264100	0,075391	4,202766	0,237939	55,745911	0,017939
14	16,182202	0,061796	4,264562	0,234491	69,010011	0,014491
15	19,742287	0,050653	4,315215	0,231738	85,192213	0,011738
16	24,085590	0,041519	4,356734	0,229530	104,934500	0,009530
17	29,384420	0,034032	4,390765	0,227751	129,020090	0,007751
18	35,848992	0,027895	4,418660	0,226313	158,404510	0,006313
19	43,735771	0,022865	4,441525	0,225148	194,253503	0,005148
20	53,357640	0,018741	4,460266	0,224202	237,989273	0,004202
21	65,096321	0,015362	4,475628	0,223432	291,346913	0,003432
22	79,417512	0,012592	4,488220	0,222805	356,443234	0,002805
23	96,889364	0,010321	4,498541	0,222294	435,860746	0,002294
24	118,205024	0,008460	4,507001	0,221877	532,750110	0,001877
25	144,210130	0,006934	4,513935	0,221536	650,955134	0,001536
26	175,936358	0,005684	4,519619	0,221258	795,165264	0,001258
27	214,642357	0,004659	4,524278	0,221030	971,101622	0,001030
28	261,863675	0,003819	4,528096	0,220843	1185,743978	0,000843
29	319,473684	0,003130	4,531227	0,220691	1447,607654	0,000691
30	389,757894	0,002566	4,533792	0,220566	1767,081337	0,000566
31	475,504631	0,002103	4,535895	0,220464	2156,839232	0,000464
32	580,115650	0,001724	4,537619	0,220380	2632,343863	0,000380
33	707,741093	0,001413	4,539032	0,220311	3212,459512	0,000311
34	863,444133	0,001158	4,540190	0,220255	3920,200605	0,000255
35	1053,401842	0,000949	4,541140	0,220209	4783,644738	0,000209
36	1285,150248	0,000778	4,541918	0,220171	5837,046581	0,000171
37	1567,883302	0,000638	4,542555	0,220140	7122,196829	0,000140
38	1912,817629	0,000523	4,543078	0,220115	8690,080131	0,000115
39	2333,637507	0,000429	4,543507	0,220094	10602,897760	0,000094
40	2847,037759	0,000351	4,543858	0,220077	12936,535267	0,000077
45	7694,712191	0,000130	4,544864	0,220029	34971,419051	0,000029
50	20796,561453	0,000048	4,545236	0,220011	94525,279331	0,000011

	AuF	AbF	DSF	KWF	EWF	RVF
				22,50%		
n	$(1+i)^n$	$(1+i)^{-n}$	$\dfrac{(1+i)^n-1}{i(1+i)^n}$	$\dfrac{i(1+i)^n}{(1+i)^n-1}$	$\dfrac{(1+i)^n-1}{i}$	$\dfrac{i}{(1+i)^n-1}$
1	1,225000	0,816327	0,816327	1,225000	1,000000	1,000000
2	1,500625	0,666389	1,482716	0,674438	2,225000	0,449438
3	1,838266	0,543991	2,026707	0,493411	3,725625	0,268411
4	2,251875	0,444074	2,470781	0,404730	5,563891	0,179730
5	2,758547	0,362510	2,833291	0,352947	7,815766	0,127947
6	3,379221	0,295926	3,129217	0,319569	10,574313	0,094569
7	4,139545	0,241572	3,370789	0,296666	13,953534	0,071666
8	5,070943	0,197202	3,567991	0,280270	18,093079	0,055270
9	6,211905	0,160981	3,728972	0,268170	23,164022	0,043170
10	7,609584	0,131413	3,860386	0,259041	29,375927	0,034041
11	9,321740	0,107276	3,967662	0,252038	36,985510	0,027038
12	11,419131	0,087572	4,055234	0,246595	46,307250	0,021595
13	13,988436	0,071488	4,126722	0,242323	57,726381	0,017323
14	17,135834	0,058357	4,185079	0,238944	71,714817	0,013944
15	20,991396	0,047639	4,232717	0,236255	88,850651	0,011255
16	25,714461	0,038889	4,271606	0,234104	109,842047	0,009104
17	31,500214	0,031746	4,303352	0,232377	135,556508	0,007377
18	38,587762	0,025915	4,329267	0,230986	167,056722	0,005986
19	47,270009	0,021155	4,350422	0,229863	205,644485	0,004863
20	57,905761	0,017269	4,367691	0,228954	252,914494	0,003954
21	70,934557	0,014098	4,381789	0,228217	310,820255	0,003217
22	86,894833	0,011508	4,393297	0,227619	381,754812	0,002619
23	106,446170	0,009394	4,402691	0,227134	468,649645	0,002134
24	130,396558	0,007669	4,410360	0,226739	575,095815	0,001739
25	159,735784	0,006260	4,416621	0,226417	705,492373	0,001417
26	195,676335	0,005110	4,421731	0,226156	865,228157	0,001156
27	239,703511	0,004172	4,425903	0,225943	1060,904492	0,000943
28	293,636801	0,003406	4,429309	0,225769	1300,608003	0,000769
29	359,705081	0,002780	4,432089	0,225627	1594,244804	0,000627
30	440,638724	0,002269	4,434358	0,225512	1953,949885	0,000512
31	539,782437	0,001853	4,436211	0,225418	2394,588609	0,000418
32	661,233485	0,001512	4,437723	0,225341	2934,371046	0,000341
33	810,011019	0,001235	4,438958	0,225278	3595,604531	0,000278
34	992,263499	0,001008	4,439965	0,225227	4405,615551	0,000227
35	1215,522786	0,000823	4,440788	0,225185	5397,879049	0,000185
36	1489,015413	0,000672	4,441460	0,225151	6613,401836	0,000151
37	1824,043881	0,000548	4,442008	0,225123	8102,417249	0,000123
38	2234,453754	0,000448	4,442455	0,225101	9926,461130	0,000101
39	2737,205849	0,000365	4,442821	0,225082	12160,914884	0,000082
40	3353,077165	0,000298	4,443119	0,225067	14898,120733	0,000067
45	9249,622139	0,000108	4,443964	0,225024	41104,987285	0,000024
50	25515,520673	0,000039	4,444270	0,225009	113397,869658	0,000009

	AuF	AbF	DSF	KWF	EWF	RVF
n	$(1+i)^n$	$(1+i)^{-n}$	$\dfrac{(1+i)^n-1}{i(1+i)^n}$	$\dfrac{i(1+i)^n}{(1+i)^n-1}$	$\dfrac{(1+i)^n-1}{i}$	$\dfrac{i}{(1+i)^n-1}$
1	1,230000	0,813008	0,813008	1,230000	1,000000	1,000000
2	1,512900	0,660982	1,473990	0,678430	2,230000	0,448430
3	1,860867	0,537384	2,011374	0,497173	3,742900	0,267173
4	2,288866	0,436897	2,448272	0,408451	5,603767	0,178451
5	2,815306	0,355201	2,803473	0,356700	7,892633	0,126700
6	3,462826	0,288781	3,092254	0,323389	10,707939	0,093389
7	4,259276	0,234782	3,327036	0,300568	14,170765	0,070568
8	5,238909	0,190879	3,517916	0,284259	18,430041	0,054259
9	6,443859	0,155187	3,673102	0,272249	23,668950	0,042249
10	7,925946	0,126168	3,799270	0,263208	30,112809	0,033208
11	9,748914	0,102576	3,901846	0,256289	38,038755	0,026289
12	11,991164	0,083395	3,985240	0,250926	47,787669	0,020926
13	14,749132	0,067801	4,053041	0,246728	59,778833	0,016728
14	18,141432	0,055122	4,108163	0,243418	74,527964	0,013418
15	22,313961	0,044815	4,152978	0,240791	92,669396	0,010791
16	27,446172	0,036435	4,189413	0,238697	114,983357	0,008697
17	33,758792	0,029622	4,219035	0,237021	142,429529	0,007021
18	41,523314	0,024083	4,243118	0,235676	176,188321	0,005676
19	51,073676	0,019580	4,262698	0,234593	217,711635	0,004593
20	62,820622	0,015918	4,278616	0,233720	268,785311	0,003720
21	77,269364	0,012942	4,291558	0,233016	331,605932	0,003016
22	95,041318	0,010522	4,302079	0,232446	408,875297	0,002446
23	116,900822	0,008554	4,310634	0,231984	503,916615	0,001984
24	143,788010	0,006955	4,317588	0,231611	620,817437	0,001611
25	176,859253	0,005654	4,323243	0,231308	764,605447	0,001308
26	217,536881	0,004597	4,327839	0,231062	941,464700	0,001062
27	267,570364	0,003737	4,331577	0,230863	1159,001581	0,000863
28	329,111547	0,003038	4,334615	0,230701	1426,571945	0,000701
29	404,807203	0,002470	4,337086	0,230570	1755,683492	0,000570
30	497,912860	0,002008	4,339094	0,230463	2160,490695	0,000463
31	612,432818	0,001633	4,340727	0,230376	2658,403555	0,000376
32	753,292366	0,001328	4,342054	0,230306	3270,836373	0,000306
33	926,549610	0,001079	4,343134	0,230249	4024,128738	0,000249
34	1139,656020	0,000877	4,344011	0,230202	4950,678348	0,000202
35	1401,776905	0,000713	4,344724	0,230164	6090,334368	0,000164
36	1724,185593	0,000580	4,345304	0,230133	7492,111273	0,000133
37	2120,748279	0,000472	4,345776	0,230109	9216,296866	0,000109
38	2608,520383	0,000383	4,346159	0,230088	11337,045145	0,000088
39	3208,480071	0,000312	4,346471	0,230072	13945,565528	0,000072
40	3946,430488	0,000253	4,346724	0,230058	17154,045599	0,000058
45	11110,408185	0,000090	4,347435	0,230021	48301,774718	0,000021
50	31279,195318	0,000032	4,347687	0,230007	135992,153559	0,000007

23,00%

				23,50%		
	AuF	AbF	DSF	KWF	EWF	RVF
n	$(1+i)^n$	$(1+i)^{-n}$	$\dfrac{(1+i)^n-1}{i(1+i)^n}$	$\dfrac{i(1+i)^n}{(1+i)^n-1}$	$\dfrac{(1+i)^n-1}{i}$	$\dfrac{i}{(1+i)^n-1}$
1	1,235000	0,809717	0,809717	1,235000	1,000000	1,000000
2	1,525225	0,655641	1,465358	0,682427	2,235000	0,447427
3	1,883653	0,530883	1,996241	0,500942	3,760225	0,265942
4	2,326311	0,429865	2,426106	0,412183	5,643878	0,177183
5	2,872994	0,348069	2,774175	0,360468	7,970189	0,125468
6	3,548148	0,281837	3,056012	0,327224	10,843184	0,092224
7	4,381963	0,228208	3,284220	0,304486	14,391332	0,069486
8	5,411724	0,184784	3,469004	0,288267	18,773295	0,053267
9	6,683479	0,149623	3,618627	0,276348	24,185019	0,041348
10	8,254097	0,121152	3,739779	0,267395	30,868498	0,032395
11	10,193810	0,098099	3,837878	0,260561	39,122596	0,025561
12	12,589355	0,079432	3,917310	0,255277	49,316406	0,020277
13	15,547854	0,064318	3,981627	0,251154	61,905761	0,016154
14	19,201599	0,052079	4,033706	0,247911	77,453615	0,012911
15	23,713975	0,042169	4,075876	0,245346	96,655214	0,010346
16	29,286760	0,034145	4,110021	0,243308	120,369190	0,008308
17	36,169148	0,027648	4,137669	0,241682	149,655949	0,006682
18	44,668898	0,022387	4,160056	0,240381	185,825097	0,005381
19	55,166089	0,018127	4,178183	0,239339	230,493995	0,004339
20	68,130120	0,014678	4,192860	0,238501	285,660084	0,003501
21	84,140698	0,011885	4,204745	0,237827	353,790203	0,002827
22	103,913762	0,009623	4,214369	0,237283	437,930901	0,002283
23	128,333496	0,007792	4,222161	0,236846	541,844663	0,001846
24	158,491867	0,006309	4,228470	0,236492	670,178159	0,001492
25	195,737456	0,005109	4,233579	0,236207	828,670026	0,001207
26	241,735758	0,004137	4,237716	0,235976	1024,407482	0,000976
27	298,543662	0,003350	4,241066	0,235790	1266,143241	0,000790
28	368,701422	0,002712	4,243778	0,235639	1564,686902	0,000639
29	455,346256	0,002196	4,245974	0,235517	1933,388325	0,000517
30	562,352626	0,001778	4,247752	0,235419	2388,734581	0,000419
31	694,505494	0,001440	4,249192	0,235339	2951,087207	0,000339
32	857,714285	0,001166	4,250358	0,235274	3645,592701	0,000274
33	1059,277142	0,000944	4,251302	0,235222	4503,306986	0,000222
34	1308,207270	0,000764	4,252066	0,235180	5562,584127	0,000180
35	1615,635978	0,000619	4,252685	0,235146	6870,791397	0,000146
36	1995,310433	0,000501	4,253186	0,235118	8486,427376	0,000118
37	2464,208385	0,000406	4,253592	0,235095	10481,737809	0,000095
38	3043,297356	0,000329	4,253921	0,235077	12945,946194	0,000077
39	3758,472234	0,000266	4,254187	0,235063	15989,243550	0,000063
40	4641,713209	0,000215	4,254402	0,235051	19747,715784	0,000051
45	13335,616318	0,000075	4,255000	0,235018	56743,048160	0,000018
50	38313,151752	0,000026	4,255208	0,235006	163030,432986	0,000006

	\multicolumn{6}{c}{24,00\%}					
	AuF	**AbF**	**DSF**	**KWF**	**EWF**	**RVF**
n	$(1+i)^n$	$(1+i)^{-n}$	$\dfrac{(1+i)^n-1}{i(1+i)^n}$	$\dfrac{i(1+i)^n}{(1+i)^n-1}$	$\dfrac{(1+i)^n-1}{i}$	$\dfrac{i}{(1+i)^n-1}$
1	1,240000	0,806452	0,806452	1,240000	1,000000	1,000000
2	1,537600	0,650364	1,456816	0,686429	2,240000	0,446429
3	1,906624	0,524487	1,981303	0,504718	3,777600	0,264718
4	2,364214	0,422974	2,404277	0,415926	5,684224	0,175926
5	2,931625	0,341108	2,745384	0,364248	8,048438	0,124248
6	3,635215	0,275087	3,020471	0,331074	10,980063	0,091074
7	4,507667	0,221844	3,242316	0,308422	14,615278	0,068422
8	5,589507	0,178907	3,421222	0,292293	19,122945	0,052293
9	6,930988	0,144280	3,565502	0,280465	24,712451	0,040465
10	8,594426	0,116354	3,681856	0,271602	31,643440	0,031602
11	10,657088	0,093834	3,775691	0,264852	40,237865	0,024852
12	13,214789	0,075673	3,851363	0,259648	50,894953	0,019648
13	16,386338	0,061026	3,912390	0,255598	64,109741	0,015598
14	20,319059	0,049215	3,961605	0,252423	80,496079	0,012423
15	25,195633	0,039689	4,001294	0,249919	100,815138	0,009919
16	31,242585	0,032008	4,033302	0,247936	126,010772	0,007936
17	38,740806	0,025813	4,059114	0,246359	157,253357	0,006359
18	48,038599	0,020817	4,079931	0,245102	195,994162	0,005102
19	59,567863	0,016788	4,096718	0,244098	244,032761	0,004098
20	73,864150	0,013538	4,110257	0,243294	303,600624	0,003294
21	91,591546	0,010918	4,121175	0,242649	377,464774	0,002649
22	113,573517	0,008805	4,129980	0,242132	469,056320	0,002132
23	140,831161	0,007101	4,137080	0,241716	582,629836	0,001716
24	174,630639	0,005726	4,142807	0,241382	723,460997	0,001382
25	216,541993	0,004618	4,147425	0,241113	898,091636	0,001113
26	268,512071	0,003724	4,151149	0,240897	1114,633629	0,000897
27	332,954968	0,003003	4,154152	0,240723	1383,145700	0,000723
28	412,864160	0,002422	4,156575	0,240583	1716,100668	0,000583
29	511,951559	0,001953	4,158528	0,240470	2128,964828	0,000470
30	634,819933	0,001575	4,160103	0,240379	2640,916387	0,000379
31	787,176717	0,001270	4,161373	0,240305	3275,736320	0,000305
32	976,099129	0,001024	4,162398	0,240246	4062,913037	0,000246
33	1210,362920	0,000826	4,163224	0,240198	5039,012166	0,000198
34	1500,850021	0,000666	4,163890	0,240160	6249,375086	0,000160
35	1861,054026	0,000537	4,164428	0,240129	7750,225106	0,000129
36	2307,706992	0,000433	4,164861	0,240104	9611,279132	0,000104
37	2861,556670	0,000349	4,165211	0,240084	11918,986124	0,000084
38	3548,330270	0,000282	4,165492	0,240068	14780,542793	0,000068
39	4399,929535	0,000227	4,165720	0,240055	18328,873064	0,000055
40	5455,912624	0,000183	4,165903	0,240044	22728,802599	0,000044
45	15994,690186	0,000063	4,166406	0,240015	66640,375775	0,000015
50	46890,434614	0,000021	4,166578	0,240005	195372,644226	0,000005

24,50%					
	AuF	**AbF**	**DSF**	**KWF**	**EWF**	**RVF**
n	$(1+i)^n$	$(1+i)^{-n}$	$\dfrac{(1+i)^n-1}{i(1+i)^n}$	$\dfrac{i(1+i)^n}{(1+i)^n-1}$	$\dfrac{(1+i)^n-1}{i}$	$\dfrac{i}{(1+i)^n-1}$
1	1,245000	0,803213	0,803213	1,245000	1,000000	1,000000
2	1,550025	0,645151	1,448364	0,690434	2,245000	0,445434
3	1,929781	0,518193	1,966557	0,508503	3,795025	0,263503
4	2,402578	0,416220	2,382777	0,419678	5,724806	0,174678
5	2,991209	0,334313	2,717090	0,368041	8,127384	0,123041
6	3,724055	0,268524	2,985614	0,334939	11,118593	0,089939
7	4,636449	0,215682	3,201297	0,312373	14,842648	0,067373
8	5,772379	0,173239	3,374535	0,296337	19,479097	0,051337
9	7,186611	0,139148	3,513683	0,284602	25,251475	0,039602
10	8,947331	0,111765	3,625448	0,275828	32,438087	0,030828
11	11,139427	0,089771	3,715220	0,269163	41,385418	0,024163
12	13,868587	0,072105	3,787325	0,264039	52,524845	0,019039
13	17,266391	0,057916	3,845241	0,260062	66,393432	0,015062
14	21,496657	0,046519	3,891760	0,256953	83,659823	0,011953
15	26,763338	0,037365	3,929124	0,254510	105,156480	0,009510
16	33,320355	0,030012	3,959136	0,252580	131,919817	0,007580
17	41,483842	0,024106	3,983242	0,251052	165,240173	0,006052
18	51,647384	0,019362	4,002604	0,249837	206,724015	0,004837
19	64,300993	0,015552	4,018156	0,248870	258,371398	0,003870
20	80,054736	0,012491	4,030647	0,248099	322,672391	0,003099
21	99,668146	0,010033	4,040680	0,247483	402,727127	0,002483
22	124,086842	0,008059	4,048739	0,246990	502,395273	0,001990
23	154,488118	0,006473	4,055212	0,246596	626,482115	0,001596
24	192,337707	0,005199	4,060411	0,246280	780,970233	0,001280
25	239,460445	0,004176	4,064588	0,246027	973,307940	0,001027
26	298,128254	0,003354	4,067942	0,245825	1212,768385	0,000825
27	371,169677	0,002694	4,070636	0,245662	1510,896640	0,000662
28	462,106248	0,002164	4,072800	0,245531	1882,066316	0,000531
29	575,322278	0,001738	4,074538	0,245427	2344,172564	0,000427
30	716,276236	0,001396	4,075934	0,245343	2919,494842	0,000343
31	891,763914	0,001121	4,077056	0,245275	3635,771079	0,000275
32	1110,246073	0,000901	4,077956	0,245221	4527,534993	0,000221
33	1382,256361	0,000723	4,078680	0,245177	5637,781066	0,000177
34	1720,909170	0,000581	4,079261	0,245142	7020,037427	0,000142
35	2142,531916	0,000467	4,079728	0,245114	8740,946597	0,000114
36	2667,452236	0,000375	4,080102	0,245092	10883,478513	0,000092
37	3320,978033	0,000301	4,080404	0,245074	13550,930749	0,000074
38	4134,617652	0,000242	4,080645	0,245059	16871,908782	0,000059
39	5147,598976	0,000194	4,080840	0,245048	21006,526434	0,000048
40	6408,760725	0,000156	4,080996	0,245038	26154,125410	0,000038
45	19169,942686	0,000052	4,081420	0,245013	78240,582391	0,000013
50	57341,304867	0,000017	4,081561	0,245004	234042,060680	0,000004

	AuF	AbF	DSF	KWF	EWF	RVF
25,00%						
n	$(1+i)^n$	$(1+i)^{-n}$	$\dfrac{(1+i)^n - 1}{i(1+i)^n}$	$\dfrac{i(1+i)^n}{(1+i)^n - 1}$	$\dfrac{(1+i)^n - 1}{i}$	$\dfrac{i}{(1+i)^n - 1}$
1	1,250000	0,800000	0,800000	1,250000	1,000000	1,000000
2	1,562500	0,640000	1,440000	0,694444	2,250000	0,444444
3	1,953125	0,512000	1,952000	0,512295	3,812500	0,262295
4	2,441406	0,409600	2,361600	0,423442	5,765625	0,173442
5	3,051758	0,327680	2,689280	0,371847	8,207031	0,121847
6	3,814697	0,262144	2,951424	0,338819	11,258789	0,088819
7	4,768372	0,209715	3,161139	0,316342	15,073486	0,066342
8	5,960464	0,167772	3,328911	0,300399	19,841858	0,050399
9	7,450581	0,134218	3,463129	0,288756	25,802322	0,038756
10	9,313226	0,107374	3,570503	0,280073	33,252903	0,030073
11	11,641532	0,085899	3,656403	0,273493	42,566129	0,023493
12	14,551915	0,068719	3,725122	0,268448	54,207661	0,018448
13	18,189894	0,054976	3,780098	0,264543	68,759576	0,014543
14	22,737368	0,043980	3,824078	0,261501	86,949470	0,011501
15	28,421709	0,035184	3,859263	0,259117	109,686838	0,009117
16	35,527137	0,028147	3,887410	0,257241	138,108547	0,007241
17	44,408921	0,022518	3,909928	0,255759	173,635684	0,005759
18	55,511151	0,018014	3,927942	0,254586	218,044605	0,004586
19	69,388939	0,014412	3,942354	0,253656	273,555756	0,003656
20	86,736174	0,011529	3,953883	0,252916	342,944695	0,002916
21	108,420217	0,009223	3,963107	0,252327	429,680869	0,002327
22	135,525272	0,007379	3,970485	0,251858	538,101086	0,001858
23	169,406589	0,005903	3,976388	0,251485	673,626358	0,001485
24	211,758237	0,004722	3,981111	0,251186	843,032947	0,001186
25	264,697796	0,003778	3,984888	0,250948	1054,791184	0,000948
26	330,872245	0,003022	3,987911	0,250758	1319,488980	0,000758
27	413,590306	0,002418	3,990329	0,250606	1650,361225	0,000606
28	516,987883	0,001934	3,992263	0,250485	2063,951531	0,000485
29	646,234854	0,001547	3,993810	0,250387	2580,939414	0,000387
30	807,793567	0,001238	3,995048	0,250310	3227,174268	0,000310
31	1009,741959	0,000990	3,996039	0,250248	4034,967835	0,000248
32	1262,177448	0,000792	3,996831	0,250198	5044,709793	0,000198
33	1577,721810	0,000634	3,997465	0,250159	6306,887242	0,000159
34	1972,152263	0,000507	3,997972	0,250127	7884,609052	0,000127
35	2465,190329	0,000406	3,998377	0,250101	9856,761315	0,000101
36	3081,487911	0,000325	3,998702	0,250081	12321,951644	0,000081
37	3851,859889	0,000260	3,998962	0,250065	15403,439555	0,000065
38	4814,824861	0,000208	3,999169	0,250052	19255,299444	0,000052
39	6018,531076	0,000166	3,999335	0,250042	24070,124305	0,000042
40	7523,163845	0,000133	3,999468	0,250033	30088,655381	0,000033
45	22958,874039	0,000044	3,999826	0,250011	91831,496158	0,000011
50	70064,923216	0,000014	3,999943	0,250004	280255,692865	0,000004

	AuF	AbF	DSF	KWF	EWF	RVF
25,50%						
n	$(1+i)^n$	$(1+i)^{-n}$	$\dfrac{(1+i)^n-1}{i(1+i)^n}$	$\dfrac{i(1+i)^n}{(1+i)^n-1}$	$\dfrac{(1+i)^n-1}{i}$	$\dfrac{i}{(1+i)^n-1}$
1	1,255000	0,796813	0,796813	1,255000	1,000000	1,000000
2	1,575025	0,634911	1,431723	0,698459	2,255000	0,443459
3	1,976656	0,505905	1,937628	0,516095	3,830025	0,261095
4	2,480704	0,403111	2,340740	0,427215	5,806681	0,172215
5	3,113283	0,321204	2,661944	0,375665	8,287385	0,120665
6	3,907170	0,255940	2,917884	0,342714	11,400668	0,087714
7	4,903499	0,203936	3,121820	0,320326	15,307839	0,065326
8	6,153891	0,162499	3,284318	0,304477	20,211338	0,049477
9	7,723133	0,129481	3,413800	0,292929	26,365229	0,037929
10	9,692532	0,103172	3,516972	0,284336	34,088362	0,029336
11	12,164128	0,082209	3,599181	0,277841	43,780894	0,022841
12	15,265981	0,065505	3,664686	0,272875	55,945022	0,017875
13	19,158806	0,052195	3,716881	0,269043	71,211003	0,014043
14	24,044301	0,041590	3,758471	0,266066	90,369809	0,011066
15	30,175598	0,033139	3,791610	0,263740	114,414110	0,008740
16	37,870376	0,026406	3,818016	0,261916	144,589708	0,006916
17	47,527321	0,021041	3,839057	0,260481	182,460084	0,005481
18	59,646788	0,016765	3,855822	0,259348	229,987406	0,004348
19	74,856719	0,013359	3,869181	0,258453	289,634194	0,003453
20	93,945183	0,010645	3,879825	0,257744	364,490913	0,002744
21	117,901205	0,008482	3,888307	0,257181	458,436096	0,002181
22	147,966012	0,006758	3,895065	0,256735	576,337301	0,001735
23	185,697345	0,005385	3,900451	0,256381	724,303313	0,001381
24	233,050168	0,004291	3,904741	0,256099	910,000657	0,001099
25	292,477960	0,003419	3,908161	0,255875	1143,050825	0,000875
26	367,059840	0,002724	3,910885	0,255697	1435,528785	0,000697
27	460,660099	0,002171	3,913056	0,255555	1802,588625	0,000555
28	578,128425	0,001730	3,914785	0,255442	2263,248725	0,000442
29	725,551173	0,001378	3,916164	0,255352	2841,377150	0,000352
30	910,566722	0,001098	3,917262	0,255280	3566,928323	0,000280
31	1142,761237	0,000875	3,918137	0,255223	4477,495045	0,000223
32	1434,165352	0,000697	3,918834	0,255178	5620,256282	0,000178
33	1799,877517	0,000556	3,919390	0,255142	7054,421634	0,000142
34	2258,846283	0,000443	3,919833	0,255113	8854,299151	0,000113
35	2834,852086	0,000353	3,920185	0,255090	11113,145434	0,000090
36	3557,739368	0,000281	3,920466	0,255072	13947,997520	0,000072
37	4464,962906	0,000224	3,920690	0,255057	17505,736887	0,000057
38	5603,528447	0,000178	3,920869	0,255046	21970,699793	0,000046
39	7032,428201	0,000142	3,921011	0,255036	27574,228241	0,000036
40	8825,697393	0,000113	3,921124	0,255029	34606,656442	0,000029
45	27476,895483	0,000036	3,921426	0,255009	107748,609738	0,000009
50	85543,357289	0,000012	3,921523	0,255003	335460,224663	0,000003

			26,00%			
	AuF	**AbF**	**DSF**	**KWF**	**EWF**	**RVF**
n	$(1+i)^n$	$(1+i)^{-n}$	$\dfrac{(1+i)^n-1}{i(1+i)^n}$	$\dfrac{i(1+i)^n}{(1+i)^n-1}$	$\dfrac{(1+i)^n-1}{i}$	$\dfrac{i}{(1+i)^n-1}$
1	1,260000	0,793651	0,793651	1,260000	1,000000	1,000000
2	1,587600	0,629882	1,423532	0,702478	2,260000	0,442478
3	2,000376	0,499906	1,923438	0,519902	3,847600	0,259902
4	2,520474	0,396751	2,320189	0,430999	5,847976	0,170999
5	3,175797	0,314882	2,635071	0,379496	8,368450	0,119496
6	4,001504	0,249906	2,884977	0,346623	11,544247	0,086623
7	5,041895	0,198338	3,083315	0,324326	15,545751	0,064326
8	6,352788	0,157411	3,240726	0,308573	20,587646	0,048573
9	8,004513	0,124930	3,365656	0,297119	26,940434	0,037119
10	10,085686	0,099150	3,464806	0,288616	34,944947	0,028616
11	12,707965	0,078691	3,543497	0,282207	45,030633	0,022207
12	16,012035	0,062453	3,605950	0,277319	57,738598	0,017319
13	20,175165	0,049566	3,655516	0,273559	73,750633	0,013559
14	25,420707	0,039338	3,694854	0,270647	93,925798	0,010647
15	32,030091	0,031221	3,726074	0,268379	119,346505	0,008379
16	40,357915	0,024778	3,750853	0,266606	151,376596	0,006606
17	50,850973	0,019665	3,770518	0,265216	191,734511	0,005216
18	64,072226	0,015607	3,786125	0,264122	242,585484	0,004122
19	80,731005	0,012387	3,798512	0,263261	306,657710	0,003261
20	101,721066	0,009831	3,808343	0,262581	387,388715	0,002581
21	128,168543	0,007802	3,816145	0,262045	489,109781	0,002045
22	161,492364	0,006192	3,822338	0,261620	617,278324	0,001620
23	203,480379	0,004914	3,827252	0,261284	778,770688	0,001284
24	256,385277	0,003900	3,831152	0,261018	982,251067	0,001018
25	323,045450	0,003096	3,834248	0,260807	1238,636345	0,000807
26	407,037266	0,002457	3,836705	0,260640	1561,681794	0,000640
27	512,866956	0,001950	3,838655	0,260508	1968,719061	0,000508
28	646,212364	0,001547	3,840202	0,260403	2481,586016	0,000403
29	814,227579	0,001228	3,841430	0,260320	3127,798381	0,000320
30	1025,926749	0,000975	3,842405	0,260254	3942,025959	0,000254
31	1292,667704	0,000774	3,843178	0,260201	4967,952709	0,000201
32	1628,761307	0,000614	3,843792	0,260160	6260,620413	0,000160
33	2052,239247	0,000487	3,844280	0,260127	7889,381721	0,000127
34	2585,821452	0,000387	3,844666	0,260101	9941,620968	0,000101
35	3258,135029	0,000307	3,844973	0,260080	12527,442420	0,000080
36	4105,250137	0,000244	3,845217	0,260063	15785,577449	0,000063
37	5172,615172	0,000193	3,845410	0,260050	19890,827586	0,000050
38	6517,495117	0,000153	3,845564	0,260040	25063,442758	0,000040
39	8212,043848	0,000122	3,845685	0,260032	31580,937875	0,000032
40	10347,175248	0,000097	3,845782	0,260025	39792,981723	0,000025
45	32860,527465	0,000030	3,846037	0,260008	126382,797943	0,000008
50	104358,362492	0,000010	3,846117	0,260002	401374,471122	0,000002

B. Tabellenteil

	26,50%					
	AuF	**AbF**	**DSF**	**KWF**	**EWF**	**RVF**
n	$(1+i)^n$	$(1+i)^{-n}$	$\dfrac{(1+i)^n-1}{i(1+i)^n}$	$\dfrac{i(1+i)^n}{(1+i)^n-1}$	$\dfrac{(1+i)^n-1}{i}$	$\dfrac{i}{(1+i)^n-1}$
1	1,265000	0,790514	0,790514	1,265000	1,000000	1,000000
2	1,600225	0,624912	1,415426	0,706501	2,265000	0,441501
3	2,024285	0,494002	1,909428	0,523717	3,865225	0,258717
4	2,560720	0,390515	2,299943	0,434793	5,889510	0,169793
5	3,239311	0,308708	2,608650	0,383340	8,450230	0,118340
6	4,097728	0,244038	2,852688	0,350547	11,689541	0,085547
7	5,183626	0,192915	3,045603	0,328342	15,787269	0,063342
8	6,557287	0,152502	3,198105	0,312685	20,970895	0,047685
9	8,294968	0,120555	3,318660	0,301326	27,528182	0,036326
10	10,493135	0,095300	3,413961	0,292915	35,823150	0,027915
11	13,273816	0,075336	3,489297	0,286591	46,316285	0,021591
12	16,791377	0,059554	3,548851	0,281781	59,590101	0,016781
13	21,241092	0,047079	3,595930	0,278092	76,381478	0,013092
14	26,869981	0,037216	3,633146	0,275244	97,622569	0,010244
15	33,990526	0,029420	3,662566	0,273033	124,492550	0,008033
16	42,998015	0,023257	3,685823	0,271310	158,483076	0,006310
17	54,392489	0,018385	3,704208	0,269963	201,481091	0,004963
18	68,806499	0,014534	3,718741	0,268908	255,873580	0,003908
19	87,040221	0,011489	3,730230	0,268080	324,680079	0,003080
20	110,105879	0,009082	3,739313	0,267429	411,720300	0,002429
21	139,283938	0,007180	3,746492	0,266916	521,826179	0,001916
22	176,194181	0,005676	3,752168	0,266513	661,110117	0,001513
23	222,885639	0,004487	3,756654	0,266194	837,304298	0,001194
24	281,950333	0,003547	3,760201	0,265943	1060,189937	0,000943
25	356,667172	0,002804	3,763005	0,265745	1342,140270	0,000745
26	451,183972	0,002216	3,765221	0,265589	1698,807442	0,000589
27	570,747725	0,001752	3,766973	0,265465	2149,991414	0,000465
28	721,995872	0,001385	3,768358	0,265368	2720,739139	0,000368
29	913,324778	0,001095	3,769453	0,265290	3442,735010	0,000290
30	1155,355844	0,000866	3,770319	0,265230	4356,059788	0,000230
31	1461,525142	0,000684	3,771003	0,265181	5511,415632	0,000181
32	1848,829305	0,000541	3,771544	0,265143	6972,940774	0,000143
33	2338,769071	0,000428	3,771971	0,265113	8821,770079	0,000113
34	2958,542875	0,000338	3,772309	0,265090	11160,539150	0,000090
35	3742,556737	0,000267	3,772577	0,265071	14119,082025	0,000071
36	4734,334272	0,000211	3,772788	0,265056	17861,638762	0,000056
37	5988,932854	0,000167	3,772955	0,265044	22595,973034	0,000044
38	7576,000060	0,000132	3,773087	0,265035	28584,905888	0,000035
39	9583,640076	0,000104	3,773191	0,265028	36160,905948	0,000028
40	12123,304696	0,000082	3,773274	0,265022	45744,546024	0,000022
45	39271,152611	0,000025	3,773489	0,265007	148189,255137	0,000007
50	127211,471297	0,000008	3,773555	0,265002	480039,514328	0,000002

			27,00%			
	AuF	AbF	DSF	KWF	EWF	RVF
n	$(1+i)^n$	$(1+i)^{-n}$	$\dfrac{(1+i)^n-1}{i(1+i)^n}$	$\dfrac{i(1+i)^n}{(1+i)^n-1}$	$\dfrac{(1+i)^n-1}{i}$	$\dfrac{i}{(1+i)^n-1}$
1	1,270000	0,787402	0,787402	1,270000	1,000000	1,000000
2	1,612900	0,620001	1,407403	0,710529	2,270000	0,440529
3	2,048383	0,488190	1,895593	0,527539	3,882900	0,257539
4	2,601446	0,384402	2,279994	0,438598	5,931283	0,168598
5	3,303837	0,302678	2,582673	0,387196	8,532729	0,117196
6	4,195873	0,238329	2,821002	0,354484	11,836566	0,084484
7	5,328759	0,187661	3,008663	0,332374	16,032439	0,062374
8	6,767523	0,147765	3,156428	0,316814	21,361198	0,046814
9	8,594755	0,116350	3,272778	0,305551	28,128721	0,035551
10	10,915339	0,091614	3,364392	0,297231	36,723476	0,027231
11	13,862480	0,072137	3,436529	0,290991	47,638815	0,020991
12	17,605350	0,056801	3,493330	0,286260	61,501295	0,016260
13	22,358794	0,044725	3,538055	0,282641	79,106644	0,012641
14	28,395668	0,035217	3,573272	0,279856	101,465438	0,009856
15	36,062499	0,027730	3,601001	0,277701	129,861106	0,007701
16	45,799373	0,021834	3,622836	0,276027	165,923605	0,006027
17	58,165204	0,017192	3,640028	0,274723	211,722978	0,004723
18	73,869809	0,013537	3,653565	0,273705	269,888182	0,003705
19	93,814658	0,010659	3,664225	0,272909	343,757991	0,002909
20	119,144615	0,008393	3,672618	0,272285	437,572649	0,002285
21	151,313661	0,006609	3,679227	0,271796	556,717264	0,001796
22	192,168350	0,005204	3,684430	0,271412	708,030926	0,001412
23	244,053804	0,004097	3,688528	0,271111	900,199276	0,001111
24	309,948332	0,003226	3,691754	0,270874	1144,253080	0,000874
25	393,634381	0,002540	3,694295	0,270688	1454,201412	0,000688
26	499,915664	0,002000	3,696295	0,270541	1847,835793	0,000541
27	634,892893	0,001575	3,697870	0,270426	2347,751457	0,000426
28	806,313974	0,001240	3,699110	0,270335	2982,644350	0,000335
29	1024,018748	0,000977	3,700087	0,270264	3788,958324	0,000264
30	1300,503809	0,000769	3,700856	0,270208	4812,977072	0,000208
31	1651,639838	0,000605	3,701461	0,270164	6113,480882	0,000164
32	2097,582594	0,000477	3,701938	0,270129	7765,120720	0,000129
33	2663,929895	0,000375	3,702313	0,270101	9862,703314	0,000101
34	3383,190966	0,000296	3,702609	0,270080	12526,633209	0,000080
35	4296,652527	0,000233	3,702842	0,270063	15909,824175	0,000063
36	5456,748710	0,000183	3,703025	0,270049	20206,476702	0,000049
37	6930,070861	0,000144	3,703169	0,270039	25663,225412	0,000039
38	8801,189994	0,000114	3,703283	0,270031	32593,296273	0,000031
39	11177,511292	0,000089	3,703372	0,270024	41394,486267	0,000024
40	14195,439341	0,000070	3,703443	0,270019	52571,997559	0,000019
45	46899,416884	0,000021	3,703625	0,270006	173697,840310	0,000006
50	154948,025997	0,000006	3,703680	0,270002	573877,874065	0,000002

27,50%						
	AuF	**AbF**	**DSF**	**KWF**	**EWF**	**RVF**
n	$(1+i)^n$	$(1+i)^{-n}$	$\dfrac{(1+i)^n-1}{i(1+i)^n}$	$\dfrac{i(1+i)^n}{(1+i)^n-1}$	$\dfrac{(1+i)^n-1}{i}$	$\dfrac{i}{(1+i)^n-1}$
1	1,275000	0,784314	0,784314	1,275000	1,000000	1,000000
2	1,625625	0,615148	1,399462	0,714560	2,275000	0,439560
3	2,072672	0,482469	1,881931	0,531369	3,900625	0,256369
4	2,642657	0,378407	2,260338	0,442412	5,973297	0,167412
5	3,369387	0,296790	2,557128	0,391064	8,615954	0,116064
6	4,295969	0,232776	2,789904	0,358435	11,985341	0,083435
7	5,477360	0,182570	2,972474	0,336420	16,281309	0,061420
8	6,983634	0,143192	3,115666	0,320959	21,758670	0,045959
9	8,904134	0,112307	3,227973	0,309792	28,742304	0,034792
10	11,352770	0,088084	3,316057	0,301563	37,646437	0,026563
11	14,474782	0,069086	3,385143	0,295408	48,999207	0,020408
12	18,455347	0,054185	3,439328	0,290754	63,473989	0,015754
13	23,530568	0,042498	3,481826	0,287206	81,929336	0,012206
14	30,001474	0,033332	3,515157	0,284482	105,459904	0,009482
15	38,251879	0,026143	3,541300	0,282382	135,461378	0,007382
16	48,771146	0,020504	3,561804	0,280757	173,713256	0,005757
17	62,183211	0,016082	3,577885	0,279495	222,484402	0,004495
18	79,283593	0,012613	3,590498	0,278513	284,667613	0,003513
19	101,086582	0,009893	3,600391	0,277748	363,951206	0,002748
20	128,885392	0,007759	3,608150	0,277150	465,037788	0,002150
21	164,328874	0,006085	3,614235	0,276684	593,923179	0,001684
22	209,519315	0,004773	3,619008	0,276319	758,252053	0,001319
23	267,137126	0,003743	3,622751	0,276033	967,771368	0,001033
24	340,599836	0,002936	3,625687	0,275810	1234,908494	0,000810
25	434,264791	0,002303	3,627990	0,275635	1575,508330	0,000635
26	553,687608	0,001806	3,629796	0,275498	2009,773121	0,000498
27	705,951701	0,001417	3,631213	0,275390	2563,460730	0,000390
28	900,088418	0,001111	3,632324	0,275306	3269,412430	0,000306
29	1147,612733	0,000871	3,633195	0,275240	4169,500849	0,000240
30	1463,206235	0,000683	3,633878	0,275188	5317,113582	0,000188
31	1865,587950	0,000536	3,634414	0,275147	6780,319817	0,000147
32	2378,624636	0,000420	3,634835	0,275116	8645,907767	0,000116
33	3032,746411	0,000330	3,635165	0,275091	11024,532403	0,000091
34	3866,751674	0,000259	3,635423	0,275071	14057,278813	0,000071
35	4930,108384	0,000203	3,635626	0,275056	17924,030487	0,000056
36	6285,888190	0,000159	3,635785	0,275044	22854,138871	0,000044
37	8014,507442	0,000125	3,635910	0,275034	29140,027060	0,000034
38	10218,496988	0,000098	3,636008	0,275027	37154,534502	0,000027
39	13028,583660	0,000077	3,636085	0,275021	47373,031490	0,000021
40	16611,444166	0,000060	3,636145	0,275017	60401,615150	0,000017
45	55970,387626	0,000018	3,636299	0,275005	203525,045913	0,000005
50	188585,908587	0,000005	3,636344	0,275001	685763,303952	0,000001

			28,00%			
	AuF	**AbF**	**DSF**	**KWF**	**EWF**	**RVF**
n	$(1+i)^n$	$(1+i)^{-n}$	$\dfrac{(1+i)^n-1}{i(1+i)^n}$	$\dfrac{i(1+i)^n}{(1+i)^n-1}$	$\dfrac{(1+i)^n-1}{i}$	$\dfrac{i}{(1+i)^n-1}$
1	1,280000	0,781250	0,781250	1,280000	1,000000	1,000000
2	1,638400	0,610352	1,391602	0,718596	2,280000	0,438596
3	2,097152	0,476837	1,868439	0,535206	3,918400	0,255206
4	2,684355	0,372529	2,240968	0,446236	6,015552	0,166236
5	3,435974	0,291038	2,532006	0,394944	8,699907	0,114944
6	4,398047	0,227374	2,759380	0,362400	12,135880	0,082400
7	5,629500	0,177636	2,937015	0,340482	16,533927	0,060482
8	7,205759	0,138778	3,075793	0,325119	22,163426	0,045119
9	9,223372	0,108420	3,184214	0,314049	29,369186	0,034049
10	11,805916	0,084703	3,268917	0,305912	38,592558	0,025912
11	15,111573	0,066174	3,335091	0,299842	50,398474	0,019842
12	19,342813	0,051699	3,386790	0,295265	65,510047	0,015265
13	24,758801	0,040390	3,427180	0,291785	84,852860	0,011785
14	31,691265	0,031554	3,458734	0,289123	109,611661	0,009123
15	40,564819	0,024652	3,483386	0,287077	141,302926	0,007077
16	51,922969	0,019259	3,502645	0,285499	181,867745	0,005499
17	66,461400	0,015046	3,517692	0,284277	233,790714	0,004277
18	85,070592	0,011755	3,529447	0,283331	300,252113	0,003331
19	108,890357	0,009184	3,538630	0,282595	385,322705	0,002595
20	139,379657	0,007175	3,545805	0,282023	494,213062	0,002023
21	178,405962	0,005605	3,551410	0,281578	633,592720	0,001578
22	228,359631	0,004379	3,555789	0,281232	811,998682	0,001232
23	292,300327	0,003421	3,559210	0,280961	1040,358312	0,000961
24	374,144419	0,002673	3,561883	0,280750	1332,658640	0,000750
25	478,904857	0,002088	3,563971	0,280586	1706,803059	0,000586
26	612,998216	0,001631	3,565602	0,280458	2185,707916	0,000458
27	784,637717	0,001274	3,566877	0,280357	2798,706132	0,000357
28	1004,336278	0,000996	3,567873	0,280279	3583,343849	0,000279
29	1285,550435	0,000778	3,568650	0,280218	4587,680126	0,000218
30	1645,504557	0,000608	3,569258	0,280170	5873,230562	0,000170
31	2106,245833	0,000475	3,569733	0,280133	7518,735119	0,000133
32	2695,994667	0,000371	3,570104	0,280104	9624,980953	0,000104
33	3450,873173	0,000290	3,570394	0,280081	12320,975619	0,000081
34	4417,117662	0,000226	3,570620	0,280063	15771,848793	0,000063
35	5653,910607	0,000177	3,570797	0,280050	20188,966455	0,000050
36	7237,005577	0,000138	3,570935	0,280039	25842,877062	0,000039
37	9263,367139	0,000108	3,571043	0,280030	33079,882639	0,000030
38	11857,109938	0,000084	3,571127	0,280024	42343,249778	0,000024
39	15177,100721	0,000066	3,571193	0,280018	54200,359716	0,000018
40	19426,688922	0,000051	3,571245	0,280014	69377,460437	0,000014
45	66749,594873	0,000015	3,571375	0,280004	238387,838830	0,000004
50	229349,861599	0,000004	3,571413	0,280001	819103,077139	0,000001

				28,50%		
	AuF	**AbF**	**DSF**	**KWF**	**EWF**	**RVF**
n	$(1+i)^n$	$(1+i)^{-n}$	$\dfrac{(1+i)^n-1}{i(1+i)^n}$	$\dfrac{i(1+i)^n}{(1+i)^n-1}$	$\dfrac{(1+i)^n-1}{i}$	$\dfrac{i}{(1+i)^n-1}$
1	1,285000	0,778210	0,778210	1,285000	1,000000	1,000000
2	1,651225	0,605611	1,383821	0,722637	2,285000	0,437637
3	2,121824	0,471293	1,855114	0,539051	3,936225	0,254051
4	2,726544	0,366765	2,221878	0,450070	6,058049	0,165070
5	3,503609	0,285420	2,507298	0,398836	8,784593	0,113836
6	4,502138	0,222117	2,729415	0,366379	12,288202	0,081379
7	5,785247	0,172853	2,902269	0,344558	16,790340	0,059558
8	7,434042	0,134516	3,036785	0,329296	22,575587	0,044296
9	9,552744	0,104682	3,141467	0,318323	30,009629	0,033323
10	12,275276	0,081465	3,222931	0,310277	39,562373	0,025277
11	15,773730	0,063397	3,286328	0,304291	51,837649	0,019291
12	20,269243	0,049336	3,335664	0,299790	67,611379	0,014790
13	26,045977	0,038394	3,374057	0,296379	87,880623	0,011379
14	33,469081	0,029878	3,403936	0,293778	113,926600	0,008778
15	43,007769	0,023252	3,427187	0,291784	147,395681	0,006784
16	55,264983	0,018095	3,445282	0,290252	190,403450	0,005252
17	71,015503	0,014081	3,459363	0,289071	245,668433	0,004071
18	91,254922	0,010958	3,470322	0,288158	316,683937	0,003158
19	117,262575	0,008528	3,478850	0,287451	407,938859	0,002451
20	150,682409	0,006636	3,485486	0,286904	525,201433	0,001904
21	193,626895	0,005165	3,490651	0,286480	675,883842	0,001480
22	248,810560	0,004019	3,494670	0,286150	869,510737	0,001150
23	319,721570	0,003128	3,497797	0,285894	1118,321297	0,000894
24	410,842217	0,002434	3,500231	0,285695	1438,042866	0,000695
25	527,932249	0,001894	3,502126	0,285541	1848,885083	0,000541
26	678,392940	0,001474	3,503600	0,285421	2376,817332	0,000421
27	871,734927	0,001147	3,504747	0,285327	3055,210272	0,000327
28	1120,179382	0,000893	3,505640	0,285255	3926,945199	0,000255
29	1439,430506	0,000695	3,506334	0,285198	5047,124581	0,000198
30	1849,668200	0,000541	3,506875	0,285154	6486,555086	0,000154
31	2376,823636	0,000421	3,507296	0,285120	8336,223286	0,000120
32	3054,218373	0,000327	3,507623	0,285093	10713,046922	0,000093
33	3924,670609	0,000255	3,507878	0,285073	13767,265295	0,000073
34	5043,201733	0,000198	3,508076	0,285057	17691,935904	0,000057
35	6480,514227	0,000154	3,508230	0,285044	22735,137637	0,000044
36	8327,460781	0,000120	3,508351	0,285034	29215,651864	0,000034
37	10700,787104	0,000093	3,508444	0,285027	37543,112645	0,000027
38	13750,511428	0,000073	3,508517	0,285021	48243,899749	0,000021
39	17669,407185	0,000057	3,508573	0,285016	61994,411177	0,000016
40	22705,188233	0,000044	3,508617	0,285013	79663,818362	0,000013
45	79550,102767	0,000013	3,508728	0,285004	279119,658833	0,000004
50	278712,459252	0,000004	3,508759	0,285001	977934,944745	0,000001

	29,00%					
	AuF	**AbF**	**DSF**	**KWF**	**EWF**	**RVF**
n	$(1+i)^n$	$(1+i)^{-n}$	$\dfrac{(1+i)^n-1}{i(1+i)^n}$	$\dfrac{i(1+i)^n}{(1+i)^n-1}$	$\dfrac{(1+i)^n-1}{i}$	$\dfrac{i}{(1+i)^n-1}$
1	1,290000	0,775194	0,775194	1,290000	1,000000	1,000000
2	1,664100	0,600925	1,376119	0,726681	2,290000	0,436681
3	2,146689	0,465834	1,841953	0,542902	3,954100	0,252902
4	2,769229	0,361111	2,203064	0,453913	6,100789	0,163913
5	3,572305	0,279931	2,482996	0,402739	8,870018	0,112739
6	4,608274	0,217001	2,699997	0,370371	12,442323	0,080371
7	5,944673	0,168218	2,868214	0,348649	17,050597	0,058649
8	7,668628	0,130401	2,998616	0,333487	22,995270	0,043487
9	9,892530	0,101086	3,099702	0,322612	30,663898	0,032612
10	12,761364	0,078362	3,178064	0,314657	40,556428	0,024657
11	16,462160	0,060745	3,238809	0,308755	53,317792	0,018755
12	21,236186	0,047089	3,285899	0,304331	69,779952	0,014331
13	27,394680	0,036503	3,322402	0,300987	91,016138	0,010987
14	35,339137	0,028297	3,350699	0,298445	118,410819	0,008445
15	45,587487	0,021936	3,372635	0,296504	153,749956	0,006504
16	58,807859	0,017005	3,389640	0,295017	199,337443	0,005017
17	75,862137	0,013182	3,402821	0,293874	258,145302	0,003874
18	97,862157	0,010218	3,413040	0,292994	334,007439	0,002994
19	126,242183	0,007921	3,420961	0,292316	431,869596	0,002316
20	162,852416	0,006141	3,427102	0,291792	558,111779	0,001792
21	210,079617	0,004760	3,431862	0,291387	720,964195	0,001387
22	271,002705	0,003690	3,435552	0,291074	931,043812	0,001074
23	349,593490	0,002860	3,438412	0,290832	1202,046518	0,000832
24	450,975602	0,002217	3,440630	0,290644	1551,640008	0,000644
25	581,758527	0,001719	3,442349	0,290499	2002,615610	0,000499
26	750,468500	0,001333	3,443681	0,290387	2584,374137	0,000387
27	968,104365	0,001033	3,444714	0,290300	3334,842636	0,000300
28	1248,854630	0,000801	3,445515	0,290232	4302,947001	0,000232
29	1611,022473	0,000621	3,446135	0,290180	5551,801631	0,000180
30	2078,218990	0,000481	3,446617	0,290140	7162,824104	0,000140
31	2680,902497	0,000373	3,446990	0,290108	9241,043095	0,000108
32	3458,364222	0,000289	3,447279	0,290084	11921,945592	0,000084
33	4461,289846	0,000224	3,447503	0,290065	15380,309814	0,000065
34	5755,063901	0,000174	3,447677	0,290050	19841,599660	0,000050
35	7424,032433	0,000135	3,447811	0,290039	25596,663561	0,000039
36	9577,001838	0,000104	3,447916	0,290030	33020,695993	0,000030
37	12354,332371	0,000081	3,447997	0,290023	42597,697831	0,000023
38	15937,088759	0,000063	3,448059	0,290018	54952,030203	0,000018
39	20558,844499	0,000049	3,448108	0,290014	70889,118961	0,000014
40	26520,909403	0,000038	3,448146	0,290011	91447,963460	0,000011
45	94740,781640	0,000011	3,448239	0,290003	326688,902206	0,000003
50	338442,983579	0,000003	3,448266	0,290001	1167041,322685	0,000001

	29,50%					
	AuF	**AbF**	**DSF**	**KWF**	**EWF**	**RVF**
n	$(1+i)^n$	$(1+i)^{-n}$	$\dfrac{(1+i)^n-1}{i(1+i)^n}$	$\dfrac{i(1+i)^n}{(1+i)^n-1}$	$\dfrac{(1+i)^n-1}{i}$	$\dfrac{i}{(1+i)^n-1}$
1	1,295000	0,772201	0,772201	1,295000	1,000000	1,000000
2	1,677025	0,596294	1,368495	0,730730	2,295000	0,435730
3	2,171747	0,460459	1,828954	0,546761	3,972025	0,251761
4	2,812413	0,355567	2,184520	0,457766	6,143772	0,162766
5	3,642075	0,274569	2,459089	0,406655	8,956185	0,111655
6	4,716487	0,212022	2,671111	0,374376	12,598260	0,079376
7	6,107850	0,163724	2,834835	0,352754	17,314747	0,057754
8	7,909666	0,126428	2,961262	0,337694	23,422597	0,042694
9	10,243018	0,097627	3,058890	0,326916	31,332263	0,031916
10	13,264708	0,075388	3,134278	0,319053	41,575280	0,024053
11	17,177796	0,058215	3,192493	0,313235	54,839988	0,018235
12	22,245246	0,044953	3,237446	0,308885	72,017784	0,013885
13	28,807594	0,034713	3,272159	0,305609	94,263031	0,010609
14	37,305834	0,026805	3,298965	0,303125	123,070625	0,008125
15	48,311056	0,020699	3,319664	0,301235	160,376459	0,006235
16	62,562817	0,015984	3,335648	0,299792	208,687515	0,004792
17	81,018848	0,012343	3,347990	0,298687	271,250332	0,003687
18	104,919408	0,009531	3,357522	0,297839	352,269180	0,002839
19	135,870633	0,007360	3,364882	0,297187	457,188588	0,002187
20	175,952470	0,005683	3,370565	0,296686	593,059221	0,001686
21	227,858449	0,004389	3,374954	0,296300	769,011691	0,001300
22	295,076691	0,003389	3,378343	0,296003	996,870140	0,001003
23	382,124315	0,002617	3,380959	0,295774	1291,946832	0,000774
24	494,850988	0,002021	3,382980	0,295597	1674,071147	0,000597
25	640,832030	0,001560	3,384541	0,295461	2168,922135	0,000461
26	829,877479	0,001205	3,385746	0,295356	2809,754165	0,000356
27	1074,691335	0,000930	3,386676	0,295275	3639,631644	0,000275
28	1391,725279	0,000719	3,387395	0,295212	4714,322979	0,000212
29	1802,284236	0,000555	3,387950	0,295164	6106,048258	0,000164
30	2333,958086	0,000428	3,388378	0,295126	7908,332494	0,000126
31	3022,475721	0,000331	3,388709	0,295098	10242,290580	0,000098
32	3914,106059	0,000255	3,388964	0,295075	13264,766301	0,000075
33	5068,767346	0,000197	3,389162	0,295058	17178,872359	0,000058
34	6564,053713	0,000152	3,389314	0,295045	22247,639705	0,000045
35	8500,449558	0,000118	3,389432	0,295035	28811,693418	0,000035
36	11008,082178	0,000091	3,389523	0,295027	37312,142977	0,000027
37	14255,466421	0,000070	3,389593	0,295021	48320,225155	0,000021
38	18460,829015	0,000054	3,389647	0,295016	62575,691575	0,000016
39	23906,773574	0,000042	3,389689	0,295012	81036,520590	0,000012
40	30959,271778	0,000032	3,389721	0,295010	104943,294164	0,000010
45	112755,978666	0,000009	3,389800	0,295003	382220,266663	0,000003
50	410665,690582	0,000002	3,389822	0,295001	1392083,696888	0,000001

						30,00%				
	AuF	AbF	DSF	KWF	EWF	RVF
n	$(1+i)^n$	$(1+i)^{-n}$	$\dfrac{(1+i)^n-1}{i(1+i)^n}$	$\dfrac{i(1+i)^n}{(1+i)^n-1}$	$\dfrac{(1+i)^n-1}{i}$	$\dfrac{i}{(1+i)^n-1}$
1	1,300000	0,769231	0,769231	1,300000	1,000000	1,000000
2	1,690000	0,591716	1,360947	0,734783	2,300000	0,434783
3	2,197000	0,455166	1,816113	0,550627	3,990000	0,250627
4	2,856100	0,350128	2,166241	0,461629	6,187000	0,161629
5	3,712930	0,269329	2,435570	0,410582	9,043100	0,110582
6	4,826809	0,207176	2,642746	0,378394	12,756030	0,078394
7	6,274852	0,159366	2,802112	0,356874	17,582839	0,056874
8	8,157307	0,122589	2,924702	0,341915	23,857691	0,041915
9	10,604499	0,094300	3,019001	0,331235	32,014998	0,031235
10	13,785849	0,072538	3,091539	0,323463	42,619497	0,023463
11	17,921604	0,055799	3,147338	0,317729	56,405346	0,017729
12	23,298085	0,042922	3,190260	0,313454	74,326950	0,013454
13	30,287511	0,033017	3,223277	0,310243	97,625036	0,010243
14	39,373764	0,025398	3,248675	0,307818	127,912546	0,007818
15	51,185893	0,019537	3,268211	0,305978	167,286310	0,005978
16	66,541661	0,015028	3,283239	0,304577	218,472203	0,004577
17	86,504159	0,011560	3,294800	0,303509	285,013864	0,003509
18	112,455407	0,008892	3,303692	0,302692	371,518023	0,002692
19	146,192029	0,006840	3,310532	0,302066	483,973430	0,002066
20	190,049638	0,005262	3,315794	0,301587	630,165459	0,001587
21	247,064529	0,004048	3,319842	0,301219	820,215097	0,001219
22	321,183888	0,003113	3,322955	0,300937	1067,279626	0,000937
23	417,539054	0,002395	3,325350	0,300720	1388,463514	0,000720
24	542,800770	0,001842	3,327192	0,300554	1806,002568	0,000554
25	705,641001	0,001417	3,328609	0,300426	2348,803338	0,000426
26	917,333302	0,001090	3,329700	0,300327	3054,444340	0,000327
27	1192,533293	0,000839	3,330538	0,300252	3971,777642	0,000252
28	1550,293280	0,000645	3,331183	0,300194	5164,310934	0,000194
29	2015,381264	0,000496	3,331679	0,300149	6714,604214	0,000149
30	2619,995644	0,000382	3,332061	0,300115	8729,985479	0,000115
31	3405,994337	0,000294	3,332355	0,300088	11349,981122	0,000088
32	4427,792638	0,000226	3,332581	0,300068	14755,975459	0,000068
33	5756,130429	0,000174	3,332754	0,300052	19183,768097	0,000052
34	7482,969558	0,000134	3,332888	0,300040	24939,898526	0,000040
35	9727,860425	0,000103	3,332991	0,300031	32422,868084	0,000031
36	12646,218553	0,000079	3,333070	0,300024	42150,728509	0,000024
37	16440,084119	0,000061	3,333131	0,300018	54796,947062	0,000018
38	21372,109354	0,000047	3,333177	0,300014	71237,031180	0,000014
39	27783,742160	0,000036	3,333213	0,300011	92609,140534	0,000011
40	36118,864808	0,000028	3,333241	0,300008	120392,882695	0,000008
45	134106,816713	0,000007	3,333308	0,300002	447019,389044	0,000002
50	497929,222979	0,000002	3,333327	0,300001	1659760,743264	0,000001

Tabelle 2: Barwertermittlung bei Preissteigerungen

$$\text{Diskontierungssummenfaktor (DSF)} = \frac{1+p}{1+i} \cdot \frac{1 - \left(\dfrac{1+p}{1+i}\right)^{n}}{1 - \dfrac{1+p}{1+i}}$$

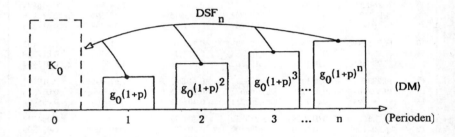

Der DSF zinst die Glieder einer Zahlungsreihe mit gleichmäßig wachsenden (oder schrumpfenden) Periodenzahlungen unter Berücksichtigung von Zins und Zinseszins ab und addiert gleichzeitig deren Barwerte. Kurzformel: Verwandelt steigende (schrumpfende) Zahlungsreihe in „Einmalzahlung jetzt".

n = 5

Diskontierungssummenfaktor für p ≥ 0

$$\frac{1+p}{1+i} \cdot \frac{1-\left(\dfrac{1+p}{1+i}\right)^{n}}{1-\dfrac{1+p}{1+i}}$$

i (%) \\ p (%)	0	1	2	3	4	5	6	7	8	9	10
1	4,8534	5,0000	5,1505	5,3050	5,4636	5,6264	5,7934	5,9649	6,1408	6,3213	6,5064
2	4,7135	4,8548	5,0000	5,1490	5,3019	5,4589	5,6199	5,7852	5,9547	6,1286	6,3070
3	4,5797	4,7162	4,8562	5,0000	5,1475	5,2989	5,4542	5,6136	5,7770	5,9447	6,1166
4	4,4518	4,5836	4,7188	4,8576	5,0000	5,1461	5,2960	5,4497	5,6074	5,7691	5,9349
5	4,3295	4,4568	4,5874	4,7214	4,8589	5,0000	5,1447	5,2931	5,4453	5,6013	5,7613
6	4,2124	4,3354	4,4616	4,5912	4,7240	4,8603	5,0000	5,1433	5,2902	5,4409	5,5953
7	4,1002	4,2192	4,3412	4,4664	4,5948	4,7265	4,8615	5,0000	5,1419	5,2875	5,4366
8	3,9927	4,1078	4,2259	4,3470	4,4711	4,5984	4,7290	4,8628	5,0000	5,1406	5,2847
9	3,8897	4,0011	4,1153	4,2325	4,3526	4,4757	4,6020	4,7314	4,8641	5,0000	5,1393
10	3,7908	3,8987	4,0093	4,1227	4,2389	4,3581	4,4803	4,6055	4,7338	4,8653	5,0000
11	3,6959	3,8004	3,9075	4,0174	4,1299	4,2453	4,3636	4,4847	4,6089	4,7361	4,8665
12	3,6048	3,7060	3,8099	3,9163	4,0253	4,1371	4,2516	4,3689	4,4891	4,6123	4,7384
13	3,5172	3,6154	3,7160	3,8192	3,9248	4,0331	4,1441	4,2577	4,3742	4,4934	4,6156
14	3,4331	3,5283	3,6259	3,7259	3,8283	3,9333	4,0408	4,1510	4,2638	4,3793	4,4977
15	3,3522	3,4445	3,5392	3,6362	3,7356	3,8374	3,9416	4,0484	4,1578	4,2697	4,3844
16	3,2743	3,3640	3,4559	3,5500	3,6464	3,7451	3,8462	3,9498	4,0559	4,1644	4,2756
17	3,1993	3,2864	3,3756	3,4670	3,5606	3,6564	3,7545	3,8550	3,9579	4,0632	4,1710
18	3,1272	3,2118	3,2984	3,3871	3,4780	3,5710	3,6663	3,7638	3,8636	3,9658	4,0704
19	3,0576	3,1398	3,2240	3,3102	3,3985	3,4888	3,5813	3,6760	3,7729	3,8721	3,9736
20	2,9906	3,0705	3,1523	3,2361	3,3219	3,4096	3,4995	3,5915	3,6856	3,7819	3,8805

n = 10

Diskontierungssummenfaktor für p ≥ 0

$$\frac{1+p}{1+i} \cdot \frac{1-\left(\dfrac{1+p}{1+i}\right)^n}{1-\dfrac{1+p}{1+i}}$$

i (%) \ p (%)	0	1	2	3	4	5	6	7	8	9	10
1	9,4713	10,0000	10,5611	11,1564	11,7883	12,4587	13,1701	13,9249	14,7257	15,5753	16,4765
2	8,9826	9,4763	10,0000	10,5554	11,1444	11,7691	12,4316	13,1342	13,8793	14,6693	15,5069
3	8,5302	8,9919	9,4813	10,0000	10,5498	11,1327	11,7504	12,4052	13,0992	13,8347	14,6141
4	8,1109	8,5431	9,0010	9,4861	10,0000	10,5444	11,1211	11,7321	12,3793	13,0649	13,7911
5	7,7217	8,1269	8,5559	9,0100	9,4909	10,0000	10,5391	11,1098	11,7141	12,3539	13,0313
6	7,3601	7,7403	8,1427	8,5684	9,0188	9,4955	10,0000	10,5338	11,0988	11,6966	12,3291
7	7,0236	7,3808	7,7586	8,1581	8,5807	9,0275	9,5001	10,0000	10,5287	11,0879	11,6793
8	6,7101	7,0461	7,4013	7,7766	8,1734	8,5927	9,0360	9,5046	10,0000	10,5237	11,0773
9	6,4177	6,7341	7,0684	7,4214	7,7944	8,1884	8,6046	9,0444	9,5090	10,0000	10,5187
10	6,1446	6,4429	6,7578	7,0903	7,4412	7,8118	8,2031	8,6163	9,0526	9,5134	10,0000
11	5,8892	6,1708	6,4678	6,7812	7,1118	7,4608	7,8290	8,2176	8,6278	9,0607	9,5177
12	5,6502	5,9162	6,1967	6,4924	6,8042	7,1331	7,4800	7,8459	8,2319	8,6391	9,0686
13	5,4262	5,6778	5,9429	6,2222	6,5166	6,8269	7,1540	7,4989	7,8625	8,2459	8,6502
14	5,2161	5,4543	5,7051	5,9692	6,2474	6,5405	6,8493	7,1747	7,5176	7,8789	8,2597
15	5,0188	5,2445	5,4820	5,7320	5,9952	6,2723	6,5641	6,8714	7,1951	7,5360	7,8951
16	4,8332	5,0473	5,2725	5,5094	5,7586	6,0209	6,2969	6,5874	6,8932	7,2151	7,5541
17	4,6586	4,8619	5,0755	5,3002	5,5364	5,7849	6,0462	6,3211	6,6104	6,9147	7,2349
18	4,4941	4,6873	4,8902	5,1035	5,3276	5,5632	5,8109	6,0713	6,3451	6,6330	6,9359
19	4,3389	4,5227	4,7157	4,9183	5,1311	5,3547	5,5896	5,8365	6,0960	6,3687	6,6554
20	4,1925	4,3674	4,5510	4,7438	4,9461	5,1585	5,3815	5,6158	5,8619	6,1204	6,3921

n = 15

Diskontierungssummenfaktor für p ≥ 0

$$\frac{1+p}{1+i} \cdot \frac{1-\left(\frac{1+p}{1+i}\right)^{n}}{1-\frac{1+p}{1+i}}$$

i (%) \ p (%)	0	1	2	3	4	5	6	7	8	9	10
1	13,8651	15,0000	16,2448	17,6107	19,1097	20,7554	22,5626	24,5474	26,7276	29,1228	31,7542
2	12,8493	13,8757	15,0000	16,2321	17,5826	19,0636	20,6880	22,4700	24,4254	26,5714	28,9267
3	11,9379	12,8683	13,8861	15,0000	16,2195	17,5552	19,0185	20,6220	22,3796	24,3065	26,4191
4	11,1184	11,9636	12,8870	13,8963	15,0000	16,2073	17,5284	18,9744	20,5576	22,2914	24,1904
5	10,3797	11,1492	11,9889	12,9054	13,9064	15,0000	16,1953	17,5021	18,9312	20,4946	22,2052
6	9,7122	10,4145	11,1796	12,0137	12,9235	13,9163	15,0000	16,1835	17,4763	18,8890	20,4330
7	9,1079	9,7501	10,4488	11,2095	12,0382	12,9413	13,9260	15,0000	16,1719	17,4511	18,8477
8	8,5595	9,1479	9,7873	10,4826	11,2390	12,0622	12,9588	13,9355	15,0000	16,1606	17,4264
9	8,0607	8,6010	9,1874	9,8241	10,5159	11,2679	12,0859	12,9759	13,9448	15,0000	16,1495
10	7,6061	8,1033	8,6421	9,2264	9,8604	10,5487	11,2965	12,1092	12,9928	13,9540	15,0000
11	7,1909	7,6493	8,1454	8,6826	9,2648	9,8962	10,5811	11,3246	12,1321	13,0094	13,9631
12	6,8109	7,2343	7,6920	8,1870	8,7227	9,3028	9,9315	10,6130	11,3523	12,1547	13,0258
13	6,4624	6,8543	7,2773	7,7342	8,2281	8,7622	9,3403	9,9663	10,6445	11,3796	12,1769
14	6,1422	6,5056	6,8973	7,3199	7,7760	8,2687	8,8013	9,3773	10,0006	10,6755	11,4065
15	5,8474	6,1850	6,5484	6,9399	7,3620	7,8174	8,3089	8,8399	9,4139	10,0345	10,7061
16	5,5755	5,8896	6,2274	6,5908	6,9821	7,4037	7,8583	8,3487	8,8781	9,4500	10,0680
17	5,3242	5,6171	5,9316	6,2695	6,6329	7,0239	7,4450	7,8987	8,3880	8,9158	9,4856
18	5,0916	5,3651	5,6584	5,9732	6,3113	6,6746	7,0653	7,4859	7,9388	8,4268	8,9531
19	4,8759	5,1317	5,4058	5,6995	6,0145	6,3526	6,7159	7,1063	7,5263	7,9784	8,4653
20	4,6755	4,9152	5,1717	5,4462	5,7402	6,0555	6,3937	6,7568	7,1470	7,5664	8,0176

n = 20

Diskontierungssummenfaktor für p ≥ 0

$$\frac{1+p}{1+i}\cdot\frac{1-\left(\frac{1+p}{1+i}\right)^{n}}{1-\frac{1+p}{1+i}}$$

p (%) \ i (%)	0	1	2	3	4	5	6	7	8	9	10
1	18,0456	20,0000	22,2156	24,7297	27,5851	30,8305	34,5219	38,7229	43,5064	48,9555	55,1648
2	16,3514	18,0636	20,0000	22,1925	24,6773	27,4958	30,6952	34,3296	38,4604	43,1579	48,5020
3	14,8775	16,3827	18,0812	20,0000	22,1699	24,6260	27,4085	30,5632	34,1422	38,2050	42,8191
4	13,5903	14,9184	16,4135	18,0986	20,0000	22,1477	24,5758	27,3233	30,4344	33,9596	37,9563
5	12,4622	13,6381	14,9587	16,4437	18,1156	20,0000	22,1260	24,5267	27,2400	30,3086	33,7815
6	11,4699	12,5147	13,6852	14,9984	16,4735	18,1324	20,0000	22,1047	24,4787	27,1585	30,1858
7	10,5940	11,5254	12,5665	13,7316	15,0374	16,5027	18,1488	20,0000	22,0838	24,4316	27,0788
8	9,8181	10,6513	11,5803	12,6175	13,7774	15,0759	16,5315	18,1650	20,0000	22,0634	24,3855
9	9,1285	9,8763	10,7080	11,6344	12,6679	13,8225	15,1138	16,5598	18,1809	20,0000	22,0433
10	8,5136	9,1868	9,9338	10,7640	11,6879	12,7177	13,8669	15,1511	16,5876	18,1965	20,0000
11	7,9633	8,5714	9,2445	9,9908	10,8194	11,7408	12,7668	13,9107	15,1878	16,6150	18,2118
12	7,4694	8,0204	8,6288	9,3017	10,0471	10,8741	11,7930	12,8152	13,9540	15,2240	16,6420
13	7,0248	7,5254	8,0770	8,6856	9,3583	10,1028	10,9283	11,8445	12,8630	13,9966	15,2596
14	6,6231	7,0795	7,5810	8,1331	8,7419	9,4143	10,1580	10,9818	11,8955	12,9103	14,0386
15	6,2593	6,6764	7,1338	7,6361	8,1888	8,7978	9,4698	10,2126	11,0347	11,9458	12,9569
16	5,9288	6,3112	6,7294	7,1878	7,6909	8,2440	8,8531	9,5248	10,2667	11,0871	11,9956
17	5,6278	5,9791	6,3627	6,7821	7,2414	7,7452	8,2988	8,9080	9,5793	10,3202	11,1389
18	5,3527	5,6765	6,0292	6,4139	6,8344	7,2946	7,7991	8,3531	8,9624	9,6333	10,3731
19	5,1009	5,4000	5,7251	6,0790	6,4649	6,8864	7,3475	7,8527	8,4071	9,0163	9,6867
20	4,8696	5,1466	5,4470	5,7734	6,1285	6,5155	6,9380	7,4000	7,9058	8,4605	9,0697

n = 25

Diskontierungssummenfaktor für p ≥ 0

$$\frac{1+p}{1+i} \cdot \frac{1-\left(\dfrac{1+p}{1+i}\right)^{n}}{1-\dfrac{1+p}{1+i}}$$

i (%) \ p (%)	0	1	2	3	4	5	6	7	8	9	10
1	22,0232	25,0000	28,4879	32,5821	37,3961	43,0650	49,7493	57,6398	66,9635	77,9896	91,0380
2	19,5235	22,0501	25,0000	28,4509	32,4953	37,2431	42,8247	49,3952	57,1384	66,2725	77,0562
3	17,4131	19,5689	22,0766	25,0000	28,4147	32,4105	37,0937	42,5906	49,0508	56,6515	65,6027
4	15,6221	17,4709	19,6136	22,1026	25,0000	28,3793	32,3275	36,9479	42,3624	48,7156	56,1785
5	14,0939	15,6877	17,5278	19,6576	22,1282	25,0000	28,3445	32,2464	36,8055	42,1399	48,3894
6	12,7834	14,1641	15,7524	17,5839	19,7009	21,1533	25,0000	28,3105	32,1670	36,6664	41,9230
7	11,6536	12,8558	14,2335	15,8162	17,6392	19,7435	22,1780	25,0000	28,2772	32,0894	36,5305
8	10,6748	11,7267	12,9275	14,3020	15,8792	17,6936	19,7854	22,2022	25,0000	28,2245	32,0134
9	9,8226	10,7474	11,7991	12,9984	14,3697	15,9414	17,7473	19,8267	22,2261	25,0000	28,2125
10	9,0770	9,8939	10,8194	11,8708	13,0685	14,4365	16,0028	17,8002	19,8673	22,2495	25,0000
11	8,4217	9,1466	9,9647	10,8907	11,9418	13,1379	14,5026	16,0633	17,8523	19,9073	22,2726
12	7,8431	8,4892	9,2156	10,0349	10,9614	12,0121	13,2065	14,5678	16,1231	17,9037	19,9467
13	7,3300	7,9083	8,5562	9,2842	10,1046	11,0315	12,0816	13,2744	14,6323	16,1820	17,9544
14	6,8729	7,3927	7,9730	8,6227	9,3523	10,1737	11,1010	12,1506	13,3415	14,6961	16,2403
15	6,4641	6,9332	7,4551	8,0374	8,6889	9,4199	10,2422	11,1698	12,2188	13,4079	14,7591
16	6,0971	6,5221	6,9933	7,5172	8,1014	8,7546	9,4870	10,3102	11,2381	12,2864	13,4736
17	5,7662	6,1527	6,5798	7,0531	7,5790	8,1651	8,8199	9,5536	10,3777	11,3057	12,3533
18	5,4669	5,8196	6,2081	6,6372	7,1126	7,6405	8,2284	8,8848	9,6198	10,4446	11,3728
19	5,1951	5,5181	5,8728	6,2633	6,6945	7,1718	7,7016	8,2913	8,9493	9,6855	10,5111
20	4,9476	5,2443	5,5692	5,9258	6,3184	6,7515	7,2308	7,7625	8,3539	9,0134	9,7507

n = 30

Diskontierungssummenfaktor für p ≥ 0

$$\frac{1+p}{1+i} \cdot \frac{1-\left(\dfrac{1+p}{1+i}\right)^{n}}{1-\dfrac{1+p}{1+i}}$$

i (%) \ p (%)	0	1	2	3	4	5	6	7	8	9	10
1	25,8077	30,0000	35,0768	41,2433	48,7535	57,9219	69,1380	82,8841	99,7568	120,4940	146,0080
2	22,3965	25,8451	30,0000	35,0222	41,1104	48,5106	57,5266	68,5336	81,9954	98,4846	118,7080
3	19,6004	22,4576	25,8818	30,0000	34,9686	40,9806	48,2739	57,1420	67,9467	81,1343	97,2545
4	17,2920	19,6759	22,5177	25,9179	30,0000	34,9162	40,8538	48,0430	56,7676	67,3767	80,2996
5	15,3725	17,3755	19,7503	22,5769	25,9533	30,0000	34,8649	40,7298	47,8178	56,4032	66,8228
6	13,7648	15,4596	17,4579	19,8237	22,6352	25,9881	30,0000	34,8147	40,6086	47,5980	56,0482
7	12,4090	13,8528	15,5458	17,5393	19,8960	22,6925	26,0224	30,0000	34,7654	40,4900	47,3835
8	11,2578	12,4959	13,9399	15,6310	17,6197	19,9674	22,7490	26,0560	30,0000	34,7172	40,3741
9	10,2737	11,3424	12,5821	14,0261	15,7153	17,6991	20,0378	22,8047	26,0891	30,0000	34,6699
10	9,4269	10,3554	11,4265	12,6675	14,1115	15,7986	17,7775	20,1072	22,8595	26,1217	30,0000
11	8,6938	9,5053	10,4366	11,5099	12,7522	14,1961	15,8811	17,8550	20,1757	22,9135	26,1537
12	8,0552	8,7687	9,5833	10,5173	11,5926	12,8361	14,2799	15,9627	17,9315	20,2432	22,9666
13	7,4957	8,1266	8,8433	9,6609	10,5974	11,6748	12,9194	14,3628	16,0433	18,0071	20,3099
14	7,0027	7,5637	8,1978	8,9176	9,7380	10,6770	11,7564	13,0019	14,4450	16,1232	18,0818
15	6,5660	7,0674	7,6315	8,2687	8,9914	9,8146	10,7561	11,8373	13,0838	14,5264	16,2021
16	6,1772	6,6276	7,1320	7,6991	8,3392	9,0649	9,8908	10,8347	11,9176	13,1649	14,6070
17	5,8294	6,2359	6,6891	7,1964	7,7664	8,4095	9,1380	9,9666	10,9128	11,9974	13,2454
18	5,5168	5,8853	6,2945	6,7504	7,2605	7,8334	8,4795	9,2108	10,0420	10,9903	12,0765
19	5,2347	5,5702	5,9411	6,3529	6,8116	7,3245	7,9003	8,5491	9,2832	10,1169	11,0674
20	4,9789	5,2856	5,6234	5,9969	6,4112	6,8726	7,3882	7,9668	8,6185	9,3552	10,1914

n = 35

Diskontierungssummenfaktor für p ≥ 0

$$\frac{1+p}{1+i} \cdot \frac{1-\left(\frac{1+p}{1+i}\right)^n}{1-\frac{1+p}{1+i}}$$

i (%) \ p (%)	0	1	2	3	4	5	6	7	8	9	10
1	29,4086	35,0000	41,9985	50,7968	61,9008	75,9631	93,8252	116,5721	145,6023	182,7182	230,2411
2	24,9986	29,4576	35,0000	41,9219	50,6040	61,5356	75,3463	92,8457	115,0754	143,3747	179,4649
3	21,4872	25,0764	29,5058	35,0000	41,8469	50,4158	61,1799	74,7470	91,8965	113,6286	141,2265
4	18,6646	21,5807	25,1530	29,5531	35,0000	41,7736	50,2320	60,8335	74,1645	90,9761	112,2292
5	16,3742	18,7654	21,6729	25,2285	29,5997	35,0000	41,7018	50,0525	60,4958	73,5983	90,0834
6	14,4982	16,4770	18,8650	21,7640	25,3028	29,6454	35,0000	41,6314	49,8771	60,1667	73,3475
7	12,9477	14,5998	16,5788	18,9635	21,8538	25,3761	29,6904	35,0000	41,5626	49,7058	59,8458
8	11,6546	13,0462	14,7006	16,6795	19,0608	21,9424	25,4482	29,7347	35,0000	41,4951	49,5383
9	10,5668	11,7489	13,1439	14,8004	16,7793	19,1570	22,0299	25,5193	29,7782	35,0000	41,4291
10	9,6442	10,6565	11,8427	13,2410	14,8994	16,8781	19,2522	22,1163	25,5893	29,8210	35,0000
11	8,8552	9,7291	10,7458	11,9358	13,3373	14,9976	16,9759	19,3462	22,2016	25,6584	29,8631
12	8,1755	8,9355	9,8137	10,8345	12,0284	13,4329	15,0949	17,0727	19,4393	22,2857	25,7264
13	7,5856	8,2512	9,0154	9,8978	10,9228	12,1204	13,5279	15,1914	17,1686	19,5312	22,3688
14	7,0700	7,6570	8,3267	9,0951	9,9817	11,0107	12,2119	13,6221	15,2871	17,2636	19,6222
15	6,6166	7,1375	7,7283	8,4020	9,1744	10,0651	11,0980	12,3027	13,7157	15,3820	17,3576
16	6,2153	6,6804	7,2049	7,7994	8,4770	9,2534	10,1482	11,1849	12,3930	13,8085	15,4760
17	5,8582	6,2758	6,7442	7,2721	7,8704	8,5518	9,3322	10,2309	11,2714	12,4828	13,9007
18	5,5386	5,9155	6,3361	6,8078	7,3392	7,9411	8,6263	9,4106	10,3132	11,3573	12,5719
19	5,2512	5,5931	5,9728	6,3964	6,8713	7,4061	8,0116	8,7006	9,4888	10,3951	11,4428
20	4,9915	5,3030	5,6475	6,0300	6,4566	6,9346	7,4729	8,0820	8,7747	9,5666	10,4766

n = 40

Diskontierungssummenfaktor für p ≥ 0

$$\frac{1+p}{1+i} \cdot \frac{1-\left(\frac{1+p}{1+i}\right)^n}{1-\frac{1+p}{1+i}}$$

i (%) \ p (%)	0	1	2	3	4	5	6	7	8	9	10
1	32,8347	40,0000	49,2698	61,3343	77,1202	97,8713	125,2588	161,5279	209,6950	273,8112	359,3153
2	27,3555	32,8965	40,0000	49,1666	61,0655	76,5920	96,9450	123,7303	159,0989	205,9325	268,0904
3	23,1148	27,4507	32,9573	40,0000	49,0657	60,8032	76,0782	96,0465	122,2517	156,7560	202,3141
4	19,7928	23,2262	27,5446	33,0170	40,0000	48,9670	60,5473	75,5782	95,1745	120,8208	154,4951
5	17,1591	19,9100	23,3362	27,6370	33,0757	40,0000	48,8704	60,2976	75,0915	94,3279	119,4354
6	15,0463	17,2760	20,0259	23,4448	27,7282	33,1335	40,0000	48,7759	60,0537	74,6175	93,5056
7	13,3317	15,1596	17,3919	20,1406	23,5520	27,8180	33,1903	40,0000	48,6834	59,8156	74,1558
8	11,9246	13,4397	15,2722	17,5068	20,2541	23,6580	27,9066	33,2462	40,0000	48,5927	59,5829
9	10,7574	12,0266	13,5471	15,3838	17,6207	20,3664	23,7626	27,9938	33,3011	40,0000	48,5040
10	9,7791	10,8531	12,1280	13,6538	15,4946	17,7335	20,4776	23,8660	28,0799	33,3552	40,0000
11	8,9511	9,8687	10,9483	12,2289	13,7598	15,6046	17,8453	20,5875	23,9681	28,1648	33,4084
12	8,2438	9,0349	9,9580	11,0432	12,3293	13,8651	15,7138	17,9562	20,6963	24,0690	28,2484
13	7,6344	8,3223	9,1185	10,0470	11,1377	12,4291	13,9698	15,8222	18,0660	20,8040	24,1687
14	7,1050	7,7080	8,4006	9,2019	10,1357	11,2318	12,5285	14,0739	15,9297	18,1749	20,9106
15	6,6418	7,1742	7,7815	8,4788	9,2851	10,2240	11,3255	12,6273	14,1773	16,0365	18,2828
16	6,2335	6,7069	7,2432	7,8548	8,5568	9,3680	10,3121	11,4188	12,7256	14,2800	16,1424
17	5,8713	6,2949	6,7719	7,3122	7,9281	8,6346	9,4507	10,3999	11,5117	12,8234	14,3821
18	5,5482	5,9294	6,3562	6,8368	7,3810	8,0011	8,7123	9,5332	10,4873	11,6042	12,9207
19	5,2582	5,6032	5,9874	6,4175	6,9017	7,4498	8,0741	8,7897	9,6154	10,5745	11,6962
20	4,9966	5,3104	5,6582	6,0454	6,4788	6,9665	7,5184	8,1469	8,8670	9,6973	10,6613

n = 45

Diskontierungssummenfaktor für p ≥ 0

$$\frac{1+p}{1+i} \cdot \frac{1-\left(\frac{1+p}{1+i}\right)^n}{1-\frac{1+p}{1+i}}$$

i (%) \ p (%)	0	1	2	3	4	5	6	7	8	9	10
1	36,0945	45,0000	56,9081	72,9573	94,7382	124,4752	165,2825	221,5207	299,2976	407,1666	557,1014
2	29,4902	36,1701	45,0000	56,7734	72,5936	93,9968	123,1243	162,9640	217,6860	293,1119	397,3673
3	24,5187	29,6033	36,2244	45,0000	56,6418	72,2391	93,2763	121,8157	160,7256	213,9961	287,1795
4	20,7200	24,6476	29,7148	36,3175	45,0000	56,5130	71,8934	92,5759	120,5477	158,5635	210,4435
5	17,7741	20,8525	24,7750	29,8248	36,3893	45,0000	56,3870	71,5562	91,8948	119,3184	156,4740
6	15,4558	17,9036	20,9837	24,9008	29,9332	36,4600	45,0000	56,2638	71,2272	91,2323	118,1262
7	13,6055	15,5791	18,0321	21,1136	25,0252	30,0401	36,5296	45,0000	56,1431	70,9062	90,5876
8	12,1084	13,7213	15,7017	18,1595	21,2242	25,1482	30,1455	36,5980	45,0000	56,0251	70,5927
9	10,8812	12,2162	13,8364	15,8234	18,2860	21,3696	25,2697	30,2495	36,6654	45,0000	55,9094
10	9,8628	10,9813	12,3236	13,9509	15,9443	18,4114	21,4958	25,3898	30,3521	36,7317	45,0000
11	9,0079	9,9557	11,0811	12,4305	14,0648	16,0644	18,5358	21,6207	25,5085	30,4533	36,7969
12	8,2825	9,0942	10,0484	11,1805	12,5369	14,1781	16,1838	18,6592	21,7444	25,6259	30,5532
13	7,6609	8,3628	9,1803	10,1408	11,2796	12,6430	14,2909	16,3023	18,7817	21,8669	25,7419
14	7,1232	7,7358	8,4430	9,2663	10,2330	11,3784	12,7485	14,4030	16,4201	18,9031	21,9883
15	6,6543	7,1933	7,8107	8,5231	9,3520	10,3249	11,4769	12,8536	14,5145	16,5371	19,0236
16	6,2421	6,7201	7,2634	7,8854	8,6030	9,4376	10,4166	11,5750	12,9583	14,6254	16,6534
17	5,8773	6,3041	6,7858	7,3334	7,9601	8,6828	9,5230	10,5080	11,6727	13,0624	14,7357
18	5,5523	5,9358	6,3659	6,8515	7,4033	8,0346	8,7625	9,6083	10,5992	11,7702	13,1662
19	5,2611	5,6076	5,9942	6,4278	6,9172	7,4731	8,1091	8,8420	9,6933	10,6901	11,8672
20	4,9986	5,3135	5,6629	6,0526	6,4896	6,9828	7,5429	8,1835	8,9214	9,7782	10,7808

n = 50

Diskontierungssummenfaktor für p ≥ 0

$$\frac{1+p}{1+i} \cdot \frac{1-\left(\frac{1+p}{1+i}\right)^{n}}{1-\frac{1+p}{1+i}}$$

i (%) \ p (%)	0	1	2	3	4	5	6	7	8	9	10
1	39,1961	50,0000	64,9322	85,7776	115,1328	156,7814	216,2436	301,5798	424,5634	602,3920	860,1780
2	31,4236	39,2863	50,0000	64,7606	85,2972	114,1161	154,8554	212,8039	295,6546	414,6032	585,9422
3	25,7298	31,5548	39,3750	50,0000	64,5928	84,8292	113,1291	152,9928	209,4895	289,9668	405,0779
4	21,4822	25,8755	31,6842	39,4623	50,0000	64,4288	84,3732	112,1708	151,1905	206,2943	284,5035
5	18,2559	21,6287	26,0196	31,8119	39,5482	50,0000	64,2684	83,9288	111,2398	149,4459	203,2122
6	15,7619	18,3965	21,7739	26,1622	31,9379	39,6326	50,0000	64,1116	83,4954	110,3352	147,7563
7	13,8007	15,8935	18,5360	21,9178	26,3031	32,0621	39,7158	50,0000	63,9581	83,0728	109,4557
8	12,2335	13,9226	16,0244	18,6745	22,0604	26,4425	32,1848	39,7976	50,0000	63,8079	82,6604
9	10,9617	12,3458	14,0440	16,1546	18,8121	22,2017	26,5804	32,3058	39,8781	50,0000	63,6609
10	9,9148	11,0650	12,4577	14,1648	16,2840	18,9486	22,3418	26,7168	32,4252	39,9574	50,0000
11	9,0417	10,0100	11,1681	12,5692	14,2851	16,4127	19,0842	22,4806	26,8517	32,5430	40,0355
12	8,3045	9,1296	10,1050	11,2708	12,6803	14,4048	16,5406	19,2188	22,6182	26,9851	32,6593
13	7,6752	8,3860	9,2174	10,1998	11,3734	12,7911	14,5240	16,6679	19,3524	22,7546	27,1171
14	7,1327	7,7510	8,4673	9,3050	10,2945	11,4756	12,9014	14,6427	16,7944	19,4851	22,8898
15	6,6605	7,2033	7,8267	8,5486	9,3925	10,3889	11,5776	13,0114	14,7608	16,9201	19,6168
16	6,2463	6,7267	7,2740	7,9023	8,6298	9,4799	10,4831	11,6793	13,1210	14,8784	17,0452
17	5,8801	6,3085	6,7929	7,3446	7,9778	8,7109	9,5672	10,5772	11,7807	13,2302	14,9954
18	5,5541	5,9387	6,3706	6,8590	7,4151	8,0533	8,7919	9,6543	10,6710	11,8818	13,3390
19	5,2623	5,6096	5,9973	6,4328	6,9251	7,4856	8,1288	8,8728	9,7413	10,7647	11,9827
20	4,9995	5,3148	5,6650	6,0559	6,4949	6,9912	7,5561	8,2041	8,9536	9,8281	10,8581

Diskontierungssummenfaktor für p ≥ 0

$n = \text{unendlich}$

$$\frac{1+p}{i+p}$$

i (%) \ p (%)	0	1	2	3	4	5	6	7	8	9	10
1	100,0000	-	-	-	-	-	-	-	-	-	-
2	50,0000	101,0000	-	-	-	-	-	-	-	-	-
3	33,3333	50,5000	102,0000	-	-	-	-	-	-	-	-
4	25,0000	33,6667	51,0000	103,0000	-	-	-	-	-	-	-
5	20,0000	25,2500	34,0000	51,5000	104,0000	-	-	-	-	-	-
6	16,6667	20,2000	25,5000	34,3333	52,0000	105,0000	-	-	-	-	-
7	14,2857	16,8333	20,4000	25,7500	34,6667	52,5000	106,0000	-	-	-	-
8	12,5000	14,4286	17,0000	20,6000	26,0000	35,0000	53,0000	107,0000	-	-	-
9	11,1111	12,6250	14,5714	17,1667	20,8000	26,2500	35,3333	53,5000	108,0000	-	-
10	10,0000	11,2222	12,7500	14,7143	17,3333	21,0000	26,5000	35,6667	54,0000	109,0000	-
11	9,0909	10,1000	11,3333	12,8750	14,8571	17,5000	21,2000	26,7500	36,0000	54,5000	110,0000
12	8,3333	9,1818	10,2000	11,4444	13,0000	15,0000	17,6667	21,4000	27,0000	36,3333	55,0000
13	7,6923	8,4167	9,2727	10,3000	11,5556	13,1250	15,1429	17,8333	21,6000	27,2500	36,6667
14	7,1429	7,7692	8,5000	9,3636	10,4000	11,6667	13,2500	15,2857	18,0000	21,8000	27,5000
15	6,6667	7,2143	7,8462	8,5833	9,4545	10,5000	11,7778	13,3750	15,4286	18,1667	22,0000
16	6,2500	6,7333	7,2857	7,9231	8,6667	9,5455	10,6000	11,8889	13,5000	15,5714	18,3333
17	5,8824	6,3125	6,8000	7,3571	8,0000	8,7500	9,6364	10,7000	12,0000	13,6250	15,7143
18	5,5556	5,9412	6,3750	6,8667	7,4286	8,0769	8,8333	9,7273	10,8000	12,1111	13,7500
19	5,2632	5,6111	6,0000	6,4375	6,9333	7,5000	8,1538	8,9167	9,8182	10,9000	12,2222
20	5,0000	5,3158	5,6667	6,0588	6,5000	7,0000	7,5714	8,2308	9,0000	9,9091	11,0000

Tabelle 3: Endwertermittlung bei Preissteigerungen

$$\text{Endwertfaktor (EWF)} = \frac{(1+p)^n - (1+i)^n}{1 - \dfrac{1+i}{1+p}}$$

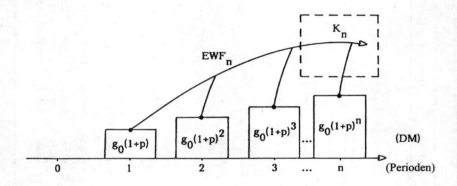

Der EWF zinst die Glieder einer Zahlungsreihe mit gleichmäßig wachsenden (oder schrumpfenden) Periodenzahlungen unter Berücksichtigung von Zins und Zinseszins auf und addiert gleichzeitig deren Endwerte. Kurzformel: Verwandelt steigende (schrumpfende) Zahlungsreihe in „Einmalzahlung zum Zeitpunkt n".

n = 5

Endwertfaktor für p ≥ 0

$$\frac{(1+p)^n - (1+i)^n}{1 - \frac{1+i}{1+p}}$$

i (%) \ p (%)	0	1	2	3	4	5	6	7	8	9	10
1	5,1010	5,2551	5,4132	5,5756	5,7423	5,9134	6,0890	6,2692	6,4540	6,6437	6,8383
2	5,2040	5,3601	5,5204	5,6849	5,8537	6,0270	6,2048	6,3873	6,5745	6,7665	6,9634
3	5,3091	5,4673	5,6297	5,7964	5,9674	6,1429	6,3230	6,5077	6,6972	6,8915	7,0909
4	5,4163	5,5766	5,7412	5,9100	6,0833	6,2610	6,4434	6,6304	6,8222	7,0190	7,2207
5	5,5256	5,6881	5,8548	6,0259	6,2014	6,3814	6,5661	6,7555	6,9497	7,1488	7,3530
6	5,6371	5,8018	5,9707	6,1440	6,3218	6,5041	6,6911	6,8829	7,0795	7,2811	7,4878
7	5,7507	5,9176	6,0888	6,2644	6,4445	6,6292	6,8186	7,0128	7,2118	7,4159	7,6251
8	5,8666	6,0357	6,2092	6,3871	6,5696	6,7566	6,9484	7,1451	7,3466	7,5533	7,7650
9	5,9847	6,1561	6,3319	6,5122	6,6970	6,8865	7,0807	7,2799	7,4840	7,6931	7,9075
10	6,1051	6,2788	6,4570	6,6396	6,8269	7,0188	7,2155	7,4172	7,6238	7,8356	8,0526
11	6,2278	6,4039	6,5844	6,7695	6,9592	7,1536	7,3529	7,5570	7,7663	7,9807	8,2003
12	6,3528	6,5313	6,7143	6,9018	7,0940	7,2909	7,4927	7,6995	7,9114	8,1284	8,3507
13	6,4803	6,6612	6,8466	7,0366	7,2313	7,4308	7,6352	7,8446	8,0591	8,2789	8,5039
14	6,6101	6,7935	6,9813	7,1739	7,3711	7,5732	7,7803	7,9923	8,2096	8,4320	8,6599
15	6,7424	6,9282	7,1186	7,3137	7,5136	7,7183	7,9280	8,1428	8,3627	8,5880	8,8186
16	6,8771	7,0655	7,2585	7,4562	7,6586	7,8660	8,0784	8,2959	8,5187	8,7467	8,9802
17	7,0144	7,2053	7,4009	7,6012	7,8064	8,0165	8,2316	8,4519	8,6774	8,9084	9,1447
18	7,1542	7,3477	7,5459	7,7489	7,9568	8,1696	8,3875	8,6106	8,8390	9,0728	9,3122
19	7,2966	7,4928	7,6936	7,8993	8,1099	8,3255	8,5463	8,7722	9,0035	9,2403	9,4825
20	7,4416	7,6404	7,8440	8,0525	8,2658	8,4843	8,7079	8,9367	9,1709	9,4106	9,6559

n = 10

Endwertfaktor für p ≥ 0

$$\frac{(1+p)^n-(1+i)^n}{1-\dfrac{1+i}{1+p}}$$

p (%) / i (%)	0	1	2	3	4	5	6	7	8	9	10
1	10,4622	11,0462	11,6660	12,3237	13,0216	13,7622	14,5480	15,3818	16,2664	17,2049	18,2004
2	10,9497	11,5516	12,1899	12,8670	13,5850	14,3465	15,1541	16,0106	16,9188	17,8817	18,9028
3	11,4639	12,0844	12,7420	13,4392	14,1781	14,9614	15,7916	16,6715	17,6042	18,5926	19,6401
4	12,0061	12,6459	13,3237	14,0418	14,8024	15,6083	16,4620	17,3664	18,3244	19,3392	20,4141
5	12,5779	13,2379	13,9366	14,6764	15,4596	16,2889	17,1670	18,0967	19,0811	20,1233	21,2267
6	13,1808	13,8618	14,5823	15,3446	16,1514	17,0051	17,9085	18,8645	19,8762	20,9467	22,0796
7	13,8164	14,5192	15,2624	16,0483	16,8794	17,7585	18,6882	19,6715	20,7116	21,8116	22,9750
8	14,4866	15,2121	15,9788	16,7892	17,6457	18,5511	19,5081	20,5198	21,5892	22,7198	23,9150
9	15,1929	15,9421	16,7334	17,5692	18,4521	19,3848	20,3702	21,4114	22,5114	23,6736	24,9017
10	15,9374	16,7112	17,5280	18,3903	19,3006	20,2618	21,2767	22,3484	23,4801	24,6753	25,9374
11	16,7220	17,5215	18,3648	19,2546	20,1935	21,1842	22,2298	23,3332	24,4979	25,7271	27,0246
12	17,5487	18,3749	19,2459	20,1643	21,1329	22,1543	23,2317	24,3681	25,5669	26,8316	28,1658
13	18,4197	19,2737	20,1735	21,1217	22,1211	23,1745	24,2849	25,4556	26,6899	27,9913	29,3636
14	19,3373	20,2202	21,1499	22,1291	23,1606	24,2471	25,3920	26,5982	27,8693	29,2089	30,6207
15	20,3037	21,2167	22,1777	23,1891	24,2539	25,3750	26,5555	27,7987	29,1080	30,4872	31,9399
16	21,3215	22,2659	23,2592	24,3042	25,4037	26,5606	27,7782	29,0598	30,4089	31,8291	33,3244
17	22,3931	23,3702	24,3973	25,4771	26,6127	27,8069	29,0631	30,3845	31,7748	33,2377	34,7771
18	23,5213	24,5324	25,5946	26,7108	27,8838	29,1168	30,4131	31,7759	33,2090	34,7162	36,3013
19	24,7089	25,7553	26,8541	28,0081	29,2201	30,4934	31,8313	33,2372	34,7147	36,2678	37,9004
20	25,9587	27,0420	28,1789	29,3721	30,6247	31,9399	33,3210	34,7716	36,2953	37,8961	39,5779

n = 15

Endwertfaktor für p ≥ 0

$$\frac{(1+p)^n - (1+i)^n}{1 - \dfrac{1+i}{1+p}}$$

i (%) \ p (%)	0	1	2	3	4	5	6	7	8	9	10
1	16,0969	17,4145	18,8597	20,4454	22,1858	24,0964	26,1945	28,4988	31,0299	33,8106	36,8656
2	17,2934	18,6748	20,1880	21,8462	23,6639	25,6571	27,8433	30,2417	32,8734	35,7616	38,9315
3	18,5989	20,0484	21,6341	23,3695	25,2695	27,3504	29,6302	32,1285	34,8668	37,8687	41,1601
4	20,0236	21,5458	23,2088	25,0265	27,0142	29,1884	31,5676	34,1718	37,0231	40,1455	43,5656
5	21,5786	23,1785	24,9240	26,8295	28,9104	31,1839	33,6688	36,3855	39,3567	42,6069	46,1630
6	23,2760	24,9589	26,7926	28,7916	30,9720	33,3512	35,9484	38,7846	41,8830	45,2686	48,9690
7	25,1290	26,9007	28,8285	30,9274	33,2137	35,7054	38,4422	41,3855	44,6189	48,1481	52,0013
8	27,1521	29,0187	31,0471	33,2526	35,6519	38,2634	41,1074	44,2057	47,5825	51,2642	55,2793
9	29,3609	31,3291	33,4649	35,7842	38,3040	41,0433	44,0027	47,2646	50,7938	54,6372	58,8242
10	31,7725	33,8494	36,1001	38,5408	41,1893	44,0647	47,1883	50,5831	54,2743	58,2895	62,6587
11	34,4054	36,5986	38,9722	41,5428	44,3285	47,3491	50,6263	54,1837	58,0471	62,2448	66,8075
12	37,2797	39,5975	42,1025	44,8118	47,7441	50,9196	54,3605	58,0910	62,1377	66,5294	71,2975
13	40,4175	42,8686	45,5143	48,3719	51,4607	54,8014	58,4168	62,3318	66,5734	71,1712	76,1575
14	43,8424	46,4365	49,2326	52,2488	55,5047	59,0218	62,8233	66,9347	71,3838	76,2009	81,4190
15	47,5804	50,3275	53,2847	56,4706	59,9051	63,6104	67,6104	71,9312	76,6012	81,6515	87,1159
16	51,6595	54,5706	57,7003	61,0675	64,6930	68,5993	72,8110	77,3549	82,2602	87,5587	93,2850
17	56,1101	59,1971	62,5114	66,0727	69,9022	74,0232	78,4608	83,2427	88,3986	93,9613	99,9660
18	60,9653	64,2406	67,7527	71,5217	75,5694	79,9197	84,5985	89,6341	95,0571	100,9009	107,2019
19	66,2607	69,7380	73,4620	77,4532	81,7342	86,3295	91,2658	96,5719	102,2795	108,4228	115,0390
20	72,0351	75,7290	79,6799	83,9090	88,4395	93,2967	98,5078	104,1027	110,1137	116,5759	123,5275

n = 20

Endwertfaktor für p ≥ 0

$$\frac{(1+p)^n - (1+i)^n}{1 - \frac{1+i}{1+p}}$$

i (%) \ p (%)	0	1	2	3	4	5	6	7	8	9	10
1	22,0190	24,4038	27,1073	30,1749	33,6590	37,6191	42,1232	47,2493	53,0861	59,7350	67,3116
2	24,2974	26,8415	29,7189	32,9769	36,6691	40,8573	45,6115	51,0120	57,1502	64,1304	72,0713
3	26,8704	29,5890	32,6567	36,1222	40,0412	44,4773	49,5029	55,2006	61,6647	69,0024	77,3361
4	29,7781	32,6881	35,9640	39,6562	43,8225	48,5283	53,8487	59,8687	66,6855	74,4097	83,1669
5	33,0660	36,1860	39,6899	43,6301	48,0662	53,0660	58,7068	65,0767	72,2757	80,4178	89,6324
6	36,7856	40,1363	43,8903	48,1018	52,8326	58,1530	64,1427	70,8927	78,5064	87,1010	96,8100
7	40,9955	44,5998	48,6282	53,1370	58,1901	63,8603	70,2302	77,3937	85,4574	94,5426	104,7866
8	45,7620	49,6454	53,9752	58,8098	64,2157	70,2681	77,0525	84,6662	93,2191	102,8364	113,6599
9	51,1601	55,3508	60,0119	65,2041	70,9964	77,4667	84,7037	92,8079	101,8930	112,0882	123,5398
10	57,2750	61,8043	66,8298	72,4147	78,6305	85,5582	93,2897	101,9288	111,5933	122,4167	134,5500
11	64,2028	69,1054	74,5321	80,5486	87,2291	94,6577	102,9297	112,1528	122,4488	133,9556	146,8293
12	72,0524	77,3669	83,2355	89,7265	96,9172	104,8949	113,7585	123,6194	134,6041	146,8551	160,5336
13	80,9468	86,7161	93,0717	100,0849	107,8360	116,4160	125,9273	136,4857	148,2220	161,2839	175,8382
14	91,0249	97,2964	104,1891	111,7773	120,1446	129,3856	139,6067	150,9282	163,4856	177,4319	192,9397
15	102,4436	109,2701	116,7554	124,9770	134,0221	143,9890	154,9885	167,1454	180,6004	195,5120	212,0588
16	115,3797	122,8198	130,9593	139,8791	149,6702	160,4349	172,2884	185,3606	199,7973	215,7631	233,3431
17	130,0329	138,1516	147,0136	156,7034	167,3158	178,9576	191,7488	205,8243	221,3357	238,4537	257,3701
18	146,6280	155,4975	165,1577	175,6969	187,2142	199,8210	213,6421	228,8180	245,5064	263,8844	284,1511
19	165,4180	175,1185	185,6609	197,1376	209,6522	223,3209	238,2740	254,6577	272,6359	292,3926	314,1346
20	186,6880	197,3083	208,8260	221,3378	234,9521	249,7901	265,9878	283,6975	303,0898	324,3561	347,7111

n = 25

Endwertfaktor
für p ≥ 0

$$\frac{(1+p)^n - (1+i)^n}{1 - \dfrac{1+i}{1+p}}$$

i (%) \ p (%)	0	1	2	3	4	5	6	7	8	9	10
1	28,2432	32,0608	36,5337	41,7843	47,9580	55,2280	63,8001	73,9192	85,8761	100,0163	116,7500
2	32,0303	36,1756	41,0151	46,6767	53,3120	61,1012	70,2585	81,0381	93,7416	108,7271	126,4189
3	36,4593	40,9730	46,2235	52,3444	59,4941	67,8603	77,6659	89,1753	102,7015	118,6157	137,3574
4	41,6459	46,5746	52,2867	58,9220	66,6459	75,6545	86,1798	98,4969	112,9312	129,8679	149,7626
5	47,7271	53,1241	59,3555	66,5677	74,9339	84,6589	95,9847	109,1977	124,6363	142,7008	163,8637
6	54,8645	60,7907	67,6073	75,4679	84,5538	95,0792	107,2968	121,5051	138,0566	157,3673	179,9280
7	63,2490	69,7742	77,2513	85,8416	95,7353	107,1566	120,3696	135,6858	153,4726	174,1628	198,2667
8	73,1059	80,3101	88,5338	97,9468	108,7486	121,1742	135,5000	152,0516	171,2119	193,4320	219,2427
9	84,7009	92,6757	101,7446	112,0864	123,9107	137,4641	153,0361	170,9672	191,6574	215,5770	243,2788
10	98,3471	107,1977	117,2248	128,6165	141,5937	156,4154	173,3851	192,8594	215,2565	241,0672	270,8676
11	114,4133	124,2606	135,3751	147,9555	162,2345	178,4844	197,0242	218,2273	242,5316	270,4499	302,5834
12	133,3339	144,3164	156,6665	170,5942	186,3450	204,2056	224,5114	247,6543	274,0929	304,3637	339,0947
13	155,6196	167,8966	181,6521	197,1087	214,5255	234,2050	256,4999	281,8221	310,6526	343,5533	381,1807
14	181,8708	195,6252	210,9811	228,1744	247,4792	269,2149	293,7531	321,5271	353,0419	388,8866	429,7483
15	212,7930	228,2349	245,4147	264,5827	286,0295	310,0923	337,1634	367,6991	402,2302	441,3750	485,8534
16	249,2140	266,5849	285,8451	307,2606	331,1395	357,8389	387,7732	421,4232	459,3479	502,1967	550,7249
17	292,1049	311,6822	333,3171	357,2926	383,9359	413,6254	446,7992	483,9652	525,7122	572,7234	625,7919
18	342,6035	364,7062	389,0536	415,9473	445,7350	478,8184	515,6614	556,8007	602,8576	654,5516	712,7164
19	402,0425	427,0372	454,4848	484,7070	518,0742	555,0129	596,0152	641,6490	692,5706	749,5384	813,4300
20	471,9811	500,2891	531,2818	565,3030	602,7475	644,0690	689,7900	740,5123	796,9297	859,8429	930,1766

n = 30

Endwertfaktor für p ≥ 0

$$\frac{(1+p)^n - (1+i)^n}{1 - \dfrac{1+i}{1+p}}$$

p (%) i (%)	0	1	2	3	4	5	6	7	8	9	10
1	34,7849	40,4355	47,2783	55,5898	65,7124	78,0700	93,1876	111,7152	134,4570	162,4077	196,7968
2	40,5681	46,8148	54,3408	63,4378	74,4659	87,8703	104,2014	124,1391	148,5233	178,3912	215,0231
3	47,5754	54,5104	62,8219	72,8179	84,8780	99,4707	117,1734	138,6986	164,9245	196,9342	236,0622
4	56,0849	63,8168	73,0338	84,0619	97,3019	113,2472	132,5050	155,8226	184,1200	218,5293	260,4434
5	66,4388	75,0959	85,3597	97,5760	112,1687	129,6583	150,6842	176,0317	206,6657	243,7713	288,8041
6	79,0582	88,7920	100,2693	113,8572	130,0049	149,2626	172,3047	199,9577	233,2349	273,3788	321,9126
7	94,4608	105,4508	118,3382	133,5136	151,4537	172,7414	198,0890	228,3677	264,6434	308,2206	360,6954
8	113,2832	125,7422	140,2720	157,2891	177,3007	200,9250	228,9158	262,1930	301,8797	349,3474	406,2710
9	136,3075	150,4878	166,9349	186,0938	208,5050	234,8256	265,8546	302,5652	346,1423	398,0304	459,9896
10	164,4940	180,6952	199,3850	221,0401	246,2374	275,6767	310,2066	350,8583	398,8843	455,8079	523,4821
11	199,0209	217,5989	238,9173	263,4873	291,9265	324,9812	363,5547	408,7411	461,8670	524,5417	598,7184
12	241,3327	262,7109	287,1153	315,0960	347,3148	384,5697	427,8236	478,2401	537,2262	606,4849	688,0786
13	293,1992	317,8811	345,9148	377,8929	414,5267	456,6707	505,3536	561,8150	627,5500	704,3640	794,4382
14	356,7868	385,3718	417,6798	454,3508	496,1503	543,9959	598,9883	662,4508	735,9750	821,4781	921,2708
15	434,7451	467,9469	505,2955	547,4837	595,3374	649,8432	712,1820	783,7685	866,3006	961,8177	1072,7721
16	530,3117	568,9803	612,2806	660,9638	715,9228	778,2212	849,1277	930,1584	1023,1275	1130,2085	1254,0087
17	647,4391	692,5873	742,924	799,2608	862,5700	933,9987	1014,9130	1106,9406	1212,0239	1332,4837	1471,0968
18	790,9480	843,7825	902,4404	967,8112	1040,9452	1123,0856	1215,7065	1320,5588	1439,7262	1575,6914	1731,4170
19	966,7122	1028,6708	1097,1837	1173,2218	1257,9279	1352,6503	1458,9825	1578,8123	1714,3788	1868,3432	2043,8722
20	1181,8816	1254,6776	1334,8681	1423,5148	1521,8640	1631,3806	1753,7914	1891,1349	2045,8229	2220,7128	2419,1960

n = 35

Endwertfaktor für p ≥ 0

$$\frac{(1+p)^n - (1+i)^n}{1 - \frac{1+i}{1+p}}$$

p (%) / i (%)	0	1	2	3	4	5	6	7	8	9	10
1	41,6603	49,5811	59,4953	71,9589	87,6889	107,6096	132,9131	165,1363	206,2606	258,8391	326,1602
2	49,9945	58,9120	69,9961	83,8392	101,2024	123,0644	150,6842	185,6812	230,1382	286,7335	358,9100
3	60,4621	70,5616	83,0252	98,4852	117,7516	141,8630	172,1519	210,3277	258,5840	319,7352	397,3919
4	73,6522	85,1594	99,2562	116,6193	138,1131	164,8423	198,2199	240,0542	292,6599	358,9998	442,8664
5	90,3203	103,5102	119,5483	139,1609	163,2723	193,0605	230,0276	276,0903	333,6958	405,9692	496,9013
6	111,4348	126,6436	144,9980	167,2797	194,4799	227,8575	269,0130	319,9829	383,3599	462,4463	561,4496
7	138,2369	155,8763	177,0045	202,4650	233,3237	270,9297	316,9924	373,6804	443,7464	530,6876	638,9480
8	172,3168	192,8918	217,3527	246,6125	281,8206	324,4265	376,2606	439,6376	517,4871	613,5200	732,4401
9	215,7108	239,8417	268,3194	302,1351	342,5319	391,0713	449,7185	520,9502	607,8914	714,4889	845,7316
10	271,0244	299,4744	332,8075	372,1033	418,7100	474,3149	541,0333	621,5222	719,1230	838,0431	983,5853
11	341,5896	375,2983	414,5162	460,4227	514,4845	578,5296	654,8418	746,2787	856,4222	989,7681	1151,9656
12	431,6635	471,7895	518,1572	572,0592	635,0959	709,2541	797,0057	901,4330	1026,3854	1176,6787	1358,3451
13	546,6808	594,6535	649,7272	713,3228	787,1924	873,5014	974,9338	1094,8227	1237,3163	1407,5862	1612,0892
14	693,5727	751,1570	816,8525	892,2264	979,2025	1080,1486	1197,9867	1336,3321	1499,6670	1693,5594	1924,9379
15	881,1702	950,5465	1029,2242	1118,9376	1221,8056	1340,4248	1477,9867	1638,4233	1826,5913	2048,5016	2311,6079
16	1120,7130	1204,5763	1299,1462	1406,3478	1528,5225	1668,5269	1829,8567	2016,8013	2234,6378	2489,8731	2790,5467
17	1426,4910	1528,1734	1642,2244	1770,7879	1916,4591	2082,3903	2272,4221	2491,2477	2744,6176	3039,5945	3384,8734
18	1816,6516	1940,2735	2078,2334	2232,9262	2407,2375	2604,6565	2829,4156	3086,6651	3382,6890	3725,1758	4123,3542
19	2314,2137	2464,8714	2632,2043	2818,8959	3028,1647	3263,8844	3530,7338	3834,3809	4181,7135	4581,1244	5042,8665
20	2948,3411	3132,3376	3335,7873	3561,7059	3813,6939	4096,0655	4414,0076	4773,7774	5182,9460	5650,7013	6188,2237

n = 40

Endwertfaktor für p ≥ 0

$$\frac{(1+p)^n - (1+i)^n}{1 - \frac{1+i}{1+p}}$$

p (%) / i (%)	0	1	2	3	4	5	6	7	8	9	10
1	48,8864	59,5545	73,3559	91,3185	114,8214	145,7170	186,4933	240,4931	312,2073	407,6676	534,9715
2	60,4020	72,6368	88,3216	108,5618	134,8350	169,1182	214,0585	273,2013	351,2967	454,7072	591,9542
3	75,4013	89,5453	107,5078	130,4815	160,0542	198,3424	248,1700	313,3072	398,7896	511,3441	659,9563
4	95,0255	111,5093	132,2420	158,5152	192,0408	235,0916	290,6890	362,8526	456,9345	580,0631	741,7343
5	120,7998	140,1659	164,2863	194,5645	232,8527	281,5995	344,0473	424,4941	528,6432	664,0670	840,8239
6	154,7620	177,6965	205,9808	241,1464	285,2043	340,8016	411,4287	501,6952	617,6954	767,4945	961,7723
7	199,6351	227,0075	260,4349	301,5948	352,6792	416,5596	497,0064	598,9783	729,0069	895,7054	1110,4426
8	259,0565	291,9716	331,7802	380,3272	440,0110	513,9586	606,2566	722,2568	868,9809	1055,6539	1294,4104
9	337,8824	377,7470	425,5058	483,1967	553,4547	639,6976	746,3708	879,2705	1045,9690	1256,3768	1523,4819
10	442,5926	491,2011	548,9030	617,9591	701,2761	802,6046	926,7987	1080,1578	1270,8756	1509,6321	1810,3702
11	581,8261	641,4712	711,6520	794,8874	894,3977	1014,3154	1159,9612	1338,2065	1557,9484	1830,7339	2171,5773
12	767,0914	840,7066	926,5979	1027,5845	1147,2493	1290,1647	1462,1861	1670,8374	1925,8141	2239,6430	2628,5443
13	1013,7042	1105,0468	1210,7726	1334,0510	1478,8861	1650,3580	1854,9369	2100,8932	2398,8319	2762,3906	3209,1509
14	1342,0251	1455,9123	1586,7415	1738,0920	1914,4579	2121,5078	2366,4208	2658,3241	3008,8619	3432,9352	3949,6671
15	1779,0903	1921,7031	2084,3740	2271,1629	2487,1366	2738,6474	3033,6944	3382,3916	3797,5735	4295,5833	4897,2944
16	2360,7572	2540,0308	2743,1670	2974,7915	3240,6412	3547,8657	3905,4157	4324,5441	4819,4546	5408,1399	6113,4682
17	3134,5218	3360,6478	3615,2926	3903,7491	4232,5415	4609,7513	5045,4361	5552,1685	6145,7303	6846,0079	7678,1486
18	4163,2130	4449,2846	4769,5857	5130,1986	5538,5744	6003,8867	6537,4849	7153,4742	7869,4613	8707,5125	9695,3875
19	5529,8290	5892,6691	6296,7568	6749,1102	7258,2743	7834,7064	8491,2669	9243,8464	10112,1675	11120,8131	12300,5453
20	7343,8578	7805,0817	8316,1933	8885,3224	9522,3086	10239,1211	11050,3929	11974,0993	13032,4234	14252,8613	15669,6354

$n = 45$

Endwertfaktor für $p \geq 0$

$$\frac{(1+p)^n - (1+i)^n}{1 - \frac{1+i}{1+p}}$$

i (%) \ p (%)	0	1	2	3	4	5	6	7	8	9	10
1	56,4811	70,4165	89,0504	114,1644	148,2473	194,7802	258,6358	346,6379	468,3441	637,1387	871,7582
2	71,8927	88,1774	109,7034	138,4054	176,9727	229,1504	300,1591	397,2824	530,6867	714,5640	968,7237
3	92,7199	111,9476	137,0616	170,1718	214,1963	273,1791	352,7332	460,6579	607,7992	809,2467	1085,9968
4	121,0294	143,9710	173,5694	212,1367	262,8529	330,1024	419,9421	540,7522	704,1404	926,1972	1229,2373
5	159,7002	187,3600	222,6032	267,9757	326,9585	404,3254	506,6379	642,9333	825,6759	1072,0771	1405,9205
6	212,7435	246,4360	288,8323	342,7502	412,0186	501,8583	619,4075	774,4490	980,4153	1255,7772	1625,9615
7	285,7493	327,2003	378,7178	443,4370	525,5909	630,9158	767,2111	945,1103	1179,1437	1489,2035	1902,5612
8	386,5056	437,9885	501,2041	579,6604	678,0611	802,7405	962,2594	1168,2257	1436,4202	1788,3452	2253,3519
9	525,8587	590,3763	668,6746	764,7010	883,7111	1032,7348	1221,2145	1461,8786	1771,9384	2174,7279	2701,9517
10	718,9048	800,4326	898,2710	1016,8879	1162,1880	1342,0150	1566,8356	1850,6731	2212,3819	2677,3885	3280,0718
11	986,6386	1090,4509	1213,7137	1361,5138	1540,5233	1759,5416	2030,0214	2368,1184	2793,9525	3335,5611	4030,3734
12	1358,2300	1491,3366	1647,8074	1833,4688	2055,9036	2325,0389	2653,9395	3059,8823	3565,8132	4202,3249	5010,3416
13	1874,1646	2045,8946	2245,8874	2480,8560	2759,4693	3092,9902	3496,1343	3988,2279	4594,7726	5349,5597	6297,5337
14	2590,5648	2813,3493	3070,5504	3369,9491	3721,5141	4138,0974	4636,3666	5238,0569	5971,6552	6874,6689	7996,6862
15	3585,1285	3875,5464	4208,1388	4591,9775	5038,5929	5562,7347	6183,3882	6925,1312	7819,9532	8909,6960	10249,3333
16	4965,2739	5345,4520	5777,6149	6272,4007	6843,2230	7507,1069	8285,7997	9207,2474	10307,5656	11633,6718	13246,8113
17	6879,2907	7378,7734	7942,6826	8583,5625	9317,1059	10163,0760	11146,5244	12299,4035	13662,7075	15289,3227	17247,8260
18	9531,5771	10189,8251	10928,3184	11761,9290	12709,1172	13792,9524	15042,4535	16494,3557	18195,4450	20205,6521	22602,1592
19	13203,4242	14073,1481	15043,2765	16131,5317	17359,7454	18754,4920	20351,0704	22190,4460	24326,8051	26828,4242	29782,6237
20	18281,3099	19432,9166	20710,6701	22135,7930	23734,2353	25537,9389	27586,4801	29929,2131	32628,0738	35761,2620	39428,0865

n = 50

Endwertfaktor für p ≥ 0

$$\frac{(1+p)^n - (1+i)^n}{1 - \frac{1+i}{1+p}}$$

i (%) \ p (%)	0	1	2	3	4	5	6	7	8	9	10
1	64,4632	82,2316	106,7895	141,0726	189,3511	257,8477	355,6411	495,9877	698,2506	990,7131	1414,6760
2	84,5794	105,7426	134,5794	174,3088	229,5850	307,1534	416,8070	572,7804	795,7804	1115,9409	1577,1149
3	112,7969	138,3333	172,6164	219,1953	283,1688	371,8834	495,9474	670,7059	918,3825	1271,1873	1775,8235
4	152,6671	183,8891	225,1699	280,4461	355,3342	457,8752	599,6140	797,1622	1074,4631	1466,0682	2021,8764
5	209,3480	248,0249	298,3776	364,7999	453,5145	573,3700	736,9920	962,4450	1275,6317	1713,7558	2330,3160
6	290,3359	338,8656	401,0784	481,9112	588,3005	730,0392	921,0077	1180,9452	1537,9987	2032,3910	2721,6942
7	406,5289	468,1753	546,0149	645,6328	774,8118	944,4553	1169,9083	1472,8513	1884,0154	2447,0770	3224,2404
8	573,7702	652,9936	751,5704	875,8648	1034,6682	1240,1974	1509,5173	1866,5709	2345,0806	2992,6939	3876,9082
9	815,0836	918,0002	1044,2750	1201,2137	1398,8174	1650,8657	1976,4536	2402,1765	2965,2380	3717,8760	4733,6666
10	1163,9085	1298,9298	1462,4156	1662,8165	1911,5923	2224,3925	2622,7235	3136,3065	3806,4190	4690,6333	5869,5426
11	1668,7712	1847,4940	2061,2300	2319,8294	2636,5210	3029,2050	3522,2671	4149,1337	4955,8757	6006,2982	7389,1371
12	2400,0182	2638,4649	2920,3681	3257,2981	3664,6416	4163,0219	4780,2826	5554,2665	6536,7156	7798,7563	9438,6235
13	3459,5071	3779,8517	4154,5929	4597,4258	5126,3823	5765,3994	6546,4960	7512,8071	8722,8212	10256,3115	12222,6527
14	4994,5213	5427,4942	5929,1019	6515,6778	7208,5136	8035,5985	9034,0201	10253,2897	11759,9648	13644,0852	16028,1587
15	7217,7163	7805,9496	8481,4244	9263,7645	10178,2981	11257,9954	12546,1281	14099,9306	15995,6614	18335,6152	21257,8650
16	10435,6488	11238,3318	12152,6604	13202,3807	14417,8417	15838,1657	17514,2067	19512,6006	21921,3296	24857,3921	28477,4041
17	15089,5017	16188,8522	17431,9611	18847,7594	20472,8688	22354,0440	24551,4803	27143,3134	30231,7641	33951,5620	38481,5268
18	21813,0937	23323,3491	25019,7411	26937,7476	29121,8585	31628,3379	34528,9409	37915,9348	41908,9167	46664,1031	52387,0326
19	31515,3363	33595,2331	35917,3339	38525,4119	41473,8634	44830,8488	48682,4875	53138,4905	58339,7570	64468,6646	71763,0595
20	45497,1908	48367,2708	51553,8972	55111,3875	59106,6545	63622,7953	68763,8505	74661,1523	81481,8288	89440,2535	98813,5203

Tabelle 4: Zinsumrechnungstabelle

Die Zinsumrechnungstabelle beantwortet Ihnen rasch und in aller Regel auch hinlänglich genau die Frage: „Wie hoch ist der zu einem bestimmten nominellen Jahreszins gehörende Effektivzins pro Jahr, wenn das Jahr in m unterjährige Zinsperioden eingeteilt ist?" Für den praktischen Einsatz der Zinsumrechnungstabelle gibt es zwei Fälle:

Fall 1: Sie kennen den nominellen Jahreszins r_{nom} und die Anzahl der unterjährigen Zinsperioden m = 365 : v. In diesem Fall läßt sich das Ergebnis, der zugehörige effektive Jahreszins r, unmittelbar aus der Zinsumrechnungstabelle ablesen.

Fall 2: Sie kennen den Effektivzins r_v für eine Teilperiode des Jahres, die v Tage umfaßt. Gleichzeitig kennen Sie die Anzahl der unterjährigen Zinsperioden m = 365 : v. In diesem Fall ermitteln Sie zunächst r_{nom}:

$$r_{nom} = r_v \cdot \frac{365}{v}$$

Danach können Sie den effektiven Jahreszins wieder unmittelbar aus der Zinsumrechnungstabelle ablesen.

Symbole

r_{nom} = nomineller Jahreszins vor Berücksichtigung der Unterjährigkeit (dezimal)

m $\quad$ = Anzahl Zinsperioden pro Jahr $\left.\begin{array}{l}\\\\\end{array}\right\}$ $m = \dfrac{365}{v}$

v $\quad$ = Anzahl Tage einer Teilperiode

r $\quad$ = effektiver Jahreszins (dezimal)

r_v $\quad$ = Effektivzins für Teilperiode von v Tagen (dezimal)

Zinssatz nominell pro Jahr (%)	Effektiver Jahreszinssatz (%)												
	Anzahl der Zinstermine pro Jahr												
	1	2	3	4	5	6	7	8	9	10	12	14	16
0,10	0,10	0,10	0,10	0,10	0,10	0,10	0,10	0,10	0,10	0,10	0,10	0,10	0,10
0,20	0,20	0,20	0,20	0,20	0,20	0,20	0,20	0,20	0,20	0,20	0,20	0,20	0,20
0,30	0,30	0,30	0,30	0,30	0,30	0,30	0,30	0,30	0,30	0,30	0,30	0,30	0,30
0,40	0,40	0,40	0,40	0,40	0,40	0,40	0,40	0,40	0,40	0,40	0,40	0,40	0,40
0,50	0,50	0,50	0,50	0,50	0,50	0,50	0,50	0,50	0,50	0,50	0,50	0,50	0,50
0,60	0,60	0,60	0,60	0,60	0,60	0,60	0,60	0,60	0,60	0,60	0,60	0,60	0,60
0,70	0,70	0,70	0,70	0,70	0,70	0,70	0,70	0,70	0,70	0,70	0,70	0,70	0,70
0,80	0,80	0,80	0,80	0,80	0,80	0,80	0,80	0,80	0,80	0,80	0,80	0,80	0,80
0,90	0,90	0,90	0,90	0,90	0,90	0,90	0,90	0,90	0,90	0,90	0,90	0,90	0,90
1,00	1,00	1,00	1,00	1,00	1,00	1,00	1,00	1,00	1,00	1,00	1,00	1,00	1,00
1,10	1,10	1,10	1,10	1,10	1,10	1,11	1,11	1,11	1,11	1,11	1,11	1,11	1,11
1,20	1,20	1,20	1,20	1,21	1,21	1,21	1,21	1,21	1,21	1,21	1,21	1,21	1,21
1,30	1,30	1,30	1,31	1,31	1,31	1,31	1,31	1,31	1,31	1,31	1,31	1,31	1,31
1,40	1,40	1,40	1,41	1,41	1,41	1,41	1,41	1,41	1,41	1,41	1,41	1,41	1,41
1,50	1,50	1,51	1,51	1,51	1,51	1,51	1,51	1,51	1,51	1,51	1,51	1,51	1,51
1,60	1,60	1,61	1,61	1,61	1,61	1,61	1,61	1,61	1,61	1,61	1,61	1,61	1,61
1,70	1,70	1,71	1,71	1,71	1,71	1,71	1,71	1,71	1,71	1,71	1,71	1,71	1,71
1,80	1,80	1,81	1,81	1,81	1,81	1,81	1,81	1,81	1,81	1,81	1,81	1,82	1,82
1,90	1,90	1,91	1,91	1,91	1,91	1,92	1,92	1,92	1,92	1,92	1,92	1,92	1,92
2,00	2,00	2,01	2,01	2,02	2,02	2,02	2,02	2,02	2,02	2,02	2,02	2,02	2,02
2,10	2,10	2,11	2,11	2,12	2,12	2,12	2,12	2,12	2,12	2,12	2,12	2,12	2,12
2,20	2,20	2,21	2,22	2,22	2,22	2,22	2,22	2,22	2,22	2,22	2,22	2,22	2,22
2,30	2,30	2,31	2,32	2,32	2,32	2,32	2,32	2,32	2,32	2,32	2,32	2,32	2,32
2,40	2,40	2,41	2,42	2,42	2,42	2,42	2,42	2,43	2,43	2,43	2,43	2,43	2,43
2,50	2,50	2,52	2,52	2,52	2,53	2,53	2,53	2,53	2,53	2,53	2,53	2,53	2,53
2,60	2,60	2,62	2,62	2,63	2,63	2,63	2,63	2,63	2,63	2,63	2,63	2,63	2,63
2,70	2,70	2,72	2,72	2,73	2,73	2,73	2,73	2,73	2,73	2,73	2,73	2,73	2,73
2,80	2,80	2,82	2,83	2,83	2,83	2,83	2,83	2,83	2,84	2,84	2,84	2,84	2,84
2,90	2,90	2,92	2,93	2,93	2,93	2,94	2,94	2,94	2,94	2,94	2,94	2,94	2,94
3,00	3,00	3,02	3,03	3,03	3,04	3,04	3,04	3,04	3,04	3,04	3,04	3,04	3,04
3,10	3,10	3,12	3,13	3,14	3,14	3,14	3,14	3,14	3,14	3,14	3,14	3,15	3,15
3,20	3,20	3,23	3,23	3,24	3,24	3,24	3,24	3,25	3,25	3,25	3,25	3,25	3,25
3,30	3,30	3,33	3,34	3,34	3,34	3,35	3,35	3,35	3,35	3,35	3,35	3,35	3,35
3,40	3,40	3,43	3,44	3,44	3,45	3,45	3,45	3,45	3,45	3,45	3,45	3,45	3,45
3,50	3,50	3,53	3,54	3,55	3,55	3,55	3,55	3,55	3,55	3,56	3,56	3,56	3,56
3,60	3,60	3,63	3,64	3,65	3,65	3,65	3,66	3,66	3,66	3,66	3,66	3,66	3,66

Zinssatz nominell pro Jahr (%)	Effektiver Jahreszinssatz (%) Anzahl der Zinstermine pro Jahr												
	18	20	22	24	26	28	30	34	38	40	44	48	52
0,10	0,10	0,10	0,10	0,10	0,10	0,10	0,10	0,10	0,10	0,10	0,10	0,10	0,10
0,20	0,20	0,20	0,20	0,20	0,20	0,20	0,20	0,20	0,20	0,20	0,20	0,20	0,20
0,30	0,30	0,30	0,30	0,30	0,30	0,30	0,30	0,30	0,30	0,30	0,30	0,30	0,30
0,40	0,40	0,40	0,40	0,40	0,40	0,40	0,40	0,40	0,40	0,40	0,40	0,40	0,40
0,50	0,50	0,50	0,50	0,50	0,50	0,50	0,50	0,50	0,50	0,50	0,50	0,50	0,50
0,60	0,60	0,60	0,60	0,60	0,60	0,60	0,60	0,60	0,60	0,60	0,60	0,60	0,60
0,70	0,70	0,70	0,70	0,70	0,70	0,70	0,70	0,70	0,70	0,70	0,70	0,70	0,70
0,80	0,80	0,80	0,80	0,80	0,80	0,80	0,80	0,80	0,80	0,80	0,80	0,80	0,80
0,90	0,90	0,90	0,90	0,90	0,90	0,90	0,90	0,90	0,90	0,90	0,90	0,90	0,90
1,00	1,00	1,00	1,00	1,00	1,00	1,00	1,00	1,00	1,00	1,00	1,00	1,00	1,00
1,10	1,11	1,11	1,11	1,11	1,11	1,11	1,11	1,11	1,11	1,11	1,11	1,11	1,11
1,20	1,21	1,21	1,21	1,21	1,21	1,21	1,21	1,21	1,21	1,21	1,21	1,21	1,21
1,30	1,31	1,31	1,31	1,31	1,31	1,31	1,31	1,31	1,31	1,31	1,31	1,31	1,31
1,40	1,41	1,41	1,41	1,41	1,41	1,41	1,41	1,41	1,41	1,41	1,41	1,41	1,41
1,50	1,51	1,51	1,51	1,51	1,51	1,51	1,51	1,51	1,51	1,51	1,51	1,51	1,51
1,60	1,61	1,61	1,61	1,61	1,61	1,61	1,61	1,61	1,61	1,61	1,61	1,61	1,61
1,70	1,71	1,71	1,71	1,71	1,71	1,71	1,71	1,71	1,71	1,71	1,71	1,71	1,71
1,80	1,82	1,82	1,82	1,82	1,82	1,82	1,82	1,82	1,82	1,82	1,82	1,82	1,82
1,90	1,92	1,92	1,92	1,92	1,92	1,92	1,92	1,92	1,92	1,92	1,92	1,92	1,92
2,00	2,02	2,02	2,02	2,02	2,02	2,02	2,02	2,02	2,02	2,02	2,02	2,02	2,02
2,10	2,12	2,12	2,12	2,12	2,12	2,12	2,12	2,12	2,12	2,12	2,12	2,12	2,12
2,20	2,22	2,22	2,22	2,22	2,22	2,22	2,22	2,22	2,22	2,22	2,22	2,22	2,22
2,30	2,33	2,33	2,33	2,33	2,33	2,33	2,33	2,33	2,33	2,33	2,33	2,33	2,33
2,40	2,43	2,43	2,43	2,43	2,43	2,43	2,43	2,43	2,43	2,43	2,43	2,43	2,43
2,50	2,53	2,53	2,53	2,53	2,53	2,53	2,53	2,53	2,53	2,53	2,53	2,53	2,53
2,60	2,63	2,63	2,63	2,63	2,63	2,63	2,63	2,63	2,63	2,63	2,63	2,63	2,63
2,70	2,73	2,73	2,74	2,74	2,74	2,74	2,74	2,74	2,74	2,74	2,74	2,74	2,74
2,80	2,84	2,84	2,84	2,84	2,84	2,84	2,84	2,84	2,84	2,84	2,84	2,84	2,84
2,90	2,94	2,94	2,94	2,94	2,94	2,94	2,94	2,94	2,94	2,94	2,94	2,94	2,94
3,00	3,04	3,04	3,04	3,04	3,04	3,04	3,04	3,04	3,04	3,04	3,04	3,04	3,04
3,10	3,15	3,15	3,15	3,15	3,15	3,15	3,15	3,15	3,15	3,15	3,15	3,15	3,15
3,20	3,25	3,25	3,25	3,25	3,25	3,25	3,25	3,25	3,25	3,25	3,25	3,25	3,25
3,30	3,35	3,35	3,35	3,35	3,35	3,35	3,35	3,35	3,35	3,35	3,35	3,35	3,35
3,40	3,46	3,46	3,46	3,46	3,46	3,46	3,46	3,46	3,46	3,46	3,46	3,46	3,46
3,50	3,56	3,56	3,56	3,56	3,56	3,56	3,56	3,56	3,56	3,56	3,56	3,56	3,56
3,60	3,66	3,66	3,66	3,66	3,66	3,66	3,66	3,66	3,66	3,66	3,66	3,66	3,66

| Zinssatz nominell pro Jahr (%) | Effektiver Jahreszinssatz (%) | | | | | | | | | | | | |
| | Anzahl der Zinstermine pro Jahr | | | | | | | | | | | | |
	1	2	3	4	5	6	7	8	9	10	12	14	16
3,70	3,70	3,73	3,75	3,75	3,76	3,76	3,76	3,76	3,76	3,76	3,76	3,76	3,76
3,80	3,80	3,84	3,85	3,85	3,86	3,86	3,86	3,86	3,86	3,87	3,87	3,87	3,87
3,90	3,90	3,94	3,95	3,96	3,96	3,96	3,97	3,97	3,97	3,97	3,97	3,97	3,97
4,00	4,00	4,04	4,05	4,06	4,06	4,07	4,07	4,07	4,07	4,07	4,07	4,08	4,08
4,10	4,10	4,14	4,16	4,16	4,17	4,17	4,17	4,17	4,18	4,18	4,18	4,18	4,18
4,20	4,20	4,24	4,26	4,27	4,27	4,27	4,28	4,28	4,28	4,28	4,28	4,28	4,28
4,30	4,30	4,35	4,36	4,37	4,37	4,38	4,38	4,38	4,38	4,38	4,39	4,39	4,39
4,40	4,40	4,45	4,46	4,47	4,48	4,48	4,48	4,49	4,49	4,49	4,49	4,49	4,49
4,50	4,50	4,55	4,57	4,58	4,58	4,59	4,59	4,59	4,59	4,59	4,59	4,60	4,60
4,60	4,60	4,65	4,67	4,68	4,69	4,69	4,69	4,69	4,70	4,70	4,70	4,70	4,70
4,70	4,70	4,76	4,77	4,78	4,79	4,79	4,80	4,80	4,80	4,80	4,80	4,80	4,80
4,80	4,80	4,86	4,88	4,89	4,89	4,90	4,90	4,90	4,90	4,91	4,91	4,91	4,91
4,90	4,90	4,96	4,98	4,99	5,00	5,00	5,00	5,01	5,01	5,01	5,01	5,01	5,01
5,00	5,00	5,06	5,08	5,09	5,10	5,11	5,11	5,11	5,11	5,11	5,12	5,12	5,12
5,10	5,10	5,17	5,19	5,20	5,21	5,21	5,21	5,22	5,22	5,22	5,22	5,22	5,22
5,20	5,20	5,27	5,29	5,30	5,31	5,31	5,32	5,32	5,32	5,32	5,33	5,33	5,33
5,30	5,30	5,37	5,39	5,41	5,41	5,42	5,42	5,42	5,43	5,43	5,43	5,43	5,43
5,40	5,40	5,47	5,50	5,51	5,52	5,52	5,53	5,53	5,53	5,53	5,54	5,54	5,54
5,50	5,50	5,58	5,60	5,61	5,62	5,63	5,63	5,63	5,64	5,64	5,64	5,64	5,64
5,60	5,60	5,68	5,71	5,72	5,73	5,73	5,74	5,74	5,74	5,74	5,75	5,75	5,75
5,70	5,70	5,78	5,81	5,82	5,83	5,84	5,84	5,84	5,85	5,85	5,85	5,85	5,85
5,80	5,80	5,88	5,91	5,93	5,94	5,94	5,95	5,95	5,95	5,95	5,96	5,96	5,96
5,90	5,90	5,99	6,02	6,03	6,04	6,05	6,05	6,05	6,06	6,06	6,06	6,06	6,07
6,00	6,00	6,09	6,12	6,14	6,15	6,15	6,16	6,16	6,16	6,16	6,17	6,17	6,17
6,10	6,10	6,19	6,22	6,24	6,25	6,26	6,26	6,27	6,27	6,27	6,27	6,28	6,28
6,20	6,20	6,30	6,33	6,35	6,36	6,36	6,37	6,37	6,37	6,38	6,38	6,38	6,38
6,30	6,30	6,40	6,43	6,45	6,46	6,47	6,47	6,48	6,48	6,48	6,49	6,49	6,49
6,40	6,40	6,50	6,54	6,56	6,57	6,57	6,58	6,58	6,59	6,59	6,59	6,59	6,60
6,50	6,50	6,61	6,64	6,66	6,67	6,68	6,68	6,69	6,69	6,69	6,70	6,70	6,70
6,60	6,60	6,71	6,75	6,77	6,78	6,78	6,79	6,79	6,80	6,80	6,80	6,81	6,81
6,70	6,70	6,81	6,85	6,87	6,88	6,89	6,90	6,90	6,90	6,91	6,91	6,91	6,91
6,80	6,80	6,92	6,96	6,98	6,99	7,00	7,00	7,01	7,01	7,01	7,02	7,02	7,02
6,90	6,90	7,02	7,06	7,08	7,09	7,10	7,11	7,11	7,12	7,12	7,12	7,13	7,13
7,00	7,00	7,12	7,16	7,19	7,20	7,21	7,21	7,22	7,22	7,22	7,23	7,23	7,23
7,10	7,10	7,23	7,27	7,29	7,30	7,31	7,32	7,32	7,33	7,33	7,34	7,34	7,34
7,20	7,20	7,33	7,37	7,40	7,41	7,42	7,43	7,43	7,43	7,44	7,44	7,45	7,45

Zinssatz nominell pro Jahr (%)	Effektiver Jahreszinssatz (%) Anzahl der Zinstermine pro Jahr												
	18	20	22	24	26	28	30	34	38	40	44	48	52
3,70	3,77	3,77	3,77	3,77	3,77	3,77	3,77	3,77	3,77	3,77	3,77	3,77	3,77
3,80	3,87	3,87	3,87	3,87	3,87	3,87	3,87	3,87	3,87	3,87	3,87	3,87	3,87
3,90	3,97	3,97	3,97	3,97	3,97	3,97	3,97	3,97	3,97	3,98	3,98	3,98	3,98
4,00	4,08	4,08	4,08	4,08	4,08	4,08	4,08	4,08	4,08	4,08	4,08	4,08	4,08
4,10	4,18	4,18	4,18	4,18	4,18	4,18	4,18	4,18	4,18	4,18	4,18	4,18	4,18
4,20	4,28	4,28	4,29	4,29	4,29	4,29	4,29	4,29	4,29	4,29	4,29	4,29	4,29
4,30	4,39	4,39	4,39	4,39	4,39	4,39	4,39	4,39	4,39	4,39	4,39	4,39	4,39
4,40	4,49	4,49	4,49	4,49	4,49	4,49	4,49	4,50	4,50	4,50	4,50	4,50	4,50
4,50	4,60	4,60	4,60	4,60	4,60	4,60	4,60	4,60	4,60	4,60	4,60	4,60	4,60
4,60	4,70	4,70	4,70	4,70	4,70	4,70	4,70	4,70	4,70	4,70	4,70	4,71	4,71
4,70	4,81	4,81	4,81	4,81	4,81	4,81	4,81	4,81	4,81	4,81	4,81	4,81	4,81
4,80	4,91	4,91	4,91	4,91	4,91	4,91	4,91	4,91	4,91	4,91	4,91	4,91	4,91
4,90	5,02	5,02	5,02	5,02	5,02	5,02	5,02	5,02	5,02	5,02	5,02	5,02	5,02
5,00	5,12	5,12	5,12	5,12	5,12	5,12	5,12	5,12	5,12	5,12	5,12	5,12	5,12
5,10	5,22	5,23	5,23	5,23	5,23	5,23	5,23	5,23	5,23	5,23	5,23	5,23	5,23
5,20	5,33	5,33	5,33	5,33	5,33	5,33	5,33	5,33	5,33	5,33	5,33	5,33	5,33
5,30	5,43	5,44	5,44	5,44	5,44	5,44	5,44	5,44	5,44	5,44	5,44	5,44	5,44
5,40	5,54	5,54	5,54	5,54	5,54	5,54	5,54	5,54	5,54	5,54	5,54	5,55	5,55
5,50	5,65	5,65	5,65	5,65	5,65	5,65	5,65	5,65	5,65	5,65	5,65	5,65	5,65
5,60	5,75	5,75	5,75	5,75	5,75	5,75	5,75	5,75	5,76	5,76	5,76	5,76	5,76
5,70	5,86	5,86	5,86	5,86	5,86	5,86	5,86	5,86	5,86	5,86	5,86	5,86	5,86
5,80	5,96	5,96	5,96	5,96	5,96	5,97	5,97	5,97	5,97	5,97	5,97	5,97	5,97
5,90	6,07	6,07	6,07	6,07	6,07	6,07	6,07	6,07	6,07	6,07	6,07	6,07	6,07
6,00	6,17	6,17	6,17	6,18	6,18	6,18	6,18	6,18	6,18	6,18	6,18	6,18	6,18
6,10	6,28	6,28	6,28	6,28	6,28	6,28	6,28	6,28	6,28	6,28	6,29	6,29	6,29
6,20	6,38	6,39	6,39	6,39	6,39	6,39	6,39	6,39	6,39	6,39	6,39	6,39	6,39
6,30	6,49	6,49	6,49	6,49	6,49	6,50	6,50	6,50	6,50	6,50	6,50	6,50	6,50
6,40	6,60	6,60	6,60	6,60	6,60	6,60	6,60	6,60	6,60	6,60	6,60	6,60	6,61
6,50	6,70	6,70	6,71	6,71	6,71	6,71	6,71	6,71	6,71	6,71	6,71	6,71	6,71
6,60	6,81	6,81	6,81	6,81	6,81	6,81	6,81	6,82	6,82	6,82	6,82	6,82	6,82
6,70	6,92	6,92	6,92	6,92	6,92	6,92	6,92	6,92	6,92	6,92	6,92	6,92	6,92
6,80	7,02	7,02	7,03	7,03	7,03	7,03	7,03	7,03	7,03	7,03	7,03	7,03	7,03
6,90	7,13	7,13	7,13	7,13	7,13	7,13	7,14	7,14	7,14	7,14	7,14	7,14	7,14
7,00	7,24	7,24	7,24	7,24	7,24	7,24	7,24	7,24	7,24	7,24	7,24	7,25	7,25
7,10	7,34	7,34	7,35	7,35	7,35	7,35	7,35	7,35	7,35	7,35	7,35	7,35	7,35
7,20	7,45	7,45	7,45	7,45	7,45	7,46	7,46	7,46	7,46	7,46	7,46	7,46	7,46

Zinssatz nominell pro Jahr (%)	Effektiver Jahreszinssatz (%)												
	Anzahl der Zinstermine pro Jahr												
	1	2	3	4	5	6	7	8	9	10	12	14	16
7,30	7,30	7,43	7,48	7,50	7,52	7,53	7,53	7,54	7,54	7,54	7,55	7,55	7,56
7,40	7,40	7,54	7,58	7,61	7,62	7,63	7,64	7,64	7,65	7,65	7,66	7,66	7,66
7,50	7,50	7,64	7,69	7,71	7,73	7,74	7,75	7,75	7,75	7,76	7,76	7,77	7,77
7,60	7,60	7,74	7,79	7,82	7,83	7,84	7,85	7,86	7,86	7,87	7,87	7,87	7,88
7,70	7,70	7,85	7,90	7,93	7,94	7,95	7,96	7,96	7,97	7,97	7,98	7,98	7,98
7,80	7,80	7,95	8,00	8,03	8,05	8,06	8,07	8,07	8,08	8,08	8,08	8,09	8,09
7,90	7,90	8,06	8,11	8,14	8,15	8,16	8,17	8,18	8,18	8,19	8,19	8,20	8,20
8,00	8,00	8,16	8,22	8,24	8,26	8,27	8,28	8,29	8,29	8,29	8,30	8,30	8,31
8,10	8,10	8,26	8,32	8,35	8,37	8,38	8,39	8,39	8,40	8,40	8,41	8,41	8,41
8,20	8,20	8,37	8,43	8,46	8,47	8,49	8,49	8,50	8,51	8,51	8,52	8,52	8,52
8,30	8,30	8,47	8,53	8,56	8,58	8,59	8,60	8,61	8,61	8,62	8,62	8,63	8,63
8,40	8,40	8,58	8,64	8,67	8,69	8,70	8,71	8,72	8,72	8,72	8,73	8,74	8,74
8,50	8,50	8,68	8,74	8,77	8,79	8,81	8,82	8,82	8,83	8,83	8,84	8,84	8,85
8,60	8,60	8,78	8,85	8,88	8,90	8,91	8,92	8,93	8,94	8,94	8,95	8,95	8,96
8,70	8,70	8,89	8,95	8,99	9,01	9,02	9,03	9,04	9,04	9,05	9,06	9,06	9,06
8,80	8,80	8,99	9,06	9,09	9,12	9,13	9,14	9,15	9,15	9,16	9,16	9,17	9,17
8,90	8,90	9,10	9,17	9,20	9,22	9,24	9,25	9,25	9,26	9,27	9,27	9,28	9,28
9,00	9,00	9,20	9,27	9,31	9,33	9,34	9,35	9,36	9,37	9,37	9,38	9,39	9,39
9,10	9,10	9,31	9,38	9,42	9,44	9,45	9,46	9,47	9,48	9,48	9,49	9,49	9,50
9,20	9,20	9,41	9,49	9,52	9,54	9,56	9,57	9,58	9,59	9,59	9,60	9,60	9,61
9,30	9,30	9,52	9,59	9,63	9,65	9,67	9,68	9,69	9,69	9,70	9,71	9,71	9,72
9,40	9,40	9,62	9,70	9,74	9,76	9,78	9,79	9,80	9,80	9,81	9,82	9,82	9,83
9,50	9,50	9,73	9,80	9,84	9,87	9,88	9,90	9,90	9,91	9,92	9,92	9,93	9,93
9,60	9,60	9,83	9,91	9,95	9,98	9,99	10,00	10,01	10,02	10,03	10,03	10,04	10,04
9,70	9,70	9,94	10,02	10,06	10,08	10,10	10,11	10,12	10,13	10,13	10,14	10,15	10,15
9,80	9,80	10,04	10,12	10,17	10,19	10,21	10,22	10,23	10,24	10,24	10,25	10,26	10,26
9,90	9,90	10,15	10,23	10,27	10,30	10,32	10,33	10,34	10,35	10,35	10,36	10,37	10,37
10,00	10,00	10,25	10,34	10,38	10,41	10,43	10,44	10,45	10,46	10,46	10,47	10,48	10,48
10,10	10,10	10,36	10,44	10,49	10,52	10,53	10,55	10,56	10,57	10,57	10,58	10,59	10,59
10,20	10,20	10,46	10,55	10,60	10,62	10,64	10,66	10,67	10,67	10,68	10,69	10,70	10,70
10,30	10,30	10,57	10,66	10,70	10,73	10,75	10,77	10,78	10,78	10,79	10,80	10,81	10,81
10,40	10,40	10,67	10,76	10,81	10,84	10,86	10,88	10,89	10,89	10,90	10,91	10,92	10,92
10,50	10,50	10,78	10,87	10,92	10,95	10,97	10,98	11,00	11,00	11,01	11,02	11,03	11,03
10,60	10,60	10,88	10,98	11,03	11,06	11,08	11,09	11,10	11,11	11,12	11,13	11,14	11,14
10,70	10,70	10,99	11,09	11,14	11,17	11,19	11,20	11,21	11,22	11,23	11,24	11,25	11,25
10,80	10,80	11,09	11,19	11,25	11,28	11,30	11,31	11,32	11,33	11,34	11,35	11,36	11,36

Zinssatz nominell pro Jahr (%)	Effektiver Jahreszinssatz (%) Anzahl der Zinstermine pro Jahr												
	18	20	22	24	26	28	30	34	38	40	44	48	52
7,30	7,56	7,56	7,56	7,56	7,56	7,56	7,56	7,56	7,57	7,57	7,57	7,57	7,57
7,40	7,66	7,67	7,67	7,67	7,67	7,67	7,67	7,67	7,67	7,67	7,67	7,67	7,68
7,50	7,77	7,77	7,77	7,78	7,78	7,78	7,78	7,78	7,78	7,78	7,78	7,78	7,78
7,60	7,88	7,88	7,88	7,88	7,88	7,89	7,89	7,89	7,89	7,89	7,89	7,89	7,89
7,70	7,99	7,99	7,99	7,99	7,99	7,99	7,99	7,99	8,00	8,00	8,00	8,00	8,00
7,80	8,09	8,10	8,10	8,10	8,10	8,10	8,10	8,10	8,10	8,10	8,10	8,11	8,11
7,90	8,20	8,20	8,21	8,21	8,21	8,21	8,21	8,21	8,21	8,21	8,21	8,21	8,21
8,00	8,31	8,31	8,31	8,31	8,32	8,32	8,32	8,32	8,32	8,32	8,32	8,32	8,32
8,10	8,42	8,42	8,42	8,42	8,42	8,42	8,43	8,43	8,43	8,43	8,43	8,43	8,43
8,20	8,53	8,53	8,53	8,53	8,53	8,53	8,53	8,53	8,54	8,54	8,54	8,54	8,54
8,30	8,63	8,64	8,64	8,64	8,64	8,64	8,64	8,64	8,64	8,64	8,65	8,65	8,65
8,40	8,74	8,74	8,75	8,75	8,75	8,75	8,75	8,75	8,75	8,75	8,75	8,75	8,76
8,50	8,85	8,85	8,85	8,86	8,86	8,86	8,86	8,86	8,86	8,86	8,86	8,86	8,86
8,60	8,96	8,96	8,96	8,96	8,97	8,97	8,97	8,97	8,97	8,97	8,97	8,97	8,97
8,70	9,07	9,07	9,07	9,07	9,07	9,07	9,08	9,08	9,08	9,08	9,08	9,08	9,08
8,80	9,18	9,18	9,18	9,18	9,18	9,18	9,18	9,19	9,19	9,19	9,19	9,19	9,19
8,90	9,28	9,29	9,29	9,29	9,29	9,29	9,29	9,30	9,30	9,30	9,30	9,30	9,30
9,00	9,39	9,40	9,40	9,40	9,40	9,40	9,40	9,40	9,41	9,41	9,41	9,41	9,41
9,10	9,50	9,50	9,51	9,51	9,51	9,51	9,51	9,51	9,51	9,52	9,52	9,52	9,52
9,20	9,61	9,61	9,62	9,62	9,62	9,62	9,62	9,62	9,62	9,62	9,63	9,63	9,63
9,30	9,72	9,72	9,72	9,73	9,73	9,73	9,73	9,73	9,73	9,73	9,74	9,74	9,74
9,40	9,83	9,83	9,83	9,84	9,84	9,84	9,84	9,84	9,84	9,84	9,84	9,85	9,85
9,50	9,94	9,94	9,94	9,95	9,95	9,95	9,95	9,95	9,95	9,95	9,95	9,96	9,96
9,60	10,05	10,05	10,05	10,05	10,06	10,06	10,06	10,06	10,06	10,06	10,06	10,07	10,07
9,70	10,16	10,16	10,16	10,16	10,17	10,17	10,17	10,17	10,17	10,17	10,17	10,18	10,18
9,80	10,27	10,27	10,27	10,27	10,28	10,28	10,28	10,28	10,28	10,28	10,28	10,29	10,29
9,90	10,38	10,38	10,38	10,38	10,39	10,39	10,39	10,39	10,39	10,39	10,39	10,40	10,40
10,00	10,49	10,49	10,49	10,49	10,50	10,50	10,50	10,50	10,50	10,50	10,50	10,51	10,51
10,10	10,60	10,60	10,60	10,60	10,61	10,61	10,61	10,61	10,61	10,61	10,61	10,62	10,62
10,20	10,71	10,71	10,71	10,71	10,72	10,72	10,72	10,72	10,72	10,72	10,73	10,73	10,73
10,30	10,82	10,82	10,82	10,82	10,83	10,83	10,83	10,83	10,83	10,83	10,84	10,84	10,84
10,40	10,93	10,93	10,93	10,94	10,94	10,94	10,94	10,94	10,94	10,95	10,95	10,95	10,95
10,50	11,04	11,04	11,04	11,05	11,05	11,05	11,05	11,05	11,05	11,06	11,06	11,06	11,06
10,60	11,15	11,15	11,15	11,16	11,16	11,16	11,16	11,16	11,17	11,17	11,17	11,17	11,17
10,70	11,26	11,26	11,26	11,27	11,27	11,27	11,27	11,27	11,28	11,28	11,28	11,28	11,28
10,80	11,37	11,37	11,38	11,38	11,38	11,38	11,38	11,39	11,39	11,39	11,39	11,39	11,39

Zinssatz nominell pro Jahr (%)	Effektiver Jahreszinssatz (%)												
	Anzahl der Zinstermine pro Jahr												
	1	2	3	4	5	6	7	8	9	10	12	14	16
10,90	10,90	11,20	11,30	11,35	11,39	11,41	11,42	11,43	11,44	11,45	11,46	11,47	11,48
11,00	11,00	11,30	11,41	11,46	11,49	11,52	11,53	11,54	11,55	11,56	11,57	11,58	11,59
11,10	11,10	11,41	11,52	11,57	11,60	11,63	11,64	11,65	11,66	11,67	11,68	11,69	11,70
11,20	11,20	11,51	11,62	11,68	11,71	11,74	11,75	11,76	11,77	11,78	11,79	11,80	11,81
11,30	11,30	11,62	11,73	11,79	11,82	11,85	11,86	11,87	11,88	11,89	11,90	11,91	11,92
11,40	11,40	11,72	11,84	11,90	11,93	11,96	11,97	11,99	11,99	12,00	12,01	12,02	12,03
11,50	11,50	11,83	11,95	12,01	12,04	12,07	12,08	12,10	12,11	12,11	12,13	12,13	12,14
11,60	11,60	11,94	12,05	12,11	12,15	12,18	12,19	12,21	12,22	12,22	12,24	12,25	12,25
11,70	11,70	12,04	12,16	12,22	12,26	12,29	12,30	12,32	12,33	12,34	12,35	12,36	12,36
11,80	11,80	12,15	12,27	12,33	12,37	12,40	12,41	12,43	12,44	12,45	12,46	12,47	12,48
11,90	11,90	12,25	12,38	12,44	12,48	12,51	12,52	12,54	12,55	12,56	12,57	12,58	12,59
12,00	12,00	12,36	12,49	12,55	12,59	12,62	12,64	12,65	12,66	12,67	12,68	12,69	12,70
12,10	12,10	12,47	12,59	12,66	12,70	12,73	12,75	12,76	12,77	12,78	12,79	12,80	12,81
12,20	12,20	12,57	12,70	12,77	12,81	12,84	12,86	12,87	12,88	12,89	12,91	12,92	12,92
12,30	12,30	12,68	12,81	12,88	12,92	12,95	12,97	12,98	12,99	13,00	13,02	13,03	13,04
12,40	12,40	12,78	12,92	12,99	13,03	13,06	13,08	13,09	13,11	13,12	13,13	13,14	13,15
12,50	12,50	12,89	13,03	13,10	13,14	13,17	13,19	13,21	13,22	13,23	13,24	13,25	13,26
12,60	12,60	13,00	13,14	13,21	13,25	13,28	13,30	13,32	13,33	13,34	13,35	13,36	13,37
12,70	12,70	13,10	13,25	13,32	13,36	13,39	13,41	13,43	13,44	13,45	13,47	13,48	13,48
12,80	12,80	13,21	13,35	13,43	13,47	13,50	13,52	13,54	13,55	13,56	13,58	13,59	13,60
12,90	12,90	13,32	13,46	13,54	13,58	13,61	13,64	13,65	13,66	13,68	13,69	13,70	13,71
13,00	13,00	13,42	13,57	13,65	13,69	13,72	13,75	13,76	13,78	13,79	13,80	13,81	13,82
13,10	13,10	13,53	13,68	13,76	13,80	13,84	13,86	13,88	13,89	13,90	13,92	13,93	13,94
13,20	13,20	13,64	13,79	13,87	13,92	13,95	13,97	13,99	14,00	14,01	14,03	14,04	14,05
13,30	13,30	13,74	13,90	13,98	14,03	14,06	14,08	14,10	14,11	14,12	14,14	14,15	14,16
13,40	13,40	13,85	14,01	14,09	14,14	14,17	14,19	14,21	14,23	14,24	14,25	14,27	14,28
13,50	13,50	13,96	14,12	14,20	14,25	14,28	14,31	14,32	14,34	14,35	14,37	14,38	14,39
13,60	13,60	14,06	14,23	14,31	14,36	14,39	14,42	14,44	14,45	14,46	14,48	14,49	14,50
13,70	13,70	14,17	14,34	14,42	14,47	14,51	14,53	14,55	14,56	14,58	14,59	14,61	14,62
13,80	13,80	14,28	14,44	14,53	14,58	14,62	14,64	14,66	14,68	14,69	14,71	14,72	14,73
13,90	13,90	14,38	14,55	14,64	14,69	14,73	14,76	14,78	14,79	14,80	14,82	14,83	14,84
14,00	14,00	14,49	14,66	14,75	14,81	14,84	14,87	14,89	14,90	14,92	14,93	14,95	14,96
14,10	14,10	14,60	14,77	14,86	14,92	14,95	14,98	15,00	15,02	15,03	15,05	15,06	15,07
14,20	14,20	14,70	14,88	14,97	15,03	15,07	15,09	15,11	15,13	15,14	15,16	15,18	15,19
14,30	14,30	14,81	14,99	15,09	15,14	15,18	15,21	15,23	15,24	15,26	15,28	15,29	15,30
14,40	14,40	14,92	15,10	15,20	15,25	15,29	15,32	15,34	15,36	15,37	15,39	15,40	15,41

Zinssatz nominell pro Jahr (%)	Effektiver Jahreszinssatz (%) — Anzahl der Zinstermine pro Jahr												
	18	20	22	24	26	28	30	34	38	40	44	48	52
10,90	11,48	11,48	11,49	11,49	11,49	11,49	11,49	11,50	11,50	11,50	11,50	11,50	11,50
11,00	11,59	11,59	11,60	11,60	11,60	11,60	11,61	11,61	11,61	11,61	11,61	11,61	11,61
11,10	11,70	11,71	11,71	11,71	11,71	11,71	11,72	11,72	11,72	11,72	11,72	11,73	11,73
11,20	11,81	11,82	11,82	11,82	11,82	11,83	11,83	11,83	11,83	11,83	11,84	11,84	11,84
11,30	11,92	11,93	11,93	11,93	11,94	11,94	11,94	11,94	11,94	11,95	11,95	11,95	11,95
11,40	12,03	12,04	12,04	12,04	12,05	12,05	12,05	12,05	12,06	12,06	12,06	12,06	12,06
11,50	12,15	12,15	12,15	12,16	12,16	12,16	12,16	12,17	12,17	12,17	12,17	12,17	12,17
11,60	12,26	12,26	12,27	12,27	12,27	12,27	12,27	12,28	12,28	12,28	12,28	12,28	12,29
11,70	12,37	12,37	12,38	12,38	12,38	12,38	12,39	12,39	12,39	12,39	12,39	12,40	12,40
11,80	12,48	12,49	12,49	12,49	12,49	12,50	12,50	12,50	12,50	12,50	12,51	12,51	12,51
11,90	12,59	12,60	12,60	12,60	12,61	12,61	12,61	12,61	12,62	12,62	12,62	12,62	12,62
12,00	12,70	12,71	12,71	12,72	12,72	12,72	12,72	12,73	12,73	12,73	12,73	12,73	12,73
12,10	12,82	12,82	12,83	12,83	12,83	12,83	12,84	12,84	12,84	12,84	12,84	12,85	12,85
12,20	12,93	12,93	12,94	12,94	12,94	12,95	12,95	12,95	12,95	12,95	12,96	12,96	12,96
12,30	13,04	13,05	13,05	13,05	13,06	13,06	13,06	13,06	13,07	13,07	13,07	13,07	13,07
12,40	13,15	13,16	13,16	13,17	13,17	13,17	13,17	13,18	13,18	13,18	13,18	13,18	13,18
12,50	13,27	13,27	13,27	13,28	13,28	13,28	13,29	13,29	13,29	13,29	13,29	13,30	13,30
12,60	13,38	13,38	13,39	13,39	13,39	13,40	13,40	13,40	13,40	13,41	13,41	13,41	13,41
12,70	13,49	13,50	13,50	13,50	13,51	13,51	13,51	13,51	13,52	13,52	13,52	13,52	13,52
12,80	13,60	13,61	13,61	13,62	13,62	13,62	13,62	13,63	13,63	13,63	13,63	13,64	13,64
12,90	13,72	13,72	13,73	13,73	13,73	13,74	13,74	13,74	13,74	13,75	13,75	13,75	13,75
13,00	13,83	13,83	13,84	13,84	13,85	13,85	13,85	13,85	13,86	13,86	13,86	13,86	13,86
13,10	13,94	13,95	13,95	13,96	13,96	13,96	13,96	13,97	13,97	13,97	13,97	13,98	13,98
13,20	14,06	14,06	14,07	14,07	14,07	14,08	14,08	14,08	14,08	14,09	14,09	14,09	14,09
13,30	14,17	14,17	14,18	14,18	14,19	14,19	14,19	14,20	14,20	14,20	14,20	14,20	14,21
13,40	14,28	14,29	14,29	14,30	14,30	14,30	14,31	14,31	14,31	14,31	14,32	14,32	14,32
13,50	14,40	14,40	14,41	14,41	14,41	14,42	14,42	14,42	14,43	14,43	14,43	14,43	14,43
13,60	14,51	14,52	14,52	14,52	14,53	14,53	14,53	14,54	14,54	14,54	14,54	14,55	14,55
13,70	14,62	14,63	14,63	14,64	14,64	14,64	14,65	14,65	14,65	14,66	14,66	14,66	14,66
13,80	14,74	14,74	14,75	14,75	14,76	14,76	14,76	14,77	14,77	14,77	14,77	14,77	14,78
13,90	14,85	14,86	14,86	14,87	14,87	14,87	14,88	14,88	14,88	14,88	14,89	14,89	14,89
14,00	14,97	14,97	14,98	14,98	14,98	14,99	14,99	14,99	15,00	15,00	15,00	15,00	15,01
14,10	15,08	15,09	15,09	15,09	15,10	15,10	15,10	15,11	15,11	15,11	15,12	15,12	15,12
14,20	15,19	15,20	15,21	15,21	15,21	15,22	15,22	15,22	15,23	15,23	15,23	15,23	15,24
14,30	15,31	15,31	15,32	15,32	15,33	15,33	15,33	15,34	15,34	15,34	15,35	15,35	15,35
14,40	15,42	15,43	15,43	15,44	15,44	15,45	15,45	15,45	15,46	15,46	15,46	15,46	15,47

Zinssatz nominell pro Jahr (%)	Effektiver Jahreszinssatz (%)												
	Anzahl der Zinstermine pro Jahr												
	1	2	3	4	5	6	7	8	9	10	12	14	16
14,50	14,50	15,03	15,21	15,31	15,37	15,40	15,43	15,45	15,47	15,48	15,50	15,52	15,53
14,60	14,60	15,13	15,32	15,42	15,48	15,52	15,55	15,57	15,58	15,60	15,62	15,63	15,64
14,70	14,70	15,24	15,43	15,53	15,59	15,63	15,66	15,68	15,70	15,71	15,73	15,75	15,76
14,80	14,80	15,35	15,54	15,64	15,70	15,74	15,77	15,79	15,81	15,83	15,85	15,86	15,87
14,90	14,90	15,46	15,65	15,75	15,81	15,86	15,89	15,91	15,93	15,94	15,96	15,98	15,99
15,00	15,00	15,56	15,76	15,87	15,93	15,97	16,00	16,02	16,04	16,05	16,08	16,09	16,10
15,10	15,10	15,67	15,87	15,98	16,04	16,08	16,11	16,14	16,15	16,17	16,19	16,21	16,22
15,20	15,20	15,78	15,98	16,09	16,15	16,20	16,23	16,25	16,27	16,28	16,30	16,32	16,33
15,30	15,30	15,89	16,09	16,20	16,27	16,31	16,34	16,36	16,38	16,40	16,42	16,44	16,45
15,40	15,40	15,99	16,20	16,31	16,38	16,42	16,45	16,48	16,50	16,51	16,53	16,55	16,56
15,50	15,50	16,10	16,31	16,42	16,49	16,54	16,57	16,59	16,61	16,63	16,65	16,67	16,68
15,60	15,60	16,21	16,43	16,54	16,60	16,65	16,68	16,71	16,73	16,74	16,77	16,78	16,79
15,70	15,70	16,32	16,54	16,65	16,72	16,76	16,80	16,82	16,84	16,86	16,88	16,90	16,91
15,80	15,80	16,42	16,65	16,76	16,83	16,88	16,91	16,94	16,96	16,97	17,00	17,01	17,03
15,90	15,90	16,53	16,76	16,87	16,94	16,99	17,03	17,05	17,07	17,09	17,11	17,13	17,14
16,00	16,00	16,64	16,87	16,99	17,06	17,11	17,14	17,17	17,19	17,20	17,23	17,24	17,26
16,10	16,10	16,75	16,98	17,10	17,17	17,22	17,25	17,28	17,30	17,32	17,34	17,36	17,37
16,20	16,20	16,86	17,09	17,21	17,28	17,33	17,37	17,40	17,42	17,43	17,46	17,48	17,49
16,30	16,30	16,96	17,20	17,32	17,40	17,45	17,48	17,51	17,53	17,55	17,57	17,59	17,61
16,40	16,40	17,07	17,31	17,44	17,51	17,56	17,60	17,63	17,65	17,66	17,69	17,71	17,72
16,50	16,50	17,18	17,42	17,55	17,63	17,68	17,71	17,74	17,76	17,78	17,81	17,83	17,84
16,60	16,60	17,29	17,54	17,66	17,74	17,79	17,83	17,86	17,88	17,90	17,92	17,94	17,96
16,70	16,70	17,40	17,65	17,78	17,85	17,91	17,94	17,97	17,99	18,01	18,04	18,06	18,07
16,80	16,80	17,51	17,76	17,89	17,97	18,02	18,06	18,09	18,11	18,13	18,16	18,18	18,19
16,90	16,90	17,61	17,87	18,00	18,08	18,14	18,17	18,20	18,23	18,24	18,27	18,29	18,31
17,00	17,00	17,72	17,98	18,11	18,20	18,25	18,29	18,32	18,34	18,36	18,39	18,41	18,42
17,10	17,10	17,83	18,09	18,23	18,31	18,37	18,41	18,44	18,46	18,48	18,51	18,53	18,54
17,20	17,20	17,94	18,20	18,34	18,42	18,48	18,52	18,55	18,58	18,59	18,62	18,64	18,66
17,30	17,30	18,05	18,32	18,46	18,54	18,60	18,64	18,67	18,69	18,71	18,74	18,76	18,78
17,40	17,40	18,16	18,43	18,57	18,65	18,71	18,75	18,78	18,81	18,83	18,86	18,88	18,89
17,50	17,50	18,27	18,54	18,68	18,77	18,83	18,87	18,90	18,92	18,94	18,97	19,00	19,01
17,60	17,60	18,37	18,65	18,80	18,88	18,94	18,98	19,02	19,04	19,06	19,09	19,11	19,13
17,70	17,70	18,48	18,76	18,91	19,00	19,06	19,10	19,13	19,16	19,18	19,21	19,23	19,25
17,80	17,80	18,59	18,88	19,02	19,11	19,17	19,22	19,25	19,28	19,30	19,33	19,35	19,37
17,90	17,90	18,70	18,99	19,14	19,23	19,29	19,33	19,37	19,39	19,41	19,44	19,47	19,48
18,00	18,00	18,81	19,10	19,25	19,34	19,41	19,45	19,48	19,51	19,53	19,56	19,58	19,60

Zinssatz nominell pro Jahr (%)	Effektiver Jahreszinssatz (%) Anzahl der Zinstermine pro Jahr												
	18	20	22	24	26	28	30	34	38	40	44	48	52
14,50	15,54	15,54	15,55	15,55	15,56	15,56	15,56	15,57	15,57	15,57	15,58	15,58	15,58
14,60	15,65	15,66	15,66	15,67	15,67	15,68	15,68	15,68	15,69	15,69	15,69	15,69	15,70
14,70	15,77	15,77	15,78	15,78	15,79	15,79	15,79	15,80	15,80	15,80	15,81	15,81	15,81
14,80	15,88	15,89	15,89	15,90	15,90	15,91	15,91	15,91	15,92	15,92	15,92	15,92	15,93
14,90	16,00	16,00	16,01	16,01	16,02	16,02	16,02	16,03	16,03	16,04	16,04	16,04	16,04
15,00	16,11	16,12	16,12	16,13	16,13	16,14	16,14	16,15	16,15	16,15	16,15	16,16	16,16
15,10	16,23	16,23	16,24	16,24	16,25	16,25	16,26	16,26	16,26	16,27	16,27	16,27	16,27
15,20	16,34	16,35	16,36	16,36	16,36	16,37	16,37	16,38	16,38	16,38	16,39	16,39	16,39
15,30	16,46	16,46	16,47	16,48	16,48	16,48	16,49	16,49	16,50	16,50	16,50	16,50	16,51
15,40	16,57	16,58	16,59	16,59	16,60	16,60	16,60	16,61	16,61	16,61	16,62	16,62	16,62
15,50	16,69	16,70	16,70	16,71	16,71	16,72	16,72	16,72	16,73	16,73	16,73	16,74	16,74
15,60	16,80	16,81	16,82	16,82	16,83	16,83	16,84	16,84	16,85	16,85	16,85	16,85	16,86
15,70	16,92	16,93	16,93	16,94	16,94	16,95	16,95	16,96	16,96	16,96	16,97	16,97	16,97
15,80	17,04	17,04	17,05	17,06	17,06	17,06	17,07	17,07	17,08	17,08	17,08	17,09	17,09
15,90	17,15	17,16	17,17	17,17	17,18	17,18	17,18	17,19	17,19	17,20	17,20	17,20	17,21
16,00	17,27	17,28	17,28	17,29	17,29	17,30	17,30	17,31	17,31	17,31	17,32	17,32	17,32
16,10	17,38	17,39	17,40	17,41	17,41	17,41	17,42	17,42	17,43	17,43	17,43	17,44	17,44
16,20	17,50	17,51	17,52	17,52	17,53	17,53	17,53	17,54	17,55	17,55	17,55	17,55	17,56
16,30	17,62	17,63	17,63	17,64	17,64	17,65	17,65	17,66	17,66	17,66	17,67	17,67	17,67
16,40	17,73	17,74	17,75	17,76	17,76	17,77	17,77	17,77	17,78	17,78	17,79	17,79	17,79
16,50	17,85	17,86	17,87	17,87	17,88	17,88	17,89	17,89	17,90	17,90	17,90	17,91	17,91
16,60	17,97	17,98	17,98	17,99	18,00	18,00	18,00	18,01	18,01	18,02	18,02	18,02	18,03
16,70	18,08	18,09	18,10	18,11	18,11	18,12	18,12	18,13	18,13	18,13	18,14	18,14	18,14
16,80	18,20	18,21	18,22	18,22	18,23	18,23	18,24	18,24	18,25	18,25	18,26	18,26	18,26
16,90	18,32	18,33	18,34	18,34	18,35	18,35	18,36	18,36	18,37	18,37	18,37	18,38	18,38
17,00	18,44	18,45	18,45	18,46	18,46	18,47	18,47	18,48	18,49	18,49	18,49	18,49	18,50
17,10	18,55	18,56	18,57	18,58	18,58	18,59	18,59	18,60	18,60	18,61	18,61	18,61	18,62
17,20	18,67	18,68	18,69	18,69	18,70	18,71	18,71	18,72	18,72	18,72	18,73	18,73	18,73
17,30	18,79	18,80	18,81	18,81	18,82	18,82	18,83	18,83	18,84	18,84	18,85	18,85	18,85
17,40	18,91	18,92	18,92	18,93	18,94	18,94	18,95	18,95	18,96	18,96	18,96	18,97	18,97
17,50	19,02	19,03	19,04	19,05	19,05	19,06	19,06	19,07	19,08	19,08	19,08	19,09	19,09
17,60	19,14	19,15	19,16	19,17	19,17	19,18	19,18	19,19	19,20	19,20	19,20	19,21	19,21
17,70	19,26	19,27	19,28	19,29	19,29	19,30	19,30	19,31	19,31	19,32	19,32	19,32	19,33
17,80	19,38	19,39	19,40	19,40	19,41	19,42	19,42	19,43	19,43	19,44	19,44	19,44	19,45
17,90	19,50	19,51	19,52	19,52	19,53	19,53	19,54	19,55	19,55	19,55	19,56	19,56	19,57
18,00	19,61	19,63	19,63	19,64	19,65	19,65	19,66	19,66	19,67	19,67	19,68	19,68	19,68

Zinssatz nominell pro Jahr (%)	Effektiver Jahreszinssatz (%)												
	Anzahl der Zinstermine pro Jahr												
	1	2	3	4	5	6	7	8	9	10	12	14	16
18,10	18,10	18,92	19,21	19,37	19,46	19,52	19,57	19,60	19,63	19,65	19,68	19,70	19,72
18,20	18,20	19,03	19,33	19,48	19,57	19,64	19,68	19,72	19,74	19,77	19,80	19,82	19,84
18,30	18,30	19,14	19,44	19,59	19,69	19,75	19,80	19,83	19,86	19,88	19,92	19,94	19,96
18,40	18,40	19,25	19,55	19,71	19,80	19,87	19,92	19,95	19,98	20,00	20,03	20,06	20,08
18,50	18,50	19,36	19,66	19,82	19,92	19,99	20,03	20,07	20,10	20,12	20,15	20,18	20,19
18,60	18,60	19,46	19,78	19,94	20,04	20,10	20,15	20,19	20,21	20,24	20,27	20,29	20,31
18,70	18,70	19,57	19,89	20,05	20,15	20,22	20,27	20,30	20,33	20,35	20,39	20,41	20,43
18,80	18,80	19,68	20,00	20,17	20,27	20,34	20,38	20,42	20,45	20,47	20,51	20,53	20,55
18,90	18,90	19,79	20,12	20,28	20,38	20,45	20,50	20,54	20,57	20,59	20,63	20,65	20,67
19,00	19,00	19,90	20,23	20,40	20,50	20,57	20,62	20,66	20,69	20,71	20,75	20,77	20,79
19,10	19,10	20,01	20,34	20,51	20,62	20,69	20,74	20,77	20,80	20,83	20,86	20,89	20,91
19,20	19,20	20,12	20,46	20,63	20,73	20,80	20,85	20,89	20,92	20,95	20,98	21,01	21,03
19,30	19,30	20,23	20,57	20,74	20,85	20,92	20,97	21,01	21,04	21,07	21,10	21,13	21,15
19,40	19,40	20,34	20,68	20,86	20,96	21,04	21,09	21,13	21,16	21,18	21,22	21,25	21,27
19,50	19,50	20,45	20,79	20,97	21,08	21,15	21,21	21,25	21,28	21,30	21,34	21,37	21,39
19,60	19,60	20,56	20,91	21,09	21,20	21,27	21,33	21,37	21,40	21,42	21,46	21,49	21,51
19,70	19,70	20,67	21,02	21,20	21,31	21,39	21,44	21,48	21,52	21,54	21,58	21,61	21,63
19,80	19,80	20,78	21,14	21,32	21,43	21,51	21,56	21,60	21,63	21,66	21,70	21,73	21,75
19,90	19,90	20,89	21,25	21,43	21,55	21,62	21,68	21,72	21,75	21,78	21,82	21,85	21,87
20,00	20,00	21,00	21,36	21,55	21,67	21,74	21,80	21,84	21,87	21,90	21,94	21,97	21,99
20,10	20,10	21,11	21,48	21,67	21,78	21,86	21,92	21,96	21,99	22,02	22,06	22,09	22,11
20,20	20,20	21,22	21,59	21,78	21,90	21,98	22,04	22,08	22,11	22,14	22,18	22,21	22,23
20,30	20,30	21,33	21,70	21,90	22,02	22,10	22,15	22,20	22,23	22,26	22,30	22,33	22,35
20,40	20,40	21,44	21,82	22,01	22,13	22,21	22,27	22,32	22,35	22,38	22,42	22,45	22,47
20,50	20,50	21,55	21,93	22,13	22,25	22,33	22,39	22,44	22,47	22,50	22,54	22,57	22,59
20,60	20,60	21,66	22,05	22,25	22,37	22,45	22,51	22,56	22,59	22,62	22,66	22,69	22,71
20,70	20,70	21,77	22,16	22,36	22,49	22,57	22,63	22,67	22,71	22,74	22,78	22,81	22,84
20,80	20,80	21,88	22,28	22,48	22,60	22,69	22,75	22,79	22,83	22,86	22,90	22,93	22,96
20,90	20,90	21,99	22,39	22,60	22,72	22,81	22,87	22,91	22,95	22,98	23,02	23,05	23,08
21,00	21,00	22,10	22,50	22,71	22,84	22,93	22,99	23,03	23,07	23,10	23,14	23,18	23,20
21,10	21,10	22,21	22,62	22,83	22,96	23,04	23,11	23,15	23,19	23,22	23,27	23,30	23,32
21,20	21,20	22,32	22,73	22,95	23,08	23,16	23,23	23,27	23,31	23,34	23,39	23,42	23,44
21,30	21,30	22,43	22,85	23,06	23,19	23,28	23,35	23,39	23,43	23,46	23,51	23,54	23,56
21,40	21,40	22,54	22,96	23,18	23,31	23,40	23,47	23,51	23,55	23,58	23,63	23,66	23,69
21,50	21,50	22,66	23,08	23,30	23,43	23,52	23,59	23,63	23,67	23,70	23,75	23,78	23,81
21,60	21,60	22,77	23,19	23,41	23,55	23,64	23,71	23,76	23,79	23,83	23,87	23,91	23,93

Zinssatz nominell pro Jahr (%)	Effektiver Jahreszinssatz (%) Anzahl der Zinstermine pro Jahr												
	18	20	22	24	26	28	30	34	38	40	44	48	52
18,10	19,73	19,74	19,75	19,76	19,77	19,77	19,78	19,78	19,79	19,79	19,80	19,80	19,80
18,20	19,85	19,86	19,87	19,88	19,89	19,89	19,90	19,90	19,91	19,91	19,92	19,92	19,92
18,30	19,97	19,98	19,99	20,00	20,00	20,01	20,01	20,02	20,03	20,03	20,04	20,04	20,04
18,40	20,09	20,10	20,11	20,12	20,12	20,13	20,13	20,14	20,15	20,15	20,16	20,16	20,16
18,50	20,21	20,22	20,23	20,24	20,24	20,25	20,25	20,26	20,27	20,27	20,28	20,28	20,28
18,60	20,33	20,34	20,35	20,36	20,36	20,37	20,37	20,38	20,39	20,39	20,40	20,40	20,40
18,70	20,45	20,46	20,47	20,48	20,48	20,49	20,49	20,50	20,51	20,51	20,51	20,52	20,52
18,80	20,57	20,58	20,59	20,59	20,60	20,61	20,61	20,62	20,63	20,63	20,64	20,64	20,64
18,90	20,69	20,70	20,71	20,71	20,72	20,73	20,73	20,74	20,75	20,75	20,76	20,76	20,76
19,00	20,80	20,82	20,83	20,83	20,84	20,85	20,85	20,86	20,87	20,87	20,88	20,88	20,88
19,10	20,92	20,94	20,95	20,95	20,96	20,97	20,97	20,98	20,99	20,99	21,00	21,00	21,00
19,20	21,04	21,06	21,07	21,07	21,08	21,09	21,09	21,10	21,11	21,11	21,12	21,12	21,12
19,30	21,16	21,18	21,19	21,19	21,20	21,21	21,21	21,22	21,23	21,23	21,24	21,24	21,24
19,40	21,28	21,30	21,31	21,31	21,32	21,33	21,33	21,34	21,35	21,35	21,36	21,36	21,37
19,50	21,40	21,42	21,43	21,44	21,44	21,45	21,45	21,46	21,47	21,47	21,48	21,48	21,49
19,60	21,52	21,54	21,55	21,56	21,56	21,57	21,58	21,58	21,59	21,59	21,60	21,60	21,61
19,70	21,64	21,66	21,67	21,68	21,68	21,69	21,70	21,71	21,71	21,72	21,72	21,73	21,73
19,80	21,76	21,78	21,79	21,80	21,80	21,81	21,82	21,83	21,83	21,84	21,84	21,85	21,85
19,90	21,89	21,90	21,91	21,92	21,93	21,93	21,94	21,95	21,95	21,96	21,96	21,97	21,97
20,00	22,01	22,02	22,03	22,04	22,05	22,05	22,06	22,07	22,08	22,08	22,08	22,09	22,09
20,10	22,13	22,14	22,15	22,16	22,17	22,17	22,18	22,19	22,20	22,20	22,21	22,21	22,22
20,20	22,25	22,26	22,27	22,28	22,29	22,30	22,30	22,31	22,32	22,32	22,33	22,33	22,34
20,30	22,37	22,38	22,39	22,40	22,41	22,42	22,42	22,43	22,44	22,44	22,45	22,45	22,46
20,40	22,49	22,50	22,51	22,52	22,53	22,54	22,55	22,56	22,56	22,57	22,57	22,58	22,58
20,50	22,61	22,62	22,64	22,65	22,65	22,66	22,67	22,68	22,68	22,69	22,69	22,70	22,70
20,60	22,73	22,75	22,76	22,77	22,78	22,78	22,79	22,80	22,81	22,81	22,82	22,82	22,83
20,70	22,85	22,87	22,88	22,89	22,90	22,90	22,91	22,92	22,93	22,93	22,94	22,94	22,95
20,80	22,97	22,99	23,00	23,01	23,02	23,03	23,03	23,04	23,05	23,05	23,06	23,07	23,07
20,90	23,10	23,11	23,12	23,13	23,14	23,15	23,16	23,17	23,17	23,18	23,18	23,19	23,19
21,00	23,22	23,23	23,25	23,26	23,26	23,27	23,28	23,29	23,30	23,30	23,31	23,31	23,32
21,10	23,34	23,35	23,37	23,38	23,39	23,39	23,40	23,41	23,42	23,42	23,43	23,43	23,44
21,20	23,46	23,48	23,49	23,50	23,51	23,52	23,52	23,53	23,54	23,55	23,55	23,56	23,56
21,30	23,58	23,60	23,61	23,62	23,63	23,64	23,65	23,66	23,66	23,67	23,67	23,68	23,68
21,40	23,71	23,72	23,73	23,74	23,75	23,76	23,77	23,78	23,79	23,79	23,80	23,80	23,81
21,50	23,83	23,84	23,86	23,87	23,88	23,88	23,89	23,90	23,91	23,91	23,92	23,93	23,93
21,60	23,95	23,97	23,98	23,99	24,00	24,01	24,01	24,03	24,03	24,04	24,04	24,05	24,05

Zinssatz nominell pro Jahr (%)	Effektiver Jahreszinssatz (%) Anzahl der Zinstermine pro Jahr												
	1	2	3	4	5	6	7	8	9	10	12	14	16
21,70	21,70	22,88	23,31	23,53	23,67	23,76	23,83	23,88	23,91	23,95	23,99	24,03	24,05
21,80	21,80	22,99	23,42	23,65	23,79	23,88	23,95	24,00	24,04	24,07	24,12	24,15	24,18
21,90	21,90	23,10	23,54	23,77	23,90	24,00	24,07	24,12	24,16	24,19	24,24	24,27	24,30
22,00	22,00	23,21	23,65	23,88	24,02	24,12	24,19	24,24	24,28	24,31	24,36	24,39	24,42
22,10	22,10	23,32	23,77	24,00	24,14	24,24	24,31	24,36	24,40	24,43	24,48	24,52	24,54
22,20	22,20	23,43	23,88	24,12	24,26	24,36	24,43	24,48	24,52	24,55	24,60	24,64	24,67
22,30	22,30	23,54	24,00	24,24	24,38	24,48	24,55	24,60	24,64	24,68	24,73	24,76	24,79
22,40	22,40	23,65	24,11	24,35	24,50	24,60	24,67	24,72	24,76	24,80	24,85	24,89	24,91
22,50	22,50	23,77	24,23	24,47	24,62	24,72	24,79	24,84	24,89	24,92	24,97	25,01	25,04
22,60	22,60	23,88	24,35	24,59	24,74	24,84	24,91	24,97	25,01	25,04	25,09	25,13	25,16
22,70	22,70	23,99	24,46	24,71	24,86	24,96	25,03	25,09	25,13	25,16	25,22	25,25	25,28
22,80	22,80	24,10	24,58	24,82	24,98	25,08	25,15	25,21	25,25	25,29	25,34	25,38	25,41
22,90	22,90	24,21	24,69	24,94	25,10	25,20	25,27	25,33	25,37	25,41	25,46	25,50	25,53
23,00	23,00	24,32	24,81	25,06	25,22	25,32	25,40	25,45	25,50	25,53	25,59	25,63	25,65
23,10	23,10	24,43	24,92	25,18	25,34	25,44	25,52	25,57	25,62	25,66	25,71	25,75	25,78
23,20	23,20	24,55	25,04	25,30	25,46	25,56	25,64	25,70	25,74	25,78	25,83	25,87	25,90
23,30	23,30	24,66	25,16	25,42	25,58	25,68	25,76	25,82	25,86	25,90	25,96	26,00	26,03
23,40	23,40	24,77	25,27	25,53	25,70	25,80	25,88	25,94	25,99	26,02	26,08	26,12	26,15
23,50	23,50	24,88	25,39	25,65	25,82	25,92	26,00	26,06	26,11	26,15	26,20	26,24	26,27
23,60	23,60	24,99	25,51	25,77	25,94	26,05	26,13	26,19	26,23	26,27	26,33	26,37	26,40
23,70	23,70	25,10	25,62	25,89	26,06	26,17	26,25	26,31	26,36	26,39	26,45	26,49	26,52
23,80	23,80	25,22	25,74	26,01	26,18	26,29	26,37	26,43	26,48	26,52	26,58	26,62	26,65
23,90	23,90	25,33	25,85	26,13	26,30	26,41	26,49	26,55	26,60	26,64	26,70	26,74	26,77
24,00	24,00	25,44	25,97	26,25	26,42	26,53	26,61	26,68	26,73	26,77	26,82	26,87	26,90
24,10	24,10	25,55	26,09	26,37	26,54	26,65	26,74	26,80	26,85	26,89	26,95	26,99	27,02
24,20	24,20	25,66	26,20	26,49	26,66	26,78	26,86	26,92	26,97	27,01	27,07	27,12	27,15
24,30	24,30	25,78	26,32	26,61	26,78	26,90	26,98	27,05	27,10	27,14	27,20	27,24	27,27
24,40	24,40	25,89	26,44	26,72	26,90	27,02	27,11	27,17	27,22	27,26	27,32	27,37	27,40
24,50	24,50	26,00	26,56	26,84	27,02	27,14	27,23	27,29	27,34	27,39	27,45	27,49	27,53
24,60	24,60	26,11	26,67	26,96	27,14	27,26	27,35	27,42	27,47	27,51	27,57	27,62	27,65
24,70	24,70	26,23	26,79	27,08	27,26	27,39	27,47	27,54	27,59	27,63	27,70	27,74	27,78
24,80	24,80	26,34	26,91	27,20	27,39	27,51	27,60	27,66	27,72	27,76	27,82	27,87	27,90
24,90	24,90	26,45	27,02	27,32	27,51	27,63	27,72	27,79	27,84	27,88	27,95	27,99	28,03
25,00	25,00	26,56	27,14	27,44	27,63	27,75	27,84	27,91	27,97	28,01	28,07	28,12	28,15
25,10	25,10	26,68	27,26	27,56	27,75	27,88	27,97	28,04	28,09	28,13	28,20	28,25	28,28
25,20	25,20	26,79	27,38	27,68	27,87	28,00	28,09	28,16	28,21	28,26	28,32	28,37	28,41

Zinssatz nominell pro Jahr (%)	Effektiver Jahreszinssatz (%) Anzahl der Zinstermine pro Jahr												
	18	20	22	24	26	28	30	34	38	40	44	48	52
21,70	24,07	24,09	24,10	24,11	24,12	24,13	24,14	24,15	24,16	24,16	24,17	24,17	24,18
21,80	24,20	24,21	24,23	24,24	24,25	24,25	24,26	24,27	24,28	24,29	24,29	24,30	24,30
21,90	24,32	24,34	24,35	24,36	24,37	24,38	24,38	24,40	24,40	24,41	24,42	24,42	24,43
22,00	24,44	24,46	24,47	24,48	24,49	24,50	24,51	24,52	24,53	24,53	24,54	24,55	24,55
22,10	24,56	24,58	24,59	24,61	24,62	24,62	24,63	24,64	24,65	24,66	24,66	24,67	24,67
22,20	24,69	24,70	24,72	24,73	24,74	24,75	24,76	24,77	24,78	24,78	24,79	24,79	24,80
22,30	24,81	24,83	24,84	24,85	24,86	24,87	24,88	24,89	24,90	24,90	24,91	24,92	24,92
22,40	24,93	24,95	24,97	24,98	24,99	25,00	25,00	25,02	25,02	25,03	25,04	25,04	25,05
22,50	25,06	25,08	25,09	25,10	25,11	25,12	25,13	25,14	25,15	25,15	25,16	25,17	25,17
22,60	25,18	25,20	25,21	25,23	25,24	25,24	25,25	25,26	25,27	25,28	25,29	25,29	25,30
22,70	25,30	25,32	25,34	25,35	25,36	25,37	25,38	25,39	25,40	25,40	25,41	25,42	25,42
22,80	25,43	25,45	25,46	25,47	25,48	25,49	25,50	25,51	25,52	25,53	25,53	25,54	25,55
22,90	25,55	25,57	25,59	25,60	25,61	25,62	25,62	25,64	25,65	25,65	25,66	25,67	25,67
23,00	25,68	25,69	25,71	25,72	25,73	25,74	25,75	25,76	25,77	25,78	25,78	25,79	25,80
23,10	25,80	25,82	25,83	25,85	25,86	25,87	25,87	25,89	25,90	25,90	25,91	25,92	25,92
23,20	25,93	25,94	25,96	25,97	25,98	25,99	26,00	26,01	26,02	26,03	26,04	26,04	26,05
23,30	26,05	26,07	26,08	26,10	26,11	26,12	26,12	26,14	26,15	26,15	26,16	26,17	26,17
23,40	26,17	26,19	26,21	26,22	26,23	26,24	26,25	26,26	26,27	26,28	26,29	26,29	26,30
23,50	26,30	26,32	26,33	26,35	26,36	26,37	26,38	26,39	26,40	26,40	26,41	26,42	26,42
23,60	26,42	26,44	26,46	26,47	26,48	26,49	26,50	26,51	26,53	26,53	26,54	26,54	26,55
23,70	26,55	26,57	26,58	26,60	26,61	26,62	26,63	26,64	26,65	26,66	26,66	26,67	26,68
23,80	26,67	26,69	26,71	26,72	26,73	26,74	26,75	26,77	26,78	26,78	26,79	26,80	26,80
23,90	26,80	26,82	26,83	26,85	26,86	26,87	26,88	26,89	26,90	26,91	26,92	26,92	26,93
24,00	26,92	26,94	26,96	26,97	26,99	26,99	27,00	27,02	27,03	27,03	27,04	27,05	27,05
24,10	27,05	27,07	27,09	27,10	27,11	27,12	27,13	27,14	27,16	27,16	27,17	27,18	27,18
24,20	27,17	27,19	27,21	27,23	27,24	27,25	27,26	27,27	27,28	27,29	27,29	27,30	27,31
24,30	27,30	27,32	27,34	27,35	27,36	27,37	27,38	27,40	27,41	27,41	27,42	27,43	27,43
24,40	27,43	27,45	27,46	27,48	27,49	27,50	27,51	27,52	27,53	27,54	27,55	27,56	27,56
24,50	27,55	27,57	27,59	27,60	27,62	27,63	27,64	27,65	27,66	27,67	27,68	27,68	27,69
24,60	27,68	27,70	27,72	27,73	27,74	27,75	27,76	27,78	27,79	27,79	27,80	27,81	27,82
24,70	27,80	27,82	27,84	27,86	27,87	27,88	27,89	27,90	27,92	27,92	27,93	27,94	27,94
24,80	27,93	27,95	27,97	27,98	28,00	28,01	28,02	28,03	28,04	28,05	28,06	28,06	28,07
24,90	28,06	28,08	28,09	28,11	28,12	28,13	28,14	28,16	28,17	28,18	28,18	28,19	28,20
25,00	28,18	28,20	28,22	28,24	28,25	28,26	28,27	28,29	28,30	28,30	28,31	28,32	28,33
25,10	28,31	28,33	28,35	28,36	28,38	28,39	28,40	28,41	28,42	28,43	28,44	28,45	28,45
25,20	28,43	28,46	28,48	28,49	28,50	28,51	28,52	28,54	28,55	28,56	28,57	28,57	28,58

Zinssatz nominell pro Jahr (%)	Effektiver Jahreszinssatz (%) Anzahl der Zinstermine pro Jahr												
	1	2	3	4	5	6	7	8	9	10	12	14	16
25,30	25,30	26,90	27,49	27,80	27,99	28,12	28,21	28,28	28,34	28,38	28,45	28,50	28,53
25,40	25,40	27,01	27,61	27,92	28,12	28,24	28,34	28,41	28,46	28,51	28,58	28,62	28,66
25,50	25,50	27,13	27,73	28,04	28,24	28,37	28,46	28,53	28,59	28,63	28,70	28,75	28,79
25,60	25,60	27,24	27,85	28,16	28,36	28,49	28,59	28,66	28,71	28,76	28,83	28,88	28,91
25,70	25,70	27,35	27,96	28,28	28,48	28,61	28,71	28,78	28,84	28,89	28,95	29,00	29,04
25,80	25,80	27,46	28,08	28,41	28,60	28,74	28,83	28,91	28,97	29,01	29,08	29,13	29,17
25,90	25,90	27,58	28,20	28,53	28,73	28,86	28,96	29,03	29,09	29,14	29,21	29,26	29,29
26,00	26,00	27,69	28,32	28,65	28,85	28,98	29,08	29,16	29,22	29,26	29,33	29,38	29,42
26,10	26,10	27,80	28,44	28,77	28,97	29,11	29,21	29,28	29,34	29,39	29,46	29,51	29,55
26,20	26,20	27,92	28,55	28,89	29,09	29,23	29,33	29,41	29,47	29,52	29,59	29,64	29,68
26,30	26,30	28,03	28,67	29,01	29,22	29,36	29,46	29,53	29,59	29,64	29,71	29,77	29,80
26,40	26,40	28,14	28,79	29,13	29,34	29,48	29,58	29,66	29,72	29,77	29,84	29,89	29,93
26,50	26,50	28,26	28,91	29,25	29,46	29,60	29,71	29,78	29,85	29,89	29,97	30,02	30,06
26,60	26,60	28,37	29,03	29,37	29,58	29,73	29,83	29,91	29,97	30,02	30,09	30,15	30,19
26,70	26,70	28,48	29,15	29,49	29,71	29,85	29,96	30,04	30,10	30,15	30,22	30,28	30,32
26,80	26,80	28,60	29,27	29,62	29,83	29,98	30,08	30,16	30,22	30,27	30,35	30,40	30,44
26,90	26,90	28,71	29,38	29,74	29,95	30,10	30,21	30,29	30,35	30,40	30,48	30,53	30,57
27,00	27,00	28,82	29,50	29,86	30,08	30,23	30,33	30,41	30,48	30,53	30,60	30,66	30,70
27,10	27,10	28,94	29,62	29,98	30,20	30,35	30,46	30,54	30,60	30,66	30,73	30,79	30,83
27,20	27,20	29,05	29,74	30,10	30,32	30,48	30,58	30,67	30,73	30,78	30,86	30,92	30,96
27,30	27,30	29,16	29,86	30,22	30,45	30,60	30,71	30,79	30,86	30,91	30,99	31,05	31,09
27,40	27,40	29,28	29,98	30,35	30,57	30,73	30,84	30,92	30,98	31,04	31,12	31,17	31,22
27,50	27,50	29,39	30,10	30,47	30,70	30,85	30,96	31,05	31,11	31,17	31,25	31,30	31,35
27,60	27,60	29,50	30,22	30,59	30,82	30,98	31,09	31,17	31,24	31,29	31,37	31,43	31,47
27,70	27,70	29,62	30,34	30,71	30,94	31,10	31,21	31,30	31,37	31,42	31,50	31,56	31,60
27,80	27,80	29,73	30,46	30,83	31,07	31,23	31,34	31,43	31,49	31,55	31,63	31,69	31,73
27,90	27,90	29,85	30,58	30,96	31,19	31,35	31,47	31,55	31,62	31,68	31,76	31,82	31,86
28,00	28,00	29,96	30,69	31,08	31,32	31,48	31,59	31,68	31,75	31,80	31,89	31,95	31,99
28,10	28,10	30,07	30,81	31,20	31,44	31,60	31,72	31,81	31,88	31,93	32,02	32,08	32,12
28,20	28,20	30,19	30,93	31,32	31,57	31,73	31,85	31,94	32,01	32,06	32,15	32,21	32,25
28,30	28,30	30,30	31,05	31,45	31,69	31,85	31,97	32,06	32,13	32,19	32,28	32,34	32,38
28,40	28,40	30,42	31,17	31,57	31,81	31,98	32,10	32,19	32,26	32,32	32,40	32,47	32,51
28,50	28,50	30,53	31,29	31,69	31,94	32,11	32,23	32,32	32,39	32,45	32,53	32,60	32,64
28,60	28,60	30,64	31,41	31,82	32,06	32,23	32,35	32,45	32,52	32,58	32,66	32,73	32,77
28,70	28,70	30,76	31,53	31,94	32,19	32,36	32,48	32,57	32,65	32,71	32,79	32,86	32,90
28,80	28,80	30,87	31,65	32,06	32,31	32,49	32,61	32,70	32,78	32,83	32,92	32,99	33,03

Zinssatz nominell pro Jahr (%)	Effektiver Jahreszinssatz (%) Anzahl der Zinstermine pro Jahr											
	18	20	22	24	26	28	30	34	38	40	44	48	52
25,30	28,56	28,58	28,60	28,62	28,63	28,64	28,65	28,67	28,68	28,69	28,70	28,70	28,71
25,40	28,69	28,71	28,73	28,75	28,76	28,77	28,78	28,80	28,81	28,81	28,82	28,83	28,84
25,50	28,82	28,84	28,86	28,87	28,89	28,90	28,91	28,92	28,94	28,94	28,95	28,96	28,97
25,60	28,94	28,97	28,98	29,00	29,01	29,03	29,04	29,05	29,06	29,07	29,08	29,09	29,09
25,70	29,07	29,09	29,11	29,13	29,14	29,15	29,16	29,18	29,19	29,20	29,21	29,22	29,22
25,80	29,20	29,22	29,24	29,26	29,27	29,28	29,29	29,31	29,32	29,33	29,34	29,34	29,35
25,90	29,32	29,35	29,37	29,38	29,40	29,41	29,42	29,44	29,45	29,46	29,47	29,47	29,48
26,00	29,45	29,48	29,50	29,51	29,53	29,54	29,55	29,56	29,58	29,58	29,59	29,60	29,61
26,10	29,58	29,60	29,62	29,64	29,65	29,67	29,68	29,69	29,71	29,71	29,72	29,73	29,74
26,20	29,71	29,73	29,75	29,77	29,78	29,79	29,80	29,82	29,84	29,84	29,85	29,86	29,87
26,30	29,84	29,86	29,88	29,90	29,91	29,92	29,93	29,95	29,96	29,97	29,98	29,99	30,00
26,40	29,96	29,99	30,01	30,03	30,04	30,05	30,06	30,08	30,09	30,10	30,11	30,12	30,13
26,50	30,09	30,12	30,14	30,15	30,17	30,18	30,19	30,21	30,22	30,23	30,24	30,25	30,26
26,60	30,22	30,24	30,27	30,28	30,30	30,31	30,32	30,34	30,35	30,36	30,37	30,38	30,39
26,70	30,35	30,37	30,39	30,41	30,43	30,44	30,45	30,47	30,48	30,49	30,50	30,51	30,51
26,80	30,48	30,50	30,52	30,54	30,56	30,57	30,58	30,60	30,61	30,62	30,63	30,64	30,64
26,90	30,61	30,63	30,65	30,67	30,68	30,70	30,71	30,73	30,74	30,75	30,76	30,77	30,77
27,00	30,73	30,76	30,78	30,80	30,81	30,83	30,84	30,86	30,87	30,88	30,89	30,90	30,90
27,10	30,86	30,89	30,91	30,93	30,94	30,96	30,97	30,99	31,00	31,01	31,02	31,03	31,04
27,20	30,99	31,02	31,04	31,06	31,07	31,09	31,10	31,12	31,13	31,14	31,15	31,16	31,17
27,30	31,12	31,15	31,17	31,19	31,20	31,22	31,23	31,25	31,26	31,27	31,28	31,29	31,30
27,40	31,25	31,28	31,30	31,32	31,33	31,35	31,36	31,38	31,39	31,40	31,41	31,42	31,43
27,50	31,38	31,41	31,43	31,45	31,46	31,48	31,49	31,51	31,52	31,53	31,54	31,55	31,56
27,60	31,51	31,54	31,56	31,58	31,59	31,61	31,62	31,64	31,65	31,66	31,67	31,68	31,69
27,70	31,64	31,67	31,69	31,71	31,72	31,74	31,75	31,77	31,78	31,79	31,80	31,81	31,82
27,80	31,77	31,80	31,82	31,84	31,85	31,87	31,88	31,90	31,92	31,92	31,93	31,94	31,95
27,90	31,90	31,93	31,95	31,97	31,98	32,00	32,01	32,03	32,05	32,05	32,06	32,07	32,08
28,00	32,03	32,06	32,08	32,10	32,12	32,13	32,14	32,16	32,18	32,18	32,20	32,21	32,21
28,10	32,16	32,19	32,21	32,23	32,25	32,26	32,27	32,29	32,31	32,32	32,33	32,34	32,35
28,20	32,29	32,32	32,34	32,36	32,38	32,39	32,40	32,42	32,44	32,45	32,46	32,47	32,48
28,30	32,42	32,45	32,47	32,49	32,51	32,52	32,53	32,56	32,57	32,58	32,59	32,60	32,61
28,40	32,55	32,58	32,60	32,62	32,64	32,65	32,67	32,69	32,70	32,71	32,72	32,73	32,74
28,50	32,68	32,71	32,73	32,75	32,77	32,78	32,80	32,82	32,83	32,84	32,85	32,86	32,87
28,60	32,81	32,84	32,86	32,88	32,90	32,92	32,93	32,95	32,97	32,97	32,99	33,00	33,00
28,70	32,94	32,97	33,00	33,02	33,03	33,05	33,06	33,08	33,10	33,11	33,12	33,13	33,14
28,80	33,07	33,10	33,13	33,15	33,16	33,18	33,19	33,21	33,23	33,24	33,25	33,26	33,27

Zinssatz nominell pro Jahr (%)	Effektiver Jahreszinssatz (%)												
	Anzahl der Zinstermine pro Jahr												
	1	2	3	4	5	6	7	8	9	10	12	14	16
28,90	28,90	30,99	31,77	32,19	32,44	32,61	32,74	32,83	32,90	32,96	33,05	33,12	33,17
29,00	29,00	31,10	31,89	32,31	32,56	32,74	32,86	32,96	33,03	33,09	33,18	33,25	33,30
29,10	29,10	31,22	32,01	32,43	32,69	32,87	32,99	33,09	33,16	33,22	33,31	33,38	33,43
29,20	29,20	31,33	32,13	32,56	32,82	32,99	33,12	33,22	33,29	33,35	33,44	33,51	33,56
29,30	29,30	31,45	32,25	32,68	32,94	33,12	33,25	33,34	33,42	33,48	33,57	33,64	33,69
29,40	29,40	31,56	32,38	32,80	33,07	33,25	33,37	33,47	33,55	33,61	33,70	33,77	33,82
29,50	29,50	31,68	32,50	32,93	33,19	33,37	33,50	33,60	33,68	33,74	33,83	33,90	33,95
29,60	29,60	31,79	32,62	33,05	33,32	33,50	33,63	33,73	33,81	33,87	33,96	34,03	34,08
29,70	29,70	31,91	32,74	33,17	33,44	33,63	33,76	33,86	33,94	34,00	34,10	34,16	34,22
29,80	29,80	32,02	32,86	33,30	33,57	33,75	33,89	33,99	34,07	34,13	34,23	34,30	34,35
29,90	29,90	32,14	32,98	33,42	33,70	33,88	34,02	34,12	34,20	34,26	34,36	34,43	34,48
30,00	30,00	32,25	33,10	33,55	33,82	34,01	34,14	34,25	34,33	34,39	34,49	34,56	34,61
30,10	30,10	32,37	33,22	33,67	33,95	34,14	34,27	34,38	34,46	34,52	34,62	34,69	34,74
30,20	30,20	32,48	33,34	33,80	34,08	34,27	34,40	34,51	34,59	34,65	34,75	34,82	34,88
30,30	30,30	32,60	33,46	33,92	34,20	34,39	34,53	34,64	34,72	34,78	34,88	34,95	35,01
30,40	30,40	32,71	33,58	34,04	34,33	34,52	34,66	34,77	34,85	34,91	35,01	35,09	35,14
30,50	30,50	32,83	33,71	34,17	34,45	34,65	34,79	34,90	34,98	35,05	35,15	35,22	35,27
30,60	30,60	32,94	33,83	34,29	34,58	34,78	34,92	35,03	35,11	35,18	35,28	35,35	35,41
30,70	30,70	33,06	33,95	34,42	34,71	34,91	35,05	35,16	35,24	35,31	35,41	35,48	35,54
30,80	30,80	33,17	34,07	34,54	34,84	35,03	35,18	35,29	35,37	35,44	35,54	35,62	35,67
30,90	30,90	33,29	34,19	34,67	34,96	35,16	35,31	35,42	35,50	35,57	35,67	35,75	35,81
31,00	31,00	33,40	34,31	34,79	35,09	35,29	35,44	35,55	35,63	35,70	35,81	35,88	35,94
31,10	31,10	33,52	34,44	34,92	35,22	35,42	35,57	35,68	35,76	35,83	35,94	36,02	36,07
31,20	31,20	33,63	34,56	35,04	35,34	35,55	35,70	35,81	35,90	35,97	36,07	36,15	36,21
31,30	31,30	33,75	34,68	35,17	35,47	35,68	35,83	35,94	36,03	36,10	36,20	36,28	36,34
31,40	31,40	33,86	34,80	35,29	35,60	35,81	35,96	36,07	36,16	36,23	36,34	36,41	36,47
31,50	31,50	33,98	34,92	35,42	35,73	35,94	36,09	36,20	36,29	36,36	36,47	36,55	36,61
31,60	31,60	34,10	35,05	35,55	35,85	36,06	36,22	36,33	36,42	36,49	36,60	36,68	36,74
31,70	31,70	34,21	35,17	35,67	35,98	36,19	36,35	36,46	36,55	36,63	36,74	36,82	36,88
31,80	31,80	34,33	35,29	35,80	36,11	36,32	36,48	36,59	36,69	36,76	36,87	36,95	37,01
31,90	31,90	34,44	35,41	35,92	36,24	36,45	36,61	36,73	36,82	36,89	37,00	37,08	37,14
32,00	32,00	34,56	35,53	36,05	36,37	36,58	36,74	36,86	36,95	37,02	37,14	37,22	37,28
32,10	32,10	34,68	35,66	36,17	36,49	36,71	36,87	36,99	37,08	37,16	37,27	37,35	37,41
32,20	32,20	34,79	35,78	36,30	36,62	36,84	37,00	37,12	37,21	37,29	37,40	37,49	37,55
32,30	32,30	34,91	35,90	36,43	36,75	36,97	37,13	37,25	37,35	37,42	37,54	37,62	37,68
32,40	32,40	35,02	36,03	36,55	36,88	37,10	37,26	37,38	37,48	37,56	37,67	37,76	37,82

Zinssatz nominell pro Jahr (%)	Effektiver Jahreszinssatz (%) Anzahl der Zinstermine pro Jahr												
	18	20	22	24	26	28	30	34	38	40	44	48	52
28,90	33,20	33,23	33,26	33,28	33,30	33,31	33,32	33,35	33,36	33,37	33,38	33,39	33,40
29,00	33,33	33,36	33,39	33,41	33,43	33,44	33,46	33,48	33,50	33,50	33,52	33,53	33,54
29,10	33,47	33,50	33,52	33,54	33,56	33,58	33,59	33,61	33,63	33,64	33,65	33,66	33,67
29,20	33,60	33,63	33,65	33,67	33,69	33,71	33,72	33,74	33,76	33,77	33,78	33,79	33,80
29,30	33,73	33,76	33,79	33,81	33,82	33,84	33,85	33,88	33,89	33,90	33,91	33,92	33,93
29,40	33,86	33,89	33,92	33,94	33,96	33,97	33,99	34,01	34,03	34,03	34,05	34,06	34,07
29,50	33,99	34,02	34,05	34,07	34,09	34,11	34,12	34,14	34,16	34,17	34,18	34,19	34,20
29,60	34,12	34,16	34,18	34,20	34,22	34,24	34,25	34,27	34,29	34,30	34,31	34,32	34,33
29,70	34,26	34,29	34,31	34,34	34,36	34,37	34,39	34,41	34,43	34,43	34,45	34,46	34,47
29,80	34,39	34,42	34,45	34,47	34,49	34,50	34,52	34,54	34,56	34,57	34,58	34,59	34,60
29,90	34,52	34,55	34,58	34,60	34,62	34,64	34,65	34,67	34,69	34,70	34,71	34,73	34,74
30,00	34,65	34,69	34,71	34,74	34,75	34,77	34,78	34,81	34,83	34,83	34,85	34,86	34,87
30,10	34,79	34,82	34,85	34,87	34,89	34,90	34,92	34,94	34,96	34,97	34,98	34,99	35,00
30,20	34,92	34,95	34,98	35,00	35,02	35,04	35,05	35,08	35,09	35,10	35,12	35,13	35,14
30,30	35,05	35,08	35,11	35,13	35,15	35,17	35,19	35,21	35,23	35,24	35,25	35,26	35,27
30,40	35,18	35,22	35,25	35,27	35,29	35,31	35,32	35,34	35,36	35,37	35,39	35,40	35,41
30,50	35,32	35,35	35,38	35,40	35,42	35,44	35,45	35,48	35,50	35,51	35,52	35,53	35,54
30,60	35,45	35,48	35,51	35,54	35,56	35,57	35,59	35,61	35,63	35,64	35,65	35,67	35,68
30,70	35,58	35,62	35,65	35,67	35,69	35,71	35,72	35,75	35,77	35,77	35,79	35,80	35,81
30,80	35,72	35,75	35,78	35,80	35,82	35,84	35,86	35,88	35,90	35,91	35,92	35,94	35,95
30,90	35,85	35,88	35,91	35,94	35,96	35,98	35,99	36,02	36,04	36,04	36,06	36,07	36,08
31,00	35,98	36,02	36,05	36,07	36,09	36,11	36,13	36,15	36,17	36,18	36,19	36,21	36,22
31,10	36,12	36,15	36,18	36,21	36,23	36,25	36,26	36,29	36,31	36,31	36,33	36,34	36,35
31,20	36,25	36,29	36,32	36,34	36,36	36,38	36,40	36,42	36,44	36,45	36,47	36,48	36,49
31,30	36,38	36,42	36,45	36,48	36,50	36,51	36,53	36,56	36,58	36,59	36,60	36,61	36,62
31,40	36,52	36,56	36,59	36,61	36,63	36,65	36,67	36,69	36,71	36,72	36,74	36,75	36,76
31,50	36,65	36,69	36,72	36,75	36,77	36,79	36,80	36,83	36,85	36,86	36,87	36,88	36,90
31,60	36,79	36,82	36,86	36,88	36,90	36,92	36,94	36,96	36,98	36,99	37,01	37,02	37,03
31,70	36,92	36,96	36,99	37,02	37,04	37,06	37,07	37,10	37,12	37,13	37,14	37,16	37,17
31,80	37,06	37,09	37,13	37,15	37,17	37,19	37,21	37,23	37,26	37,26	37,28	37,29	37,30
31,90	37,19	37,23	37,26	37,29	37,31	37,33	37,34	37,37	37,39	37,40	37,42	37,43	37,44
32,00	37,33	37,36	37,40	37,42	37,44	37,46	37,48	37,51	37,53	37,54	37,55	37,57	37,58
32,10	37,46	37,50	37,53	37,56	37,58	37,60	37,62	37,64	37,66	37,67	37,69	37,70	37,71
32,20	37,60	37,64	37,67	37,69	37,72	37,74	37,75	37,78	37,80	37,81	37,83	37,84	37,85
32,30	37,73	37,77	37,80	37,83	37,85	37,87	37,89	37,92	37,94	37,95	37,96	37,98	37,99
32,40	37,87	37,91	37,94	37,97	37,99	38,01	38,02	38,05	38,07	38,08	38,10	38,11	38,13

Zinssatz nominell pro Jahr (%)	Effektiver Jahreszinssatz (%) Anzahl der Zinstermine pro Jahr												
	1	2	3	4	5	6	7	8	9	10	12	14	16
32,50	32,50	35,14	36,15	36,68	37,01	37,23	37,39	37,52	37,61	37,69	37,81	37,89	37,95
32,60	32,60	35,26	36,27	36,81	37,14	37,36	37,53	37,65	37,75	37,82	37,94	38,02	38,09
32,70	32,70	35,37	36,39	36,93	37,27	37,49	37,66	37,78	37,88	37,96	38,07	38,16	38,22
32,80	32,80	35,49	36,52	37,06	37,40	37,62	37,79	37,91	38,01	38,09	38,21	38,29	38,36
32,90	32,90	35,61	36,64	37,19	37,52	37,75	37,92	38,05	38,14	38,22	38,34	38,43	38,49
33,00	33,00	35,72	36,76	37,31	37,65	37,88	38,05	38,18	38,28	38,36	38,48	38,57	38,63
33,10	33,10	35,84	36,89	37,44	37,78	38,02	38,18	38,31	38,41	38,49	38,61	38,70	38,77
33,20	33,20	35,96	37,01	37,57	37,91	38,15	38,32	38,44	38,54	38,63	38,75	38,84	38,90
33,30	33,30	36,07	37,13	37,69	38,04	38,28	38,45	38,58	38,68	38,76	38,88	38,97	39,04
33,40	33,40	36,19	37,26	37,82	38,17	38,41	38,58	38,71	38,81	38,89	39,02	39,11	39,17
33,50	33,50	36,31	37,38	37,95	38,30	38,54	38,71	38,84	38,95	39,03	39,15	39,24	39,31
33,60	33,60	36,42	37,50	38,08	38,43	38,67	38,84	38,98	39,08	39,16	39,29	39,38	39,45
33,70	33,70	36,54	37,63	38,20	38,56	38,80	38,98	39,11	39,21	39,30	39,42	39,52	39,58
33,80	33,80	36,66	37,75	38,33	38,69	38,93	39,11	39,24	39,35	39,43	39,56	39,65	39,72
33,90	33,90	36,77	37,87	38,46	38,82	39,06	39,24	39,38	39,48	39,57	39,70	39,79	39,86
34,00	34,00	36,89	38,00	38,59	38,95	39,20	39,38	39,51	39,62	39,70	39,83	39,93	40,00
34,10	34,10	37,01	38,12	38,71	39,08	39,33	39,51	39,64	39,75	39,84	39,97	40,06	40,13
34,20	34,20	37,12	38,25	38,84	39,21	39,46	39,64	39,78	39,89	39,97	40,10	40,20	40,27
34,30	34,30	37,24	38,37	38,97	39,34	39,59	39,77	39,91	40,02	40,11	40,24	40,34	40,41
34,40	34,40	37,36	38,50	39,10	39,47	39,72	39,91	40,05	40,16	40,24	40,38	40,47	40,54
34,50	34,50	37,48	38,62	39,23	39,60	39,86	40,04	40,18	40,29	40,38	40,51	40,61	40,68
34,60	34,60	37,59	38,74	39,35	39,73	39,99	40,17	40,32	40,43	40,52	40,65	40,75	40,82
34,70	34,70	37,71	38,87	39,48	39,86	40,12	40,31	40,45	40,56	40,65	40,79	40,88	40,96
34,80	34,80	37,83	38,99	39,61	39,99	40,25	40,44	40,59	40,70	40,79	40,92	41,02	41,10
34,90	34,90	37,95	39,12	39,74	40,12	40,39	40,58	40,72	40,83	40,92	41,06	41,16	41,23
35,00	35,00	38,06	39,24	39,87	40,26	40,52	40,71	40,85	40,97	41,06	41,20	41,30	41,37
35,10	35,10	38,18	39,37	40,00	40,39	40,65	40,84	40,99	41,10	41,20	41,34	41,44	41,51
35,20	35,20	38,30	39,49	40,12	40,52	40,78	40,98	41,13	41,24	41,33	41,47	41,57	41,65
35,30	35,30	38,42	39,62	40,25	40,65	40,92	41,11	41,26	41,38	41,47	41,61	41,71	41,79
35,40	35,40	38,53	39,74	40,38	40,78	41,05	41,25	41,40	41,51	41,61	41,75	41,85	41,93
35,50	35,50	38,65	39,87	40,51	40,91	41,18	41,38	41,53	41,65	41,74	41,89	41,99	42,07
35,60	35,60	38,77	39,99	40,64	41,04	41,32	41,52	41,67	41,78	41,88	42,02	42,13	42,20
35,70	35,70	38,89	40,12	40,77	41,18	41,45	41,65	41,80	41,92	42,02	42,16	42,27	42,34
35,80	35,80	39,00	40,24	40,90	41,31	41,58	41,79	41,94	42,06	42,15	42,30	42,40	42,48
35,90	35,90	39,12	40,37	41,03	41,44	41,72	41,92	42,07	42,19	42,29	42,44	42,54	42,62
36,00	36,00	39,24	40,49	41,16	41,57	41,85	42,06	42,21	42,33	42,43	42,58	42,68	42,76

Zinssatz nominell pro Jahr (%)	Effektiver Jahreszinssatz (%) Anzahl der Zinstermine pro Jahr												
	18	20	22	24	26	28	30	34	38	40	44	48	52
32,50	38,00	38,04	38,07	38,10	38,12	38,14	38,16	38,19	38,21	38,22	38,24	38,25	38,26
32,60	38,14	38,18	38,21	38,24	38,26	38,28	38,30	38,33	38,35	38,36	38,38	38,39	38,40
32,70	38,27	38,31	38,35	38,37	38,40	38,42	38,43	38,46	38,49	38,50	38,51	38,53	38,54
32,80	38,41	38,45	38,48	38,51	38,53	38,55	38,57	38,60	38,62	38,63	38,65	38,66	38,68
32,90	38,55	38,59	38,62	38,65	38,67	38,69	38,71	38,74	38,76	38,77	38,79	38,80	38,81
33,00	38,68	38,72	38,76	38,78	38,81	38,83	38,85	38,88	38,90	38,91	38,93	38,94	38,95
33,10	38,82	38,86	38,89	38,92	38,95	38,97	38,98	39,01	39,04	39,05	39,06	39,08	39,09
33,20	38,95	39,00	39,03	39,06	39,08	39,10	39,12	39,15	39,17	39,18	39,20	39,22	39,23
33,30	39,09	39,13	39,17	39,20	39,22	39,24	39,26	39,29	39,31	39,32	39,34	39,35	39,37
33,40	39,23	39,27	39,30	39,33	39,36	39,38	39,40	39,43	39,45	39,46	39,48	39,49	39,51
33,50	39,36	39,41	39,44	39,47	39,50	39,52	39,53	39,57	39,59	39,60	39,62	39,63	39,64
33,60	39,50	39,54	39,58	39,61	39,63	39,65	39,67	39,70	39,73	39,74	39,76	39,77	39,78
33,70	39,64	39,68	39,72	39,75	39,77	39,79	39,81	39,84	39,87	39,88	39,89	39,91	39,92
33,80	39,78	39,82	39,85	39,88	39,91	39,93	39,95	39,98	40,00	40,02	40,03	40,05	40,06
33,90	39,91	39,96	39,99	40,02	40,05	40,07	40,09	40,12	40,14	40,15	40,17	40,19	40,20
34,00	40,05	40,09	40,13	40,16	40,19	40,21	40,23	40,26	40,28	40,29	40,31	40,33	40,34
34,10	40,19	40,23	40,27	40,30	40,32	40,35	40,37	40,40	40,42	40,43	40,45	40,47	40,48
34,20	40,33	40,37	40,41	40,44	40,46	40,48	40,50	40,54	40,56	40,57	40,59	40,61	40,62
34,30	40,46	40,51	40,54	40,58	40,60	40,62	40,64	40,67	40,70	40,71	40,73	40,75	40,76
34,40	40,60	40,65	40,68	40,71	40,74	40,76	40,78	40,81	40,84	40,85	40,87	40,88	40,90
34,50	40,74	40,78	40,82	40,85	40,88	40,90	40,92	40,95	40,98	40,99	41,01	41,02	41,04
34,60	40,88	40,92	40,96	40,99	41,02	41,04	41,06	41,09	41,12	41,13	41,15	41,16	41,18
34,70	41,02	41,06	41,10	41,13	41,16	41,18	41,20	41,23	41,26	41,27	41,29	41,31	41,32
34,80	41,15	41,20	41,24	41,27	41,30	41,32	41,34	41,37	41,40	41,41	41,43	41,45	41,46
34,90	41,29	41,34	41,38	41,41	41,44	41,46	41,48	41,51	41,54	41,55	41,57	41,59	41,60
35,00	41,43	41,48	41,52	41,55	41,58	41,60	41,62	41,65	41,68	41,69	41,71	41,73	41,74
35,10	41,57	41,62	41,66	41,69	41,72	41,74	41,76	41,79	41,82	41,83	41,85	41,87	41,88
35,20	41,71	41,76	41,80	41,83	41,86	41,88	41,90	41,93	41,96	41,97	41,99	42,01	42,02
35,30	41,85	41,90	41,93	41,97	42,00	42,02	42,04	42,07	42,10	42,11	42,13	42,15	42,16
35,40	41,99	42,04	42,07	42,11	42,14	42,16	42,18	42,21	42,24	42,25	42,27	42,29	42,30
35,50	42,13	42,17	42,21	42,25	42,28	42,30	42,32	42,36	42,38	42,39	42,42	42,43	42,45
35,60	42,27	42,31	42,35	42,39	42,42	42,44	42,46	42,50	42,52	42,54	42,56	42,57	42,59
35,70	42,41	42,45	42,49	42,53	42,56	42,58	42,60	42,64	42,67	42,68	42,70	42,71	42,73
35,80	42,54	42,59	42,63	42,67	42,70	42,72	42,74	42,78	42,81	42,82	42,84	42,86	42,87
35,90	42,68	42,73	42,78	42,81	42,84	42,86	42,88	42,92	42,95	42,96	42,98	43,00	43,01
36,00	42,82	42,87	42,92	42,95	42,98	43,00	43,03	43,06	43,09	43,10	43,12	43,14	43,16

Zinssatz nominell pro Jahr (%)	Effektiver Jahreszinssatz (%) Anzahl der Zinstermine pro Jahr												
	1	2	3	4	5	6	7	8	9	10	12	14	16
36,10	36,10	39,36	40,62	41,29	41,70	41,99	42,19	42,35	42,47	42,57	42,71	42,82	42,90
36,20	36,20	39,48	40,74	41,42	41,84	42,12	42,33	42,48	42,61	42,70	42,85	42,96	43,04
36,30	36,30	39,59	40,87	41,55	41,97	42,25	42,46	42,62	42,74	42,84	42,99	43,10	43,18
36,40	36,40	39,71	41,00	41,68	42,10	42,39	42,60	42,76	42,88	42,98	43,13	43,24	43,32
36,50	36,50	39,83	41,12	41,81	42,23	42,52	42,73	42,89	43,02	43,12	43,27	43,38	43,46
36,60	36,60	39,95	41,25	41,94	42,37	42,66	42,87	43,03	43,15	43,26	43,41	43,52	43,60
36,70	36,70	40,07	41,37	42,07	42,50	42,79	43,00	43,17	43,29	43,39	43,55	43,66	43,74
36,80	36,80	40,19	41,50	42,20	42,63	42,93	43,14	43,30	43,43	43,53	43,69	43,80	43,88
36,90	36,90	40,30	41,62	42,33	42,76	43,06	43,28	43,44	43,57	43,67	43,83	43,94	44,02
37,00	37,00	40,42	41,75	42,46	42,90	43,20	43,41	43,58	43,71	43,81	43,97	44,08	44,16
37,10	37,10	40,54	41,88	42,59	43,03	43,33	43,55	43,71	43,84	43,95	44,11	44,22	44,31
37,20	37,20	40,66	42,00	42,72	43,16	43,47	43,68	43,85	43,98	44,09	44,25	44,36	44,45
37,30	37,30	40,78	42,13	42,85	43,30	43,60	43,82	43,99	44,12	44,23	44,39	44,50	44,59
37,40	37,40	40,90	42,26	42,98	43,43	43,74	43,96	44,13	44,26	44,37	44,53	44,64	44,73
37,50	37,50	41,02	42,38	43,11	43,56	43,87	44,09	44,26	44,40	44,50	44,67	44,78	44,87
37,60	37,60	41,13	42,51	43,24	43,70	44,01	44,23	44,40	44,54	44,64	44,81	44,92	45,01
37,70	37,70	41,25	42,64	43,37	43,83	44,14	44,37	44,54	44,67	44,78	44,95	45,07	45,15
37,80	37,80	41,37	42,76	43,50	43,96	44,28	44,51	44,68	44,81	44,92	45,09	45,21	45,30
37,90	37,90	41,49	42,89	43,63	44,10	44,41	44,64	44,82	44,95	45,06	45,23	45,35	45,44
38,00	38,00	41,61	43,02	43,77	44,23	44,55	44,78	44,95	45,09	45,20	45,37	45,49	45,58
38,10	38,10	41,73	43,14	43,90	44,37	44,69	44,92	45,09	45,23	45,34	45,51	45,63	45,72
38,20	38,20	41,85	43,27	44,03	44,50	44,82	45,05	45,23	45,37	45,48	45,65	45,77	45,86
38,30	38,30	41,97	43,40	44,16	44,63	44,96	45,19	45,37	45,51	45,62	45,79	45,92	46,01
38,40	38,40	42,09	43,52	44,29	44,77	45,09	45,33	45,51	45,65	45,76	45,93	46,06	46,15
38,50	38,50	42,21	43,65	44,42	44,90	45,23	45,47	45,65	45,79	45,90	46,08	46,20	46,29
38,60	38,60	42,32	43,78	44,56	45,04	45,37	45,61	45,79	45,93	46,04	46,22	46,34	46,44
38,70	38,70	42,44	43,91	44,69	45,17	45,50	45,74	45,93	46,07	46,18	46,36	46,48	46,58
38,80	38,80	42,56	44,03	44,82	45,31	45,64	45,88	46,07	46,21	46,33	46,50	46,63	46,72
38,90	38,90	42,68	44,16	44,95	45,44	45,78	46,02	46,20	46,35	46,47	46,64	46,77	46,87
39,00	39,00	42,80	44,29	45,08	45,58	45,91	46,16	46,34	46,49	46,61	46,78	46,91	47,01
39,10	39,10	42,92	44,42	45,22	45,71	46,05	46,30	46,48	46,63	46,75	46,93	47,06	47,15
39,20	39,20	43,04	44,55	45,35	45,85	46,19	46,44	46,62	46,77	46,89	47,07	47,20	47,30
39,30	39,30	43,16	44,67	45,48	45,98	46,33	46,57	46,76	46,91	47,03	47,21	47,34	47,44
39,40	39,40	43,28	44,80	45,61	46,12	46,46	46,71	46,90	47,05	47,17	47,35	47,49	47,58
39,50	39,50	43,40	44,93	45,75	46,25	46,60	46,85	47,04	47,19	47,31	47,50	47,63	47,73
39,60	39,60	43,52	45,06	45,88	46,39	46,74	46,99	47,18	47,33	47,46	47,64	47,77	47,87

Zinssatz nominell pro Jahr (%)	Effektiver Jahreszinssatz (%) Anzahl der Zinstermine pro Jahr												
	18	20	22	24	26	28	30	34	38	40	44	48	52
36,10	42,96	43,02	43,06	43,09	43,12	43,15	43,17	43,20	43,23	43,24	43,27	43,28	43,30
36,20	43,10	43,16	43,20	43,23	43,26	43,29	43,31	43,35	43,37	43,39	43,41	43,42	43,44
36,30	43,25	43,30	43,34	43,37	43,40	43,43	43,45	43,49	43,52	43,53	43,55	43,57	43,58
36,40	43,39	43,44	43,48	43,51	43,54	43,57	43,59	43,63	43,66	43,67	43,69	43,71	43,73
36,50	43,53	43,58	43,62	43,66	43,69	43,71	43,73	43,77	43,80	43,81	43,83	43,85	43,87
36,60	43,67	43,72	43,76	43,80	43,83	43,85	43,88	43,91	43,94	43,96	43,98	44,00	44,01
36,70	43,81	43,86	43,90	43,94	43,97	44,00	44,02	44,06	44,09	44,10	44,12	44,14	44,15
36,80	43,95	44,00	44,05	44,08	44,11	44,14	44,16	44,20	44,23	44,24	44,26	44,28	44,30
36,90	44,09	44,14	44,19	44,22	44,25	44,28	44,30	44,34	44,37	44,38	44,41	44,42	44,44
37,00	44,23	44,28	44,33	44,37	44,40	44,42	44,45	44,48	44,51	44,53	44,55	44,57	44,58
37,10	44,37	44,43	44,47	44,51	44,54	44,57	44,59	44,63	44,66	44,67	44,69	44,71	44,73
37,20	44,51	44,57	44,61	44,65	44,68	44,71	44,73	44,77	44,80	44,81	44,84	44,86	44,87
37,30	44,66	44,71	44,76	44,79	44,82	44,85	44,87	44,91	44,94	44,96	44,98	45,00	45,02
37,40	44,80	44,85	44,90	44,94	44,97	44,99	45,02	45,06	45,09	45,10	45,12	45,14	45,16
37,50	44,94	44,99	45,04	45,08	45,11	45,14	45,16	45,20	45,23	45,25	45,27	45,29	45,30
37,60	45,08	45,14	45,18	45,22	45,25	45,28	45,30	45,34	45,38	45,39	45,41	45,43	45,45
37,70	45,22	45,28	45,33	45,36	45,40	45,42	45,45	45,49	45,52	45,53	45,56	45,58	45,59
37,80	45,37	45,42	45,47	45,51	45,54	45,57	45,59	45,63	45,66	45,68	45,70	45,72	45,74
37,90	45,51	45,57	45,61	45,65	45,68	45,71	45,74	45,78	45,81	45,82	45,85	45,87	45,88
38,00	45,65	45,71	45,75	45,79	45,83	45,86	45,88	45,92	45,95	45,97	45,99	46,01	46,03
38,10	45,79	45,85	45,90	45,94	45,97	46,00	46,02	46,06	46,10	46,11	46,13	46,15	46,17
38,20	45,94	45,99	46,04	46,08	46,11	46,14	46,17	46,21	46,24	46,26	46,28	46,30	46,32
38,30	46,08	46,14	46,19	46,22	46,26	46,29	46,31	46,35	46,39	46,40	46,42	46,45	46,46
38,40	46,22	46,28	46,33	46,37	46,40	46,43	46,46	46,50	46,53	46,55	46,57	46,59	46,61
38,50	46,37	46,42	46,47	46,51	46,55	46,58	46,60	46,64	46,68	46,69	46,72	46,74	46,75
38,60	46,51	46,57	46,62	46,66	46,69	46,72	46,75	46,79	46,82	46,84	46,86	46,88	46,90
38,70	46,65	46,71	46,76	46,80	46,84	46,87	46,89	46,93	46,97	46,98	47,01	47,03	47,04
38,80	46,80	46,86	46,91	46,95	46,98	47,01	47,04	47,08	47,11	47,13	47,15	47,17	47,19
38,90	46,94	47,00	47,05	47,09	47,13	47,16	47,18	47,22	47,26	47,27	47,30	47,32	47,34
39,00	47,08	47,14	47,19	47,24	47,27	47,30	47,33	47,37	47,40	47,42	47,44	47,47	47,48
39,10	47,23	47,29	47,34	47,38	47,42	47,45	47,47	47,52	47,55	47,57	47,59	47,61	47,63
39,20	47,37	47,43	47,48	47,53	47,56	47,59	47,62	47,66	47,70	47,71	47,74	47,76	47,78
39,30	47,52	47,58	47,63	47,67	47,71	47,74	47,76	47,81	47,84	47,86	47,88	47,90	47,92
39,40	47,66	47,72	47,77	47,82	47,85	47,88	47,91	47,95	47,99	48,00	48,03	48,05	48,07
39,50	47,81	47,87	47,92	47,96	48,00	48,03	48,06	48,10	48,14	48,15	48,18	48,20	48,22
39,60	47,95	48,01	48,06	48,11	48,14	48,18	48,20	48,25	48,28	48,30	48,32	48,35	48,36

Zinssatz nominell pro Jahr (%)	Effektiver Jahreszinssatz (%) Anzahl der Zinstermine pro Jahr												
	1	2	3	4	5	6	7	8	9	10	12	14	16
39,70	39,70	43,64	45,19	46,01	46,53	46,88	47,13	47,32	47,48	47,60	47,78	47,92	48,02
39,80	39,80	43,76	45,31	46,14	46,66	47,01	47,27	47,46	47,62	47,74	47,93	48,06	48,16
39,90	39,90	43,88	45,44	46,28	46,80	47,15	47,41	47,60	47,76	47,88	48,07	48,20	48,31
40,00	40,00	44,00	45,57	46,41	46,93	47,29	47,55	47,75	47,90	48,02	48,21	48,35	48,45
40,10	40,10	44,12	45,70	46,54	47,07	47,43	47,69	47,89	48,04	48,17	48,36	48,49	48,60
40,20	40,20	44,24	45,83	46,68	47,21	47,57	47,83	48,03	48,18	48,31	48,50	48,64	48,74
40,30	40,30	44,36	45,96	46,81	47,34	47,70	47,97	48,17	48,33	48,45	48,64	48,78	48,89
40,40	40,40	44,48	46,08	46,94	47,48	47,84	48,11	48,31	48,47	48,59	48,79	48,93	49,03
40,50	40,50	44,60	46,21	47,08	47,61	47,98	48,25	48,45	48,61	48,74	48,93	49,07	49,18
40,60	40,60	44,72	46,34	47,21	47,75	48,12	48,39	48,59	48,75	48,88	49,08	49,22	49,32
40,70	40,70	44,84	46,47	47,34	47,89	48,26	48,53	48,73	48,89	49,02	49,22	49,36	49,47
40,80	40,80	44,96	46,60	47,48	48,02	48,40	48,67	48,87	49,04	49,17	49,36	49,51	49,61
40,90	40,90	45,08	46,73	47,61	48,16	48,54	48,81	49,02	49,18	49,31	49,51	49,65	49,76
41,00	41,00	45,20	46,86	47,75	48,30	48,68	48,95	49,16	49,32	49,45	49,65	49,80	49,91
41,10	41,10	45,32	46,99	47,88	48,44	48,82	49,09	49,30	49,46	49,60	49,80	49,94	50,05
41,20	41,20	45,44	47,12	48,01	48,57	48,95	49,23	49,44	49,61	49,74	49,94	50,09	50,20
41,30	41,30	45,56	47,25	48,15	48,71	49,09	49,37	49,58	49,75	49,89	50,09	50,23	50,34
41,40	41,40	45,68	47,38	48,28	48,85	49,23	49,51	49,73	49,89	50,03	50,23	50,38	50,49
41,50	41,50	45,81	47,51	48,42	48,98	49,37	49,66	49,87	50,04	50,17	50,38	50,53	50,64
41,60	41,60	45,93	47,64	48,55	49,12	49,51	49,80	50,01	50,18	50,32	50,52	50,67	50,78
41,70	41,70	46,05	47,76	48,69	49,26	49,65	49,94	50,15	50,32	50,46	50,67	50,82	50,93
41,80	41,80	46,17	47,89	48,82	49,40	49,79	50,08	50,30	50,47	50,61	50,82	50,97	51,08
41,90	41,90	46,29	48,02	48,96	49,54	49,93	50,22	50,44	50,61	50,75	50,96	51,11	51,23
42,00	42,00	46,41	48,15	49,09	49,67	50,07	50,36	50,58	50,76	50,90	51,11	51,26	51,37
42,10	42,10	46,53	48,28	49,23	49,81	50,21	50,50	50,73	50,90	51,04	51,25	51,41	51,52
42,20	42,20	46,65	48,41	49,36	49,95	50,35	50,65	50,87	51,04	51,19	51,40	51,55	51,67
42,30	42,30	46,77	48,54	49,50	50,09	50,49	50,79	51,01	51,19	51,33	51,55	51,70	51,82
42,40	42,40	46,89	48,67	49,63	50,23	50,63	50,93	51,16	51,33	51,48	51,69	51,85	51,96
42,50	42,50	47,02	48,81	49,77	50,37	50,78	51,07	51,30	51,48	51,62	51,84	51,99	52,11
42,60	42,60	47,14	48,94	49,90	50,50	50,92	51,22	51,44	51,62	51,77	51,99	52,14	52,26
42,70	42,70	47,26	49,07	50,04	50,64	51,06	51,36	51,59	51,77	51,91	52,13	52,29	52,41
42,80	42,80	47,38	49,20	50,17	50,78	51,20	51,50	51,73	51,91	52,06	52,28	52,44	52,56
42,90	42,90	47,50	49,33	50,31	50,92	51,34	51,64	51,88	52,06	52,20	52,43	52,59	52,71
43,00	43,00	47,62	49,46	50,44	51,06	51,48	51,79	52,02	52,20	52,35	52,57	52,73	52,86
43,10	43,10	47,74	49,59	50,58	51,20	51,62	51,93	52,16	52,35	52,50	52,72	52,88	53,00
43,20	43,20	47,87	49,72	50,72	51,34	51,76	52,07	52,31	52,49	52,64	52,87	53,03	53,15

Zinssatz nominell pro Jahr (%)	Effektiver Jahreszinssatz (%) Anzahl der Zinstermine pro Jahr												
	18	20	22	24	26	28	30	34	38	40	44	48	52
39,70	48,10	48,16	48,21	48,25	48,29	48,32	48,35	48,39	48,43	48,44	48,47	48,49	48,51
39,80	48,24	48,30	48,36	48,40	48,44	48,47	48,50	48,54	48,58	48,59	48,62	48,64	48,66
39,90	48,39	48,45	48,50	48,55	48,58	48,61	48,64	48,69	48,72	48,74	48,77	48,79	48,81
40,00	48,53	48,59	48,65	48,69	48,73	48,76	48,79	48,83	48,87	48,89	48,91	48,94	48,95
40,10	48,68	48,74	48,79	48,84	48,88	48,91	48,94	48,98	49,02	49,03	49,06	49,08	49,10
40,20	48,82	48,89	48,94	48,98	49,02	49,05	49,08	49,13	49,17	49,18	49,21	49,23	49,25
40,30	48,97	49,03	49,09	49,13	49,17	49,20	49,23	49,28	49,31	49,33	49,36	49,38	49,40
40,40	49,11	49,18	49,23	49,28	49,32	49,35	49,38	49,42	49,46	49,48	49,50	49,53	49,55
40,50	49,26	49,32	49,38	49,42	49,46	49,50	49,52	49,57	49,61	49,63	49,65	49,68	49,70
40,60	49,40	49,47	49,53	49,57	49,61	49,64	49,67	49,72	49,76	49,77	49,80	49,82	49,84
40,70	49,55	49,62	49,67	49,72	49,76	49,79	49,82	49,87	49,91	49,92	49,95	49,97	49,99
40,80	49,70	49,76	49,82	49,87	49,91	49,94	49,97	50,02	50,05	50,07	50,10	50,12	50,14
40,90	49,84	49,91	49,97	50,01	50,05	50,09	50,12	50,16	50,20	50,22	50,25	50,27	50,29
41,00	49,99	50,06	50,11	50,16	50,20	50,23	50,26	50,31	50,35	50,37	50,40	50,42	50,44
41,10	50,14	50,21	50,26	50,31	50,35	50,38	50,41	50,46	50,50	50,52	50,55	50,57	50,59
41,20	50,28	50,35	50,41	50,46	50,50	50,53	50,56	50,61	50,65	50,67	50,69	50,72	50,74
41,30	50,43	50,50	50,56	50,60	50,64	50,68	50,71	50,76	50,80	50,81	50,84	50,87	50,89
41,40	50,58	50,65	50,70	50,75	50,79	50,83	50,86	50,91	50,95	50,96	50,99	51,02	51,04
41,50	50,73	50,80	50,85	50,90	50,94	50,98	51,01	51,06	51,10	51,11	51,14	51,17	51,19
41,60	50,87	50,94	51,00	51,05	51,09	51,13	51,16	51,21	51,25	51,26	51,29	51,32	51,34
41,70	51,02	51,09	51,15	51,20	51,24	51,27	51,31	51,36	51,40	51,41	51,44	51,47	51,49
41,80	51,17	51,24	51,30	51,35	51,39	51,42	51,45	51,51	51,55	51,56	51,59	51,62	51,64
41,90	51,32	51,39	51,45	51,50	51,54	51,57	51,60	51,66	51,70	51,71	51,74	51,77	51,79
42,00	51,46	51,54	51,59	51,64	51,69	51,72	51,75	51,81	51,85	51,86	51,89	51,92	51,94
42,10	51,61	51,68	51,74	51,79	51,84	51,87	51,90	51,96	52,00	52,01	52,04	52,07	52,09
42,20	51,76	51,83	51,89	51,94	51,99	52,02	52,05	52,11	52,15	52,16	52,19	52,22	52,24
42,30	51,91	51,98	52,04	52,09	52,13	52,17	52,20	52,26	52,30	52,31	52,35	52,37	52,39
42,40	52,06	52,13	52,19	52,24	52,28	52,32	52,35	52,41	52,45	52,47	52,50	52,52	52,54
42,50	52,21	52,28	52,34	52,39	52,43	52,47	52,50	52,56	52,60	52,62	52,65	52,67	52,70
42,60	52,35	52,43	52,49	52,54	52,58	52,62	52,65	52,71	52,75	52,77	52,80	52,82	52,85
42,70	52,50	52,58	52,64	52,69	52,73	52,77	52,80	52,86	52,90	52,92	52,95	52,98	53,00
42,80	52,65	52,73	52,79	52,84	52,88	52,92	52,96	53,01	53,05	53,07	53,10	53,13	53,15
42,90	52,80	52,88	52,94	52,99	53,04	53,07	53,11	53,16	53,20	53,22	53,25	53,28	53,30
43,00	52,95	53,03	53,09	53,14	53,19	53,22	53,26	53,31	53,35	53,37	53,41	53,43	53,45
43,10	53,10	53,18	53,24	53,29	53,34	53,38	53,41	53,46	53,51	53,53	53,56	53,58	53,61
43,20	53,25	53,33	53,39	53,44	53,49	53,53	53,56	53,61	53,66	53,68	53,71	53,74	53,76

Zinssatz nominell pro Jahr (%)	Effektiver Jahreszinssatz (%)												
	Anzahl der Zinstermine pro Jahr												
	1	2	3	4	5	6	7	8	9	10	12	14	16
43,30	43,30	47,99	49,85	50,85	51,48	51,91	52,22	52,45	52,64	52,79	53,02	53,18	53,30
43,40	43,40	48,11	49,98	50,99	51,62	52,05	52,36	52,60	52,78	52,94	53,16	53,33	53,45
43,50	43,50	48,23	50,11	51,12	51,76	52,19	52,50	52,74	52,93	53,08	53,31	53,48	53,60
43,60	43,60	48,35	50,24	51,26	51,90	52,33	52,65	52,89	53,08	53,23	53,46	53,63	53,75
43,70	43,70	48,47	50,37	51,40	52,04	52,47	52,79	53,03	53,22	53,38	53,61	53,77	53,90
43,80	43,80	48,60	50,51	51,53	52,18	52,62	52,94	53,18	53,37	53,52	53,76	53,92	54,05
43,90	43,90	48,72	50,64	51,67	52,32	52,76	53,08	53,32	53,52	53,67	53,90	54,07	54,20
44,00	44,00	48,84	50,77	51,81	52,46	52,90	53,22	53,47	53,66	53,82	54,05	54,22	54,35
44,10	44,10	48,96	50,90	51,94	52,60	53,04	53,37	53,61	53,81	53,96	54,20	54,37	54,50
44,20	44,20	49,08	51,03	52,08	52,74	53,19	53,51	53,76	53,95	54,11	54,35	54,52	54,65
44,30	44,30	49,21	51,16	52,22	52,88	53,33	53,66	53,91	54,10	54,26	54,50	54,67	54,80
44,40	44,40	49,33	51,30	52,35	53,02	53,47	53,80	54,05	54,25	54,41	54,65	54,82	54,95
44,50	44,50	49,45	51,43	52,49	53,16	53,61	53,95	54,20	54,40	54,56	54,80	54,97	55,10
44,60	44,60	49,57	51,56	52,63	53,30	53,76	54,09	54,34	54,54	54,70	54,95	55,12	55,25
44,70	44,70	49,70	51,69	52,77	53,44	53,90	54,24	54,49	54,69	54,85	55,10	55,27	55,41
44,80	44,80	49,82	51,82	52,90	53,58	54,04	54,38	54,64	54,84	55,00	55,25	55,42	55,56
44,90	44,90	49,94	51,96	53,04	53,72	54,19	54,53	54,78	54,99	55,15	55,40	55,57	55,71
45,00	45,00	50,06	52,09	53,18	53,86	54,33	54,67	54,93	55,13	55,30	55,55	55,72	55,86
45,10	45,10	50,19	52,22	53,32	54,00	54,47	54,82	55,08	55,28	55,45	55,70	55,88	56,01
45,20	45,20	50,31	52,35	53,45	54,14	54,62	54,96	55,22	55,43	55,59	55,85	56,03	56,16
45,30	45,30	50,43	52,48	53,59	54,29	54,76	55,11	55,37	55,58	55,74	56,00	56,18	56,32
45,40	45,40	50,55	52,62	53,73	54,43	54,91	55,25	55,52	55,72	55,89	56,15	56,33	56,47
45,50	45,50	50,68	52,75	53,87	54,57	55,05	55,40	55,66	55,87	56,04	56,30	56,48	56,62
45,60	45,60	50,80	52,88	54,01	54,71	55,19	55,54	55,81	56,02	56,19	56,45	56,63	56,77
45,70	45,70	50,92	53,02	54,15	54,85	55,34	55,69	55,96	56,17	56,34	56,60	56,78	56,92
45,80	45,80	51,04	53,15	54,28	54,99	55,48	55,84	56,11	56,32	56,49	56,75	56,94	57,08
45,90	45,90	51,17	53,28	54,42	55,14	55,63	55,98	56,25	56,47	56,64	56,90	57,09	57,23
46,00	46,00	51,29	53,41	54,56	55,28	55,77	56,13	56,40	56,62	56,79	57,05	57,24	57,38
46,10	46,10	51,41	53,55	54,70	55,42	55,92	56,28	56,55	56,77	56,94	57,20	57,39	57,54
46,20	46,20	51,54	53,68	54,84	55,56	56,06	56,42	56,70	56,91	57,09	57,35	57,54	57,69
46,30	46,30	51,66	53,81	54,98	55,71	56,21	56,57	56,85	57,06	57,24	57,51	57,70	57,84
46,40	46,40	51,78	53,95	55,12	55,85	56,35	56,72	56,99	57,21	57,39	57,66	57,85	58,00
46,50	46,50	51,91	54,08	55,26	55,99	56,50	56,86	57,14	57,36	57,54	57,81	58,00	58,15
46,60	46,60	52,03	54,21	55,39	56,13	56,64	57,01	57,29	57,51	57,69	57,96	58,16	58,30
46,70	46,70	52,15	54,35	55,53	56,28	56,79	57,16	57,44	57,66	57,84	58,11	58,31	58,46
46,80	46,80	52,28	54,48	55,67	56,42	56,93	57,31	57,59	57,81	57,99	58,27	58,46	58,61

Zinssatz nominell pro Jahr (%)	Effektiver Jahreszinssatz (%) Anzahl der Zinstermine pro Jahr												
	18	20	22	24	26	28	30	34	38	40	44	48	52
43,30	53,40	53,48	53,54	53,59	53,64	53,68	53,71	53,77	53,81	53,83	53,86	53,89	53,91
43,40	53,55	53,63	53,69	53,74	53,79	53,83	53,86	53,92	53,96	53,98	54,01	54,04	54,06
43,50	53,70	53,78	53,84	53,90	53,94	53,98	54,01	54,07	54,12	54,13	54,17	54,19	54,22
43,60	53,85	53,93	53,99	54,05	54,09	54,13	54,17	54,22	54,27	54,29	54,32	54,35	54,37
43,70	54,00	54,08	54,14	54,20	54,24	54,28	54,32	54,38	54,42	54,44	54,47	54,50	54,52
43,80	54,15	54,23	54,30	54,35	54,40	54,44	54,47	54,53	54,57	54,59	54,63	54,65	54,68
43,90	54,30	54,38	54,45	54,50	54,55	54,59	54,62	54,68	54,73	54,75	54,78	54,81	54,83
44,00	54,45	54,53	54,60	54,65	54,70	54,74	54,78	54,83	54,88	54,90	54,93	54,96	54,98
44,10	54,60	54,68	54,75	54,81	54,85	54,89	54,93	54,99	55,03	55,05	55,09	55,11	55,14
44,20	54,75	54,83	54,90	54,96	55,00	55,05	55,08	55,14	55,19	55,20	55,24	55,27	55,29
44,30	54,90	54,99	55,05	55,11	55,16	55,20	55,23	55,29	55,34	55,36	55,39	55,42	55,45
44,40	55,06	55,14	55,21	55,26	55,31	55,35	55,39	55,45	55,49	55,51	55,55	55,58	55,60
44,50	55,21	55,29	55,36	55,41	55,46	55,50	55,54	55,60	55,65	55,67	55,70	55,73	55,75
44,60	55,36	55,44	55,51	55,57	55,62	55,66	55,69	55,75	55,80	55,82	55,85	55,88	55,91
44,70	55,51	55,59	55,66	55,72	55,77	55,81	55,85	55,91	55,95	55,97	56,01	56,04	56,06
44,80	55,66	55,75	55,82	55,87	55,92	55,96	56,00	56,06	56,11	56,13	56,16	56,19	56,22
44,90	55,81	55,90	55,97	56,03	56,08	56,12	56,15	56,21	56,26	56,28	56,32	56,35	56,37
45,00	55,97	56,05	56,12	56,18	56,23	56,27	56,31	56,37	56,42	56,44	56,47	56,50	56,53
45,10	56,12	56,20	56,27	56,33	56,38	56,42	56,46	56,52	56,57	56,59	56,63	56,66	56,68
45,20	56,27	56,36	56,43	56,49	56,54	56,58	56,62	56,68	56,73	56,75	56,78	56,81	56,84
45,30	56,42	56,51	56,58	56,64	56,69	56,73	56,77	56,83	56,88	56,90	56,94	56,97	56,99
45,40	56,58	56,66	56,73	56,79	56,84	56,89	56,93	56,99	57,04	57,06	57,09	57,12	57,15
45,50	56,73	56,82	56,89	56,95	57,00	57,04	57,08	57,14	57,19	57,21	57,25	57,28	57,31
45,60	56,88	56,97	57,04	57,10	57,15	57,20	57,23	57,30	57,35	57,37	57,41	57,44	57,46
45,70	57,03	57,12	57,20	57,26	57,31	57,35	57,39	57,45	57,50	57,52	57,56	57,59	57,62
45,80	57,19	57,28	57,35	57,41	57,46	57,51	57,54	57,61	57,66	57,68	57,72	57,75	57,77
45,90	57,34	57,43	57,50	57,56	57,62	57,66	57,70	57,76	57,81	57,84	57,87	57,90	57,93
46,00	57,49	57,58	57,66	57,72	57,77	57,82	57,86	57,92	57,97	57,99	58,03	58,06	58,09
46,10	57,65	57,74	57,81	57,87	57,93	57,97	58,01	58,08	58,13	58,15	58,19	58,22	58,24
46,20	57,80	57,89	57,97	58,03	58,08	58,13	58,17	58,23	58,28	58,30	58,34	58,37	58,40
46,30	57,96	58,05	58,12	58,18	58,24	58,28	58,32	58,39	58,44	58,46	58,50	58,53	58,56
46,40	58,11	58,20	58,28	58,34	58,39	58,44	58,48	58,54	58,60	58,62	58,66	58,69	58,72
46,50	58,26	58,36	58,43	58,49	58,55	58,59	58,63	58,70	58,75	58,78	58,81	58,85	58,87
46,60	58,42	58,51	58,59	58,65	58,70	58,75	58,79	58,86	58,91	58,93	58,97	59,00	59,03
46,70	58,57	58,67	58,74	58,81	58,86	58,91	58,95	59,01	59,07	59,09	59,13	59,16	59,19
46,80	58,73	58,82	58,90	58,96	59,02	59,06	59,10	59,17	59,22	59,25	59,29	59,32	59,35

| Zinssatz nominell pro Jahr (%) | Effektiver Jahreszinssatz (%) | | | | | | | | | | | | |
| | Anzahl der Zinstermine pro Jahr | | | | | | | | | | | | |
	1	2	3	4	5	6	7	8	9	10	12	14	16
46,90	46,90	52,40	54,61	55,81	56,56	57,08	57,45	57,74	57,96	58,14	58,42	58,62	58,77
47,00	47,00	52,52	54,75	55,95	56,71	57,22	57,60	57,89	58,11	58,29	58,57	58,77	58,92
47,10	47,10	52,65	54,88	56,09	56,85	57,37	57,75	58,04	58,26	58,45	58,72	58,92	59,07
47,20	47,20	52,77	55,02	56,23	56,99	57,52	57,90	58,19	58,41	58,60	58,88	59,08	59,23
47,30	47,30	52,89	55,15	56,37	57,14	57,66	58,04	58,34	58,56	58,75	59,03	59,23	59,38
47,40	47,40	53,02	55,28	56,51	57,28	57,81	58,19	58,48	58,71	58,90	59,18	59,39	59,54
47,50	47,50	53,14	55,42	56,65	57,42	57,95	58,34	58,63	58,87	59,05	59,34	59,54	59,69
47,60	47,60	53,26	55,55	56,79	57,57	58,10	58,49	58,78	59,02	59,20	59,49	59,69	59,85
47,70	47,70	53,39	55,69	56,93	57,71	58,25	58,64	58,93	59,17	59,36	59,64	59,85	60,00
47,80	47,80	53,51	55,82	57,07	57,86	58,39	58,79	59,08	59,32	59,51	59,80	60,00	60,16
47,90	47,90	53,64	55,96	57,21	58,00	58,54	58,93	59,23	59,47	59,66	59,95	60,16	60,31
48,00	48,00	53,76	56,09	57,35	58,14	58,69	59,08	59,38	59,62	59,81	60,10	60,31	60,47
48,10	48,10	53,88	56,22	57,49	58,29	58,83	59,23	59,54	59,77	59,97	60,26	60,47	60,63
48,20	48,20	54,01	56,36	57,63	58,43	58,98	59,38	59,69	59,93	60,12	60,41	60,62	60,78
48,30	48,30	54,13	56,49	57,77	58,58	59,13	59,53	59,84	60,08	60,27	60,57	60,78	60,94
48,40	48,40	54,26	56,63	57,91	58,72	59,28	59,68	59,99	60,23	60,42	60,72	60,93	61,09
48,50	48,50	54,38	56,76	58,06	58,87	59,42	59,83	60,14	60,38	60,58	60,87	61,09	61,25
48,60	48,60	54,50	56,90	58,20	59,01	59,57	59,98	60,29	60,53	60,73	61,03	61,24	61,41
48,70	48,70	54,63	57,03	58,34	59,16	59,72	60,13	60,44	60,69	60,88	61,18	61,40	61,56
48,80	48,80	54,75	57,17	58,48	59,30	59,87	60,28	60,59	60,84	61,04	61,34	61,56	61,72
48,90	48,90	54,88	57,30	58,62	59,45	60,01	60,43	60,74	60,99	61,19	61,49	61,71	61,88
49,00	49,00	55,00	57,44	58,76	59,59	60,16	60,58	60,89	61,14	61,34	61,65	61,87	62,04
49,10	49,10	55,13	57,57	58,90	59,74	60,31	60,73	61,05	61,30	61,50	61,80	62,03	62,19
49,20	49,20	55,25	57,71	59,04	59,88	60,46	60,88	61,20	61,45	61,65	61,96	62,18	62,35
49,30	49,30	55,38	57,85	59,19	60,03	60,61	61,03	61,35	61,60	61,81	62,12	62,34	62,51
49,40	49,40	55,50	57,98	59,33	60,17	60,76	61,18	61,50	61,76	61,96	62,27	62,50	62,67
49,50	49,50	55,63	58,12	59,47	60,32	60,90	61,33	61,65	61,91	62,12	62,43	62,65	62,82
49,60	49,60	55,75	58,25	59,61	60,47	61,05	61,48	61,81	62,06	62,27	62,58	62,81	62,98
49,70	49,70	55,88	58,39	59,75	60,61	61,20	61,63	61,96	62,22	62,42	62,74	62,97	63,14
49,80	49,80	56,00	58,52	59,90	60,76	61,35	61,78	62,11	62,37	62,58	62,90	63,13	63,30
49,90	49,90	56,13	58,66	60,04	60,90	61,50	61,93	62,26	62,52	62,73	63,05	63,28	63,46
50,00	50,00	56,25	58,80	60,18	61,05	61,65	62,08	62,42	62,68	62,89	63,21	63,44	63,62
50,10	50,10	56,38	58,93	60,32	61,20	61,80	62,24	62,57	62,83	63,04	63,37	63,60	63,77
50,20	50,20	56,50	59,07	60,47	61,34	61,95	62,39	62,72	62,99	63,20	63,52	63,76	63,93
50,30	50,30	56,63	59,20	60,61	61,49	62,10	62,54	62,88	63,14	63,36	63,68	63,91	64,09
50,40	50,40	56,75	59,34	60,75	61,64	62,25	62,69	63,03	63,30	63,51	63,84	64,07	64,25

Zinssatz nominell pro Jahr (%)	Effektiver Jahreszinssatz (%) Anzahl der Zinstermine pro Jahr												
	18	20	22	24	26	28	30	34	38	40	44	48	52
46,90	58,88	58,98	59,05	59,12	59,17	59,22	59,26	59,33	59,38	59,40	59,44	59,48	59,50
47,00	59,04	59,13	59,21	59,27	59,33	59,38	59,42	59,49	59,54	59,56	59,60	59,63	59,66
47,10	59,19	59,29	59,37	59,43	59,49	59,53	59,57	59,64	59,70	59,72	59,76	59,79	59,82
47,20	59,35	59,44	59,52	59,59	59,64	59,69	59,73	59,80	59,85	59,88	59,92	59,95	59,98
47,30	59,50	59,60	59,68	59,74	59,80	59,85	59,89	59,96	60,01	60,04	60,08	60,11	60,14
47,40	59,66	59,75	59,83	59,90	59,96	60,00	60,05	60,12	60,17	60,19	60,23	60,27	60,30
47,50	59,81	59,91	59,99	60,06	60,11	60,16	60,20	60,27	60,33	60,35	60,39	60,43	60,46
47,60	59,97	60,07	60,15	60,21	60,27	60,32	60,36	60,43	60,49	60,51	60,55	60,59	60,61
47,70	60,13	60,22	60,30	60,37	60,43	60,48	60,52	60,59	60,65	60,67	60,71	60,74	60,77
47,80	60,28	60,38	60,46	60,53	60,59	60,64	60,68	60,75	60,80	60,83	60,87	60,90	60,93
47,90	60,44	60,54	60,62	60,69	60,74	60,79	60,84	60,91	60,96	60,99	61,03	61,06	61,09
48,00	60,59	60,69	60,78	60,84	60,90	60,95	60,99	61,07	61,12	61,15	61,19	61,22	61,25
48,10	60,75	60,85	60,93	61,00	61,06	61,11	61,15	61,22	61,28	61,31	61,35	61,38	61,41
48,20	60,91	61,01	61,09	61,16	61,22	61,27	61,31	61,38	61,44	61,47	61,51	61,54	61,57
48,30	61,06	61,17	61,25	61,32	61,38	61,43	61,47	61,54	61,60	61,62	61,67	61,70	61,73
48,40	61,22	61,32	61,41	61,48	61,53	61,59	61,63	61,70	61,76	61,78	61,83	61,86	61,89
48,50	61,38	61,48	61,56	61,63	61,69	61,74	61,79	61,86	61,92	61,94	61,99	62,02	62,05
48,60	61,54	61,64	61,72	61,79	61,85	61,90	61,95	62,02	62,08	62,10	62,15	62,18	62,21
48,70	61,69	61,80	61,88	61,95	62,01	62,06	62,11	62,18	62,24	62,26	62,31	62,34	62,37
48,80	61,85	61,95	62,04	62,11	62,17	62,22	62,27	62,34	62,40	62,43	62,47	62,50	62,54
48,90	62,01	62,11	62,20	62,27	62,33	62,38	62,43	62,50	62,56	62,59	62,63	62,67	62,70
49,00	62,17	62,27	62,36	62,43	62,49	62,54	62,59	62,66	62,72	62,75	62,79	62,83	62,86
49,10	62,32	62,43	62,52	62,59	62,65	62,70	62,75	62,82	62,88	62,91	62,95	62,99	63,02
49,20	62,48	62,59	62,67	62,75	62,81	62,86	62,91	62,98	63,04	63,07	63,11	63,15	63,18
49,30	62,64	62,75	62,83	62,91	62,97	63,02	63,07	63,14	63,20	63,23	63,27	63,31	63,34
49,40	62,80	62,91	62,99	63,07	63,13	63,18	63,23	63,30	63,36	63,39	63,44	63,47	63,50
49,50	62,96	63,06	63,15	63,23	63,29	63,34	63,39	63,47	63,53	63,55	63,60	63,63	63,67
49,60	63,12	63,22	63,31	63,39	63,45	63,50	63,55	63,63	63,69	63,71	63,76	63,80	63,83
49,70	63,27	63,38	63,47	63,55	63,61	63,66	63,71	63,79	63,85	63,88	63,92	63,96	63,99
49,80	63,43	63,54	63,63	63,71	63,77	63,82	63,87	63,95	64,01	64,04	64,08	64,12	64,15
49,90	63,59	63,70	63,79	63,87	63,93	63,99	64,03	64,11	64,17	64,20	64,25	64,28	64,32
50,00	63,75	63,86	63,95	64,03	64,09	64,15	64,19	64,27	64,34	64,36	64,41	64,45	64,48
50,10	63,91	64,02	64,11	64,19	64,25	64,31	64,36	64,43	64,50	64,52	64,57	64,61	64,64
50,20	64,07	64,18	64,27	64,35	64,41	64,47	64,52	64,60	64,66	64,69	64,73	64,77	64,80
50,30	64,23	64,34	64,43	64,51	64,58	64,63	64,68	64,76	64,82	64,85	64,90	64,94	64,97
50,40	64,39	64,50	64,59	64,67	64,74	64,79	64,84	64,92	64,99	65,01	65,06	65,10	65,13

Zinssatz nominell pro Jahr (%)	Effektiver Jahreszinssatz (%) Anzahl der Zinstermine pro Jahr												
	1	2	3	4	5	6	7	8	9	10	12	14	16
50,50	50,50	56,88	59,48	60,89	61,78	62,40	62,84	63,18	63,45	63,67	63,99	64,23	64,41
50,60	50,60	57,00	59,61	61,04	61,93	62,55	62,99	63,34	63,61	63,82	64,15	64,39	64,57
50,70	50,70	57,13	59,75	61,18	62,08	62,70	63,15	63,49	63,76	63,98	64,31	64,55	64,73
50,80	50,80	57,25	59,89	61,32	62,23	62,85	63,30	63,64	63,92	64,13	64,47	64,71	64,89
50,90	50,90	57,38	60,02	61,47	62,37	63,00	63,45	63,80	64,07	64,29	64,63	64,87	65,05
51,00	51,00	57,50	60,16	61,61	62,52	63,15	63,60	63,95	64,23	64,45	64,78	65,03	65,21
51,10	51,10	57,63	60,30	61,75	62,67	63,30	63,76	64,11	64,38	64,60	64,94	65,18	65,37
51,20	51,20	57,75	60,44	61,90	62,82	63,45	63,91	64,26	64,54	64,76	65,10	65,34	65,53
51,30	51,30	57,88	60,57	62,04	62,96	63,60	64,06	64,41	64,69	64,92	65,26	65,50	65,69
51,40	51,40	58,00	60,71	62,18	63,11	63,75	64,21	64,57	64,85	65,07	65,42	65,66	65,85
51,50	51,50	58,13	60,85	62,33	63,26	63,90	64,37	64,72	65,00	65,23	65,58	65,82	66,01
51,60	51,60	58,26	60,98	62,47	63,41	64,05	64,52	64,88	65,16	65,39	65,73	65,98	66,17
51,70	51,70	58,38	61,12	62,61	63,56	64,20	64,67	65,03	65,32	65,55	65,89	66,14	66,33
51,80	51,80	58,51	61,26	62,76	63,70	64,35	64,83	65,19	65,47	65,70	66,05	66,30	66,49
51,90	51,90	58,63	61,40	62,90	63,85	64,50	64,98	65,34	65,63	65,86	66,21	66,46	66,66
52,00	52,00	58,76	61,53	63,05	64,00	64,66	65,13	65,50	65,79	66,02	66,37	66,62	66,82
52,10	52,10	58,89	61,67	63,19	64,15	64,81	65,29	65,66	65,94	66,18	66,53	66,79	66,98
52,20	52,20	59,01	61,81	63,34	64,30	64,96	65,44	65,81	66,10	66,33	66,69	66,95	67,14
52,30	52,30	59,14	61,95	63,48	64,45	65,11	65,60	65,97	66,26	66,49	66,85	67,11	67,30
52,40	52,40	59,26	62,09	63,63	64,60	65,26	65,75	66,12	66,41	66,65	67,01	67,27	67,46
52,50	52,50	59,39	62,22	63,77	64,74	65,42	65,90	66,28	66,57	66,81	67,17	67,43	67,63
52,60	52,60	59,52	62,36	63,91	64,89	65,57	66,06	66,43	66,73	66,97	67,33	67,59	67,79
52,70	52,70	59,64	62,50	64,06	65,04	65,72	66,21	66,59	66,89	67,13	67,49	67,75	67,95
52,80	52,80	59,77	62,64	64,20	65,19	65,87	66,37	66,75	67,04	67,29	67,65	67,91	68,11
52,90	52,90	59,90	62,78	64,35	65,34	66,02	66,52	66,90	67,20	67,44	67,81	68,08	68,28
53,00	53,00	60,02	62,91	64,50	65,49	66,18	66,68	67,06	67,36	67,60	67,97	68,24	68,44
53,10	53,10	60,15	63,05	64,64	65,64	66,33	66,83	67,22	67,52	67,76	68,13	68,40	68,60
53,20	53,20	60,28	63,19	64,79	65,79	66,48	66,99	67,37	67,68	67,92	68,29	68,56	68,77
53,30	53,30	60,40	63,33	64,93	65,94	66,64	67,14	67,53	67,84	68,08	68,46	68,73	68,93
53,40	53,40	60,53	63,47	65,08	66,09	66,79	67,30	67,69	67,99	68,24	68,62	68,89	69,09
53,50	53,50	60,66	63,61	65,22	66,24	66,94	67,45	67,84	68,15	68,40	68,78	69,05	69,26
53,60	53,60	60,78	63,75	65,37	66,39	67,10	67,61	68,00	68,31	68,56	68,94	69,21	69,42
53,70	53,70	60,91	63,89	65,51	66,54	67,25	67,77	68,16	68,47	68,72	69,10	69,38	69,59
53,80	53,80	61,04	64,02	65,66	66,69	67,40	67,92	68,32	68,63	68,88	69,26	69,54	69,75
53,90	53,90	61,16	64,16	65,81	66,84	67,56	68,08	68,48	68,79	69,04	69,43	69,70	69,91
54,00	54,00	61,29	64,30	65,95	66,99	67,71	68,23	68,63	68,95	69,20	69,59	69,87	70,08

Zinssatz nominell pro Jahr (%)	Effektiver Jahreszinssatz (%) Anzahl der Zinstermine pro Jahr												
	18	20	22	24	26	28	30	34	38	40	44	48	52
50,50	64,55	64,66	64,76	64,83	64,90	64,95	65,00	65,08	65,15	65,18	65,22	65,26	65,30
50,60	64,71	64,82	64,92	64,99	65,06	65,12	65,17	65,25	65,31	65,34	65,39	65,43	65,46
50,70	64,87	64,98	65,08	65,16	65,22	65,28	65,33	65,41	65,47	65,50	65,55	65,59	65,62
50,80	65,03	65,15	65,24	65,32	65,38	65,44	65,49	65,57	65,64	65,67	65,71	65,75	65,79
50,90	65,19	65,31	65,40	65,48	65,55	65,60	65,65	65,74	65,80	65,83	65,88	65,92	65,95
51,00	65,35	65,47	65,56	65,64	65,71	65,77	65,82	65,90	65,97	65,99	66,04	66,08	66,12
51,10	65,51	65,63	65,72	65,80	65,87	65,93	65,98	66,06	66,13	66,16	66,21	66,25	66,28
51,20	65,67	65,79	65,89	65,97	66,03	66,09	66,14	66,23	66,29	66,32	66,37	66,41	66,45
51,30	65,84	65,95	66,05	66,13	66,20	66,26	66,31	66,39	66,46	66,49	66,53	66,58	66,61
51,40	66,00	66,11	66,21	66,29	66,36	66,42	66,47	66,55	66,62	66,65	66,70	66,74	66,78
51,50	66,16	66,28	66,37	66,45	66,52	66,58	66,63	66,72	66,79	66,81	66,86	66,91	66,94
51,60	66,32	66,44	66,54	66,62	66,69	66,75	66,80	66,88	66,95	66,98	67,03	67,07	67,11
51,70	66,48	66,60	66,70	66,78	66,85	66,91	66,96	67,05	67,12	67,14	67,19	67,24	67,27
51,80	66,64	66,76	66,86	66,94	67,01	67,07	67,13	67,21	67,28	67,31	67,36	67,40	67,44
51,90	66,81	66,93	67,02	67,11	67,18	67,24	67,29	67,38	67,45	67,47	67,53	67,57	67,60
52,00	66,97	67,09	67,19	67,27	67,34	67,40	67,46	67,54	67,61	67,64	67,69	67,73	67,77
52,10	67,13	67,25	67,35	67,44	67,51	67,57	67,62	67,71	67,78	67,81	67,86	67,90	67,94
52,20	67,29	67,41	67,52	67,60	67,67	67,73	67,78	67,87	67,94	67,97	68,02	68,07	68,10
52,30	67,46	67,58	67,68	67,76	67,83	67,90	67,95	68,04	68,11	68,14	68,19	68,23	68,27
52,40	67,62	67,74	67,84	67,93	68,00	68,06	68,11	68,20	68,27	68,30	68,35	68,40	68,43
52,50	67,78	67,90	68,01	68,09	68,16	68,23	68,28	68,37	68,44	68,47	68,52	68,56	68,60
52,60	67,94	68,07	68,17	68,26	68,33	68,39	68,45	68,53	68,61	68,64	68,69	68,73	68,77
52,70	68,11	68,23	68,34	68,42	68,49	68,56	68,61	68,70	68,77	68,80	68,85	68,90	68,94
52,80	68,27	68,40	68,50	68,59	68,66	68,72	68,78	68,87	68,94	68,97	69,02	69,07	69,10
52,90	68,43	68,56	68,66	68,75	68,82	68,89	68,94	69,03	69,11	69,14	69,19	69,23	69,27
53,00	68,60	68,72	68,83	68,92	68,99	69,05	69,11	69,20	69,27	69,30	69,36	69,40	69,44
53,10	68,76	68,89	68,99	69,08	69,16	69,22	69,28	69,37	69,44	69,47	69,52	69,57	69,61
53,20	68,93	69,05	69,16	69,25	69,32	69,39	69,44	69,53	69,61	69,64	69,69	69,74	69,77
53,30	69,09	69,22	69,32	69,41	69,49	69,55	69,61	69,70	69,77	69,80	69,86	69,90	69,94
53,40	69,25	69,38	69,49	69,58	69,65	69,72	69,77	69,87	69,94	69,97	70,03	70,07	70,11
53,50	69,42	69,55	69,66	69,74	69,82	69,89	69,94	70,04	70,11	70,14	70,19	70,24	70,28
53,60	69,58	69,71	69,82	69,91	69,99	70,05	70,11	70,20	70,28	70,31	70,36	70,41	70,45
53,70	69,75	69,88	69,99	70,08	70,15	70,22	70,28	70,37	70,44	70,48	70,53	70,58	70,62
53,80	69,91	70,04	70,15	70,24	70,32	70,39	70,44	70,54	70,61	70,64	70,70	70,75	70,79
53,90	70,08	70,21	70,32	70,41	70,49	70,55	70,61	70,71	70,78	70,81	70,87	70,92	70,95
54,00	70,24	70,38	70,49	70,58	70,65	70,72	70,78	70,87	70,95	70,98	71,04	71,08	71,12

Zinssatz nominell pro Jahr (%)	Effektiver Jahreszinssatz (%) Anzahl der Zinstermine pro Jahr												
	1	2	3	4	5	6	7	8	9	10	12	14	16
54,10	54,10	61,42	64,44	66,10	67,14	67,86	68,39	68,79	69,11	69,36	69,75	70,03	70,24
54,20	54,20	61,54	64,58	66,24	67,29	68,02	68,55	68,95	69,27	69,52	69,91	70,19	70,41
54,30	54,30	61,67	64,72	66,39	67,45	68,17	68,70	69,11	69,43	69,68	70,08	70,36	70,57
54,40	54,40	61,80	64,86	66,54	67,60	68,33	68,86	69,27	69,59	69,85	70,24	70,52	70,74
54,50	54,50	61,93	65,00	66,68	67,75	68,48	69,02	69,42	69,75	70,01	70,40	70,69	70,90
54,60	54,60	62,05	65,14	66,83	67,90	68,64	69,17	69,58	69,91	70,17	70,56	70,85	71,07
54,70	54,70	62,18	65,28	66,98	68,05	68,79	69,33	69,74	70,07	70,33	70,73	71,02	71,23
54,80	54,80	62,31	65,42	67,13	68,20	68,94	69,49	69,90	70,23	70,49	70,89	71,18	71,40
54,90	54,90	62,44	65,56	67,27	68,35	69,10	69,64	70,06	70,39	70,65	71,05	71,35	71,56
55,00	55,00	62,56	65,70	67,42	68,51	69,25	69,80	70,22	70,55	70,81	71,22	71,51	71,73
55,10	55,10	62,69	65,84	67,57	68,66	69,41	69,96	70,38	70,71	70,98	71,38	71,68	71,90
55,20	55,20	62,82	65,98	67,71	68,81	69,56	70,12	70,54	70,87	71,14	71,55	71,84	72,06
55,30	55,30	62,95	66,12	67,86	68,96	69,72	70,27	70,70	71,03	71,30	71,71	72,01	72,23
55,40	55,40	63,07	66,26	68,01	69,11	69,88	70,43	70,86	71,19	71,46	71,87	72,17	72,40
55,50	55,50	63,20	66,40	68,16	69,27	70,03	70,59	71,02	71,35	71,63	72,04	72,34	72,56
55,60	55,60	63,33	66,54	68,30	69,42	70,19	70,75	71,18	71,52	71,79	72,20	72,50	72,73
55,70	55,70	63,46	66,68	68,45	69,57	70,34	70,91	71,34	71,68	71,95	72,37	72,67	72,90
55,80	55,80	63,58	66,82	68,60	69,72	70,50	71,07	71,50	71,84	72,11	72,53	72,83	73,06
55,90	55,90	63,71	66,96	68,75	69,88	70,65	71,22	71,66	72,00	72,28	72,70	73,00	73,23
56,00	56,00	63,84	67,10	68,90	70,03	70,81	71,38	71,82	72,16	72,44	72,86	73,17	73,40
56,10	56,10	63,97	67,24	69,04	70,18	70,97	71,54	71,98	72,32	72,60	73,03	73,33	73,57
56,20	56,20	64,10	67,39	69,19	70,34	71,12	71,70	72,14	72,49	72,77	73,19	73,50	73,73
56,30	56,30	64,22	67,53	69,34	70,49	71,28	71,86	72,30	72,65	72,93	73,36	73,67	73,90
56,40	56,40	64,35	67,67	69,49	70,64	71,44	72,02	72,46	72,81	73,09	73,52	73,83	74,07
56,50	56,50	64,48	67,81	69,64	70,80	71,59	72,18	72,62	72,97	73,26	73,69	74,00	74,24
56,60	56,60	64,61	67,95	69,79	70,95	71,75	72,34	72,78	73,14	73,42	73,86	74,17	74,41
56,70	56,70	64,74	68,09	69,94	71,10	71,91	72,50	72,95	73,30	73,59	74,02	74,34	74,58
56,80	56,80	64,87	68,23	70,08	71,26	72,06	72,66	73,11	73,46	73,75	74,19	74,50	74,74
56,90	56,90	64,99	68,37	70,23	71,41	72,22	72,82	73,27	73,63	73,92	74,35	74,67	74,91
57,00	57,00	65,12	68,52	70,38	71,56	72,38	72,98	73,43	73,79	74,08	74,52	74,84	75,08
57,10	57,10	65,25	68,66	70,53	71,72	72,54	73,14	73,59	73,95	74,25	74,69	75,01	75,25
57,20	57,20	65,38	68,80	70,68	71,87	72,69	73,30	73,76	74,12	74,41	74,85	75,18	75,42
57,30	57,30	65,51	68,94	70,83	72,03	72,85	73,46	73,92	74,28	74,58	75,02	75,34	75,59
57,40	57,40	65,64	69,08	70,98	72,18	73,01	73,62	74,08	74,44	74,74	75,19	75,51	75,76
57,50	57,50	65,77	69,22	71,13	72,34	73,17	73,78	74,24	74,61	74,91	75,36	75,68	75,93
57,60	57,60	65,89	69,37	71,28	72,49	73,33	73,94	74,40	74,77	75,07	75,52	75,85	76,10

Zinssatz nominell pro Jahr (%)	Effektiver Jahreszinssatz (%)											
	Anzahl der Zinstermine pro Jahr											
	18	20	22	24	26	28	30	34	38	40	44	48	52
54,10	70,41	70,54	70,65	70,74	70,82	70,89	70,95	71,04	71,12	71,15	71,21	71,25	71,29
54,20	70,57	70,71	70,82	70,91	70,99	71,06	71,11	71,21	71,29	71,32	71,38	71,42	71,46
54,30	70,74	70,87	70,99	71,08	71,16	71,22	71,28	71,38	71,46	71,49	71,55	71,59	71,63
54,40	70,91	71,04	71,15	71,25	71,32	71,39	71,45	71,55	71,63	71,66	71,71	71,76	71,80
54,50	71,07	71,21	71,32	71,41	71,49	71,56	71,62	71,72	71,79	71,83	71,88	71,93	71,97
54,60	71,24	71,37	71,49	71,58	71,66	71,73	71,79	71,89	71,96	72,00	72,05	72,10	72,14
54,70	71,40	71,54	71,65	71,75	71,83	71,90	71,96	72,06	72,13	72,17	72,22	72,27	72,31
54,80	71,57	71,71	71,82	71,92	72,00	72,07	72,13	72,22	72,30	72,34	72,39	72,44	72,48
54,90	71,74	71,88	71,99	72,08	72,17	72,23	72,29	72,39	72,47	72,51	72,56	72,61	72,65
55,00	71,90	72,04	72,16	72,25	72,33	72,40	72,46	72,56	72,64	72,68	72,74	72,78	72,83
55,10	72,07	72,21	72,33	72,42	72,50	72,57	72,63	72,73	72,81	72,85	72,91	72,96	73,00
55,20	72,24	72,38	72,49	72,59	72,67	72,74	72,80	72,90	72,98	73,02	73,08	73,13	73,17
55,30	72,40	72,55	72,66	72,76	72,84	72,91	72,97	73,07	73,15	73,19	73,25	73,30	73,34
55,40	72,57	72,71	72,83	72,93	73,01	73,08	73,14	73,24	73,33	73,36	73,42	73,47	73,51
55,50	72,74	72,88	73,00	73,10	73,18	73,25	73,31	73,42	73,50	73,53	73,59	73,64	73,68
55,60	72,91	73,05	73,17	73,27	73,35	73,42	73,48	73,59	73,67	73,70	73,76	73,81	73,85
55,70	73,08	73,22	73,34	73,44	73,52	73,59	73,65	73,76	73,84	73,87	73,93	73,98	74,03
55,80	73,24	73,39	73,51	73,60	73,69	73,76	73,82	73,93	74,01	74,05	74,11	74,16	74,20
55,90	73,41	73,56	73,68	73,77	73,86	73,93	73,99	74,10	74,18	74,22	74,28	74,33	74,37
56,00	73,58	73,72	73,84	73,94	74,03	74,10	74,17	74,27	74,35	74,39	74,45	74,50	74,54
56,10	73,75	73,89	74,01	74,11	74,20	74,27	74,34	74,44	74,53	74,56	74,62	74,67	74,72
56,20	73,92	74,06	74,18	74,28	74,37	74,44	74,51	74,61	74,70	74,73	74,79	74,85	74,89
56,30	74,09	74,23	74,35	74,46	74,54	74,62	74,68	74,79	74,87	74,91	74,97	75,02	75,06
56,40	74,25	74,40	74,52	74,63	74,71	74,79	74,85	74,96	75,04	75,08	75,14	75,19	75,24
56,50	74,42	74,57	74,69	74,80	74,88	74,96	75,02	75,13	75,21	75,25	75,31	75,37	75,41
56,60	74,59	74,74	74,86	74,97	75,05	75,13	75,19	75,30	75,39	75,42	75,49	75,54	75,58
56,70	74,76	74,91	75,04	75,14	75,23	75,30	75,37	75,47	75,56	75,60	75,66	75,71	75,76
56,80	74,93	75,08	75,21	75,31	75,40	75,47	75,54	75,65	75,73	75,77	75,83	75,89	75,93
56,90	75,10	75,25	75,38	75,48	75,57	75,65	75,71	75,82	75,91	75,94	76,01	76,06	76,10
57,00	75,27	75,42	75,55	75,65	75,74	75,82	75,88	75,99	76,08	76,12	76,18	76,23	76,28
57,10	75,44	75,59	75,72	75,82	75,91	75,99	76,06	76,17	76,25	76,29	76,35	76,41	76,45
57,20	75,61	75,76	75,89	76,00	76,09	76,16	76,23	76,34	76,43	76,46	76,53	76,58	76,63
57,30	75,78	75,94	76,06	76,17	76,26	76,34	76,40	76,51	76,60	76,64	76,70	76,76	76,80
57,40	75,95	76,11	76,23	76,34	76,43	76,51	76,58	76,69	76,78	76,81	76,88	76,93	76,98
57,50	76,12	76,28	76,41	76,51	76,60	76,68	76,75	76,86	76,95	76,99	77,05	77,11	77,15
57,60	76,29	76,45	76,58	76,68	76,78	76,85	76,92	77,03	77,12	77,16	77,23	77,28	77,33

Zinssatz nominell pro Jahr (%)	Effektiver Jahreszinssatz (%)												
	Anzahl der Zinstermine pro Jahr												
	1	2	3	4	5	6	7	8	9	10	12	14	16
57,70	57,70	66,02	69,51	71,43	72,64	73,48	74,10	74,57	74,94	75,24	75,69	76,02	76,27
57,80	57,80	66,15	69,65	71,58	72,80	73,64	74,26	74,73	75,10	75,40	75,86	76,19	76,44
57,90	57,90	66,28	69,79	71,73	72,95	73,80	74,42	74,89	75,27	75,57	76,03	76,36	76,61
58,00	58,00	66,41	69,94	71,88	73,11	73,96	74,58	75,06	75,43	75,73	76,19	76,53	76,78
58,10	58,10	66,54	70,08	72,03	73,26	74,12	74,74	75,22	75,60	75,90	76,36	76,70	76,95
58,20	58,20	66,67	70,22	72,18	73,42	74,28	74,90	75,38	75,76	76,07	76,53	76,87	77,12
58,30	58,30	66,80	70,36	72,33	73,58	74,44	75,07	75,55	75,93	76,23	76,70	77,04	77,29
58,40	58,40	66,93	70,51	72,48	73,73	74,59	75,23	75,71	76,09	76,40	76,87	77,21	77,46
58,50	58,50	67,06	70,65	72,63	73,89	74,75	75,39	75,87	76,26	76,57	77,04	77,38	77,63
58,60	58,60	67,18	70,79	72,78	74,04	74,91	75,55	76,04	76,42	76,73	77,21	77,55	77,81
58,70	58,70	67,31	70,93	72,93	74,20	75,07	75,71	76,20	76,59	76,90	77,37	77,72	77,98
58,80	58,80	67,44	71,08	73,08	74,35	75,23	75,88	76,37	76,75	77,07	77,54	77,89	78,15
58,90	58,90	67,57	71,22	73,23	74,51	75,39	76,04	76,53	76,92	77,23	77,71	78,06	78,32
59,00	59,00	67,70	71,36	73,38	74,67	75,55	76,20	76,70	77,09	77,40	77,88	78,23	78,49
59,10	59,10	67,83	71,51	73,54	74,82	75,71	76,36	76,86	77,25	77,57	78,05	78,40	78,67
59,20	59,20	67,96	71,65	73,69	74,98	75,87	76,53	77,02	77,42	77,74	78,22	78,57	78,84
59,30	59,30	68,09	71,79	73,84	75,14	76,03	76,69	77,19	77,59	77,91	78,39	78,74	79,01
59,40	59,40	68,22	71,94	73,99	75,29	76,19	76,85	77,35	77,75	78,07	78,56	78,92	79,18
59,50	59,50	68,35	72,08	74,14	75,45	76,35	77,01	77,52	77,92	78,24	78,73	79,09	79,36
59,60	59,60	68,48	72,22	74,29	75,61	76,51	77,18	77,69	78,09	78,41	78,90	79,26	79,53
59,70	59,70	68,61	72,37	74,44	75,76	76,67	77,34	77,85	78,25	78,58	79,07	79,43	79,70
59,80	59,80	68,74	72,51	74,60	75,92	76,83	77,50	78,02	78,42	78,75	79,24	79,60	79,88
59,90	59,90	68,87	72,66	74,75	76,08	77,00	77,67	78,18	78,59	78,92	79,41	79,78	80,05
60,00	60,00	69,00	72,80	74,90	76,23	77,16	77,83	78,35	78,76	79,08	79,59	79,95	80,22
60,10	60,10	69,13	72,94	75,05	76,39	77,32	78,00	78,51	78,92	79,25	79,76	80,12	80,40
60,20	60,20	69,26	73,09	75,20	76,55	77,48	78,16	78,68	79,09	79,42	79,93	80,29	80,57
60,30	60,30	69,39	73,23	75,36	76,71	77,64	78,32	78,85	79,26	79,59	80,10	80,47	80,74
60,40	60,40	69,52	73,38	75,51	76,86	77,80	78,49	79,01	79,43	79,76	80,27	80,64	80,92
60,50	60,50	69,65	73,52	75,66	77,02	77,96	78,65	79,18	79,59	79,93	80,44	80,81	81,09
60,60	60,60	69,78	73,67	75,81	77,18	78,12	78,82	79,35	79,76	80,10	80,61	80,99	81,27
60,70	60,70	69,91	73,81	75,97	77,34	78,29	78,98	79,51	79,93	80,27	80,79	81,16	81,44
60,80	60,80	70,04	73,95	76,12	77,50	78,45	79,15	79,68	80,10	80,44	80,96	81,33	81,62
60,90	60,90	70,17	74,10	76,27	77,65	78,61	79,31	79,85	80,27	80,61	81,13	81,51	81,79
61,00	61,00	70,30	74,24	76,43	77,81	78,77	79,48	80,01	80,44	80,78	81,30	81,68	81,97
61,10	61,10	70,43	74,39	76,58	77,97	78,94	79,64	80,18	80,61	80,95	81,48	81,86	82,14
61,20	61,20	70,56	74,53	76,73	78,13	79,10	79,81	80,35	80,78	81,12	81,65	82,03	82,32

Zinssatz nominell pro Jahr (%)	Effektiver Jahreszinssatz (%) Anzahl der Zinstermine pro Jahr												
	18	20	22	24	26	28	30	34	38	40	44	48	52
57,70	76,46	76,62	76,75	76,86	76,95	77,03	77,10	77,21	77,30	77,34	77,40	77,46	77,50
57,80	76,63	76,79	76,92	77,03	77,12	77,20	77,27	77,38	77,47	77,51	77,58	77,63	77,68
57,90	76,81	76,96	77,09	77,20	77,30	77,37	77,44	77,56	77,65	77,69	77,75	77,81	77,86
58,00	76,98	77,14	77,27	77,38	77,47	77,55	77,62	77,73	77,82	77,86	77,93	77,98	78,03
58,10	77,15	77,31	77,44	77,55	77,64	77,72	77,79	77,91	78,00	78,04	78,10	78,16	78,21
58,20	77,32	77,48	77,61	77,72	77,82	77,90	77,97	78,08	78,17	78,21	78,28	78,34	78,38
58,30	77,49	77,65	77,79	77,90	77,99	78,07	78,14	78,26	78,35	78,39	78,46	78,51	78,56
58,40	77,66	77,83	77,96	78,07	78,16	78,25	78,32	78,43	78,52	78,56	78,63	78,69	78,74
58,50	77,84	78,00	78,13	78,24	78,34	78,42	78,49	78,61	78,70	78,74	78,81	78,87	78,91
58,60	78,01	78,17	78,31	78,42	78,51	78,60	78,67	78,78	78,88	78,92	78,99	79,04	79,09
58,70	78,18	78,35	78,48	78,59	78,69	78,77	78,84	78,96	79,05	79,09	79,16	79,22	79,27
58,80	78,35	78,52	78,65	78,77	78,86	78,95	79,02	79,14	79,23	79,27	79,34	79,40	79,45
58,90	78,53	78,69	78,83	78,94	79,04	79,12	79,19	79,31	79,41	79,45	79,52	79,57	79,62
59,00	78,70	78,87	79,00	79,12	79,21	79,30	79,37	79,49	79,58	79,62	79,69	79,75	79,80
59,10	78,87	79,04	79,18	79,29	79,39	79,47	79,54	79,66	79,76	79,80	79,87	79,93	79,98
59,20	79,05	79,21	79,35	79,47	79,56	79,65	79,72	79,84	79,94	79,98	80,05	80,11	80,16
59,30	79,22	79,39	79,53	79,64	79,74	79,82	79,90	80,02	80,11	80,15	80,23	80,28	80,33
59,40	79,39	79,56	79,70	79,82	79,92	80,00	80,07	80,20	80,29	80,33	80,40	80,46	80,51
59,50	79,57	79,74	79,88	79,99	80,09	80,18	80,25	80,37	80,47	80,51	80,58	80,64	80,69
59,60	79,74	79,91	80,05	80,17	80,27	80,35	80,43	80,55	80,65	80,69	80,76	80,82	80,87
59,70	79,91	80,09	80,23	80,34	80,44	80,53	80,60	80,73	80,82	80,87	80,94	81,00	81,05
59,80	80,09	80,26	80,40	80,52	80,62	80,71	80,78	80,91	81,00	81,04	81,12	81,18	81,23
59,90	80,26	80,44	80,58	80,70	80,80	80,88	80,96	81,08	81,18	81,22	81,30	81,36	81,41
60,00	80,44	80,61	80,75	80,87	80,97	81,06	81,14	81,26	81,36	81,40	81,47	81,54	81,59
60,10	80,61	80,79	80,93	81,05	81,15	81,24	81,31	81,44	81,54	81,58	81,65	81,71	81,77
60,20	80,79	80,96	81,11	81,23	81,33	81,42	81,49	81,62	81,72	81,76	81,83	81,89	81,95
60,30	80,96	81,14	81,28	81,40	81,51	81,59	81,67	81,80	81,90	81,94	82,01	82,07	82,13
60,40	81,14	81,31	81,46	81,58	81,68	81,77	81,85	81,97	82,08	82,12	82,19	82,25	82,31
60,50	81,31	81,49	81,64	81,76	81,86	81,95	82,03	82,15	82,25	82,30	82,37	82,43	82,49
60,60	81,49	81,67	81,81	81,93	82,04	82,13	82,20	82,33	82,43	82,48	82,55	82,61	82,67
60,70	81,66	81,84	81,99	82,11	82,22	82,31	82,38	82,51	82,61	82,66	82,73	82,79	82,85
60,80	81,84	82,02	82,17	82,29	82,39	82,48	82,56	82,69	82,79	82,84	82,91	82,98	83,03
60,90	82,02	82,20	82,34	82,47	82,57	82,66	82,74	82,87	82,97	83,02	83,09	83,16	83,21
61,00	82,19	82,37	82,52	82,65	82,75	82,84	82,92	83,05	83,15	83,20	83,27	83,34	83,39
61,10	82,37	82,55	82,70	82,82	82,93	83,02	83,10	83,23	83,33	83,38	83,45	83,52	83,57
61,20	82,54	82,73	82,88	83,00	83,11	83,20	83,28	83,41	83,51	83,56	83,64	83,70	83,75

| Zinssatz nominell pro Jahr (%) | Effektiver Jahreszinssatz (%) | | | | | | | | | | | | |
| | Anzahl der Zinstermine pro Jahr | | | | | | | | | | | | |
	1	2	3	4	5	6	7	8	9	10	12	14	16
61,30	61,30	70,69	74,68	76,89	78,29	79,26	79,97	80,52	80,95	81,29	81,82	82,20	82,49
61,40	61,40	70,82	74,82	77,04	78,45	79,42	80,14	80,68	81,12	81,46	81,99	82,38	82,67
61,50	61,50	70,96	74,97	77,19	78,61	79,59	80,30	80,85	81,28	81,64	82,17	82,55	82,85
61,60	61,60	71,09	75,11	77,35	78,77	79,75	80,47	81,02	81,45	81,81	82,34	82,73	83,02
61,70	61,70	71,22	75,26	77,50	78,93	79,91	80,63	81,19	81,62	81,98	82,51	82,90	83,20
61,80	61,80	71,35	75,40	77,65	79,08	80,07	80,80	81,36	81,79	82,15	82,69	83,08	83,38
61,90	61,90	71,48	75,55	77,81	79,24	80,24	80,97	81,52	81,96	82,32	82,86	83,25	83,55
62,00	62,00	71,61	75,70	77,96	79,40	80,40	81,13	81,69	82,13	82,49	83,04	83,43	83,73
62,10	62,10	71,74	75,84	78,12	79,56	80,57	81,30	81,86	82,31	82,66	83,21	83,61	83,91
62,20	62,20	71,87	75,99	78,27	79,72	80,73	81,47	82,03	82,48	82,84	83,38	83,78	84,08
62,30	62,30	72,00	76,13	78,42	79,88	80,89	81,63	82,20	82,65	83,01	83,56	83,96	84,26
62,40	62,40	72,13	76,28	78,58	80,04	81,06	81,80	82,37	82,82	83,18	83,73	84,13	84,44
62,50	62,50	72,27	76,43	78,73	80,20	81,22	81,97	82,54	82,99	83,35	83,91	84,31	84,61
62,60	62,60	72,40	76,57	78,89	80,36	81,38	82,13	82,71	83,16	83,53	84,08	84,49	84,79
62,70	62,70	72,53	76,72	79,04	80,52	81,55	82,30	82,88	83,33	83,70	84,26	84,66	84,97
62,80	62,80	72,66	76,86	79,20	80,68	81,71	82,47	83,05	83,50	83,87	84,43	84,84	85,15
62,90	62,90	72,79	77,01	79,35	80,84	81,88	82,64	83,22	83,67	84,05	84,61	85,02	85,33
63,00	63,00	72,92	77,16	79,51	81,01	82,04	82,80	83,39	83,85	84,22	84,78	85,19	85,51
63,10	63,10	73,05	77,30	79,66	81,17	82,21	82,97	83,56	84,02	84,39	84,96	85,37	85,68
63,20	63,20	73,19	77,45	79,82	81,33	82,37	83,14	83,73	84,19	84,57	85,14	85,55	85,86
63,30	63,30	73,32	77,60	79,97	81,49	82,54	83,31	83,90	84,36	84,74	85,31	85,73	86,04
63,40	63,40	73,45	77,74	80,13	81,65	82,70	83,48	84,07	84,53	84,91	85,49	85,90	86,22
63,50	63,50	73,58	77,89	80,28	81,81	82,87	83,64	84,24	84,71	85,09	85,66	86,08	86,40
63,60	63,60	73,71	78,04	80,44	81,97	83,03	83,81	84,41	84,88	85,26	85,84	86,26	86,58
63,70	63,70	73,84	78,18	80,60	82,13	83,20	83,98	84,58	85,05	85,43	86,02	86,44	86,76
63,80	63,80	73,98	78,33	80,75	82,30	83,36	84,15	84,75	85,23	85,61	86,19	86,62	86,94
63,90	63,90	74,11	78,48	80,91	82,46	83,53	84,32	84,92	85,40	85,78	86,37	86,80	87,12
64,00	64,00	74,24	78,62	81,06	82,62	83,70	84,49	85,09	85,57	85,96	86,55	86,97	87,30
64,10	64,10	74,37	78,77	81,22	82,78	83,86	84,66	85,26	85,74	86,13	86,72	87,15	87,48
64,20	64,20	74,50	78,92	81,38	82,94	84,03	84,83	85,44	85,92	86,31	86,90	87,33	87,66
64,30	64,30	74,64	79,07	81,53	83,11	84,20	85,00	85,61	86,09	86,48	87,08	87,51	87,84
64,40	64,40	74,77	79,21	81,69	83,27	84,36	85,16	85,78	86,27	86,66	87,26	87,69	88,02
64,50	64,50	74,90	79,36	81,85	83,43	84,53	85,33	85,95	86,44	86,83	87,44	87,87	88,20
64,60	64,60	75,03	79,51	82,00	83,59	84,69	85,50	86,12	86,61	87,01	87,61	88,05	88,38
64,70	64,70	75,17	79,66	82,16	83,75	84,86	85,67	86,30	86,79	87,19	87,79	88,23	88,56
64,80	64,80	75,30	79,80	82,32	83,92	85,03	85,84	86,47	86,96	87,36	87,97	88,41	88,74

Zinssatz nominell pro Jahr (%)	Effektiver Jahreszinssatz (%) Anzahl der Zinstermine pro Jahr											
	18	20	22	24	26	28	30	34	38	40	44	48	52
61,30	82,72	82,90	83,05	83,18	83,29	83,38	83,46	83,59	83,70	83,74	83,82	83,88	83,94
61,40	82,90	83,08	83,23	83,36	83,47	83,56	83,64	83,77	83,88	83,92	84,00	84,06	84,12
61,50	83,08	83,26	83,41	83,54	83,65	83,74	83,82	83,95	84,06	84,10	84,18	84,24	84,30
61,60	83,25	83,44	83,59	83,72	83,83	83,92	84,00	84,13	84,24	84,28	84,36	84,43	84,48
61,70	83,43	83,62	83,77	83,90	84,01	84,10	84,18	84,31	84,42	84,47	84,54	84,61	84,66
61,80	83,61	83,79	83,95	84,08	84,18	84,28	84,36	84,49	84,60	84,65	84,73	84,79	84,85
61,90	83,78	83,97	84,13	84,26	84,36	84,46	84,54	84,68	84,78	84,83	84,91	84,97	85,03
62,00	83,96	84,15	84,31	84,44	84,54	84,64	84,72	84,86	84,97	85,01	85,09	85,16	85,21
62,10	84,14	84,33	84,48	84,61	84,73	84,82	84,90	85,04	85,15	85,19	85,27	85,34	85,40
62,20	84,32	84,51	84,66	84,79	84,91	85,00	85,08	85,22	85,33	85,38	85,46	85,52	85,58
62,30	84,50	84,69	84,84	84,98	85,09	85,18	85,27	85,40	85,51	85,56	85,64	85,71	85,76
62,40	84,68	84,87	85,02	85,16	85,27	85,36	85,45	85,59	85,69	85,74	85,82	85,89	85,95
62,50	84,85	85,05	85,20	85,34	85,45	85,54	85,63	85,77	85,88	85,92	86,00	86,07	86,13
62,60	85,03	85,23	85,38	85,52	85,63	85,73	85,81	85,95	86,06	86,11	86,19	86,26	86,31
62,70	85,21	85,41	85,56	85,70	85,81	85,91	85,99	86,13	86,24	86,29	86,37	86,44	86,50
62,80	85,39	85,58	85,74	85,88	85,99	86,09	86,18	86,32	86,43	86,47	86,56	86,62	86,68
62,90	85,57	85,76	85,93	86,06	86,17	86,27	86,36	86,50	86,61	86,66	86,74	86,81	86,87
63,00	85,75	85,95	86,11	86,24	86,36	86,45	86,54	86,68	86,79	86,84	86,92	86,99	87,05
63,10	85,93	86,13	86,29	86,42	86,54	86,64	86,72	86,86	86,98	87,03	87,11	87,18	87,24
63,20	86,11	86,31	86,47	86,60	86,72	86,82	86,91	87,05	87,16	87,21	87,29	87,36	87,42
63,30	86,29	86,49	86,65	86,79	86,90	87,00	87,09	87,23	87,35	87,39	87,48	87,55	87,61
63,40	86,47	86,67	86,83	86,97	87,09	87,19	87,27	87,42	87,53	87,58	87,66	87,73	87,79
63,50	86,65	86,85	87,01	87,15	87,27	87,37	87,46	87,60	87,71	87,76	87,85	87,92	87,98
63,60	86,83	87,03	87,19	87,33	87,45	87,55	87,64	87,78	87,90	87,95	88,03	88,10	88,16
63,70	87,01	87,21	87,38	87,52	87,63	87,74	87,82	87,97	88,08	88,13	88,22	88,29	88,35
63,80	87,19	87,39	87,56	87,70	87,82	87,92	88,01	88,15	88,27	88,32	88,40	88,48	88,54
63,90	87,37	87,57	87,74	87,88	88,00	88,10	88,19	88,34	88,45	88,50	88,59	88,66	88,72
64,00	87,55	87,76	87,92	88,06	88,18	88,29	88,38	88,52	88,64	88,69	88,78	88,85	88,91
64,10	87,73	87,94	88,11	88,25	88,37	88,47	88,56	88,71	88,83	88,88	88,96	89,03	89,10
64,20	87,91	88,12	88,29	88,43	88,55	88,66	88,75	88,89	89,01	89,06	89,15	89,22	89,28
64,30	88,10	88,30	88,47	88,61	88,74	88,84	88,93	89,08	89,20	89,25	89,33	89,41	89,47
64,40	88,28	88,49	88,66	88,80	88,92	89,02	89,11	89,26	89,38	89,43	89,52	89,59	89,66
64,50	88,46	88,67	88,84	88,98	89,10	89,21	89,30	89,45	89,57	89,62	89,71	89,78	89,84
64,60	88,64	88,85	89,02	89,17	89,29	89,39	89,49	89,64	89,76	89,81	89,90	89,97	90,03
64,70	88,82	89,03	89,21	89,35	89,47	89,58	89,67	89,82	89,94	89,99	90,08	90,16	90,22
64,80	89,01	89,22	89,39	89,54	89,66	89,76	89,86	90,01	90,13	90,18	90,27	90,34	90,41

Zinssatz nominell pro Jahr (%)	Effektiver Jahreszinssatz (%) Anzahl der Zinstermine pro Jahr												
	1	2	3	4	5	6	7	8	9	10	12	14	16
64,90	64,90	75,43	79,95	82,47	84,08	85,20	86,01	86,64	87,14	87,54	88,15	88,59	88,93
65,00	65,00	75,56	80,10	82,63	84,24	85,36	86,18	86,81	87,31	87,71	88,33	88,77	89,11
65,10	65,10	75,70	80,25	82,79	84,41	85,53	86,36	86,99	87,49	87,89	88,51	88,95	89,29
65,20	65,20	75,83	80,40	82,94	84,57	85,70	86,53	87,16	87,66	88,07	88,68	89,13	89,47
65,30	65,30	75,96	80,54	83,10	84,73	85,87	86,70	87,33	87,84	88,24	88,86	89,31	89,65
65,40	65,40	76,09	80,69	83,26	84,90	86,03	86,87	87,51	88,01	88,42	89,04	89,49	89,84
65,50	65,50	76,23	80,84	83,42	85,06	86,20	87,04	87,68	88,19	88,60	89,22	89,67	90,02
65,60	65,60	76,36	80,99	83,57	85,22	86,37	87,21	87,85	88,36	88,77	89,40	89,86	90,20
65,70	65,70	76,49	81,14	83,73	85,39	86,54	87,38	88,03	88,54	88,95	89,58	90,04	90,38
65,80	65,80	76,62	81,29	83,89	85,55	86,70	87,55	88,20	88,71	89,13	89,76	90,22	90,57
65,90	65,90	76,76	81,44	84,05	85,72	86,87	87,72	88,37	88,89	89,31	89,94	90,40	90,75
66,00	66,00	76,89	81,58	84,21	85,88	87,04	87,89	88,55	89,07	89,48	90,12	90,58	90,93
66,10	66,10	77,02	81,73	84,36	86,04	87,21	88,07	88,72	89,24	89,66	90,30	90,76	91,12
66,20	66,20	77,16	81,88	84,52	86,21	87,38	88,24	88,90	89,42	89,84	90,48	90,95	91,30
66,30	66,30	77,29	82,03	84,68	86,37	87,55	88,41	89,07	89,59	90,02	90,66	91,13	91,48
66,40	66,40	77,42	82,18	84,84	86,54	87,72	88,58	89,25	89,77	90,20	90,84	91,31	91,67
66,50	66,50	77,56	82,33	85,00	86,70	87,89	88,76	89,42	89,95	90,37	91,02	91,49	91,85
66,60	66,60	77,69	82,48	85,16	86,87	88,05	88,93	89,60	90,12	90,55	91,20	91,68	92,04
66,70	66,70	77,82	82,63	85,32	87,03	88,22	89,10	89,77	90,30	90,73	91,39	91,86	92,22
66,80	66,80	77,96	82,78	85,47	87,20	88,39	89,27	89,95	90,48	90,91	91,57	92,04	92,40
66,90	66,90	78,09	82,93	85,63	87,36	88,56	89,45	90,12	90,66	91,09	91,75	92,23	92,59
67,00	67,00	78,22	83,08	85,79	87,53	88,73	89,62	90,30	90,83	91,27	91,93	92,41	92,77
67,10	67,10	78,36	83,23	85,95	87,69	88,90	89,79	90,47	91,01	91,45	92,11	92,59	92,96
67,20	67,20	78,49	83,38	86,11	87,86	89,07	89,97	90,65	91,19	91,63	92,29	92,78	93,15
67,30	67,30	78,62	83,53	86,27	88,02	89,24	90,14	90,82	91,37	91,81	92,48	92,96	93,33
67,40	67,40	78,76	83,68	86,43	88,19	89,41	90,31	91,00	91,55	91,99	92,66	93,15	93,52
67,50	67,50	78,89	83,83	86,59	88,36	89,58	90,49	91,18	91,72	92,17	92,84	93,33	93,70
67,60	67,60	79,02	83,98	86,75	88,52	89,75	90,66	91,35	91,90	92,35	93,02	93,52	93,89
67,70	67,70	79,16	84,13	86,91	88,69	89,92	90,83	91,53	92,08	92,53	93,21	93,70	94,07
67,80	67,80	79,29	84,28	87,07	88,85	90,10	91,01	91,71	92,26	92,71	93,39	93,88	94,26
67,90	67,90	79,43	84,43	87,23	89,02	90,27	91,18	91,88	92,44	92,89	93,57	94,07	94,45
68,00	68,00	79,56	84,58	87,39	89,19	90,44	91,36	92,06	92,62	93,07	93,76	94,26	94,63
68,10	68,10	79,69	84,73	87,55	89,35	90,61	91,53	92,24	92,80	93,25	93,94	94,44	94,82
68,20	68,20	79,83	84,88	87,71	89,52	90,78	91,71	92,41	92,98	93,43	94,12	94,63	95,01
68,30	68,30	79,96	85,03	87,87	89,69	90,95	91,88	92,59	93,16	93,61	94,31	94,81	95,19
68,40	68,40	80,10	85,18	88,03	89,85	91,12	92,05	92,77	93,33	93,79	94,49	95,00	95,38

Zinssatz nominell pro Jahr (%)	Effektiver Jahreszinssatz (%) Anzahl der Zinstermine pro Jahr												
	18	20	22	24	26	28	30	34	38	40·	44	48	52
64,90	89,19	89,40	89,57	89,72	89,84	89,95	90,04	90,20	90,32	90,37	90,46	90,53	90,60
65,00	89,37	89,58	89,76	89,90	90,03	90,14	90,23	90,38	90,50	90,56	90,65	90,72	90,78
65,10	89,55	89,77	89,94	90,09	90,21	90,32	90,42	90,57	90,69	90,74	90,83	90,91	90,97
65,20	89,74	89,95	90,13	90,28	90,40	90,51	90,60	90,76	90,88	90,93	91,02	91,10	91,16
65,30	89,92	90,14	90,31	90,46	90,59	90,69	90,79	90,94	91,07	91,12	91,21	91,29	91,35
65,40	90,10	90,32	90,50	90,65	90,77	90,88	90,98	91,13	91,25	91,31	91,40	91,47	91,54
65,50	90,29	90,50	90,68	90,83	90,96	91,07	91,16	91,32	91,44	91,50	91,59	91,66	91,73
65,60	90,47	90,69	90,87	91,02	91,14	91,25	91,35	91,51	91,63	91,68	91,78	91,85	91,92
65,70	90,65	90,87	91,05	91,20	91,33	91,44	91,54	91,69	91,82	91,87	91,97	92,04	92,11
65,80	90,84	91,06	91,24	91,39	91,52	91,63	91,72	91,88	92,01	92,06	92,15	92,23	92,30
65,90	91,02	91,24	91,42	91,58	91,70	91,82	91,91	92,07	92,20	92,25	92,34	92,42	92,49
66,00	91,21	91,43	91,61	91,76	91,89	92,00	92,10	92,26	92,39	92,44	92,53	92,61	92,68
66,10	91,39	91,61	91,80	91,95	92,08	92,19	92,29	92,45	92,58	92,63	92,72	92,80	92,87
66,20	91,58	91,80	91,98	92,14	92,27	92,38	92,48	92,64	92,76	92,82	92,91	92,99	93,06
66,30	91,76	91,99	92,17	92,32	92,45	92,57	92,66	92,83	92,95	93,01	93,10	93,18	93,25
66,40	91,95	92,17	92,36	92,51	92,64	92,75	92,85	93,02	93,14	93,20	93,29	93,37	93,44
66,50	92,13	92,36	92,54	92,70	92,83	92,94	93,04	93,20	93,33	93,39	93,48	93,56	93,63
66,60	92,32	92,54	92,73	92,89	93,02	93,13	93,23	93,39	93,52	93,58	93,67	93,75	93,82
66,70	92,50	92,73	92,92	93,07	93,21	93,32	93,42	93,58	93,71	93,77	93,87	93,95	94,01
66,80	92,69	92,92	93,10	93,26	93,39	93,51	93,61	93,77	93,90	93,96	94,06	94,14	94,21
66,90	92,87	93,10	93,29	93,45	93,58	93,70	93,80	93,96	94,10	94,15	94,25	94,33	94,40
67,00	93,06	93,29	93,48	93,64	93,77	93,89	93,99	94,15	94,29	94,34	94,44	94,52	94,59
67,10	93,25	93,48	93,67	93,83	93,96	94,08	94,18	94,34	94,48	94,53	94,63	94,71	94,78
67,20	93,43	93,66	93,86	94,01	94,15	94,27	94,37	94,54	94,67	94,72	94,82	94,90	94,97
67,30	93,62	93,85	94,04	94,20	94,34	94,46	94,56	94,73	94,86	94,92	95,01	95,10	95,17
67,40	93,81	94,04	94,23	94,39	94,53	94,65	94,75	94,92	95,05	95,11	95,21	95,29	95,36
67,50	93,99	94,23	94,42	94,58	94,72	94,84	94,94	95,11	95,24	95,30	95,40	95,48	95,55
67,60	94,18	94,42	94,61	94,77	94,91	95,03	95,13	95,30	95,43	95,49	95,59	95,67	95,75
67,70	94,37	94,60	94,80	94,96	95,10	95,22	95,32	95,49	95,63	95,68	95,78	95,87	95,94
67,80	94,55	94,79	94,99	95,15	95,29	95,41	95,51	95,68	95,82	95,88	95,98	96,06	96,13
67,90	94,74	94,98	95,18	95,34	95,48	95,60	95,70	95,88	96,01	96,07	96,17	96,25	96,33
68,00	94,93	95,17	95,37	95,53	95,67	95,79	95,89	96,07	96,20	96,26	96,36	96,45	96,52
68,10	95,12	95,36	95,56	95,72	95,86	95,98	96,09	96,26	96,40	96,46	96,56	96,64	96,71
68,20	95,31	95,55	95,74	95,91	96,05	96,17	96,28	96,45	96,59	96,65	96,75	96,84	96,91
68,30	95,49	95,74	95,93	96,10	96,24	96,36	96,47	96,65	96,78	96,84	96,94	97,03	97,10
68,40	95,68	95,93	96,13	96,29	96,43	96,56	96,66	96,84	96,98	97,04	97,14	97,22	97,30

Zinssatz nominell pro Jahr (%)	Effektiver Jahreszinssatz (%)												
	Anzahl der Zinstermine pro Jahr												
	1	2	3	4	5	6	7	8	9	10	12	14	16
68,50	68,50	80,23	85,33	88,19	90,02	91,29	92,23	92,95	93,51	93,97	94,68	95,18	95,57
68,60	68,60	80,36	85,48	88,35	90,19	91,47	92,41	93,13	93,69	94,16	94,86	95,37	95,76
68,70	68,70	80,50	85,63	88,51	90,36	91,64	92,58	93,30	93,87	94,34	95,04	95,56	95,94
68,80	68,80	80,63	85,78	88,67	90,52	91,81	92,76	93,48	94,05	94,52	95,23	95,74	96,13
68,90	68,90	80,77	85,94	88,83	90,69	91,98	92,93	93,66	94,24	94,70	95,41	95,93	96,32
69,00	69,00	80,90	86,09	89,00	90,86	92,15	93,11	93,84	94,42	94,88	95,60	96,12	96,51
69,10	69,10	81,04	86,24	89,16	91,03	92,33	93,28	94,02	94,60	95,07	95,78	96,30	96,70
69,20	69,20	81,17	86,39	89,32	91,19	92,50	93,46	94,19	94,78	95,25	95,97	96,49	96,89
69,30	69,30	81,31	86,54	89,48	91,36	92,67	93,63	94,37	94,96	95,43	96,15	96,68	97,07
69,40	69,40	81,44	86,69	89,64	91,53	92,84	93,81	94,55	95,14	95,61	96,34	96,86	97,26
69,50	69,50	81,58	86,84	89,80	91,70	93,02	93,99	94,73	95,32	95,80	96,52	97,05	97,45
69,60	69,60	81,71	87,00	89,96	91,87	93,19	94,16	94,91	95,50	95,98	96,71	97,24	97,64
69,70	69,70	81,85	87,15	90,13	92,04	93,36	94,34	95,09	95,68	96,16	96,90	97,43	97,83
69,80	69,80	81,98	87,30	90,29	92,20	93,54	94,52	95,27	95,87	96,35	97,08	97,62	98,02
69,90	69,90	82,12	87,45	90,45	92,37	93,71	94,69	95,45	96,05	96,53	97,27	97,80	98,21
70,00	70,00	82,25	87,60	90,61	92,54	93,88	94,87	95,63	96,23	96,72	97,46	97,99	98,40
70,10	70,10	82,39	87,76	90,77	92,71	94,06	95,05	95,81	96,41	96,90	97,64	98,18	98,59
70,20	70,20	82,52	87,91	90,94	92,88	94,23	95,23	95,99	96,59	97,08	97,83	98,37	98,78
70,30	70,30	82,66	88,06	91,10	93,05	94,41	95,40	96,17	96,78	97,27	98,02	98,56	98,97
70,40	70,40	82,79	88,21	91,26	93,22	94,58	95,58	96,35	96,96	97,45	98,20	98,75	99,16
70,50	70,50	82,93	88,37	91,42	93,39	94,75	95,76	96,53	97,14	97,64	98,39	98,94	99,35
70,60	70,60	83,06	88,52	91,59	93,56	94,93	95,94	96,71	97,32	97,82	98,58	99,13	99,54
70,70	70,70	83,20	88,67	91,75	93,73	95,10	96,12	96,89	97,51	98,01	98,77	99,32	99,74
70,80	70,80	83,33	88,82	91,91	93,90	95,28	96,29	97,07	97,69	98,19	98,95	99,51	99,93
70,90	70,90	83,47	88,98	92,08	94,07	95,45	96,47	97,25	97,87	98,38	99,14	99,70	100,12
71,00	71,00	83,60	89,13	92,24	94,24	95,63	96,65	97,44	98,06	98,56	99,33	99,89	100,31
71,10	71,10	83,74	89,28	92,40	94,41	95,80	96,83	97,62	98,24	98,75	99,52	100,08	100,50
71,20	71,20	83,87	89,43	92,57	94,58	95,98	97,01	97,80	98,42	98,93	99,71	100,27	100,69
71,30	71,30	84,01	89,59	92,73	94,75	96,15	97,19	97,98	98,61	99,12	99,89	100,46	100,89
71,40	71,40	84,14	89,74	92,89	94,92	96,33	97,37	98,16	98,79	99,30	100,08	100,65	101,08
71,50	71,50	84,28	89,89	93,06	95,09	96,50	97,54	98,34	98,98	99,49	100,27	100,84	101,27
71,60	71,60	84,42	90,05	93,22	95,26	96,68	97,72	98,53	99,16	99,68	100,46	101,03	101,46
71,70	71,70	84,55	90,20	93,39	95,43	96,85	97,90	98,71	99,35	99,86	100,65	101,22	101,66
71,80	71,80	84,69	90,36	93,55	95,60	97,03	98,08	98,89	99,53	100,05	100,84	101,41	101,85
71,90	71,90	84,82	90,51	93,71	95,77	97,21	98,26	99,07	99,72	100,24	101,03	101,61	102,04
72,00	72,00	84,96	90,66	93,88	95,94	97,38	98,44	99,26	99,90	100,42	101,22	101,80	102,24

Zinssatz nominell pro Jahr (%)	Effektiver Jahreszinssatz (%) Anzahl der Zinstermine pro Jahr												
	18	20	22	24	26	28	30	34	38	40	44	48	52
68,50	95,87	96,11	96,32	96,48	96,63	96,75	96,85	97,03	97,17	97,23	97,33	97,42	97,49
68,60	96,06	96,30	96,51	96,67	96,82	96,94	97,05	97,22	97,36	97,42	97,53	97,61	97,69
68,70	96,25	96,49	96,70	96,87	97,01	97,13	97,24	97,42	97,56	97,62	97,72	97,81	97,88
68,80	96,44	96,68	96,89	97,06	97,20	97,33	97,43	97,61	97,75	97,81	97,92	98,00	98,08
68,90	96,63	96,87	97,08	97,25	97,39	97,52	97,63	97,81	97,95	98,01	98,11	98,20	98,27
69,00	96,82	97,07	97,27	97,44	97,59	97,71	97,82	98,00	98,14	98,20	98,31	98,39	98,47
69,10	97,01	97,26	97,46	97,63	97,78	97,90	98,01	98,19	98,34	98,40	98,50	98,59	98,66
69,20	97,20	97,45	97,65	97,82	97,97	98,10	98,21	98,39	98,53	98,59	98,70	98,79	98,86
69,30	97,39	97,64	97,84	98,02	98,16	98,29	98,40	98,58	98,73	98,79	98,89	98,98	99,06
69,40	97,58	97,83	98,04	98,21	98,36	98,48	98,59	98,78	98,92	98,98	99,09	99,18	99,25
69,50	97,77	98,02	98,23	98,40	98,55	98,68	98,79	98,97	99,12	99,18	99,29	99,37	99,45
69,60	97,96	98,21	98,42	98,60	98,74	98,87	98,98	99,17	99,31	99,37	99,48	99,57	99,65
69,70	98,15	98,40	98,61	98,79	98,94	99,07	99,18	99,36	99,51	99,57	99,68	99,77	99,84
69,80	98,34	98,59	98,81	98,98	99,13	99,26	99,37	99,56	99,70	99,77	99,87	99,97	100,04
69,90	98,53	98,79	99,00	99,18	99,33	99,45	99,57	99,75	99,90	99,96	100,07	100,16	100,24
70,00	98,72	98,98	99,19	99,37	99,52	99,65	99,76	99,95	100,10	100,16	100,27	100,36	100,44
70,10	98,91	99,17	99,38	99,56	99,71	99,84	99,96	100,14	100,29	100,36	100,47	100,56	100,63
70,20	99,10	99,36	99,58	99,76	99,91	100,04	100,15	100,34	100,49	100,55	100,66	100,76	100,83
70,30	99,30	99,56	99,77	99,95	100,10	100,23	100,35	100,54	100,69	100,75	100,86	100,95	101,03
70,40	99,49	99,75	99,96	100,15	100,30	100,43	100,54	100,73	100,88	100,95	101,06	101,15	101,23
70,50	99,68	99,94	100,16	100,34	100,49	100,63	100,74	100,93	101,08	101,15	101,26	101,35	101,43
70,60	99,87	100,14	100,35	100,53	100,69	100,82	100,94	101,13	101,28	101,34	101,45	101,55	101,63
70,70	100,06	100,33	100,55	100,73	100,88	101,02	101,13	101,32	101,48	101,54	101,65	101,75	101,83
70,80	100,26	100,52	100,74	100,92	101,08	101,21	101,33	101,52	101,67	101,74	101,85	101,95	102,03
70,90	100,45	100,72	100,94	101,12	101,28	101,41	101,53	101,72	101,87	101,94	102,05	102,14	102,22
71,00	100,64	100,91	101,13	101,31	101,47	101,61	101,72	101,92	102,07	102,14	102,25	102,34	102,42
71,10	100,84	101,10	101,33	101,51	101,67	101,80	101,92	102,12	102,27	102,34	102,45	102,54	102,62
71,20	101,03	101,30	101,52	101,71	101,86	102,00	102,12	102,31	102,47	102,53	102,65	102,74	102,82
71,30	101,22	101,49	101,72	101,90	102,06	102,20	102,32	102,51	102,67	102,73	102,85	102,94	103,02
71,40	101,42	101,69	101,91	102,10	102,26	102,39	102,51	102,71	102,87	102,93	103,05	103,14	103,22
71,50	101,61	101,88	102,11	102,29	102,45	102,59	102,71	102,91	103,07	103,13	103,25	103,34	103,43
71,60	101,80	102,08	102,30	102,49	102,65	102,79	102,91	103,11	103,26	103,33	103,45	103,54	103,63
71,70	102,00	102,27	102,50	102,69	102,85	102,99	103,11	103,31	103,46	103,53	103,65	103,74	103,83
71,80	102,19	102,47	102,70	102,89	103,05	103,19	103,31	103,51	103,66	103,73	103,85	103,95	104,03
71,90	102,39	102,66	102,89	103,08	103,24	103,38	103,50	103,71	103,86	103,93	104,05	104,15	104,23
72,00	102,58	102,86	103,09	103,28	103,44	103,58	103,70	103,90	104,06	104,13	104,25	104,35	104,43

Tabelle 5: Durchschnittliche Lebenserwartung

Durchschnittliche Lebenserwartung von Männern und Frauen nach der
abgekürzten Sterbetafel für Deutschland 1994/96

Vollen- detes Alter Jahre	Durchschnittliche Lebenserwartung in Jahren		Vollen- detes Alter Jahre	Durchschnittliche Lebenserwartung in Jahren		Vollen- detes Alter Jahre	Durchschnittliche Lebenserwartung in Jahren	
	Männer	Frauen		Männer	Frauen		Männer	Frauen
0	73,29	79,72	30	44,63	50,57	60	18,28	22,66
1	72,72	79,09	31	43,68	49,59	61	17,54	21,80
2	71,76	78,13	32	42,73	48,62	62	16,82	20,96
3	70,79	77,15	33	41,79	47,64	63	16,11	20,13
4	69,80	76,17	34	40,84	46,67	64	15,42	19,30
5	68,82	75,18	35	39,90	45,70	65	14,75	18,49
6	67,83	74,19	36	38,97	44,74	66	14,10	17,68
7	66,84	73,20	37	38,04	43,77	67	13,46	16,89
8	65,86	72,21	38	37,11	42,81	68	12,84	16,11
9	64,86	71,22	39	36,18	41,85	69	12,22	15,34
10	63,87	70,23	40	35,26	40,89	70	11,61	14,58
11	62,88	69,24	41	34,35	39,94	71	11,02	13,84
12	61,89	68,24	42	33,44	39,00	72	10,44	13,11
13	60,90	67,25	43	32,53	38,05	73	9,89	12,40
14	59,91	66,26	44	31,63	37,11	74	9,35	11,71
15	58,93	65,27	45	30,74	36,18	75	8,85	11,06
16	57,95	64,29	46	29,85	35,24	76	8,36	10,42
17	56,98	63,30	47	28,96	34,31	77	7,89	9,79
18	56,02	62,32	48	28,09	33,39	78	7,40	9,17
19	55,08	61,35	49	27,22	32,47	79	6,94	8,57
20	54,14	60,37	50	26,36	31,56	80	6,52	8,02
21	53,19	59,39	51	25,51	30,65	81	6,13	7,48
22	52,25	58,41	52	24,66	29,74	82	5,76	6,98
23	51,30	57,43	53	23,83	28,85	83	5,41	6,49
24	50,35	56,45	54	23,00	27,94	84	5,08	6,03
25	49,40	55,47	55	22,19	27,05	85	4,77	5,60
26	48,45	54,49	56	21,38	26,16	86	4,49	5,20
27	47,49	53,51	57	20,58	25,27	87	4,24	4,83
28	46,54	52,53	58	19,80	24,39	88	4,01	4,49
29	45,58	51,55	59	19,03	23,52	89	3,80	4,18
						90	3,63	3,89

Quelle: Statistisches Bundesamt.

Durchschnittliche Lebenserwartung von Männern und Frauen nach der
abgekürzten Sterbetafel für das frühere Bundesgebiet 1994/96

Vollen-detes Alter	Durchschnittliche Lebenserwartung in Jahren		Vollen-detes Alter	Durchschnittliche Lebenserwartung in Jahren		Vollen-detes Alter	Durchschnittliche Lebenserwartung in Jahren	
Jahre	Männer	Frauen	Jahre	Männer	Frauen	Jahre	Männer	Frauen
0	73,79	80,00	30	45,08	50,83	60	18,51	22,89
1	73,22	79,37	31	44,12	49,85	61	17,76	22,03
2	72,26	78,41	32	43,17	48,88	62	17,03	21,18
3	71,28	77,43	33	42,22	47,90	63	16,31	20,35
4	70,30	76,44	34	41,27	46,93	64	15,62	19,52
5	69,31	75,46	35	40,33	45,96	65	14,94	18,70
6	68,33	74,47	36	39,39	44,99	66	14,28	17,89
7	67,34	73,48	37	38,45	44,03	67	13,63	17,09
8	66,35	72,49	38	37,51	43,06	68	13,00	16,30
9	65,36	71,49	39	36,58	42,10	69	12,37	15,52
10	64,37	70,50	40	35,65	41,15	70	11,76	14,76
11	63,38	69,51	41	34,73	40,19	71	11,16	14,01
12	62,39	68,52	42	33,81	39,24	72	10,58	13,28
13	61,40	67,53	43	32,90	38,30	73	10,02	12,56
14	60,41	66,53	44	31,99	37,36	74	9,48	11,86
15	59,42	65,54	45	31,08	36,42	75	8,98	11,20
16	58,44	64,56	46	30,19	35,49	76	8,48	10,55
17	57,47	63,57	47	29,29	34,56	77	8,00	9,91
18	56,50	62,59	48	28,41	33,63	78	7,51	9,28
19	55,55	61,61	49	27,53	32,71	79	7,05	8,68
20	54,61	60,64	50	26,67	31,80	80	6,63	8,11
21	53,66	59,66	51	25,81	30,89	81	6,23	7,56
22	52,71	58,68	52	24,96	29,99	82	5,86	7,05
23	51,76	57,70	53	24,12	29,09	83	5,50	6,55
24	50,81	56,71	54	23,29	28,19	84	5,17	6,08
25	49,86	55,73	55	22,46	27,29	85	4,86	5,64
26	48,90	54,75	56	21,65	26,40	86	4,57	5,24
27	47,94	53,77	57	20,85	25,51	87	4,32	4,86
28	46,99	52,79	58	20,05	24,63	88	4,09	4,51
29	46,03	51,81	59	19,27	23,75	89	3,88	4,19
						90	3,71	3,89

Quelle: Statistisches Bundesamt.

Durchschnittliche Lebenserwartung von Männern und Frauen nach der
abgekürzten Sterbetafel für die neuen Länder und Berlin (Ost) 1994/96

Vollen-detes Alter	Durchschnittliche Lebenserwartung in Jahren		Vollen-detes Alter	Durchschnittliche Lebenserwartung in Jahren		Vollen-detes Alter	Durchschnittliche Lebenserwartung in Jahren	
Jahre	Männer	Frauen	Jahre	Männer	Frauen	Jahre	Männer	Frauen
0	71,20	78,55	30	42,78	49,49	60	17,25	21,70
1	70,66	77,94	31	41,85	48,51	61	16,55	20,86
2	69,71	76,99	32	40,91	47,54	62	15,86	20,04
3	68,74	76,02	33	39,98	46,57	63	15,18	19,21
4	67,76	75,03	34	39,06	45,60	64	14,53	18,40
5	66,78	74,05	35	38,14	44,64	65	13,90	17,60
6	65,80	73,06	36	37,22	43,68	66	13,28	16,81
7	64,81	72,07	37	36,32	42,72	67	12,67	16,04
8	63,82	71,08	38	35,42	41,76	68	12,07	15,28
9	62,83	70,09	39	34,52	40,81	69	11,49	14,53
10	61,84	69,10	40	33,63	39,86	70	10,91	13,80
11	60,85	68,11	41	32,75	38,91	71	10,34	13,09
12	59,86	67,12	42	31,87	37,98	72	9,78	12,39
13	58,87	66,12	43	31,00	37,03	73	9,25	11,71
14	57,89	65,13	44	30,13	36,10	74	8,73	11,06
15	56,90	64,15	45	29,27	35,16	75	8,26	10,44
16	55,93	63,16	46	28,42	34,23	76	7,79	9,83
17	54,97	62,19	47	27,56	33,31	77	7,35	9,24
18	54,02	61,21	48	26,72	32,39	78	6,88	8,66
19	53,10	60,25	49	25,87	31,47	79	6,44	8,10
20	52,19	59,27	50	25,04	30,56	80	6,03	7,58
21	51,26	58,30	51	24,21	29,65	81	5,65	7,10
22	50,33	57,32	52	23,39	28,74	82	5,31	6,64
23	49,39	56,34	53	22,58	27,85	83	4,98	6,19
24	48,45	55,36	54	21,78	26,95	84	4,66	5,77
25	47,50	54,38	55	20,99	26,06	85	4,37	5,37
26	46,56	53,40	56	20,21	25,17	86	4,10	5,01
27	45,61	52,42	57	19,45	24,28	87	3,85	4,67
28	44,66	51,44	58	18,70	23,41	88	3,61	4,37
29	43,72	50,46	59	17,96	22,55	89	3,39	4,09
						90	3,20	3,84

Quelle: Statistisches Bundesamt.

Schreiben Sie mir einen Brief!

Sie haben sich den Text dieses Buches, die Beispiele und Rezepte und auch die Tabellen angesehen. Dafür danke ich Ihnen, liebe Leser, sehr herzlich. Vielleicht freut Sie etwas, was in diesem Buch steht, oder Sie ärgern sich über etwas. Vielleicht haben Sie einen Fehler entdeckt; vielleicht finden Sie, man müsse ein bestimmtes Thema anders anfassen. Schreiben Sie mir in solchen Fällen einfach einen Brief. Zwar kann ich Ihnen nicht versprechen, daß alle Ihre 25 000 Schreiben beantwortet werden. Auch wird es nicht möglich sein, Ihre 25 000 Änderungswünsche alle zu berücksichtigen. Aber ich werde jeden Brief gründlich lesen und überlegen, ob das, was Sie vorschlagen, das Tabellenwerk besser machen kann. Damit Sie nicht zu viel Arbeit haben, finden Sie nebenstehend wieder ein Rezept (einen Musterbrief) zum Ausschneiden oder Kopieren.

Herrn
K.-D. Däumler
Fachhochschule Kiel
Fachbereich Wirtschaft
Sokratesplatz 2

24149 Kiel

Ich habe im Buch „Finanzmathematisches Tabellenwerk, 4. Auflage" die folgenden Schreib- und Rechenfehler gefunden:

Seite o = oberes Drittel m = mittleres Drittel u = unteres Drittel	Art des Fehlers (Kurzbeschreibung)

Die folgenden Passagen des Buches sollte man bei einer Neuauflage *p* praxisnäher, *v* verständlicher, *k* kürzer, *a* ausführlicher formulieren:

Seite o = oberes Drittel m = mittleres Drittel u = unteres Drittel	Vorschlag für Neuformulierung

Außerdem möchte ich noch bemerken:

Installation und Handhabung der Anwendersoftware

1. Installation des Programms

Erforderliches Betriebssystem: Microsoft WINDOWS 95 für PC oder Microsoft WINDOWS für Workgroups 3.11 im 32-Bit-Modus.

Wählen Sie unter Windows für Workgroups im Programm-Manager im Menü Datei den Befehl „Ausführen". Sollte unter Windows 95 die CD nicht automatisch starten, wählen Sie im Startmenü den Befehl „Ausführen". Geben Sie im Anschluß an den Kennbuchstaben des Laufwerks, in dem sich die CD-ROM befindet, „setup" ein (zum Beispiel: „d:\setup") und bestätigen Sie Ihre Eingabe mit der Schaltfläche „ok". Weitere Anweisungen erhalten Sie direkt vom Installationsprogramm.

Zusätzlich beinhaltet die CD neben dem NWB-Verlagsverzeichnis und der PC-Betriebssteuerung auch die Demo-Version der umfangreichen DV-Anwendung „BilanzControl". Die Vollversion ist beim NWB-Verlag für 248 DM zu beziehen.

Eine kurze Benutzungsanleitung finden Sie im Hauptverzeichnis der CD in der „README.TXT". Diese Datei können Sie mit einem beliebigen Textverarbeitungsprogramm öffnen und ausdrucken.

Wir empfehlen die Zusatzprogramme einzeln zu installieren.

2.   Handhabung des Programms

Start

Bewegen Sie den Mauszeiger auf ein Programmfeld. Es erscheint eine Kurzbeschreibung des Programmes, auf dem sich der Mauszeiger befindet.

Klicken Sie mit der linken Maustaste auf das Programm, mit dem Sie arbeiten wollen, um es zu öffnen.

Programmsteuerung

Mit der Maus oder der TAB-Taste gelangen Sie zu den Eingabefeldern. Geben Sie hier die Werte ein, für die Sie die finanzmathematischen Faktoren angezeigt haben wollen.

Mit der Maus oder der TAB-Taste gelangen Sie zum nächsten Eingabefeld bzw. zu einem Befehlsfeld. Sie können Befehlsfelder auch aktivieren, indem Sie ALT zusammen mit dem unterstrichenen Großbuchstaben drücken. Mit ENTER oder Mausklick werden die aktivierten Befehlsfelder ausgeführt.

Zur Ausgabe der Ergebnisse betätigen Sie das Befehlsfeld RECHNEN.

Eingabewerte

- Alle Eingabewerte müssen > Null sein.
- Die Laufzeit ist in ganzen Zahlen einzugeben.
- Die Eingabe der Zinssätze und der Preissteigerungsraten kann in ganzen oder Dezimalzahlen erfolgen.

Mit ALT + F4 können Sie das aktuelle Fenster schließen.

Literaturverzeichnis (Quellen und weiterführende Literatur)

R. V. Bächtold, Investitionsrechnung, Grundlagen und Tabellen, 2. Aufl., Bern/Stuttgart 1975.

Chr. von Berg/H. Wiedling, Wirtschaftlichkeitsrechnung mit dem IBM PC, Wiesbaden 1989.

Dieselben, Dynamische Wirtschaftlichkeitsrechnung mit dem PC, Wiesbaden 1989.

C. Bewer, Faktorentabelle, Düsseldorf 1983.

E. Caprano/A. Gierl, Finanzmathematik, 5. Aufl., München 1992.

K.-D. Däumler, Grundlagen der Investitions- und Wirtschaftlichkeitsrechnung, 9. Aufl., Herne/Berlin 1998.

Derselbe, Anwendung der Investitions- und Wirtschaftlichkeitsrechnung in der Praxis, 4. Aufl., Herne/Berlin 1996.

Derselbe, Betriebliche Finanzwirtschaft, 7. Aufl., Herne/Berlin 1997.

Derselbe, Investitionsrechnung – Leitfaden für Praktiker, 2. Aufl., Herne/Berlin 1996.

Derselbe/J. Grabe, Kostenrechnung 1, Grundlagen, 7. Aufl., Herne/Berlin 1996.

Dieselben, Kostenrechnung 2, Deckungsbeitragsrechnung, 6. Aufl., Herne/Berlin 1997.

Dieselben, Kostenrechnung 3, Plankostenrechnung, 5. Aufl., Herne/Berlin 1995.

Dieselben, Kalkulationsvorschriften bei öffentlichen Aufträgen, Herne/Berlin 1984.

Dieselben, Kostenrechnungs- und Controllinglexikon, 2. Aufl., Herne/Berlin 1996.

H. G. Golas, 35 Fälle und Lösungen zur Investitionsrechnung und Finanzierung, Herne/Berlin 1976.

S. Hafner/H. Wiedling/M. Zaslawski, Investitionsplanung, Wiesbaden 1987.

M. Heinhold, Investitionsrechnung, 6. Aufl., München 1994.

S. Hoffmann, Mathematische Grundlagen für Betriebswirte, 4. Aufl., Herne/Berlin 1995.

H. Kobelt/P. Schulte, Finanzmathematik, 6. Aufl., Herne/Berlin 1995.

H. Köhler, Finanzmathematik, 4. Aufl., München/Wien 1997.

H. D. Möser, Finanz- und Investitionswirtschaft in der Unternehmung, 2. Aufl., Landsberg a. L. 1993.

B. W. Müller-Hedrich, Betriebliche Investitionswirtschaft, 7. Aufl., Stuttgart 1996.

J. Nehls, Kapitalisierungstabellen, Systematische Darstellung der Kapitalisierung und Verrentung mit Beispielen sowie Tabellenwerk, Berlin 1977.

H. Rinne, Tabellen zur Finanzmathematik, Meisenheim a. Glan 1973.

E. Schneider, Wirtschaftlichkeitsrechnung, Theorie der Investition, 8. Aufl., Tübingen 1973.

Schneider/Schlund/Haas, Kapitalisierungstabellen, Heidelberg 1977.

G. Seicht, Investition und Finanzierung, 8. Aufl., Wien 1995.

S. Spitzer/E. Foerster, Tabellen für die Zinseszins- und Rentenrechnung, 12. Aufl., Wien o. J.

E. Staehelin, Investitionsrechnung, 7. Aufl., Chur/Zürich 1992.

H. J. Vollmuth, Finanzierung, München/Wien 1994.

J. Tietze, Einführung in die angewandte Wirtschaftsmathematik, 4. Aufl., Braunschweig 1992.